炼油厂油品储运技术及管理

王凤林　编著

中国石化出版社

内 容 提 要

本书全面介绍了炼油厂油品储运系统：储油设备及附件、油品输送设备、油品的质量控制技术、油品计量及自动化、油品调合技术、油品的运输、装卸及设备、油品的防损耗技术及油品储运的职业健康、安全生产及环境保护。

本书可供炼油厂油品储运技术管理人员及相关院校的在校学生参考。

图书在版编目（CIP）数据

炼油厂油品储运技术及管理／王凤林编著．
—北京：中国石化出版社，2010.3（2020.1 重印）
ISBN 978-7-5114-0239-4

Ⅰ.①炼… Ⅱ.①王… Ⅲ.①石油与天然气储运
Ⅳ.①TE8

中国版本图书馆 CIP 数据核字（2010）第 006251 号

中国石化出版社出版发行

地址:北京市东城区安定门外大街 58 号
邮编:100011　电话:(010)57512500
发行部电话:(010)57512575
http://www.sinopec-press.com
E-mail:press@sinopec.com
北京柏力行彩印有限公司印刷
全国各地新华书店经销

*

787×1092 毫米 16 开本 21 印张 515 千字
2020 年 1 月第 1 版第 5 次印刷
定价：52.00 元

前　言

炼油厂油品储运系统是原油加工的组成部分，是企业与市场对接的桥梁和纽带。它由输转、成品、装油和机车四部分组成，是生产装置的辅助系统，承担油品的储存、输转、外运、增加石油产品品种、提高油品使用性能、改善油品质量的任务。

本书全面地介绍了炼油厂油品储运系统：储油设备及附件、油品输送设备、油品的质量控制技术、油品计量及自动化、油品调合技术、油品的运输、装卸及设备、油品的防损耗技术及油品储运的职业健康、安全生产及环境保护。

本书从炼油装置的局限性这一工艺特点出发，突出炼油厂油品储运技术管理的充分必要性及特色，立足于阐明所涉及的基本理论、基本原理、基本概念，着眼于描述实用技术、实际操作、科学的管理方法及石油产品的国家最新标准，并结合相关规章制度、规范及所需设备的原理、结构、作用及操作注意事项。如油泵、计量器具、(油罐、铁路油罐车、水路运输、公路运输罐车)及其附件、管道运输等。

本书资料翔实、内容丰富、实用性强，读者对象主要是从事炼油厂油品储运、石油炼制、石油化工等工作的一线劳动者、技术管理人员及相关院校的在校学生。

参加本书编写工作的还有：李国明、王春明、曲桂梅、杜娟、龚秀兰、王征宇等。

本书在编写过程中得到了大庆石化分公司炼油厂、大庆石化分公司外事中心、大庆石化研究中心塑料研究所的领导和同志们的支持和鼓励，在此表示感谢。

由于水平所限，书中难免存在不足甚至错误之处，敬请广大读者批评指正。

编者

目　录

绪　论

一、炼油厂油品储运的概念

尽管炼油生产装置已发展成为处理能力规模化、管理程序化及DCS控制的现代生产技术水平，但是炼油装置生产出来的馏分油(也称组分油)只有极少数能够直接出厂，而其中绝大多数馏分油却要进中间罐待进一步处理而不能直接出厂。这是由于受炼油装置的局限性(其实任何装置、设备都有其局限性)的限制，所生产的多数馏分油，例如各生产装置的汽油馏分，其馏出口的辛烷值(*MON*)56.2~92.4不等，达不到商品汽油的质量指标要求。其他馏分油如柴油馏分、煤油馏分、润滑油馏分等在性能上也达不到商品油的各种质量指标要求。

于是人们针对炼油生产装置的这些局限性，把那些炼油生产装置技术上做不到或者做了经济上成本高的项目分离出来，由油品储运系统完成。这样炼油厂由三个基本层次构成：一是以常减压装置为主的原油蒸馏；二是除常减压装置以外的炼油深加工装置，例如重油催化、延迟焦化等(也称二次加工)；第三个层次则是炼油厂油品储运工艺过程(以下简称油品储运，也称油品储运系统或称运销系统)，如图0-1所示。

炼油生产装置与油品储运构成的完整炼油厂生产格局，是近百年来国内外炼油生产技术发展的结果，油品储运是炼油企业与市场对接的桥梁和纽带，是石油加工企业生产链条中充分必要、不可或缺的环节，是增加石油产品品种、提高油品使用性能、改善质量的最合理最有效的技术与管理，也是国际上通行被各国炼油厂所广泛采用的技术与管理模式。

二、油品储运在炼油生产中的效用

由于原油的天然属性、化学组成复杂，其中馏分油的性质差异很大，而且是优劣不一，特别是原油中优质馏分油的含量是有限的。通过油品储运将各馏分油恰到好处地组合，物尽其用，使馏分油转化为商品油，以满足不同的社会需求。油品储运是原油加工的最后一道工序，直接面对用户，是企业的窗口，有炼油生产装置不可替代的效用(是指成本与收益之外的经济学概念，即用户的满意程度)。

三、炼油厂油品储运的特性

炼油厂油品储运技术同炼油生产装置一样，其物系也具有易燃易爆、易挥发、易扩散、易流淌、易产生静电、有一定毒性、易受热膨胀、易沸溢等特性。

油品储运技术是一项基础工作，要求严，技术性强，涉及知识面广。不仅要求具备油品物性知识、所需设备的结构及原理、计算机应用知识、仪表自动控制知识等，还需要有质量意识、成本意识、安全环保意识、创新意识、竞争意识，更要有丰富的实践经验。

四、炼油厂油品储运的框架结构

炼油厂油品储运技术及管理几乎涉及炼油厂内所有生产装置(见图0-1)、原油的接收

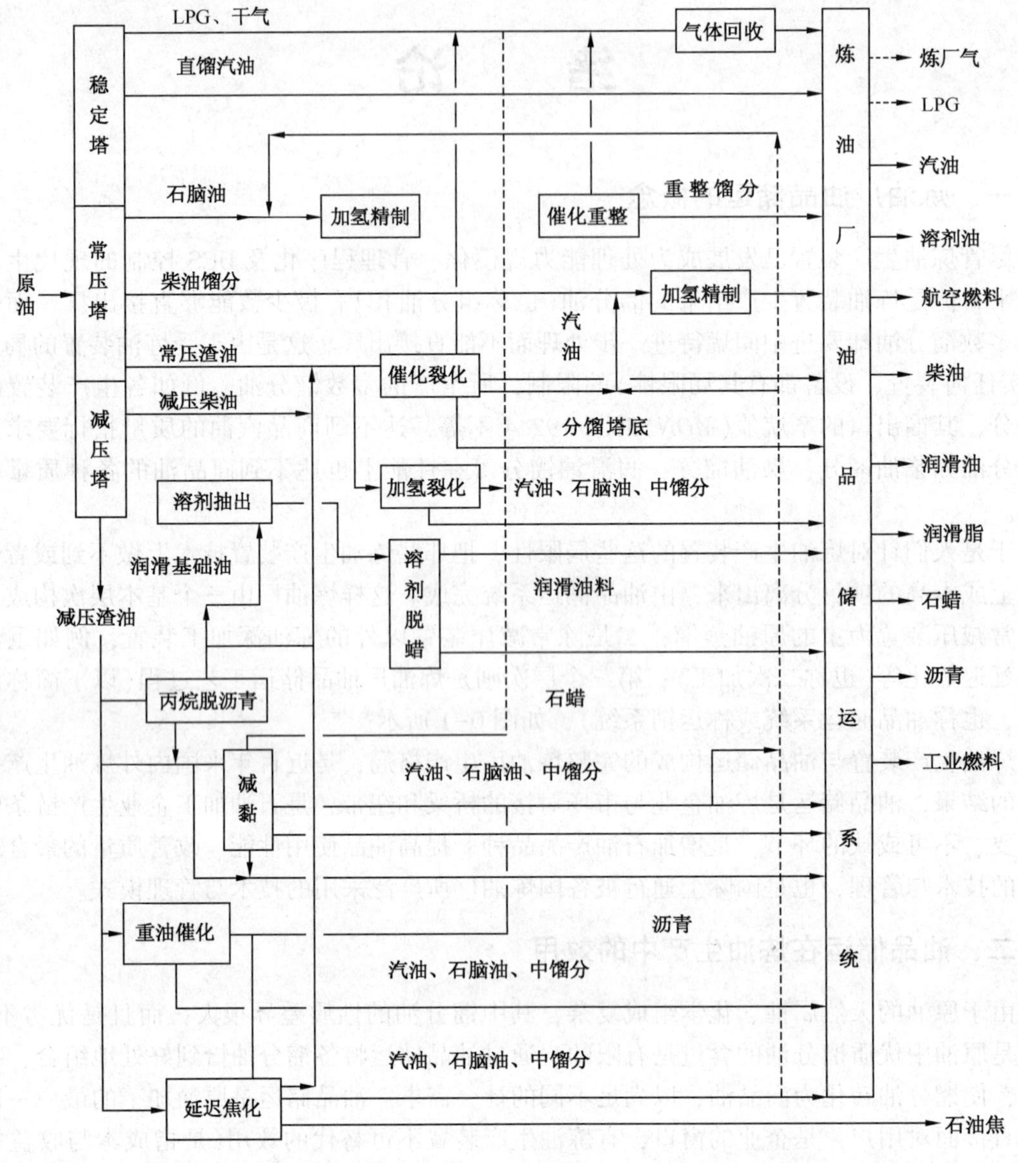

图 0-1　燃料-润滑油-化工型炼油厂生产装置与油品储运流程示意图

及成品油的发运等。可以说就整个炼油厂而言油品储运系统具有点多、面广、占地面积最大、设备容积空间(罐区)最大、管线最长、阀门最多等特点。

本书从认识原油的组成及各种物理性质开始，结合有关规范及规章制度及所需的油品储存设备(油罐等)、输送设备(管路与泵等)、运输设备(铁路油罐车与汽车油罐车等)及其附件的原理、结构特点、用途、故障的排除、操作及维护等技术与管理，反映石油产品的新标准、油品储运的新工艺、新技术、新设备。以此为纵轴层层递进把炼油厂油品储运技术及管理展示给读者，以提高分析问题解决问题的能力，达到不断拓展开发油品储运新技术之目的。

1. 馏分油转化为商品油的技术层面

(1) 炼油基础知识

① 石油及油品的基本特性。

② 设备的原理、结构、特性及作用：储罐及其附件、管路(管线、阀门)、泵、鹤管、铁路罐车、汽车油罐车等所需设备的设计及工作原理、结构、特性及作用。

(2) 油品的质量控制技术及油品调合

质量是商品的重要属性，油品质量控制技术是通过分析馏分油的现状、性能、性质、指标及特点，找出与产品质量标准要求的差别，依据有机物的相似相溶原理及分子扩散理论，通过双组分、多组分馏分油按不同比例进行油品调合，实现馏分互补；或需要往馏分油中加入添加剂，充分利用不同组分油的物化性质，发挥各自的优良性能，使馏分油达到商品油的标准。是油品储运工艺过程的核心技术，也是增加品种的重要手段。

(3) 油品的计量技术

炼油厂油品计量是油品储运系统数量管理的一项技术基础工作，它贯穿在炼油生产、装卸、储存、运输和经销全过程，在生产和经营活动中起着非常重要的作用。加强油品计量管理，为生产与经营提供齐全、准确数据，对促进生产发展，做好计划生产与分配，提高产品质量，保证生产安全，搞活产品流通，开展对内和对外贸易，反映经营成果具有十分重要意义。

(4) 油品的防损耗技术

石油及其产品是多种碳氢化合物的混合物，其中的轻组分具有很强的挥发性。在石油的开采、炼制、储运及使用过程中，由于受到工艺技术及设备的限制，不可避免地会有一部分比较轻的液态组分汽化，逸入大气，造成不可回收的损失，这种现象称为油品的蒸发损耗。油品蒸发损耗是一种选择性比较强的损耗形式，损耗的物质主要是油品中较轻的组分，因此油品蒸发损耗不仅造成数量损失，还会造成质量下降。散失于大气中的油蒸气不仅污染大气环境，而且在局部地区还会构成潜在的火灾危险。鉴于油品蒸发损耗的严重性和危害性，有必要去研究它的发生机理和规律，从而防损耗技术是油品储运的重要内容。

在油品的自然损耗中以蒸发损耗占主导，而蒸发损耗的机理、蒸发损耗发生的原因及其防损耗的措施，是油品储运技术的重要内容。

2. 馏分油品转化为商品油的操作与管理层面

(1) 原油进厂及其与生产装置的协调

将原油按国别、产地、品种分别进行储存、加热、脱水和计量并按工艺指标提供给有关装置。

(2) 成品油的出厂

固体产品包装，液体产品的装车、灌装、计量，发运出厂。

(3) 油品输转

负责二次加工装置原料的储存、检修、开停工及非计划开停工期间的系统管网吹扫、退油、供油工作。

(4) 罐区油品的加热、脱水、计量，清洗油罐、铁路罐车、油桶等

(5) 罐区的常规管理工作

油罐的日常管理及定期、定项目、定内容进行维护和检修，把可能出现的问题想在前，处理在前，在油品生产过程中油罐才能发挥应有的作用。

炼厂气体(瓦斯)管网回收系统、罐区污水系统的管理与维护。

(6) 油品输送设备(管路、泵)、储罐及其附件、油品计量设备、油品的运输装卸及设备(铁路、公路及水运)等。

油品储运过程所需的动静设备、栈桥、自动控制系统的维护、故障原因及排除方法。

五、油品储运技术与管理的新进展

社会的需求是技术发展的永恒推动力，近年来随着汽油及柴油几经升级，新的标准、润滑油质量进一步提高，更加推动了油品储运技术与管理工艺过程的发展。

综上所述，油品储运技术除了具有炼油化工生产的普遍特征(即克服各种阻力，如流体输送阻力、传热阻力、质量传递阻力等)外，还有其自身的特征：油品储运是为克服生产装置的局限性而存在，有生产装置不可替代的效用。油品储运基本框架结构分为五种类型设备、四项主要技术支持、六项操作及管理工作。

第一章　原油的性质及其加工过程

第一节　原油的组成及分类

天然原油(也称石油)通常为流动或半流动的黏稠液体。从颜色看，绝大多数石油是黑色的，但也有暗黑、暗绿、暗褐色的不同；更有一些石油是呈赤褐色、浅黄色乃至无色的。原油可以从元素组成、烃类组成及非烃类组成等三个方面来认识。

一、原油的化学元素组成

1. 原油中的主要化学元素组成

原油是一种极为复杂的烃类混合物，在人类已发现的一百多种构成物质的化学元素中，稳定物质也就七十多种，而原油中就含有二十多种化学元素。其主要化学元素组成是：碳(C)、氢(H)、硫(S)、氮(N)、氧(O)。

2. 原油中的微量金属元素

除上述五种主要化学元素外，原油中还发现微量的金属元素：钒(V)、镍(Ni)、铁(Fe)、铜(Cu)、铅(Pb)，此外还发现有钙(Ca)、钛(Ti)、镁(Mg)、钠(Na)、钴(Co)、锌(Zn)等。

3. 原油中的非金属元素

原油中所含非金属元素主要有：氯(Cl)、硅(Si)、磷(P)、砷(As)等，但含量都很少。

4. 原油中硫含量对油品储运的影响

虽然原油中的微量元素含量极少，例如砷(As)、硫(S)等，但它们对原油加工设备的腐蚀及其对石油产品质量的负面影响却是很大的。如何减少这些负面影响，是原油加工及油品储运工作的重点和难点，尤其是原油中的硫含量是制定原油加工、油品调合方案特别注重的指标之一。

二、石油的烃类组成

原油还可以从其中的各种烃类含量认识，有烷烃、环烷烃、芳香烃。一般不含不饱和烃，如烯烃等，只有在原油的二次加工产品中含烯烃。原油中这些烃类组成是以气态、液态、固态的化合物存在。

三、石油中的非烃化合物

原油中含有相当数量的非烃化合物，尤其在重油馏分中其含量更高。非烃化合物的存在对原油加工及产品的使用性能具有很大的影响。在原油的加工过程中，绝大多数精制过程都是为了解决非烃化合物的问题。为了能正确解决原油加工和产品使用中的一些问题，就必须对原油中非烃化合物的化学组成有较为具体的认识。

1. 含硫化合物

原油中的硫分布是随着馏分沸程的升高而增加，大部分硫集中在重油馏分和渣油中。

硫化物对石油加工及产品应用的危害是多方面的，所以它在原油中是敏感化合物，特别是对金属设备和腐蚀最为严重。另外，石油产品中对硫含量的要求也越来越严格，例如：GB 17930—2006 中规定 93 号、97 号汽油硫含量不大于 0.05%。

2. 含氧化合物

原油中的氧大部分集中在胶状、沥青状物质中，除此之外，原油中的氧均以有机化合物状态存在。这些含氧化合物，可分为酸性氧化物和中性氧化物两类。

3. 含氮化合物

原油中氮含量一般在万分之几至千分之几。我国大多数原油含氮量均低于 0.5%。大部分氮也是以胶状、沥青状物质形态存在于渣油中。

4. 胶状及沥青状

在原油非烃化合物中，大部分是胶状、沥青状物质。它们在石油中的含量相当可观，我国目前各主要原油中，含有大约百分之十几至四十几的胶质和沥青质。胶状、沥青状物质是原油中结构最复杂、相对分子质量最大的物质。

四、原油的分类

由于原油的组成极为复杂，又是天然物质，所以对原油分类也很难，其方法也有许多，下面仅介绍与油品储运有关的分类方法：商品分类法、关键馏分特性分类法及烃类含量法三种。

1. 商品分类法

国际原油市场对原油按密度和含硫量分类并计算不同原油的价格。原油密度低有较高的轻质油收率，属于优质类原油，而硫含量高则会增加加工成本。

(1) 按密度分类(20℃相对密度)

轻质原油：°API>34；d_4^{20}<0.852

中质原油：°API 20~34；d_4^{20}=0.852~0.930

重质原油：°API 10~20；d_4^{20}=0.931~0.998

特稠原油：°API<10；d_4^{20}>0.998

(2) 按硫含量分类

低硫原油：硫含量<0.5%

含硫原油：硫含量 0.5%~2.0%

高硫原油：硫含量>2.0%

(3) 按蜡含量分类

低蜡原油：蜡含量 0.5%~2.5%

含蜡原油：蜡含量 2.5%~10%

高蜡原油：蜡含量>10%

2. 按烃类含量法分类

原油中的碳氢化合物，大多数是不同碳原子数的烷烃，但产地不同的原油，其所含碳氢化合物的结构也有所不同。有的原油中所含烷烃以直链结构为主，通常称为石蜡基原油(例如大庆原油)；有的原油中所含烷烃是以环烷烃为主，通常称为环烷基原油；介于二者之间的，则称为中间基原油。不同结构的原油所得各种直馏馏分油的性质也有很大差异。

3. 按关键馏分特性分类

关键馏分特性分类法能够较好地反映原油的化学组成特性及原油中的烃类分布情况，有利于科研与生产加工方案的制定。

用规定的仪器及条件，将原油在常压和减压下蒸馏出两个馏分：在常压下馏程为250~275℃的称第一关键馏分；在减压下馏程为275~300℃（相当于395~425℃）的称第二关键馏分。测定两个关键馏分的相对密度和相对密度指数，然后对照表1-1，可将原油分为七类，即：①石蜡基；②石蜡基-中间基；③中间基-石蜡基；④中间基；⑤中间基-环烷基；⑥环烷基-中间基；⑦环烷基。

表1-1 关键馏分分类指标表

关键馏分	石蜡基	中间基	环烷基
第一关键馏分	d_4^{20}<0.8210 相对密度指数>40 （K>11.9）	d_4^{20}0.8210~0.8562 相对密度指数33~40 （K=11.5~11.9）	d_4^{20}>0.8562 相对密度指数<33 （K<11.5）
第二关键馏分	d_4^{20}<0.8723 相对密度指数>30 （K>12.2）	d_4^{20}=0.8723~0.9305 相对密度指数20~30 （K=11.5~12.2）	d_4^{20}>0.9305 相对密度指数<20 （K<11.5）

第二节 原油及油品的性质

一、原油及油品的物理性质

原油及油品的物理性质是我们进一步深层次了解、认识、揭示其内在规律性的重要途径，也是石油加工、储运性能及使用性能的重要指标。其物理性质是组成它的各种化合物的综合表现，因此，原油及油品的物理性质与其化学组成有着密切的联系。同时，可以通过油品的物理性质，建立其一系列数理方程，从而实现对其加工、储运、产品质量控制、各种油品的计量以及科学管理。

原油及油品的物理性质有很多，但涉及油品储运的有以下几种：

1. 密度、相对密度、相对密度指数和比容

(1) 密度

单位体积油品的质量称为油品的密度，以ρ表示，其单位为g/cm^3或kg/m^3。密度是石油及油品的重要属性之一，表征石油及油品内部质点的质量的密集程度，是评价油品质量的主要指标。例如，求解油品蒸发损耗的数学解析式就是通过不同状态下(P、V、T)的密度建立起来的。

(2) 相对密度

原油及油品在某温度t下的密度与水在4℃或在15.6℃(60 ℉)时密度之比，称为该油品在某温度t下的相对密度。

由于水在4℃时的密度为$1000kg/m^3$，在15.6℃时为$999.03kg/m^3$，二者数值上十分接近，在工程计算中d_4^{20}和$d_{15.6}^{15.6}$可不加区分，也就是把15.6℃时水的密度也视作$1000kg/m^3$。由此，在同一温度下，石油及油品的密度与相对密度在数值上的关系为：

$$\rho = 1000d \tag{1-1}$$

但 d_4^{20} 与 $d_{15.6}^{15.6}$ 之间的差值也有不能忽略的场合，例如，油品的商业交接，可按下式计算：

$$d_{15.6}^{15.6} = d_4^{20} + \Delta d \tag{1-2}$$

式中 Δd 为校正值，具体数值可查阅相关图表。

在油品储运的计量过程中经常用到密度(相对密度)和体积计算其质量(重量)，也可以通过相对密度和其他性质判断石油(或油品)的化学组成。例如，“特性因数”就是根据相对密度和沸点组合成的复合函数，用来判断石油的化学组成。

原油及油品的密度及相对密度一般随温度的升高而减小，各种物料的相对密度可以从有关计算图表查得。

(3) 相对密度指数

欧美各国使用较多，可按下式进行定义及计算，即：

$$API\text{度(相对密度指数)} = 141.5/d_{15.6}^{15.6} - 131.5 \tag{1-3}$$

(4) 比容

单位质量原油及油品所占有的体积称为该原油及油品的比容，用符号 υ 表示，单位为 m^3/kg。即比容和密度是互为倒数的关系。已知其中一个，很快就可以求得另一个量的值。比容也是油品储运经常用到的一个油品物性。

$$\upsilon = V/m = \frac{1}{m/V} = \frac{1}{\rho} \tag{1-4}$$

2. 油品的黏度

衡量油品黏性大小的物理量称为油品黏度。黏度的大小标志着油品流动的难易程度。它是油品的重要物性参数之一。

(1) 动力黏度

根据牛顿黏性定律可知，内摩擦力 F 与两流体层的相对速度 Δw 和两层的接触面积 S 成正比，与两层间的距离成反比。即：

$$F \propto S\frac{\Delta w}{\Delta y}$$

引入比例系数 μ，就可把上面的关系式写成等式：

$$F = \mu S\frac{\Delta w}{\Delta y}$$

式中 $\Delta w/\Delta y$ 称为速度梯度。表示在垂直于两流体层单位距离上的速度变化率。比例系数 μ 称为黏度系数，或称为动力黏度和绝对黏度。即：

$$\mu = \frac{F}{S\dfrac{\Delta w}{\Delta y}} \tag{1-5}$$

若取 $S=1m^2$，$\Delta w/\Delta y=1/s$，则在数值上有 $\mu=F$。所以黏度的物理意义为：在单位接触面积上，速度梯度为 1 时，由流体的黏性所引起的内摩擦阻力的大小。

在 SI 制中，动力黏度的单位为 Pa · s，中文名称[帕 · 秒]。

通常从手册中查得的黏度数据很多都用物理单位表示。在物理单位制中，黏度的单位为泊(P)：1 泊(P) = 100 厘泊(cP)，1cP = 10^{-3}Pa·s

气体和液体的黏度均由实验测定。一般流体黏度的实验数据可自有关手册或资料中查得。

(2) 运动黏度

流体黏性大小，还可用黏度 μ 与密度 ρ 的比值表示，称为运动黏度，以符号 υ 表示：

$$\upsilon = \mu/\rho \tag{1-6}$$

运动黏度在 SI 单位制中和工程单位制中均以 m^2/s 表示，在物理单位制中以 cm^2/s 为单位，称为斯托克斯，简称斯，习惯上也称沲，以 St 表示。

$$1St = 100cSt(厘沲) = 10^{-4} m^2/s$$

(3) 条件黏度

在燃料油质量标准中，还常能见到各种条件黏度指标。它们是在一定温度下，在一定仪器中，使一定体积的油品流出，以其流出时间(s)或其流出时间与同体积水流出时间之比作为其黏度值。恩氏黏度(Engler Viscosity)目前在我国燃料油质量标准中仍有使用，它是以油品从恩氏黏度计中流出200mL 的时间与同样体积的水在 20℃时流出的时间之比作为指标。

各种流体的黏度随其性质、温度和所受压力的不同而异。液体的黏度随温度升高而下降；气体的黏度则随温度的升高而上升。压力对液体的黏度影响可忽略，而真实气体的黏度则随压力升高而略为增大。

石油的黏度随其组成不同而异，含烷烃多的石油黏度较小；含胶质、沥青多的油品黏度较大。一般说来，同一油品中馏分沸点越高，黏度越大。通常用毛细管黏度计测定油品黏度，如图 1-1 所示。

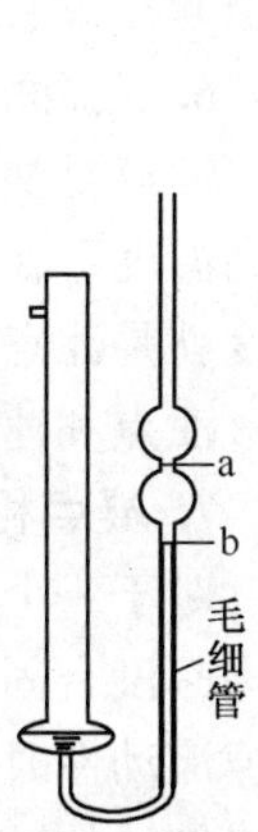

图 1-1　毛细管黏度计

3. 特性因数(K)

特性因数 K 值是油品的平均沸点的函数，其具体关系式如下：

$$K = \frac{1.216T^{\frac{1}{3}}}{d_{15.6}^{15.6}} \tag{1-7}$$

式中　T——油品平均沸点的绝对温度，K。

此处的 T 最早用分子平均沸点，后改用立方平均沸点，现在一般使用中平均沸点。

由式(1-7)可知，在平均沸点相近时，K 值取决于其相对密度，相对密度越大则 K 值越小。几种纯烃的特性因数中，烷烃的 K 值最大，约为 12.5~13；环烷烃的次之，为 11~12；芳香烃的最小，为 10~11。

4. 闪点

闪点是指可燃性液体(如烃类及石油产品)的蒸气同空气的混合物在临近火焰时，能发生短暂闪火的最低温度。

并不是任何油气和空气的混合气都能闪火爆炸，闪火的必要条件是：混合气中烃或油气的浓度要在一定范围，低于这一范围，油气不足，高于这一范围，则空气不足，均不能闪火爆炸。因此这一浓度范围，就称为爆炸范围。

常见的一些可燃气与空气混合时的爆炸范围可以从有关的资料中查得，这些数据都是由实验求定的。

5. 燃点和自燃点

提高油品温度，当到达某一温度时，引火后所生成的火焰不再熄灭(不少于5s)，这时油品就燃烧了，发生这种现象的最低油温称为燃点。

如果将油品预先加热到很高温度，然后使之与空气接触，则无需引着油品即可能因剧烈的氧化而产生火焰自行燃烧，这就是油品的自燃。能发生自燃的最低油温称为自燃点。

油品的沸点愈低，则愈不易自燃，故自燃点也就愈高。油品愈轻，其闪点和燃点愈低，但其自燃点却愈高。

闪点、燃点、自燃点是安全保管、输送油品的重要指标，闪点、燃点、自燃点低的油品易引起火灾，因此在储运过程中要避免火源与高温。

6. 浊点和冰点

浊点是油品在试验条件下，因为开始出现烃类的微晶粒或冰晶体而使油品呈现浑浊时的最高温度。在测定浊点以后，继续将试样油冷却，直到油中呈现出肉眼能看得见的晶体时的温度就是冰点。

浊点和冰点是用于轻质油品如航空汽油、喷气燃料等的质量指标。

7. 凝点和倾点

对于一个纯化合物来说，有固定的冰点，而且与熔点的数值相同。油品是一种复杂的混合物，没有固定的"凝固"点。它的凝点只是在一定的仪器中，在一定的试验条件下，油品失掉流动性时的温度。而所谓丧失流动性，也完全是条件性的。当油品冷却到某一温度，并且将储油的试管倾斜45°角，而经过1min后，肉眼看不出管内液面位置有移动，此时油品就看作是凝固了，产生这种现象的最高温度，就称为该油品的凝点。

所谓的倾点，是指原油产品能从标准型式的容器中流出的最低温度，或称流动极限。油品的沸点愈高，特性因数愈大，则倾点或凝点就愈高。

凝点是柴油、润滑油等油品的重要的低温流动性指标。

8. 残炭

用特定的仪器，将油品在不通空气的情况下加热至高温，此时，油品中的烃类即发生蒸发和分解反应，最终成为焦炭。此焦炭占试样的质量分数，叫做石油的残炭或残炭值。

残炭与油品的化学组成有关。生成焦炭的主要物质是沥青、胶质及芳烃，在芳烃中又以稠环芳烃的残炭最高。所以油品的残炭在一定程度上反映了其中沥青、胶质和稠环芳烃的含量。这对于选择石油加工手段有一定的参考意义。

9. 含硫量

石油中硫化物对石油产品的性质影响较大。含硫多的石油在加工中易引起设备腐蚀，加工所得的产品中含硫量加大并污染环境。如要得到不含硫的产品，需采用较复杂的加工程序，因此，石油含硫量是评价石油性质的一项重要指标，也是选择石油加工方案及原油调合方案的依据。

通常所指石油含硫量是石油中含硫元素的质量分数。

二、我国主要油田的原油性质及特点

原油的性质随产地的不同其差异很大，表1-2为国内主要原油的一般性质。

表 1-2　我国几种主要原油的一般性质

原油名称	大庆混合	胜利混合	鲁宁管输	辽河混合	中原混合	华北混合	新疆混合	大港混合
相对密度(20℃)	0.8591	0.8941	0.9048	0.9290	0.8567	0.8585	0.8839	0.8942
API 度	32.3	26.0	24.2	20.2	32.9	32.56	28.0	26.0
运动黏度(50℃)/(mm^2/s)	22.64	92.16	61.1	142.2	16.61	18.98	57.13	40.7
凝点/℃	30	27	25	10	33	34	-2	32
蜡含量/%	25.76	14.3	15	7.0	17.4	22.8		16.7
沥青质/%	0.12		0	0.65	0.16	2.5	0.05	0.18
胶质/%	17.96	17.0	16	17.0	9.8	23.2	10.0	10.43
残炭/%	3.1	5.8	5.6	8.2	5.3	4.8	3.5	5.3
酸值/(mgKOH/g)	0.05	0.55	1.3	1.81	0.41	0.35	2.29	
硫/%	0.08	0.73	0.79	0.37	0.57	0.23	0.12	0.12
氮/%	0.17	0.31	0.32	0.46	0.16	0.38		0.23
镍/(μg/g)	4.3	20	23	38	3.8	11.5	9.6	15.7
钒/(μg/g)	0.01	2.0	1.43	0.84	2.3	1	0.7	0
ASTM(200℃馏出①)/%	11.0	7.5	7.0	3.5	15.4	14	7.5	9
ASTM(300℃馏出①)/%	25.0	22.5	20.5	14.5	34.0	32	22.5	21

① 体积分数，表中其他未注明的为质量分数。

1. 大庆油

大庆是我国目前最大的油田，所产石油属低硫、石蜡基石油。硫含量一般在 0.1%左右，含蜡量高达 22.8%~25.76%。由于直链烷烃含量高，环烷烃和芳烃含量少，其石脑油、煤、柴油馏分都是很好的乙烯生产原料，甚至减压柴油馏分作为管式炉裂解原料也可有比较合理的收率，并能保证合理的清焦周期。

2. 华北油

华北油田所产石油与大庆油性质相似，均属低硫、石蜡基石油，其轻质馏分油(石脑油、柴油)均可作为乙烯生产的原料。

3. 胜利油

胜利石油属中间基石油。硫含量远较大庆油和华北油为高，残炭值与华北油相近，但沥青质和胶质高于华北油，更远高于大庆油。

4. 大港油

大港油田的混合石油属低硫、环烷基-中间基石油，其特性因数 *K* 介于 11.8~12.0 之间，与胜利油的性质相似，但含硫低，石油中的轻组分多。

5. 新疆油

新疆油区各石油性质差异很大，其中产量最大的是克拉玛依混合石油。该石油属低硫、中间基石油，*K* 值在 11.7~12.2 之间，含硫量一般在 0.1%以下，含蜡量少(约 2%~5%)，凝点低，酸值高。石油中轻馏分较多，480℃以上渣油馏分仅占 32%左右。

6. 中原油

中原混合石油是我国难得的轻质石蜡基石油，其小于 350℃时的馏出量约 47.9%，比大庆石油约高 17%，比胜利石油约高 23%。中原混合石油的硫、氮含量也较低，与大庆油和胜利油相比，饱和烃含量更高，芳烃含量更低，是一种很好的裂解原料。

三、国外主要石油的性质及特点

由于我国经济的高速发展，对石油的需求量日益增加，目前我国有半数的炼油装置加工国外石油，因此了解国外石油的性质是十分必要的。表1-3为国外部分油区的原油性质。

表1-3 国外原油组成和性质

性质＼原油名称	沙特阿拉伯			伊朗		伊拉克	阿联酋		科威特	阿曼	也门
	轻质	中质	重质	轻质	重质		穆尔班	迪拜			
密度(20℃)(g/cm³)	0.8598	0.8691	0.8872	0.8553	0.8679	0.8525	0.8239	0.8666	0.8647	0.8533	0.7878
*API*度	32.35	30.62	27.34	33.21	30.84	33.74	39.42	31.08	31.43	33.59	47.16
酸值/(mgKOH/g)	0.04	0.20	0.17	0.23	0.45	0.05	0.05	0.03	0.39	0.28	0.41
残炭/%	4.25	5.87	7.93	4.51	5.93	4.82	1.96	3.86	4.73	3.55	0.90
硫含量/%	2.30	2.80	3.09	1.43	1.80	1.99	0.86	1.66	1.65	1.12	0.08
氮含量/%	0.05	0.19	0.09	0.29	0.34	0.12	0.06	0.13	0.14	0.12	0.08
镍含量/(μg/g)	5.40	11.20	22.0	17.20	25.60	4.56	1.38	12.99	7.69	5.38	1.50
钒含量/(μg/g)	18.30	34.70	70.00	52.70	87.50	0.73	0.55	59.40	18.63	7.56	0.20
蜡含量/%	3.48	4.01	4.16	4.43	4.09	3.86	5.16	6.09	3.85	2.99	3.26
初馏点~350℃收率/%	49.98	46.19	40.82	49.51	46.36	50.27	62.17	55.12	42.63	44.00	73.34

1. 中东地区

中东地区产油国主要包括沙特阿拉伯、伊朗、科威特、伊拉克、阿联酋、阿曼、卡塔尔、也门、巴林、叙利亚等国家，其中前六个国家目前的石油产量约占整个中东地区的89%以上。从探明的石油储量来看，沙特阿拉伯排第一，伊拉克次之。

表1-3列出了中东石油的主要性质和特点。从中可以看出也门石油与其他石油的性质差别较大。也门石油密度小，硫含量、氮含量不到0.1%，残炭只有0.9%，<350℃的轻质油收率在73%以上，属低硫中间基石油，适于生产汽、煤、柴油。中东地区另一个比较特殊的石油是阿联酋穆尔班石油，它的密度只有0.8239g/cm³，硫含量也不像其他中东石油那么高，重金属含量较低，且镍含量比钒含量高。而大部分中东石油属于含硫或高硫中间基石油。与我国石油比较，这些含硫或高含硫中东石油有如下特点：

① 含硫高，一般在1.5%以上，有些甚至超过3.0%。

② 轻质油收率高，初馏点~350℃馏分一般大于44%，我国有这样高轻质油收率的石油不多。

③ 重金属含量高，镍含量在5.4~25.6μg/g之间，钒含量在7.6~87.5μg/g范围内。而且钒高镍低，这与我国石油一般镍高钒低刚好相反。

④ 蜡含量低，在3.48%~6.09%之间；凝点低，在-8~-42℃范围内。

2. 亚太地区

亚太地区产油国主要包括印度尼西亚、越南、巴布亚新几内亚、马来西亚、巴基斯坦和澳大利亚，其中印度尼西亚是亚太地区最大的产油国和石油输出国。亚太地区所产石油按密度分大致有轻质、中质和重质三大类。

除印度尼西亚的杜里石油外，亚太地区石油轻质油馏分收率较高，硫含量低、酸值低。中质石油性质类似于大庆石油，但其轻馏分收率较大庆的为高。

我国进口印度尼西亚石油比较多，其轻质石油基本上属低硫中间基石油，密度小，残炭、硫、氮、镍、钒含量很低，还有两个特点：一是馏分油收率高；二是蜡含量低。中质石油与轻质石油相比，残炭、蜡含量以及镍含量明显要高。印度尼西亚重质石油比较有代表性的是杜里石油，其不仅密度大，而且酸值、残炭、镍含量在印度尼西亚石油中也是最高的，而初馏点~350℃馏分的收率在印度尼西亚石油中最低，属低硫环烷-中间基石油。

3. 西非油区

该地区石油硫含量较低(除少数品种外)，酸值很小，适于我国目前大部分炼厂加工。数据表明，安哥拉石油随着密度的增加，其残炭、硫含量、蜡含量也逐渐增加。除加蓬的拉比石油、安哥拉的卡宾石油外，其他西非石油属低硫中间基石油。它们一般硫含量、氮含量、凝点、酸值均较低，但卡宾达和刚果的杰诺石油残炭较高。除杰诺石油以外，其他几种石油的轻质油收率都较高，初馏点~350℃馏分的收率都在41%以上。

4. 独联体油区

总的来说，独联体的石油比较复杂，可以根据密度将其分为轻质、中质和重质石油。俄罗斯石油、哈萨克斯坦石油初馏点~350℃馏分的收率高，凝点低。

第三节　石油加工工艺过程

一、馏分油的范围及名称

1. 石油馏分的概念

我们已经知道纯物质在一定压力下其沸点是一个定值，而石油是复杂的烃类混合物，其沸点只能是一个温度范围，而且很宽，在常压下从常温一直到500℃以上。把石油分成单个组分即使是在实验室也是极其困难的，其实际意义也不大。据了解目前通过一套工业装置还不能把石油直接分成单个组分，因此只能是通过石油加工(炼油)、石油化工等一系列工业装置有目的、分步骤地进行。

在炼油厂中没有必要把石油分成单个组分，而是把整个石油通过在一定条件下的实验仪器或生产装置“切割”成几个“馏分”，例如：<200℃的馏分、200~300℃馏分等。“馏分”意即馏出部分，它还是一个混合物，只不过所包含的组分数目比原油少多了。

2. 石油馏分的范围及名称

一般把原油中从常压蒸馏开始馏出的温度(初馏点)到200℃(或180℃)之间的轻组分称为汽油馏分(或称为轻油、石脑油馏分)；常压蒸馏200℃(或180℃)~350℃之间的中间馏分称为煤柴油馏分或常压瓦斯油(简称为AGO)。由于石油在常压下，从350℃开始有明显的分解现象，所以对于沸点高于350℃的馏分，需要在减压下进行蒸馏，在减压下蒸出馏分的沸点再换算成常压沸点。一般将相当于350~500℃的高沸点馏分称为减压馏分或润滑油馏分或减压瓦斯油(简称为VGO)；而减压蒸馏后残留的>500℃的油称为减压渣油(称VR)；将>350℃的油称为常压渣油(简称AR)。

二、石油加工工艺过程

1. 燃料-润滑油-化工型炼油装置

原油(石油)和其他自然资源，如原煤、原木、原水等一样都是需要加工的，也只有通过加工才能成为商品。在发现石油的初期，曾将其直接用作燃料。随着石油炼制工业的发展，石油作为能源的利用日益合理。石油炼制企业(炼油厂)根据原油性质不同和对石油主要产品的要求不同，各有所侧重，一般可分为四种类型：①燃料型；②燃料-润滑油型；③燃料-化工型；④燃料-润滑油-化工型。其中第四种类型的炼油厂，同时生产燃料油、润滑油、各种化工原料和化工产品，对石油资源可做到充分利用，是大型综合性炼油厂的发展方向，其原则流程见图0-1。

2. 石油的常减压蒸馏装置

在石油炼制中，首先按碳原子数或沸点，用蒸馏方法把石油分割成不同的馏分。这是石油进行炼制加工的第一层次，以常减压装置为主体，是石油炼制过程的“龙头”。各炼油厂即以其石油蒸馏的处理能力作为该炼油厂的规模，例如1000万吨/年炼油装置。

常压和减压蒸馏可以把石油中不同沸点范围的馏分分离出来，将石油分割为拔顶气馏分(C_1及C_4以下的轻质烃)、直馏汽油(或称石脑油馏分，沸点60~160℃)、煤油馏分(沸点130~240℃)、柴油馏分(沸点180~360℃)、常压重油馏分(沸点在360℃以上)。常压重油可进一步在减压蒸馏过程中分割为减压柴油馏分(沸点360~500℃)和减压渣油馏分(沸点在500℃以上)。但这些馏分油只能是半成品油，不能作为产品出厂。

在实际的炼油装置中，根据用途的不同，各馏分油的沸点范围(或称沸程)均有一定的变化。一般来说，在炼油工业中，直馏汽油馏分经精制或催化重整后可作为汽油产品的组分之一，大量用作各种交通工具的动力用油(最大量的是车用汽油)。将煤油馏分精制后，可作为灯用油和航空用油。柴油馏分多用于汽车、船用及农业机械的动力用油。柴油馏分也是优良的裂解原料。即通过常减压蒸馏可获得直馏的汽油、煤油、柴油等轻质馏分和重质油馏分及渣油。

3. 深加工(也称二次加工)装置

从石油中经蒸馏直接得到的轻馏分是有限的，大量的重馏分和渣油需要进一步加工，在加工过程中有化学反应发生，且原料中的烃类化合物在结构上也发生变化，称为二次加工。属于二次加工的转化工艺主要有：催化裂化、加氢裂化、延迟焦化、催化重整、MTBE与烷基化，现在炼油厂将重油催化、延迟焦化作为主要二次加工工艺；属于二次加工中精制工艺的主要有溶剂精制、加氢精制、润滑油加氢处理、白土补充精制、丙烷脱沥青、蜡加氢、蜡脱油、脱蜡等，其产品也大多为馏分油。

4. 油品的储运工艺过程

通过以上对炼油基本工艺过程的介绍，我们知道生产装置馏出口的馏分油也通常冠以汽油、煤油、柴油、润滑油等油品的名称，表1-4、表1-5、表1-6为炼油厂主要生产装置馏出口馏分油的各项指标。但必须特别指出：这些冠名的馏分油并不就是石油产品，这些馏分油要满足成品油的规格质量要求，尚须通过添加某种添加剂及进行调合，才能得到成品油，这就是油品储运系统要做的工作。

表 1-4　常减压汽油、高闪点煤油、柴油、航空煤油(馏分油)规格

产品名称	分析项目	质量指标	产品名称	分析项目	质量指标
汽　油	干点/℃ 反应 腐蚀	干点范围 139~205 中性 合格	$3^{\#}$喷气燃料	密度(20℃)/(kg/m³)	不小于 775.1
高闪点煤油	凝点/℃ 闪点/℃ 馏程/℃	-40~-47 不低于 45 实测		馏程 冰点/℃ 闪点/℃	实测 不高于-48 不低于 39~50
柴　油	凝点/℃ 闪点/℃ 馏程	+10~-10 不低于 55 实测		硫醇/% 铜离子/(ng/kg)	不大于 0.009 不大于 20

表 1-5　重油催化半成品汽油、轻柴油、重柴油规格

Ⅰ重油催化			Ⅱ重油催化		
产品名称	分析项目	质量指标	产品名称	分析项目	质量指标
汽　油	密度(20℃)/(kg/m³) 烯烃含量/%(体积) 蒸汽压/(kPa) 干点/℃	700~750 按月指标或变更通知单 ≯74(夏) ≯88(冬) ≯203	汽　油	烯烃含量/%(体积) 蒸汽压/kPa 干点/℃	按月指标或变更通知单 ≯74(夏) ≯88(冬) ≯203
轻柴油	密度(20℃)/(kg/m³) 馏程 凝点/℃ 闪点/℃ 氧化安定性	800~900 实测 +7~-20 按变更通知单进行 实测	轻柴油	馏程 凝点/℃ 闪点/℃ 氧化安定性 十六烷值	实测 按变更通知单进行 实测 实测 实测
柴　油	馏程 凝点/℃ 闪点/℃ 密度(20℃)/(kg/m³)	实测 5~30 20~80 820~900	重柴油	馏程 凝点/℃ 闪点/℃ 密度(20℃)/(kg/m³)	实测 实测 实测 820~900

表 1-6　催化重整半成品质量指标

产 品 名 称	分 析 项 目	质 量 指 标
汽　油	辛烷值(研究法)	90~97
	铜片腐蚀(50℃ 3h)/级	≯1
	密度/(kg/m³)	实测
	芳烃(苯)/%	≤2.5
	馏程	实测

油品的储运是解决由于生产装置的局限性所不能解决的深层次工艺技术。所需设备、设施有：油罐及其附件、油品输送设备、油品的运输、装卸设备(栈桥、厂内铁路、油码头)等。通过油品调合技术、油品计量技术、油品的防蒸发损耗技术等直至把合格油品装运出厂。

这其中有哪些规律可以遵循及所需设备的原理、结构及操作等，这就是本书将要进一步展开讨论的内容。

第二章 储油设备

第一节 概 述

一、油罐的特点

油品储运同炼油装置一样也是通过相应的设备实现的，所用设备也同样遵循动量、能量、质量传递的基本规律，但也有其特殊性。本章介绍炼油厂储油设备——各种油罐及其附件的原理、结构、性能及操作。

油罐是炼油厂油品储运系统中的主体设备之一，原料油的接收、储备及成品油的储存、馏分油的输转及调合等，一般是通过油罐、气柜及水封槽等来实现的。

1. 油罐的特殊性

(1) 炼油化工装置的设备(如塔器、冷换设备、加热炉等)一般是封闭体系，往往与大环境没有物质交换，而油罐则不同，有相当一部分油罐(球形罐除外)在储存、收付油过程中是要进行“呼吸”的。为使油罐在“呼吸”过程中少带油气或不带油气，就须针对非封闭体系，采取相应有效的措施，以降低油品的蒸发损耗。

(2) 生产装置属于稳定操作，一般操作条件(如：温度、压力、流量、液面等)不随时间改变，而油罐的液面在收、发油时是随时间变化的不稳定操作。

(3) 油罐的收、发油操作是间歇进行的不连续过程。

以上三点，对炼油生产装置来说，只有在开停工时才出现特殊极端过程，而油罐的收、发油过程却是常规操作。可见，油罐比封闭体系、稳定、连续操作的炼油设备，无论是从设计角度还是从操作管理角度都要复杂得多。

2. 油罐的技术要求

密封性好，不发生油品及其蒸气渗漏；为不燃材料，易于防火；与油品接触不发生化学变化，不影响油品质量；结构及附件简单，坚固耐用；便于施工及管理。

我国的油罐已发展成为规模大型化、形式多样化、功能配套齐全，正在逐步形成标准化、系列化，由几十立方米发展到外浮顶 150000m^3 及内浮顶 30000m^3。油罐设置由地上油罐发展到覆土半地下油罐、埋入地下坑穴的地下油罐、巷道式洞室油罐。随着海洋石油工业的发展，能适应海上储油要求的海上油罐也应运而生。

目前炼油厂油品储运系统应用较多的是立式拱顶金属油罐、立式浮顶金属油罐和卧式金属油罐，用于储存原油或各种液体油品。球形罐专门用于储存低沸点的气体油品，套桶顶罐专门用于低压炼厂气的回收及储存。本章将重点介绍这些油罐及其附件的原理、结构、特点、性能、设计思路、安装注意事项及使用维护。

二、油罐的分类

油罐按材料可以分为非金属与金属油罐。

1. 非金属油罐

非金属油罐主要有土油罐、砖油罐、石砌油罐、钢筋混凝土油罐等。这些油罐的特点是不用或少用钢材，油罐壁厚，导热系数小，罐内油品温差变化小，热损耗少，油品蒸发损耗较少，宜于储存原油、农用柴油及重质油品。但非金属材料抗拉性能差，易发生沉陷、裂纹难于修复、渗漏等诸多问题难以解决，目前已不建非金属油罐。但是，非金属油罐的优越性例如热损失小、油品的蒸发损耗少、不用金属等仍是金属类油罐所不能比的。

2. 金属油罐

金属油罐是在非金属油罐的基础上发展而来的。

金属油罐按形状可分为以下几种形式，见图2-1所示。

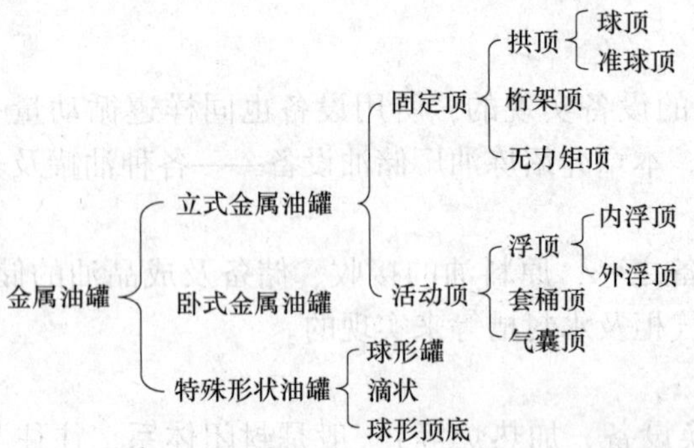

图2-1 金属油罐的分类图

炼油厂常用的金属油罐，根据罐顶的结构不同可分为固定顶油罐和活动顶油罐两类。固定顶油罐包括桁架锥顶油罐、拱顶油罐；活动顶油罐则包括浮顶油罐和内浮顶油罐。炼油厂常用的油罐还有卧式金属油罐及球形罐。

(1) 桁架式锥顶油罐

其罐顶结构呈圆锥形，过去曾在我国大量建造，由于其结构较复杂，备料、施工均不方便，耗钢多且耐压低，现已很少再建。

(2) 无力矩顶油罐

其顶部结构呈扁“人”形，中间由立柱支撑，因其中间有立柱不能安装浮盘，油品的蒸发损耗大，顶部易积水而腐蚀，操作使用不太安全，我国20世纪60年代中期(随大庆油田开发而建的炼油厂)造了一批这种类型的油罐，目前仍在使用，但已不再建造。

(3) 拱顶油罐

罐顶为球形，拱顶本身是承重构件，有较大的刚性，且能承受较高的内压，有利于降低蒸发损耗。

(4) 浮顶油罐

浮顶(又名外浮顶)油罐主要有一个浮盘覆盖在油面上，并随着油面的升降而升降，由于浮盘与油面间几乎不存在气体空间，因此可以大大地减少油品蒸发损耗，还可提高储油的安全性及满足环保要求。

(5) 内浮顶油罐

由于它有固定顶盖的遮挡，浮盘上不会积聚雨水，而且可以避免尘埃、风沙对油品的污染。由于内浮顶油罐具有拱顶油罐和浮顶油罐的优点，因而广泛用来储存汽油、煤油、溶剂汽油、航空汽油和喷气燃料等。

(6) 球形罐

属于压力罐，一般用于储存液化石油气。

第二节 立式拱顶金属油罐

一、立式拱顶金属油罐的分类

按照结构形式，拱顶分为球形拱顶和准球形拱顶。

球形拱顶的截面呈单圆弧拱，如图 2-2 所示。它由罐顶中心板、扇形顶板、加强筋和加强环(包边角钢)组成。为防止在拱脚处产生很大的压力而破坏油罐，装油高度只能达到加强环处，拱顶内部不宜装油。这种拱顶结构简单、施工方便，因此在炼油厂应用比较广泛，我国目前建造的拱顶罐绝大部分是这种单圆弧球形拱顶罐。

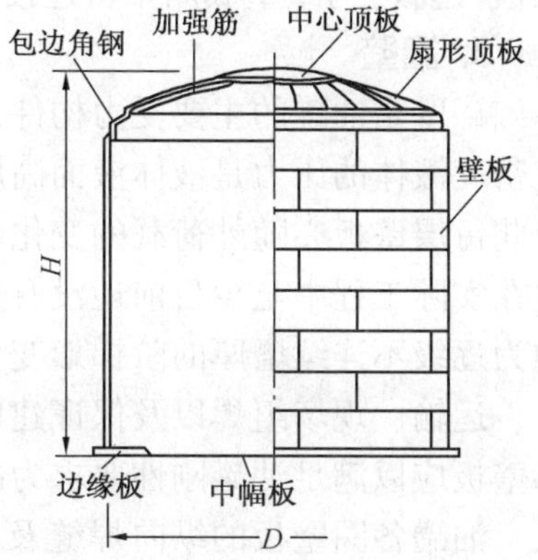

图 2-2 立式球形拱顶油罐

二、立式球形拱顶金属油罐的特点

立式拱顶金属油罐在各类金属油罐中相对比较简单，是典型的金属油罐。

固定顶罐顶部留有一定容量的气相空间，其中以拱顶罐为最大，锥顶罐次之，无力矩罐气相空间最小。气相空间大，会使罐内储存油品的蒸发损失加大，所以固定顶罐不适宜轻质油品和原油的储存，主要用于储存闪点≥60℃的各种馏分、燃料油、煤油、低挥发性及重质油品。

罐容系列为：$100m^3$、$200m^3$、$300m^3$、$400m^3$、$500m^3$、$700m^3$、$1000m^3$、$2000m^3$、$3000m^3$、$5000m^3$、$10000m^3$。

三、立式球形拱顶金属油罐的结构

立式球形拱顶金属油罐的结构由基础、底板、壁板、顶板组成。如图 2-2 所示。

1. 油罐基础

油罐基础是油罐壳体本身和所储油品重量的直接承载体，并将这些荷载传递给地基土壤，保证油罐安装精度(均匀沉陷、稳定)、隔绝地下水、保持罐底干燥、防止罐底钢板腐蚀等。

新建油罐要进行试水沉降试验，注水应持续 72h，要求基础均匀沉降，沉降量不超过 50mm。试水 72h 后如发现基础仍有明显沉降，就应延长注水试验时间。

油罐装油后，基础将发生下沉，随地基土壤孔隙的不同，基础沉陷量也不同，严重时沉陷量可达数十厘米，甚至更多。因此在进行油罐基础设计时，应根据勘测资料计算基础沉陷量，并做好油罐与管线的弹性连接，以免油罐下沉时扯断管线。

近年来，设计油罐的基础时，也逐渐采用了硬基础结构，硬基础是在地基层按要求打上混凝土桩，硬基础油罐的建设可有效地解决罐底的变形。

2. 油罐底板

立式球形金属油罐的罐底直接铺设在储罐基础的表面上，罐底板下表面与基础接触，罐底上表面直接与液体介质接触。

罐底通常由中幅板和边缘板两部分组成。边缘板是指与罐壁相连接的罐底部分，中幅板是指距离罐壁约600mm以外的其余部分罐底。当油罐内径小于12.5m时，罐底可不设环形边缘板；油罐内径大于或等于12.5m时罐底宜设置环形边缘板。罐底的中幅板受力很小，通常在理论上可以不考虑强度要求。但考虑到施工过程中的焊接变形、基础不平产生挠度以及储液和水气腐蚀等原因，中幅板也不宜过薄。

板厚：中幅板<边缘板(边板)<罐壁底圈；

焊接：中幅板、边缘板(边板)——搭焊，边板外缘——对接形成平滑平面，有利于边缘板(边板)与罐壁底圈紧密连接。

3. 罐壁

罐壁是油罐的主要受力构件，在液体压力的作用下承受环向拉应力。由水力学可知：一定密度液体的压力是液体液面高度的单值连续函数，即：罐壁下部的环向拉应力大于上部，因此每层壁板亦随外荷载的变化由上而下(顶圈……第三圈、第二圈、底圈)逐层连续增厚，但在实际工程中至少目前还没有连续变化截面的特种型号钢板供建造油罐专用，所以罐壁结构为逐级不连续增厚的阶梯形变化截面。储罐壁板厚度是由环向应力确定的，考虑到预制加工、运输、现场组焊以及保证建成后的罐壁的各项几何尺寸及抗风、抗升举能力等因素，上部壁板应以满足油罐刚性要求为准则。

油罐各圈壁板的纵向焊缝及环向焊缝均采用对接焊接的结构形式，罐壁内表面对齐焊接。对接接头采用全焊透结构。

罐壁相邻两层壁板的纵向接头应相互错开，最小距离应大于较厚壁板厚度的5倍且不得小于100mm。

4. 拱顶

球形拱顶油罐的罐顶为球缺形，球缺半径一般取油罐直径的0.8~1.2倍。拱顶结构简单，便于备料和施工。若不考虑腐蚀余量时顶板最小公称厚度为4.5mm。当油罐直径大于15m时，为了增强拱顶的稳定性，拱顶要加设筋板。拱顶本身是承重构件，有较大的刚性，能承受较高的内压，有利于降低油品蒸发损耗。一般的拱顶油罐可承受1.96kPa，最大可至10kPa，承受外压(负压)在0.5kPa。拱顶油罐的最大经济容积一般为10000m^3，容积过大则拱顶部分过大，会增加油品的蒸发损耗，因此不推荐建造10000m^{3}以上的拱顶油罐。

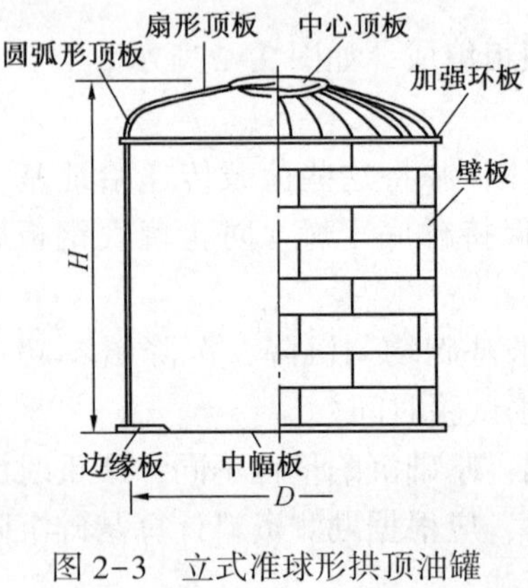

图2-3　立式准球形拱顶油罐

四、准球形拱顶油罐

准球形拱顶的截面呈三圆弧拱，中间是一个大圆弧(曲率半径为油罐直径的0.8~1.2倍)，两边是匀调转角的小圆弧(曲率半径是大圆弧曲率半径的0.1倍)，如图2-3所示。

第三节　立式浮顶金属油罐

立式浮顶金属油罐根据油罐外壳是否封顶分为外浮顶油罐和内浮顶油罐。如果说金属油罐是在非金属罐的基础上发展而来的，而浮顶金属油罐则是在金属拱顶罐的基础上发展而来的。

浮顶罐是油罐技术发展的突破性进展，是20世纪出现的两次能源危机逼出来的，也是人类节能意识、安全意识、环保意识的进步、拓展、加强的产物。浮顶式金属油罐目前还存在不足，有待改进和开发。

浮顶金属油罐的基础、底板、罐壁与拱顶油罐基本相同，其主要区别在于浮顶油罐有一个浮顶，其结构与操作使用比拱顶油罐要复杂(是浮顶油罐的不足之一)。

浮顶是一个覆盖在油面上，并随油面升降的盘状结构物件。由于浮顶与油面间几乎不存在气体空间，因而可以极大地减少油品蒸发损耗，减少油气对大气的污染，减少发生火灾的危险性。所以，浮顶罐被广泛用来储存原油、汽油等易挥发油品，用于原油及高挥发性油品的储存。如果原油含蜡量大，一般设置刮蜡装置以防止罐壁结蜡，妨碍浮盘活动或蜡块局部跌塌损坏浮盘。

炼油厂轻质油的储存基本上已经不用单纯的拱顶罐了，已被浮顶罐所取代。尽管建造浮顶罐耗用的钢材和投资都比拱顶罐多，投资成本会增加，但可以从降低的油品损耗中很快得到抵偿。

一、浮顶的结构

浮顶的结构形式有浅盘式、单盘式和双盘式三种(因此，也称浮盘)。

1. 浅盘式

在一块单板的周围装上垂直的边缘，如图2-4(a)所示，这是浮顶出现初期的一种形式。它存在着三种严重缺陷。首先，当浮顶出现泄漏时，极易引起浮顶下沉；其次，当遇有雪或雨水等附加荷载时，可能严重影响浮顶的稳定；其三，由于只有一层钢板，且直接与所储液体接触，阳光直射在浮顶上，可能导致顶板下部高挥发性液体沸腾。由于上述缺点的存在，这种形式可以用在内浮顶油罐，外浮顶油罐已不再使用这种形式。但是，后两种形式的浮盘是在此基础上发展起来的。

2. 单盘式

是在浮顶的周边安装了一个环形浮船，中间为单层板，如图2-4(b)所示。浮船内部由径向隔板分隔为若干个互不连通的隔舱，当个别隔舱渗漏时不致使浮顶沉没，有效地克服了浅盘式浮顶的前两项缺点，因此得到了广泛应用，也是目前应用最广泛的浮顶形式。但由于其浮顶中心仍为单板，仍可能由于阳光直射造成高挥发液体沸腾，因此，它仍不适合于轻质油品储罐。

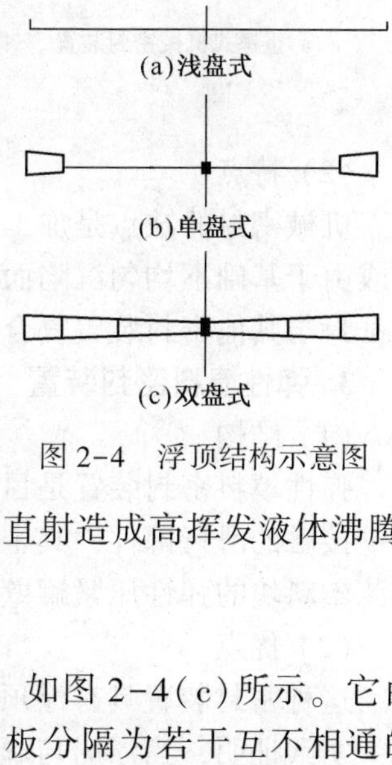

图2-4 浮顶结构示意图

3. 双盘式

双盘式浮顶则克服了下沉、不稳定、阳光直射这三个问题，如图2-4(c)所示。它由上、下两层盖板组成，两层盖板之间由边缘板、径向板和环向板分隔为若干互不相通的隔舱。

二、浮顶的密封装置

浮顶外缘环板与罐壁之间有宽200~300mm的间隙(大型罐可达500mm)，其间装有固定在浮顶上的密封装置。密封装置既要紧贴罐壁，以减少油品蒸发损耗，又不能影响浮顶随油面上下移动。因此要求密封装置具有良好的密封性能和耐油性能，坚固耐用，结构简单，施工和维修方便，成本低廉。密封装置的优劣对浮顶罐的工作可靠性和降耗效果有重大影响，是浮盘类油罐的核心技术，也是需进一步开发的技术。

1. 密封装置的种类

密封装置的种类有很多，早期使用的主要是机械密封，目前多使用弹性填料密封或管式密封，也有的使用唇式密封或迷宫式密封。若只是使用上述任何一种形式的密封，一般称为单密封。为了进一步降低蒸发损耗，有时又在单密封的基础上再加一套密封装置，这时称原有的密封装置为一次密封，而另加的密封装置为二次密封(或称复合密封)。

2. 机械密封

(1) 结构

机械密封主要由金属滑板、压紧装置和橡胶织物三部分组成。机械密封又分为重锤式机械密封、弹簧式机械密封和炮架式机械密封，如图 2-5 所示。

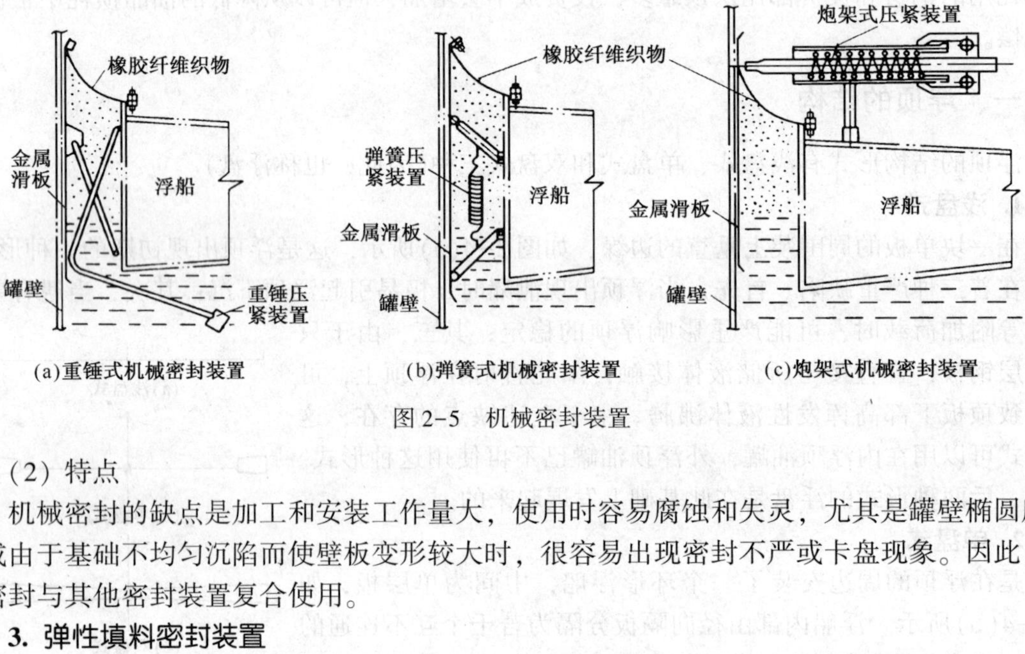

图 2-5 机械密封装置

(2) 特点

机械密封的缺点是加工和安装工作量大，使用时容易腐蚀和失灵，尤其是罐壁椭圆度较大或由于基础不均匀沉陷而使壁板变形较大时，很容易出现密封不严或卡盘现象。因此，机械密封与其他密封装置复合使用。

3. 弹性填料密封装置

(1) 结构

弹性填料密封装置是目前应用最广泛的密封装置。它用涂有耐油橡胶的尼龙布袋作为与罐壁接触的滑行部件，其中装有富于弹性的软泡沫塑料块(一般为聚氨基甲酸酯)，利用软泡沫塑料块的弹性压紧罐壁，达到密封要求。

(2) 优点

这种密封装置具有浮顶运动灵活、严密性好、对罐壁椭圆度及局部凸凹不敏感等优点。

实践证明，当浮船与罐壁的环形间隙在 150~300mm 之间变化时安装弹性填料密封均能保持良好密封。

(3) 缺点

弹性填料密封装置的缺点是耐磨性差。因此，安装这类密封装置的油罐内壁多喷涂内涂层，这样既可防腐又可减少罐壁对密封装置的磨损。此外，在长期使用时，由于被压缩的软泡沫塑料可能产生塑性变形，其密封效果将逐步降低。

4. 气托式弹性填料密封与液托式弹性填料密封

装有软泡沫塑料的橡胶尼龙袋可以全部悬于油面之上，也可以部分地浸没在油品中。橡胶尼龙袋全部悬于油面之上的，称为气托式弹性填料密封；部分浸入油品的称为液托式弹性填料密封。

（1）气托式弹性填料密封

密封件与油品不接触，不容易老化，但是该密封装置和油面之间有一连续的环形气体空间，而且密封装置与罐壁的竖向长度较小，因而油品蒸发损耗较液托式弹性填料密封大。

（2）液托式弹性填料密封

该种密封的密封件容易老化，但它不存在连续的环形气体空间，降低蒸发损耗的效果更显著，液托式弹性填料密封装置如图 2-6 所示。

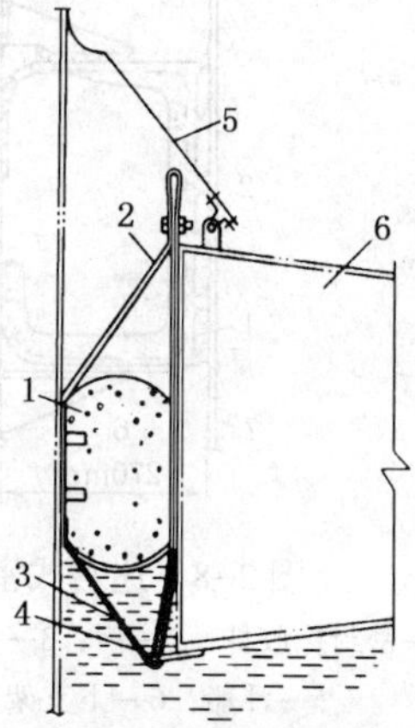

图 2-6　液托式弹性填料密封装置图

1—软泡沫塑料；2—密封胶袋；3—固定带；4—固定环；5—防护板；6—浮船

采用弹性填料密封装置时，在其上部常装有防护板，又称风雨挡，对密封装置起到遮阳防老化、防雨和防尘的作用。防护板由镀锌铁皮制成。防护板与浮船之间用多根导线作电气连接，以防止雷电或静电起火。

5. 管式密封装置

（1）结构

管式密封装置如图 2-7 所示。由密封管、充液管、吊带、防护板组成。密封管由两面涂有丁腈-40 橡胶的尼龙布制成，管径一般为 300mm，密封管内充以柴油或水，依靠柴油或水的侧压力压紧罐壁。密封管由吊带承托，吊带与罐壁接触部分压成锯齿形以防毛细管现象，对原油罐还能起刮蜡作用。

（2）特点

吊带及密封管浸入油内，油面上无气体空间。由于密封管内的液体可以流动，因而管式密封装置的密封力均匀，不会因为罐壁的局部凸凹而骤增或骤减，对罐壁椭圆度有较好的适应能力，因而密封性能稳定，浮顶运动灵活。

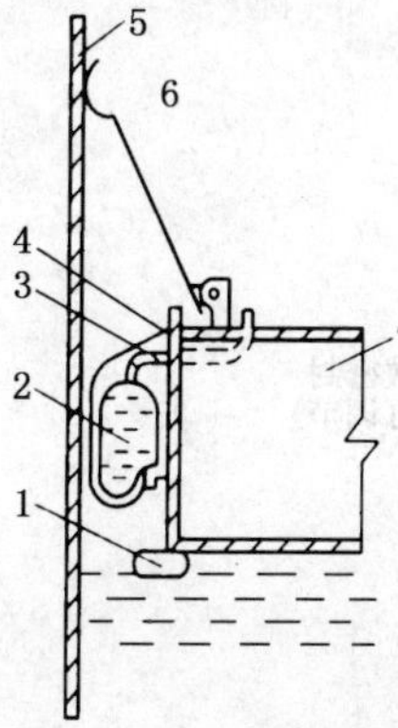

图 2-7　管式密封装置

1—限位板；2—密封管；3—充液管；4—吊带；5—罐壁；6—防护板；7—浮船

6. 迷宫式密封装置

（1）结构

迷宫式密封装置如图 2-8 所示，是由密封橡胶件等组成。迷宫式密封装置的密封橡胶件如图 2-9 所示，由丁腈橡胶制造。该密封装置的外侧有 6 条凸起的褶同罐壁接触，相当于 6 道密封线。少许油气即使穿过其中的一条褶，进入褶与褶之间的空隙，还要经过多次穿行才能逸出罐外，故而得名。浮顶上下运动时，褶可以灵活地改变弯曲方向。浮顶下降时又可把附着在罐壁上的油滴拭落，以减少黏附损耗。迷宫密封橡胶件的内侧（靠浮顶一侧）在橡胶内装有板簧，它是在橡胶硫化时与橡胶件结合在一起的，依靠板簧的弹力，将密封件压在罐壁上。橡胶件主体内有金属型芯骨架，起到增强的作用。每块密封件两端的下部都有堰，以防浮顶升降时油品浸入密封件。

(2)特点

迷宫式密封装置结构简单，密封性能好，能使浮顶运动平稳。

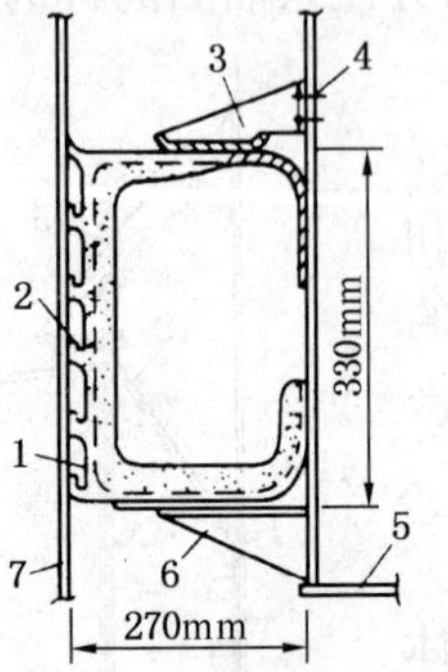

图 2-8 迷宫式密封装置

1—密封橡胶件；2—褶；3—上支架；4—螺栓；5—浮船；6—下支架；7—罐壁

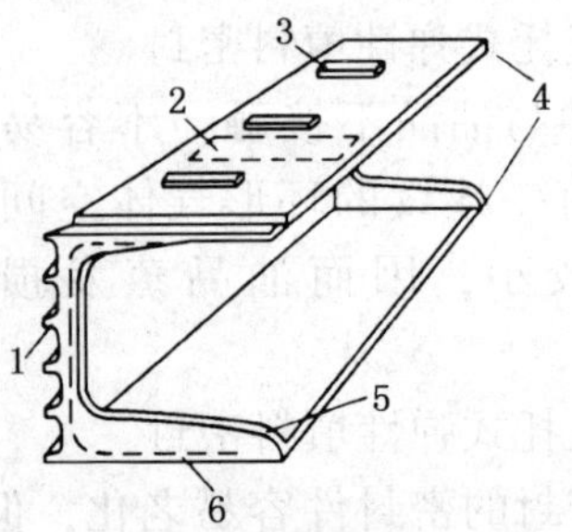

图 2-9 迷宫式密封装置的橡胶件

1—褶；2—板簧；3—导板；4—搭接部分；5—堰；6—金属型芯骨架

7. 唇式密封装置

同迷宫式密封装置类似的还有唇式密封。图 2-10 为唇式密封装置，它的宽度调节范围为 130~390mm。

8. 复合密封

上述密封装置可以单独使用，也可以同附加密封装置一起使用。两两共同使用时称复合密封(也称二次密封)，二次密封可装在机械密封金属滑板的上缘，亦可装在浮船外缘环板的上缘，后者主要用于非机械密封。二次密封多依靠弹簧板的反弹力压紧罐壁，利用包覆在弹簧板上的软塑料制品密封。装于机械密封装置的二次密封如图 2-11 所示。加设二次密封可进一步降低油品静止储存损耗。

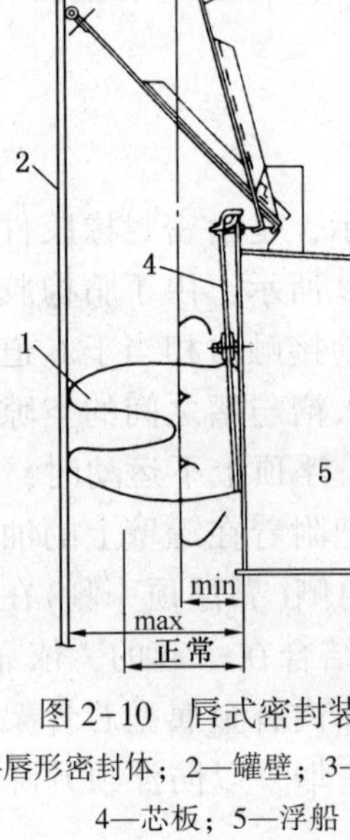

图 2-10 唇式密封装置

1—唇形密封体；2—罐壁；3—防护板；4—芯板；5—浮船

图 2-11 机械密封装置的二次密封

1—一次密封；2—弹簧板式二次密封

三、浮顶油罐

浮顶油罐适宜储存原油、溶剂油、乙烯原料及性质相似的轻质油。罐容系列为：$1000m^3$、$2000m^3$、$3000m^3$、$5000m^3$、$10000m^3$、$20000m^3$、$30000m^3$、$50000m^3$、$70000m^3$、$100000m^3$。

1. 结构

浮顶罐结构，如图 2-12 所示。其上部是敞口的，不再另设顶盖，浮顶的顶板直接与大气接触。

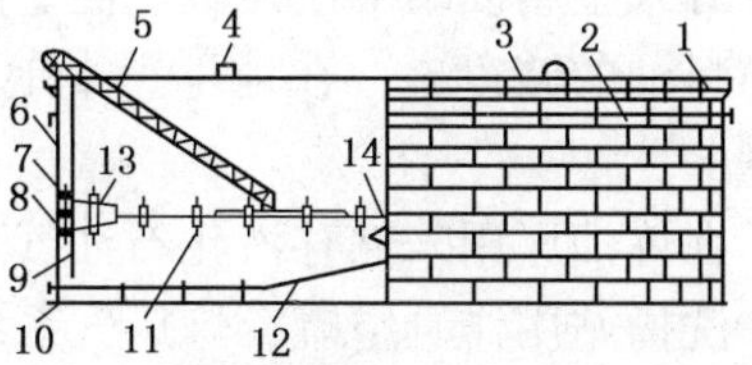

图 2-12 浮顶油罐结构示意图

1—抗风圈；2—加强圈；3—包边角钢；4—泡沫消防挡板；5—转动扶梯；6—罐壁；7—管式密封；8—刮蜡板；9—量油管；10—底板；11—浮顶立柱；12—排水折管；13—浮舱；14—单盘板

2. 特点

浮顶油罐不仅可以降低油品蒸发损耗，而且特别适宜建造大容积储罐。建造大容积储罐，不仅可以节省单位储油容积的钢材耗量和建设投资，而且可以减少罐区的占地面积，节省油罐附件和罐区管网。但是，由于外浮顶油罐的浮顶直接暴露于大气，储存的油品容易被雨雪、灰尘玷污，故而外浮顶罐多用来储存原油、乙烯原料，较少用于储存成品油。

四、内浮顶油罐

内浮顶油罐适宜储存航空汽油、喷气燃料油、芳烃、车用汽油、溶剂油、重整原料油及类似的轻质油。

浮顶罐的容积系列为：$100m^3$、$200m^3$、$300m^3$、$400m^3$、$500m^3$、$700m^3$、$1000m^3$、$2000m^3$、$3000m^3$、$5000m^3$、$10000m^3$。

1. 结构

内浮顶罐是在拱顶罐内加设内浮盘而构成，如图 2-13所示。

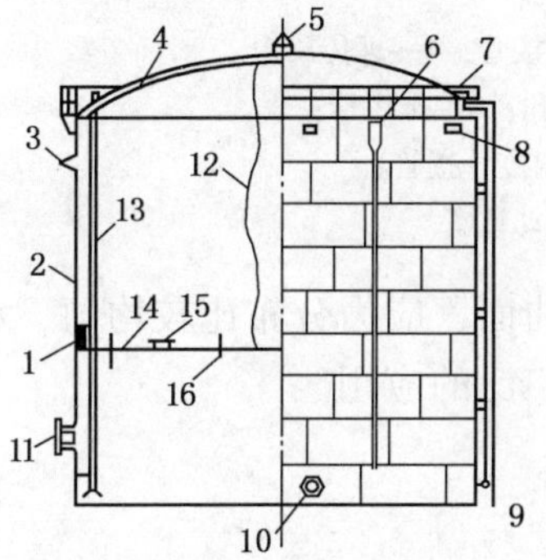

图 2-13 内浮顶油罐结构示意图

1—软密封；2—罐壁；3—高液位报警装置；4—固定罐顶；5—罐顶通气孔；6—泡沫消防装置；7—罐顶人孔；8—罐壁通气孔；9—液位计；10—罐壁人孔；11—带芯人孔；12—静电导出线；13—量油管；14—内浮盘；15—浮盘人孔；16—浮盘立柱

由于有拱顶的遮盖，在浮盘上不会有雨、雪等外加荷载，阳光也不会直射到浮盘上引起液体汽化，因此，浮盘常采用浅盘式或单盘式。制作浮盘的材料和方式也有多种，新建罐往往采用钢板制作；而对于已建固定顶罐改装内浮顶罐，则往往采用铝合金、工程塑料等材料制成部件，再用螺栓等装配而成，这种装配式浮盘已有定型产品，可方便地从人孔中拿进去组装，施工周期短，操作也较方便，但要注意，其消防要求不同于单、双盘式钢浮顶。

2. 特点

内浮顶罐兼有拱顶罐和外浮顶罐的优点，既减少蒸发损耗，也防止雨雪杂物对油品的污染，对储存成品油，特别是汽油和航空油品很有利。

第四节　卧式金属油罐

卧式金属油罐应用比较广泛。除常用作灌装罐和放空罐外，还可用作数量不大的润滑油或燃料油的储存罐，在地下、半地下油库中使用相当普遍。此外，还广泛用作加油站的储油罐。

在炼油厂用来储存液化石油气、丙烯、拔头油等低沸点气体。污油回收系统做污油回收罐，洗槽站用作真空罐，炼厂气系统用作油气分液罐、凝缩油罐和水封罐。化工原料系统用于储存液氨、硫酸、盐酸等。比较典型的也是用得最多的卧式金属油罐是运送石油液化气的汽车罐车和铁路油罐车。

一、卧式金属油罐结构

卧式圆筒罐是一种压力容器，主要由筒体、封头、人孔、支座、接筒、安全阀、液位计、温度计及压力表等部件组成。图 2-14 所示为设施及附件齐全的典型卧式圆筒金属油罐。

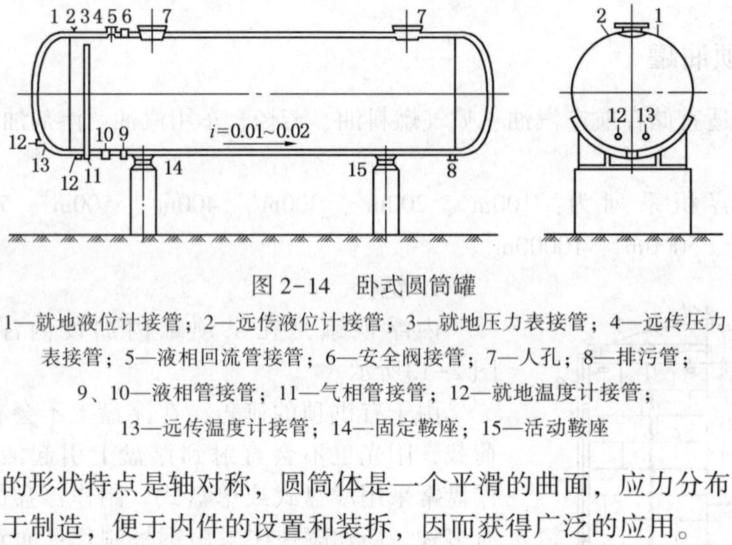

图 2-14　卧式圆筒罐

1—就地液位计接管；2—远传液位计接管；3—就地压力表接管；4—远传压力表接管；5—液相回流管接管；6—安全阀接管；7—人孔；8—排污管；9、10—液相管接管；11—气相管接管；12—就地温度计接管；13—远传温度计接管；14—固定鞍座；15—活动鞍座

卧式圆筒罐的形状特点是轴对称，圆筒体是一个平滑的曲面，应力分布比较均匀，承载能力较高，且易于制造，便于内件的设置和装拆，因而获得广泛的应用。

卧式金属油罐一般由筒体和两端封头及附件组成。

1. 筒体(也称罐身)

卧式油罐的罐身为圆筒形，它由若干圆圈相互连接而成，罐身也有采用螺旋形的，如图 2-15 所示。

罐身的圈数大于 3 节时，每个油罐一般安装 ϕ700mm 和 ϕ500mm 的人孔各一个。ϕ700mm 的人孔供维修人员清洗油罐时进出使用，还可在其上面安装其他附件；小人孔供通风采光用。

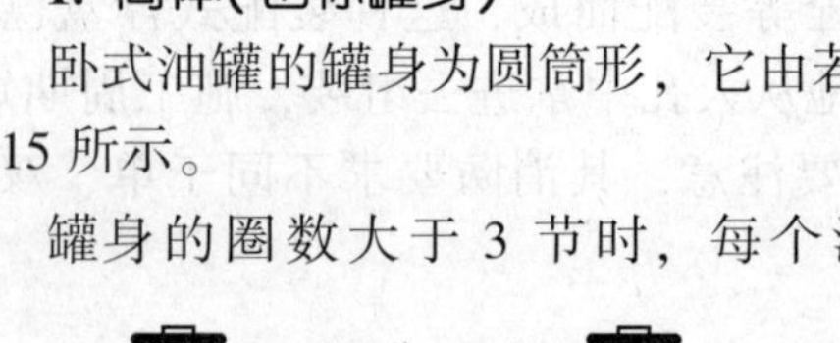

图 2-15　螺旋卧式油罐示意图

2. 封头(也称头盖)

卧式油罐的封头，按形状可分为平头盖、球形头盖、准球形头盖三种，见图 2-16。

(1) 平头盖

平头盖如图 2-16(a)所示，是把钢板直接焊在罐身两端的加强环上。平头盖的结构最为简单，但它所能承受的正压和负压均较小。一般正压不超过 40kPa，负压不超过 0.98kPa。

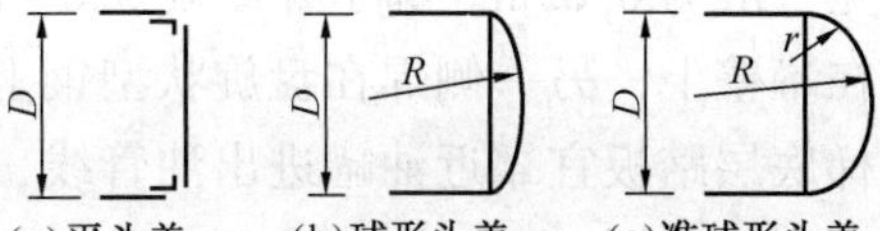

图 2-16　卧式油罐封头形状

(2) 球形头盖

球形头盖如图 2-16(b)所示，是将钢板制成曲率半径 $R=D$(D 为罐身直径)的球形曲面，焊于罐身两端而成。

(3) 准球形头盖

也称碟形头盖，如图 2-16(c)所示，头盖的中间用曲率半径 $R=D$ 的球缺，边缘用曲率半径为 r 的匀调转角与罐身相连接，一般取半径 R 的 1/7～1/10。准球形盖常用冲压方法制造，头盖与球身处消除了尖角。这种卧式油罐由于制造方便，受力情况好而得到广泛应用。

准球形头盖卧式油罐设计时考虑了下列条件：内压 100kPa，真空度 0.5kPa，活载 980N/m^3，罐上部可覆土 2m。油罐使用时不能超过上述条件。

二、卧式金属油罐的特点

1. 优点

能承受较高的正压和负压，一般来说，承受内压能力 0.001～4MPa，承受负压 0.49kPa (50mmH_2O)；有利于减少油品的蒸发损耗；单体容积范围很广，小的容积 2～3m^3，大的 400m^3。直径 1.4～4.5m，长度 3～25m，特别适用于储存带压的液化石油气。卧式油罐可安装于高架基础上和地面上，也可埋于地下。用于发放油品的灌装罐，一般安装于高架基础上，靠自流罐装，其高度按工艺要求计算确定；用于放空油品的放空罐一般埋于地下；可在工厂成批制造，然后直接运往工地安装；便于搬运和拆迁，机动性好。

2. 缺点

单体容积耗用的钢材多，一般为 40～50kg/m^3 以上，比立式金属油罐高出一倍多；罐的容积小，因而常常用量很多，操作管理工作量大，且占地面积大。

第五节　油 罐 的 附 件

油罐要能正常地储存和收发油品，必须要有相应的各种附件。

按作用不同，油罐附件可分为：便于生产管理而设置的通用附件、轻油及原油、特殊油罐或所储特定油品应配置的专用附件等。此外，某些常用附件在不同类型油罐上设置方式也不尽相同。

一、油罐的通用附件

1. 梯子和栏杆

梯子是为操作人员上罐进行量油、取样等操作而设置的。目前大多采用罐壁盘梯形式，有些小油罐使用靠墙式斜梯。

罐壁盘梯自上而下沿罐壁作逆时针方向盘旋，使工作人员下梯时可右手扶栏杆，以适合一般人的习惯。梯子的坡度一般为 30～45°，踏步高度不超过 25cm，踏步宽度为 20cm 左右，梯宽一般为0.65m。梯子外侧设0.8~1m高的栏杆作扶手。盘梯的踏板，靠近罐壁一侧直接焊在罐壁上，另一侧焊在盘旋状型钢上，并用斜撑杆固定于罐壁，而不需要另设梯子支架。盘梯底层踏板宜靠近油罐进出油管线，以利于操作。罐壁盘梯占地面积少、节省钢材，因而得到广泛应用。

靠墙式斜梯多用于小容积油罐或小容积油罐组。斜梯占地面积大，钢材消耗量多。

罐顶周圈上设0.8~1m的栏杆，或至少在量油孔或透光孔旁的罐顶四周设局部栏杆，以保证工作人员的操作安全。从梯子平台通向呼吸阀或透光孔的区间应做防滑踏步。

2. 人孔

人孔供清洗和修理油罐时作业人员进出油罐和通风用。

当立式油罐的容量为1000m^3以下时，设一个人孔；1000m^3及以上时设两个人孔，并对称设置。人孔的位置安装在油罐最下层体圈上，人孔的中心距油罐底板至少为76cm，应有一个人孔设在进出油管右侧附近（相隔70°左右）。人孔安装位置还应离开油罐圈板焊缝50cm以上。人孔的直径通常为600mm，其结构如图2-17所示。由于人孔安装在油罐的最下层体圈上，防渗漏就显得特别重要。

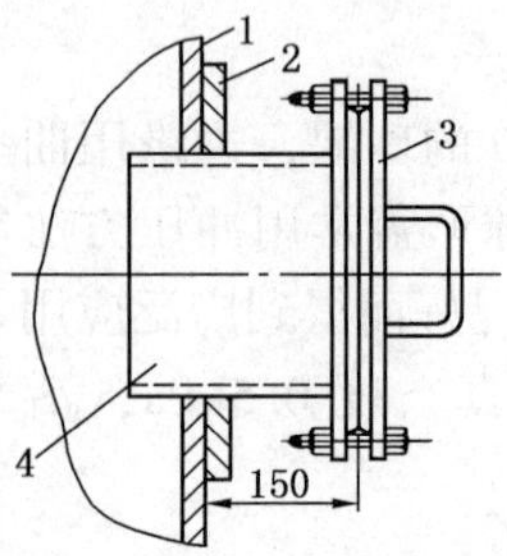

图2-17 人孔

1—罐壁；2—人孔加强板；3—人孔盖；4—人孔接合管

3. 透光孔

如图2-18所示，透光孔设在罐顶，用于油罐安装、维修及清洗时采光和通风。透光孔直径为500mm，外缘距罐壁一般为800~1000mm。设置的数目与人孔相同。非检修时间一律上紧螺栓，保持严密，以防油品蒸发损耗。

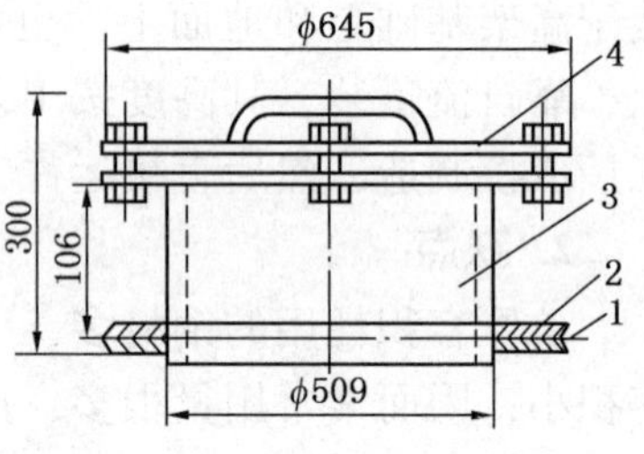

图2-18 透光孔

1—油罐顶板；2—加强板；3—透光孔结合管；4—孔盖

4. 量油孔（也称量油帽）

（1）手工测量量油孔

其结构如图2-19所示，是供手工测量油面高度、油品温度及采取油样的一个附件，每个油罐设一个量油孔。

立式油罐的量油孔安装在罐顶中心顶板上或梯子平台附近。当装在梯子平台附近时，量油孔中心线离平台中心线应不小于0.8m，离罐顶边缘为1000mm。

量油孔有可供掀起的孔盖和紧固螺栓，盖下密封槽嵌有耐油橡胶垫圈或用铅、铝软金属材料制造的专用垫片，以防止关闭量油孔时撞击产生火花。量油孔盖平时应关闭，计量和取样时轻轻打开，以防油品蒸发损耗。

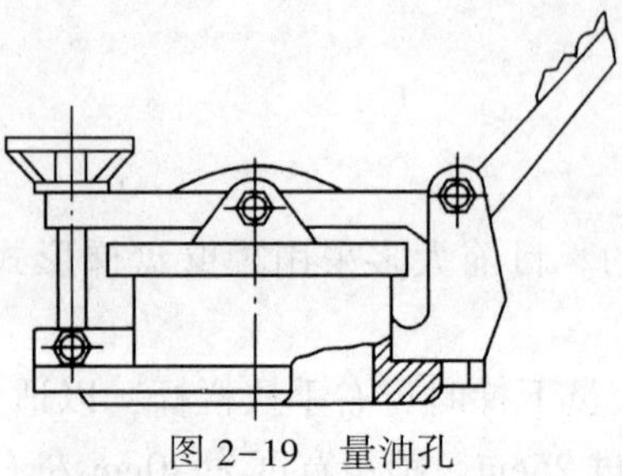

图2-19 量油孔

（2）液位自动计量

随着计量技术的不断发展和进步，手工测量液位已成为应急或辅助性手段，自动测量装置正在逐步代替手工测量，在通常情况下油罐装有自动液位仪。

对于卧式油罐液位的测量，现在使用较多的是磁效应等液位仪，这种液位仪可与计算机联网，传送测量数据。

对于立式油罐液位的测量，从 20 世纪 80 年代使用称重式油罐液位计量装置开始至今，陆续出现了钢带、光纤、浮子丝振动、超声波、雷达等多种油罐液位自动计量装置，并可以远传与计算机联网。

5. 膨胀油管和进气支管

（1）结构

膨胀管直径多为 20～25mm，用球心阀控制，主要用于汽油管线上；进气支管直径为 25mm，由球心阀控制，是为防止管线发油排空，能及时补进空气而设计的。它们都装于油罐进口总阀门外侧，如图 2-20 所示。

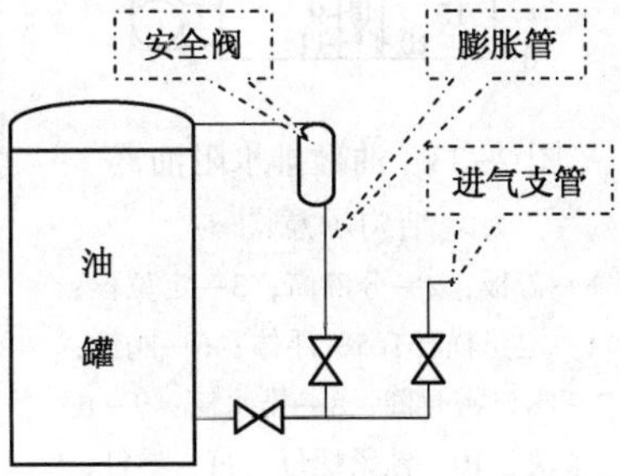

图 2-20　膨胀管和进气支管

（2）作用

膨胀管是为防止油品受热体积膨胀损坏设备而设的放压设施，管内油品受环境温度影响，特别是夏季油温会升高，体积会膨胀，压力急剧增加，此时只要打开膨胀管阀门，使膨胀油品从罐顶进入油罐，由于泄压及时就能防止因压力升高而使管线破裂。平时，油罐收付油作业时或泄压后，膨胀管和进气支管阀门都应关闭，以防串油、跑油。由于炼油厂油罐收付油作业频繁，所以采用的不多。对于环境温度高的地区、输送汽油的管线或汽油罐，在输转、收付作业不频繁的情况下，安装这种设施还是十分必要的。

6. 脱水管

亦称放水管，其目的是用来排除罐内水杂和清除罐底污油残渣。在炼油厂，所用油罐都设有放水管。其结构及安装位置如图 2-21、图 2-22 所示。

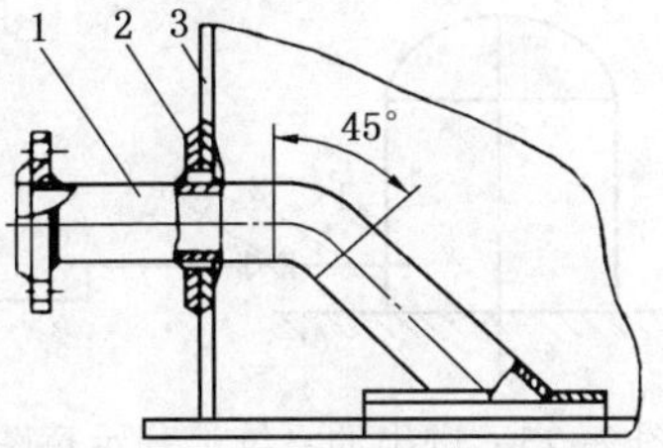

图 2-21　固定式放水管

1—放水管；2—加强板；3—罐壁

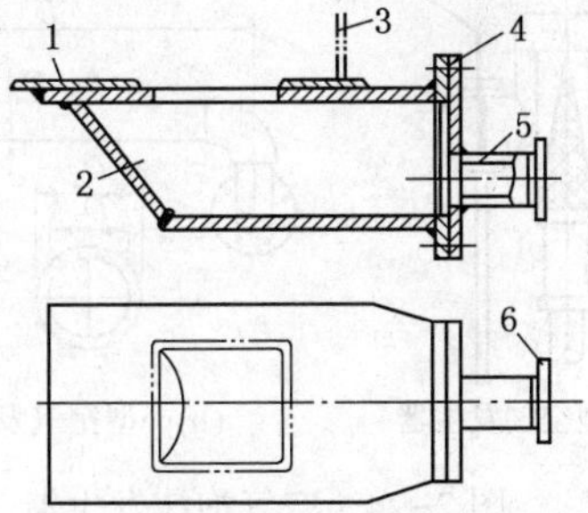

图 2-22　带集污槽的放水管

1—油罐底板；2—集污槽；3—罐壁；4—集污槽盖板；5—放水管；6—法兰

排污放水装置按其形式分为固定式放水管和带集污槽的放水管两种。

（1）固定式放水管

固定式放水管由排污放水管、阀门、堵头等组成，如图 2-21 所示。卧式油罐一般设一道阀门，立式油罐一般设两道阀门。

（2）带集污槽的放水管

带集污槽的放水管由排污管、阀门、集污槽等组成，如图 2-22 所示。

（3）排水阻油器

为防止放水过程中误操作而使油品流失，立式油罐可安装排水阻油器，其结构如

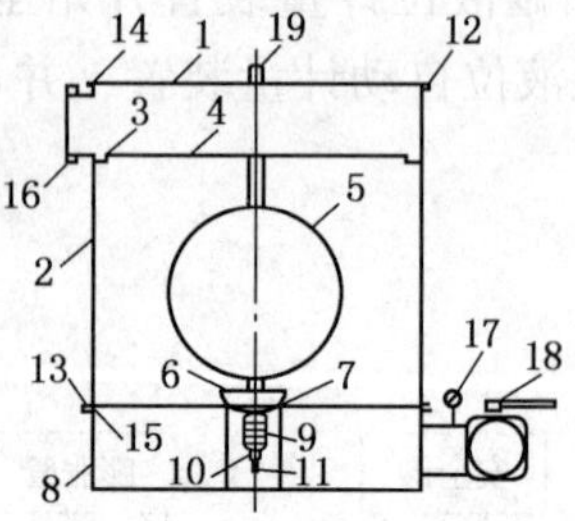

图 2-23　油罐排水阻油器结构示意图

1—盖板；2—分液筒；3—定位栓；4—定位横杆；5—浮体；6—阀体；7—阀口密封圈；8—排水筒；9—配重块；10—锁紧螺母；11—导杆；12—上盖螺栓；13—中法兰螺栓；14—上盖密封圈；15—中法兰密封圈；16—可旋法兰；17—压力表；18—球阀；19—排流阀

图 2-23所示。

7. 消防泡沫室

消防泡沫室又称泡沫发生器，是固定于油罐上的灭火装置。其结构如图 2-24 所示。

一端与泡沫管线相连，另一端在罐壁最上层圈板上。一旦油罐着火时，灭火泡沫从防护堤外泡沫管线高速送入泡沫，在流经空气吸入口处，吸入大量空气形成泡沫，并冲破隔离玻璃，达到灭火的目的。

8. 进出油附件

（1）进出油接合管及其控制阀

最基本的进出油附件有进出油接合管和设于进出油管路上的控制阀，如图 2-25 所示。

进出油接合管如图 2-26 所示，装在油罐最下层圈板上，管底距罐底一般不小于 200mm，以防沉积在罐底的水或杂质随油品排出。

控制阀通常可选用闸阀和球阀，其公称压力必须符合油罐静压和泵送压力。

（2）内部关闭阀

具有如图 2-25 所示的基本流程和设备，就可以完成进出油作业了，但是这种流程只适用于卧式金属油罐及小型立式金属油罐，而对于较大的立式油罐及重要的油罐，仅有进出油控制阀还不能保证安全，通常还需采取一定措施才能确保油罐的安全。

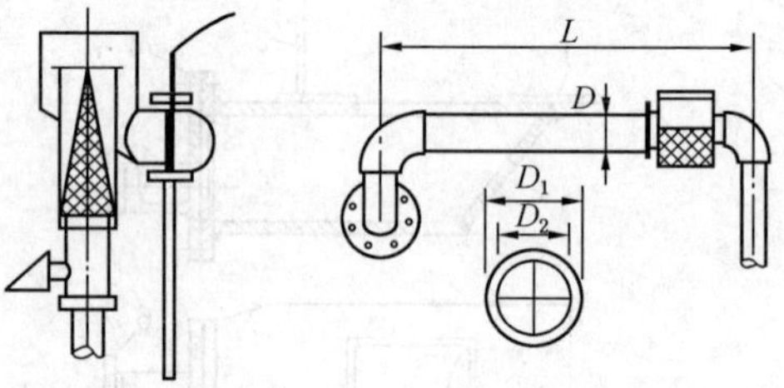

(a)ps型空气发生器　　(b)pc型空气发生器

图 2-24　空气泡沫发生器

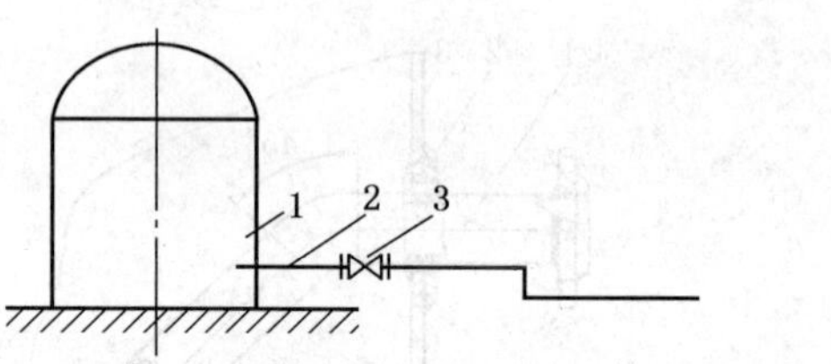

图 2-25　进出油系统流程示意图(一)

1—油罐；2—进出油管；3—控制阀

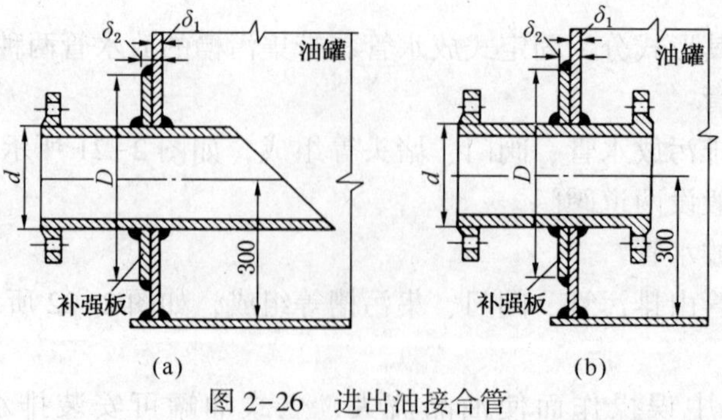

(a)　　(b)

图 2-26　进出油接合管

① 措施之一：是在进出油接合管的罐内一侧安装内部关闭阀。内部关闭阀的结构有两种，一种是带均压装置，另一种不带均压装置。当罐高等于或小于6m时，可采用不带均压装置；当罐高大于6m时，因为油罐的静压力较大，可采用带均压装置的内部关闭阀，这种阀开启时，需先打开小阀，使进出油接合管内充满油品，大阀两边(进出油管与罐内)的压力趋于平衡后，再打开大阀，从而使大阀开启比较轻松(这种技术其他行业也广泛采用，例如航空、航天及三峡船闸技术等)；也可采用不带均压装置的内部关闭阀，但加设旁通管，当需开阀时，先开旁通阀。

② 措施之二：在进出油管路上安装两个阀，如图2-27所示，靠近油罐的一个阀，材料至少为铸钢，起备用作用，平时常开，只有当远离油罐的那个阀(控制阀)出现故障或需检修时，才关阀。当然对于不常进行收发油的油罐，两个阀都常闭也是可以的，因为少量的开闭操作，不仅对阀门的严密性影响不大，而且还可防止阀门因长期不用而锈蚀。

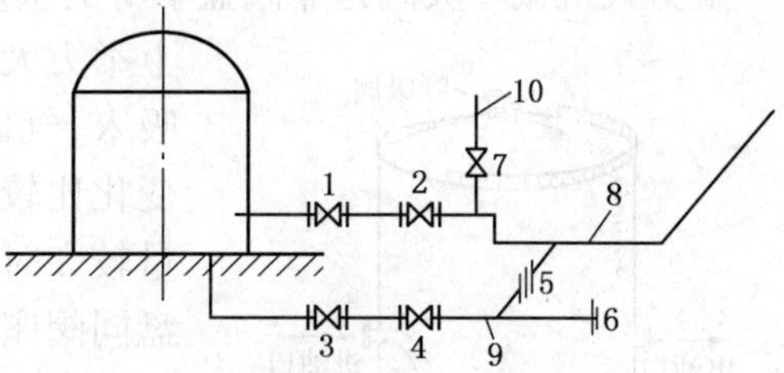

图2-27　进出油系统流程示意图(二)

1—备用阀；2—控制阀；3—备用阀；4—控制阀；5—眼圈盲板；6—堵头；7—进气支管控制阀；8—进出油管；9—排污放水管；10—进气支管

二、轻油和原油罐专用附件

轻质油(包括汽油、喷气燃料油、煤油、柴油、苯类等)和原油都属于黏度小、质量轻、易挥发的油品，盛装这类油品的油罐，都装有符合它们特性并满足生产和安全需要的各种油罐专用附件。

1. 油罐的呼吸阀

(1) 油罐呼吸的概念

对罐内存在气体空间的油罐，如固定顶罐，在进出油品及储存油品过程中其气体空间的压力会发生变化，需要进行呼气和吸气，从而保证油罐储存、进出油的正常进行，不至于被吸瘪或胀裂。

(2) 油罐呼吸的种类

通常，把油罐由于进出油而形成的呼气和吸气过程称为大呼吸；把由于温度或罐外大气压变化而引起的呼气和吸气过程称为小呼吸。

(3) 对呼吸系统的要求

油罐呼吸系统的作用就是要满足罐内大、小呼吸的通气要求。由于轻质油品具有易蒸发、易燃易爆、有毒等特性，油罐内呼出油蒸气不仅会造成油品数量的损耗、油品质量的降低，而且增加了火灾危险性和环境污染。因此，对轻质油品罐的大小呼吸必须加以控制。

为此油罐呼吸系统必须满足3个要求：

① 能够控制呼吸压力，以便能充分利用罐的承压能力减少油蒸气排放；

② 能引导油气排放到适宜场所(一般为通风良好的场所)；

③ 能阻止罐外明火进入油罐。

由于黏油不易蒸发，闪点也较高，所以对于黏油罐的呼吸一般都不予控制，只要使油罐气体空间与大气直接相通，保护其呼吸通畅，并采取一些措施，使其不影响罐内油品质量即可。因此，黏油罐的呼吸系统比较简单，通常称为通气系统，本书中的油罐呼吸系统主要是对轻质油品罐而言的。油罐的呼吸系统通常由呼吸管、呼吸阀、阻火器等组成。其具体配置与油罐的形式和安装形式有关。

2. 重力式机械呼吸阀

(1) 原理与结构

重力式机械呼吸阀是靠阀盘本身的重量与罐内外压差产生的上举力相平衡而工作的。当上举力大于阀盘的重量时，阀盘沿导杆升起，油罐排出(或吸入)气体，卸压后，阀盘靠自重落到阀座上；当罐内压力变化比较缓慢时，阀盘在阀座上连续跳动。只有罐内通气量较大时，阀盘才能被气流托起，悬浮于座上。为防止阀盘同阀座碰撞产生火花，并保证阀盘有足够的重量和刚度，阀盘常用铜合金或铝合金制造。阀盘导杆一般采用不锈钢制造，而且必须垂直安装，以免由于导杆锈蚀或倾斜阻碍阀盘运动。图2-28(a)为呼吸阀的安装示意图，图2-28(b)为一普通型重力式机械呼吸阀。为防止冬季阀盘冻结在阀座上，阀座顶部宽度(密封面)一般不大于2mm。

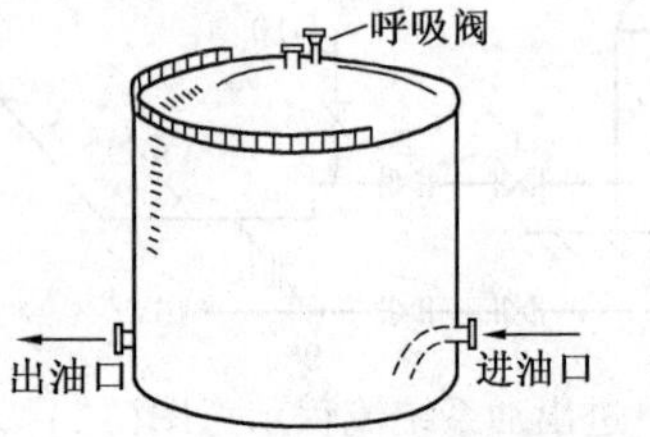

图2-28(a) 呼吸阀的安装示意图

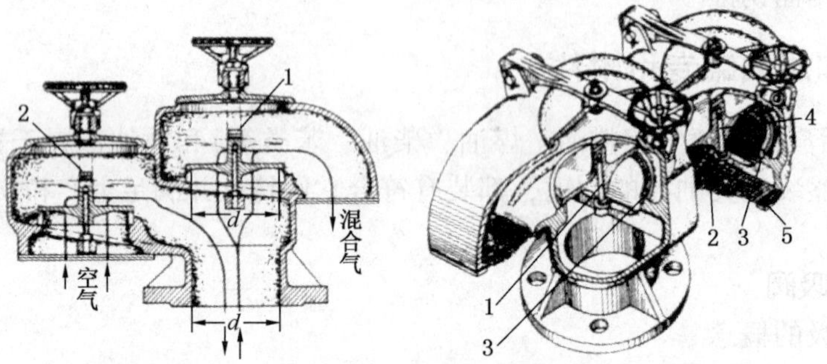

图2-28(b) 重力式机械呼吸阀

1—压力阀盘；2—真空阀盘；3—阀座；4—导向杆；5—金属丝网

(2) 特点

实践证明这种呼吸阀用于寒冷地区时，仍有发生阀盘冻结的现象，而且严密性不好，在未达到开启压力时常有微量泄漏。

3. 弹簧式机械呼吸阀

(1) 原理与结构

弹簧式机械呼吸阀是靠弹簧的张力与罐内外压差产生的推力相平衡而工作。弹簧式机械呼吸阀对阀盘重量无严格要求，因而可以采用非金属材料(例如聚四氟乙烯)制造，以减小阀盘冻结的危险。呼吸阀的控制压力可通过改变弹簧的预压缩长度来调节。如图2-29所示为弹簧式机械吸吸阀示意图。上阀盘为环板形，下阀盘为圆形，二者紧密贴合在一起。当罐内压力达到阀的控制正压时，下阀盘带动上阀盘一起升起，脱离阀座，油罐呼气；当罐内负压达到阀的控制负压时，下阀盘下降，与上阀盘脱开，油罐吸气。

(2) 特点

这种呼吸阀结构紧凑，体积小，重量轻，但长期使用后弹簧易锈蚀，阀盘易变形，使其气密性降低。用于寒冷地区时，弹簧上易结霜而影响弹簧的活动，而使阀盘不能按预定的控制压力开启。

4. 全天候机械呼吸阀

（1）结构

其结构如图 2－30 所示。这种呼吸阀为阀座相互重叠的重力式结构，阀盘骨架由 1Cr18Ni9Ti 合金钢板冲压而成，呈微拱形。阀盘骨架的重量可根据油罐的设计允许压力和阀盘直径确定，必要时可利用重块调节阀盘的控制压力。

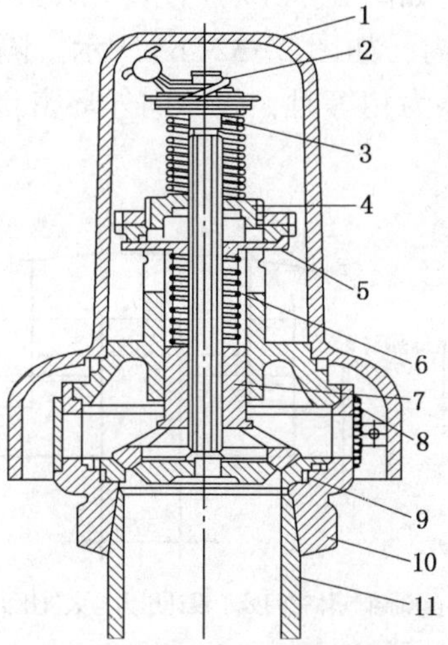

图 2-29　弹簧式机械呼吸阀

1—阀罩；2—压力弹簧；3、6—支架；4—上阀盘；5—阀座；7—下阀盘；8—真空弹簧；9—阀体；10—阀套；11—接管

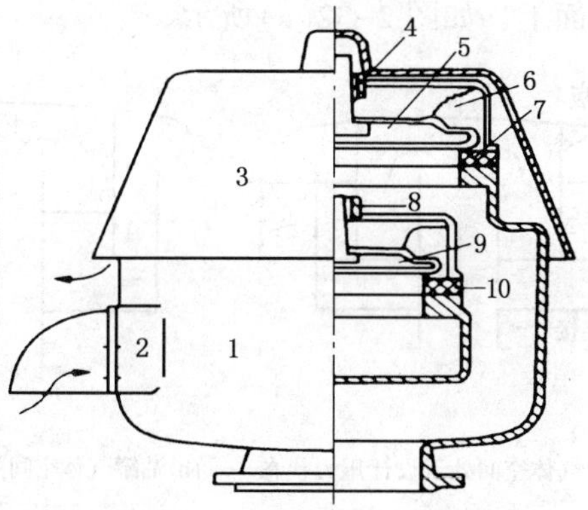

图 2-30　全天候机械呼吸阀

1—阀体；2—空气吸入口；3—阀罩；4—压力阀导架；5—压力阀阀盘；6—接地导线；7—压力阀阀座；8—真空阀导架；9—真空阀阀盘；10—真空阀阀座

（2）特点

阀盘与阀座之间采用带空气垫的软接触，阀盘起跳自如，因而气密性好，不容易结霜冻，无冻结现象。由此可见，这种呼吸阀具有气密性好、防冻结的突出优点。

由于在阀座上加聚四氟乙烯衬套，在寒冷气候下也不会冻结，故称“全天候”。特别适宜于寒冷地区使用。

5. 液压安全阀

机械呼吸阀有时因锈蚀或冻结而失灵，为了保证油罐的安全，罐上还装设液压安全阀。液压安全阀控制的压力和真空度一般都比呼吸阀高出 5%～10%，正常情况下不动作，只是机械呼吸阀失灵或因其他原因使罐内出现过高的压力或真空度时才动作。

（1）液压安全阀的结构

液压安全阀主要由阀罩、阀体和中心管等组成。如图 2-31 所示。液压

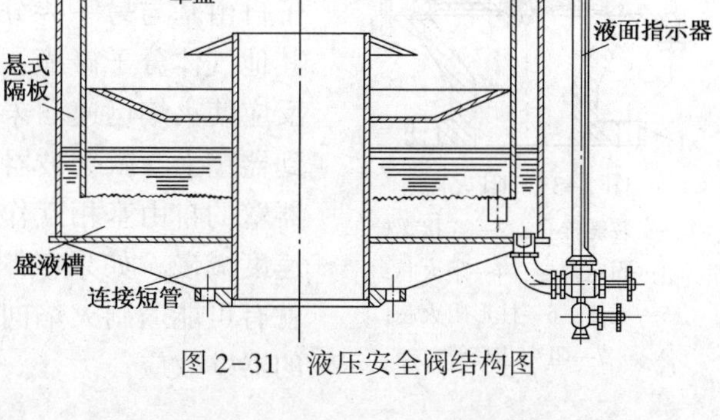

图 2-31　液压安全阀结构图

安全阀是利用液体的静压力来控制油罐的呼气压力和吸气真空度的。为了保证在较高和较低的气温下液压安全阀都能正常工作，阀内常装入沸点高、不易挥发、凝点低的液体作为密封液，如变压器油等。

（2）液压阀的工作原理

如图 2-32 所示。当罐内气体空间处于正压状态时，气体由内环空间（D_1-d）把密封液挤入外环空间（D_2-D_1）中，压力不断上升时，液位也不断变化。当内环空间的液位与隔板的下缘相持平时，罐内的气体将经过隔板的下缘而逸入大气，如图 2-32（a）所示；当罐内出现负压时，外环空间的密封液进入内环空间，大气将进入罐内，如图 2-32（b）所示。隔板下缘做成锯齿形，以利于气体逸出；当罐内气体压力与大气压力相等时，阀体内外环密封液在同一水平面上，如图 2-32（c）所示。

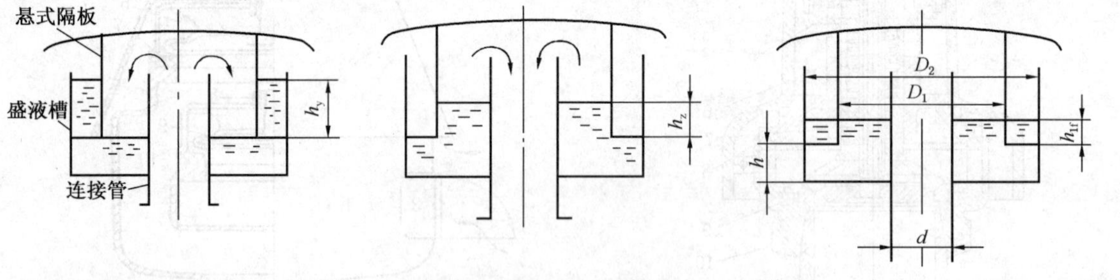

(a)油罐气体空间处于设计压力状态 (b)油罐气体空间处于设计负压状态 (c)油罐气体空间处于设计压力与大气压力相等状态

图 2-32 液压安全阀工作原理

6. 阻火器

阻火器又名防火器，是防火安全装置，是油罐呼吸系统的重要部件。它允许气体通过，但阻止罐外火焰经呼吸系统向罐内传播，从而保证油罐的安全。

（1）阻火器的结构

阻火器主要由壳体和阻火芯两部分组成，如图 2-33 所示。壳体应有足够的强度，以承受爆炸时产生的冲击压力。阻火芯是阻止火焰传播的主要构件，有金属网型和波纹板型两种。

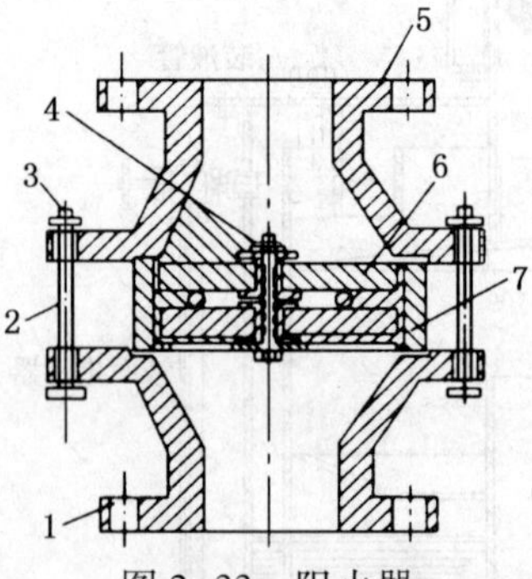

图 2-33 阻火器

1—安装螺栓孔；2—连接螺栓；3—固定螺栓；4—阻火芯；5—壳体；6—柱形阻火芯；7—阻火芯套管

（2）阻火器的基本原理

根据连锁反应理论，可燃混合气的燃烧并不是两种分子直接碰撞发生化学反应的结果，而是极少数气体分子受到光、热辐射或通过其他方式接受外界提供的能量后，首先离解为活化分子自由基（带自由电子的原子或原子团），这些活化分子自由基与另一些分子碰撞产生新的自由基，新自由基又与其他气体分子碰撞，从而形成一系列的连锁反应。这种连锁反应使火焰迅速向未燃气体传播。如果活化分子自由基碰撞到器壁上，就会被器壁（吸收能量）吸附，在器壁表面与来自器壁的自由基相互作用形成不活化分子，从而使连锁反应的速度减慢。如果吸附于器壁的气体活化分子自由基足够多，就有可能遏制火焰向未燃气体传播，这种现象称为连锁反应的器壁效应。

阻火器就是利用阻火芯吸收热量和产生器壁效应来阻止外界火焰向罐内传播的。火焰进入阻火芯的狭小通道后被分割成许多条小股火焰，一方面散热面积增加，火焰温度降低；另一方面，在阻火芯通道内，活化分子自由基碰撞器壁的几率增加而碰撞气体分子的几率减小，由于器壁效应而使火焰前锋的推进速度降低，这两方面的共同作用，使火焰不能向罐内传播。

(3) 防爆罩波纹阻火器

它将新型波纹阻火器和防爆罩结合成一体，起防水、防尘、阻火作用。该产品的外形如图 2-34 所示。

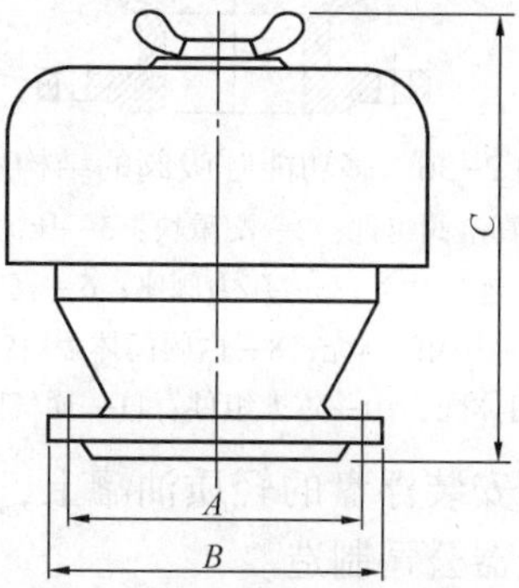

图 2-34　防爆罩波纹阻火器的外形

(4) 阻火器的鉴定

主要是测试其防爆性能和耐烧性能。防爆性能是指阻火器阻止由于雷击或外部燃烧引起的火花或火焰进入油罐的能力。需定期鉴定。

(5) 阻火器的选用和使用维护

选用阻火器应注意两点：

① 要满足通气能力，通常按呼吸阀口径选用即可；

② 要注意与环境相适应，在高寒区应选用有低温性能的阻火器。

阻火器的安装应符合防爆要求。对阻火器应每季度检查一次，冰冻季节每月检查一次。检查内容：阻火芯是否清洁畅通，有无冰冻，垫片是否严密，有无腐蚀现象。维护内容：清洁阻火芯，用煤油洗去尘土和锈污，给螺栓加油保护。

7. 呼吸阀挡板

(1) 结构

该设施为圆形挡板，其直径为 210~510mm。为便于从罐顶孔取出或装入，它做成合页式，呼吸阀挡板见图 2-35。

(2) 作用

呼吸阀挡板是为减少油品蒸发损耗而设的节能装置，它装在防火器下面并伸入罐内。它的作用是改变气流方向，削弱气流对罐内油气浓度的冲击和对流，使罐内油气产生分层现象。当新鲜空气被吸入罐内时，挡板可将气流挡住并折向与挡板成水平方向扩散，使空气均匀分布在罐内顶层空间。当罐内油气向外排放时，首先是顶层的低浓度油气向外排放，这样就降低了油品蒸发损耗。

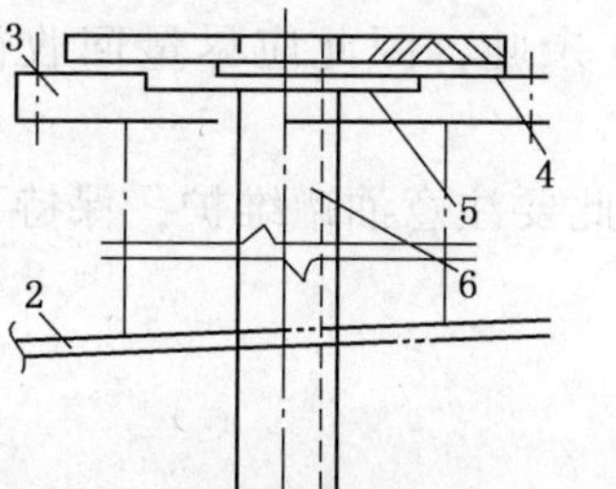

图 2-35　呼吸阀挡板结构示意图

1—挡板；2—罐顶；3—短管法兰；4—环板；5—横梁；6—吊杆；7—颌轴

(3) 效益

据资料介绍，油罐安装呼吸阀挡板，可降低大呼吸损耗 20%~30%左右。

8. 呼吸阀、阻火器及安全阀的新进展

(1) 多功能呼吸阀

① 结构：多功能呼吸阀由内外壳体、压力阀组件、真空阀组件、(压力、真空)阀座、内壳体盖、防火组件、通气防尘罩等组成，如图 2-36 所示。是利用阀组件重量和配

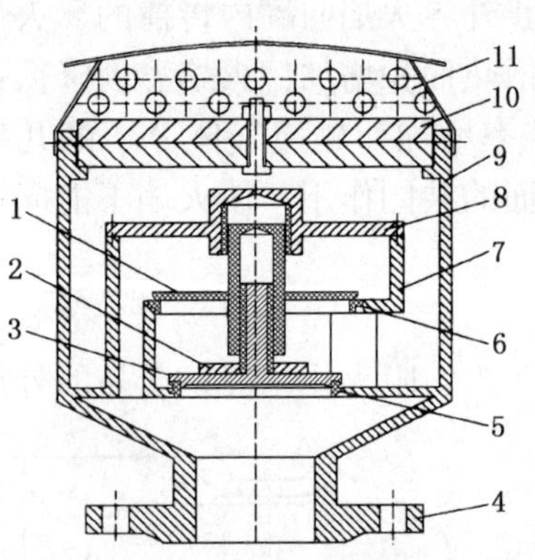

图 2-36 多功能呼吸阀的结构示意图
1—真空阀组件；2—配重块；3—压力阀组件；4—连接法兰；5—压力阀座；6—真空阀座；7—内阀门体壳；8—内阀门体盖；9—外阀门体壳；10—防火组件；11—通气防尘罩

重盘来控制油罐内压的。

多功能呼吸阀是在总结油罐系统存在问题（阻火器在呼吸阀下安装，呼吸阀排出口朝下）的基础上进一步研究设计的一种新型呼吸阀。它解决了油罐呼吸系统存在的问题。

② 特点：多功能呼吸阀的特点是将呼吸阀、阻火器设计为整体，改进了油罐呼吸系统阻火器的结构，并采用了全天候呼吸阀的防冻措施，防火结构合理，维修时可将防尘罩、防火组件、内壳体盖、真空阀组件、压力阀组件逐件取出，减轻了劳动强度，方便了操作。

（2）UB/SF-0-150 型呼吸阀

这种呼吸阀与多功能呼吸阀一样，集呼吸阀、阻火器及安全阀于一体，广泛应用于炼油厂无力矩罐等不能安装浮盘的轻质油罐上，取代了全天候等呼吸阀，UB/SF-0-150 型呼吸阀为德国一家阻火器公司制造。

9. 喷淋冷却装置

（1）结构

该装置安装在油罐顶部，一般用直径 50mm 钢管制成环状，上边均匀钻有众多直径为 2~4mm 的小孔。冷却水从罐下水线引上罐顶，水流经环状管上小孔均匀射向罐顶四周，然后沿罐壁流下，使罐顶和罐壁几乎全被一层水幕覆盖，既隔开了阳光直射，又带走了罐身温度，从而达到了降低罐内油温作用，防止了因油温升高、油气压力增大带来的油品蒸发损耗。

（2）作用

喷淋冷却装置是为降低罐内油温、减少油罐大小呼吸损耗而安装的节能设施。特别是在夏季，储存汽油、航空汽油、重整原料、液化石油气、苯类及石化原料气体的油罐，安装使用十分普遍，降温效果也很好。

（3）注意事项

① 正确掌握通水时间，不能时开时停，轻易中断。

② 喷淋冷却水耗量大，一台 5000m^3 油罐日耗水量 100 余吨，因此应尽量回收循环使用。

③ 油罐防腐漆面易损坏，罐基础因排水不畅而下沉，因此要注意油罐维护，保持下水系统畅通。

④ 冬天要放净管内存水，断开水源，以防冻凝管线。

10. 油品调合喷嘴

（1）喷嘴的分类与选择

喷嘴分为单头喷嘴（又称古巴喷嘴）、多头喷嘴（又称子母式喷嘴）、旋转喷嘴和喷射系统。喷嘴调合适用于调合比例变化范围较大、批量也较大的中、低黏度油品的调合。根据油罐结构的不同、油品特性、循环泵性能的不同，喷嘴类型的选择也不一样。外浮顶罐、拱顶油罐结构多采用单头喷嘴、喷射系统；内浮顶油罐结构采用多头喷嘴、旋转喷嘴。

（2）喷嘴的结构与安装

单头喷嘴是流线型锥形体(类似变径管，即同心大小头)，其结构如图 2-37 所示。安装在调合罐内靠近罐底的罐壁进油管上。图 2-38 为喷嘴的安装示意图。因结构简单，其设备一般由使用单位自己制作。喷嘴中心的延长线与罐内最高液面的交点应位于油罐直径的 2/3 处。

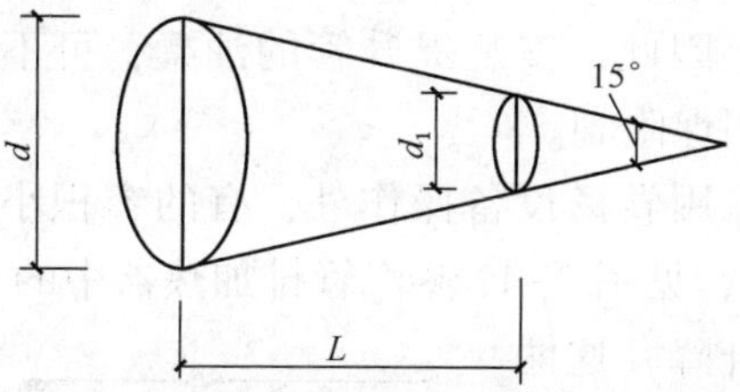

图 2-37　油品调合喷嘴结构示意图

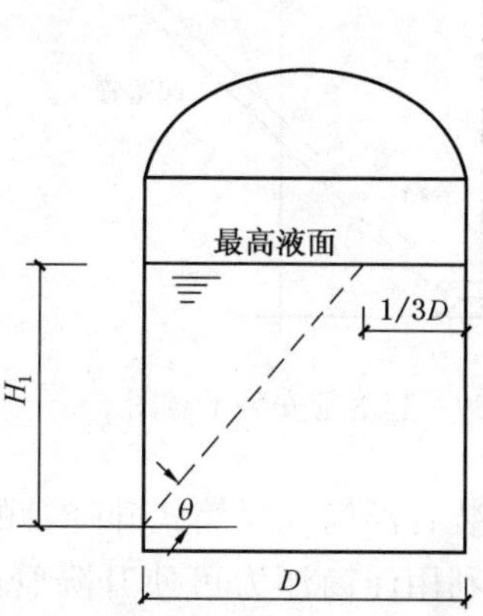

图 2-38　油品调合喷嘴安装示意图

油品调合器安装方式有两种：一种是安装于油罐壁，与油罐内输油管线相连接，例如单头喷嘴、喷射系统采用该种安装方式；另一种是安装于油罐内中心，采取法兰与油罐内输油管线相连接，例如多头喷嘴、旋转喷嘴采用该种安装方式。通过工艺管线将各组分油品输入罐内，再经调合器单头喷嘴喷出或多头均匀分布的喷嘴和顶部喷嘴喷出，可以使油罐内的油品充分混合，防止储罐内沉积物的堆积，起到清罐作用，对油品或其他介质进行调合，从而达到热传递均匀化的目的。它具有结构紧凑、操作方便、安全可靠、效率高及避免油品氧化等优点。

（3）单头喷嘴计算

$$\mathrm{tg}\theta = \frac{S}{\frac{2}{3}D} \qquad (2-1)$$

式中　θ——喷嘴倾角，（°）；

S——调合时罐内液面高度，m；

D——油罐上部直径，m。

三、重质油罐专用附件

重质油品是指黏度大、馏分重、不易挥发的油品，如重油、润滑油、液体沥青等。盛装这种油品的储罐，都安装有符合它们特性并满足生产和安全需要的油罐专用附件。

1. 通气管

通气短管是重质油罐收发作业时进行呼吸的通道。它装于罐顶上，口径有 100mm、150mm、200mm、250mm、300mm 五种，选择时一般和进出油管直径相同。通气短管截面上应装有铜丝或其他金属丝网封口，金属网可以制成方眼或斜纹方眼。

2. 升降管

升降管也称起落管，如图 2-39 所示，它是保证油罐发油质量的一种工艺设施。升降管

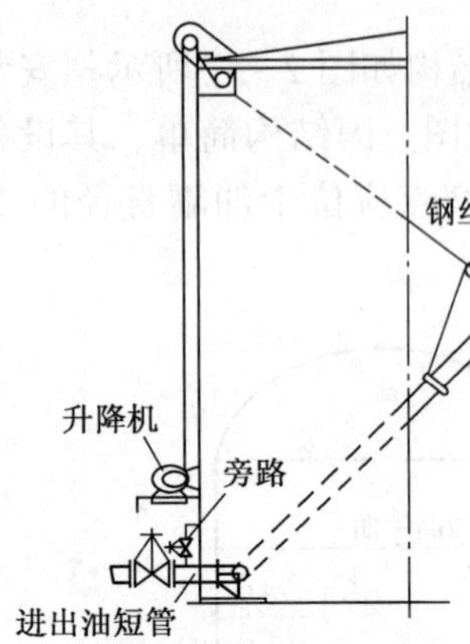

图 2-39　起落管安装示意图

一端与油罐进出油短管相连，连接处用转动弯头，其结构见图 2-40。

另一端管口削成 30°角，以增大油品进管面积。升降管的提升靠罐外卷扬设备，提升角度不超过 70°角，下落则靠其自重。由于温差和沉降的作用，油罐上部的油品比较干净，加热时上部油品温度比较高。油罐安装提升管后，罐底水杂就不会随油品带走，从而保证了发油质量。另外，若遇罐外控制阀受损失控时，还可将升降管提到油面之上，从而起到防止油罐跑油的作用。因此，安装提升管的油罐，可不必再装油罐内部关闭保险阀。

提升管除用卷扬设备操作外，有的容积小的油罐在提升管上装有浮筒。浮筒式升降管的结构及安装，见图 2-42 蒸汽管排加热器中的 9-浮筒式升降管。利用浮筒浮力可使升降管随液面自动升降。这两种方法相比，前者用卷扬设备，结构复杂，操作麻烦，但可抽吸任意液面下油品，并能防止油罐跑油。后一种用浮筒，结构较简单，升降自如无需人力操作，但只能抽吸一定液面位置的油品，在罐外总阀失控时，起不到防止跑油作用。

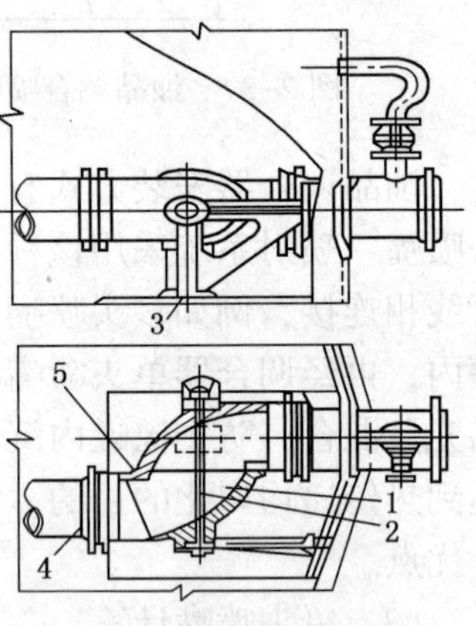

图 2-40　起落管转动接头

1—弯头；2—拉紧螺栓；3—转动接头支架；4—起落管；5—密封槽

3. 油罐搅拌器

油罐搅拌器是炼油厂或油田应用的油罐专用附件，主要用于轻油罐进行油品调合，重油罐用来防止沉淀物积聚。目前，使用的多为侧向伸入式搅拌器。

(1) 结构

侧向伸入式搅拌器是由防爆电机、减速传动装置、吊架、密封装置及搅拌螺旋桨组成，如图 2-41(a)、(b)所示。

(2) 安装

侧向伸入式搅拌器的传动装置有齿轮传动和皮带传动两种。螺旋桨也有两种类型，一种叫固定插入角式，如图 2-41(a)所示，它的搅拌器主轴只转动而不摆动，适用于油品调合；另一种为可调插入角式，如图 2-41(b)所示，它的主轴既可旋转又可左右 30°摆动，适用于重质油罐清扫罐底，防止沉积物堆积。

搅拌器在油罐周围的安装位置根据其功能和设计台数确定，若安装一台，且用于重质油罐时，其安装位置应在进出油口相对的罐壁处，距罐底为螺旋桨直径的 1.5 倍。搅拌器所需功率与油品数量、黏度、密度、罐高与直径比、计划搅拌时间等因素有关。

(3) 搅拌器的作用

① 防止罐内水、机械杂质、胶质、沥青质、石蜡等堆积于罐底，能起到清罐作用，并可提高油罐利用率，增加油罐有效容积。尤其在原油、重油、蜡油罐上，使用效果十分明显。

② 罐内油品经搅拌，能混合均匀，防止分层，与用风搅拌或用泵打循环来调合油品相比，能耗低，产生静电少，油品不会氧化，操作方便且安全。

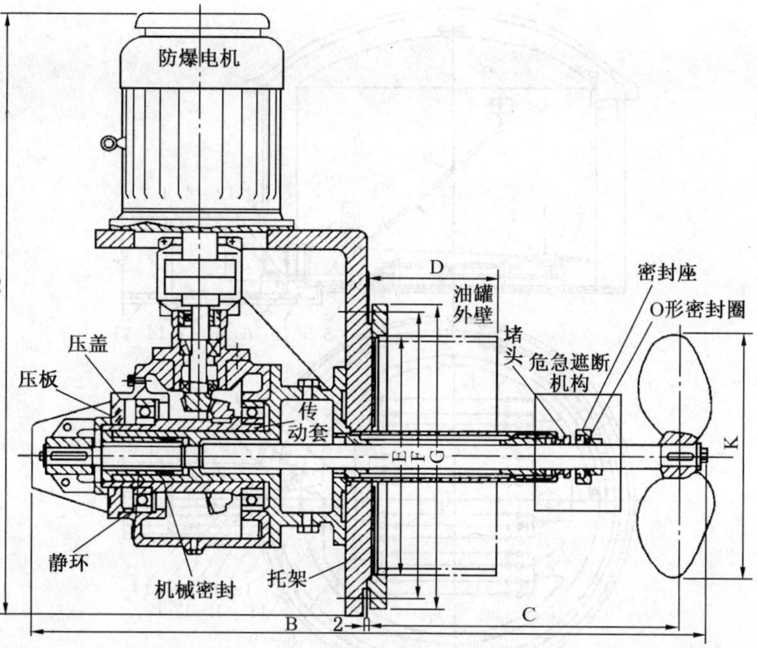

图 2-41(a)　侧向伸入式固定角搅拌器

③ 能改善罐内油品热交换条件，使油品升温快，温度分布均匀，节省蒸汽，很适合在原油或重油罐上使用。

4. 加热装置

加热器是用于给高黏度、高凝点油品加热，提高其流动性以利于油品输送的设备。炼油厂的各种重质油罐内，普遍都装有加热器。加热器管径多在 50～100mm 之间，距离罐底一般有 20～60mm。加热用的热源，普遍采用蒸汽(炼油厂的蒸汽来源丰富)，蒸汽压力为 0.3～1.0MPa。

润滑油油罐内设置的加热装置分为全面加热器、局部加热器(箱)两种。

(1) 全面加热器

油罐采用的全面加热器一般为排管蒸汽加热器，它是通过蒸汽把热量传给油品的一种间接加热法。蒸汽排管加热器配置如图 2-42 所示。

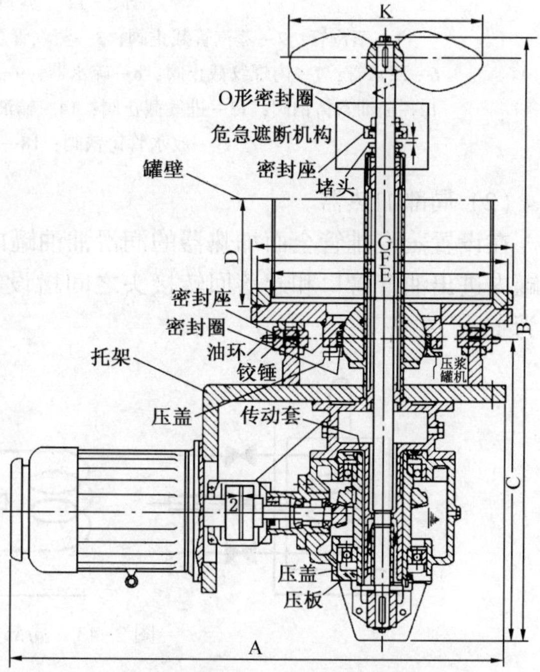

图 2-41(b)　侧向伸入式可调角搅拌器

蒸汽排管加热器是根据润滑油需要的加热温度，计算出所需加热面积，将若干单元排管进行不同排列组合而成。单元排管由直管段焊接而成，其流体阻力较小，施工简单，可用低压蒸汽(小于 0.3MPa)加热。其缺点是接头多，容易渗漏。在油库中采用较为广泛。

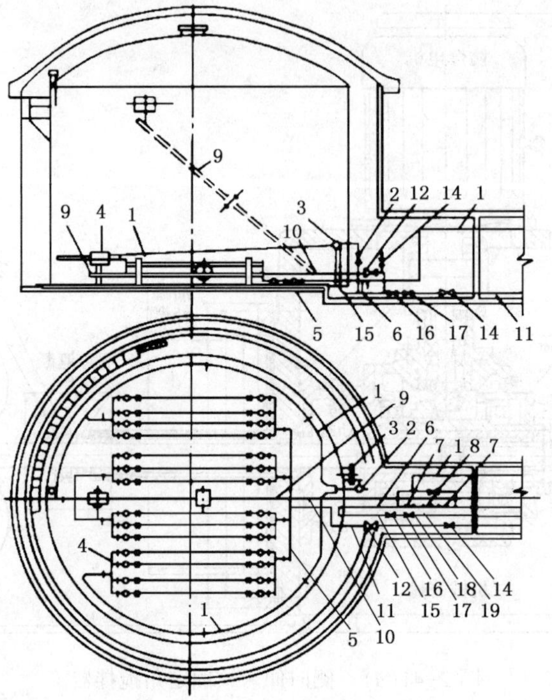

图 2-42　蒸汽排管加热器

1—蒸汽管；2—蒸汽管截止阀；3—蒸汽管总分发管；4—加热排管；5—回水集合管；6—回水管；7—内螺纹截止阀；8—疏水器；9—浮筒式升降管；10—转动弯头；11—输油管；12—输油管铸钢阀；13—进气截止阀；14—输油管铸铁阀；15—放水管；16—放水管铸钢阀；17—放水管铸铁阀；18—盲板；19—放水管堵板

（2）局部加热器

在设置蒸汽排管全面加热器的润滑油油罐内为提高收发油品的温度，减少加热时间，可在罐内进出油管管口和起落回转接头之间增设一个局部加热器，其结构见图 2-43，加热面积为 17m² 左右。

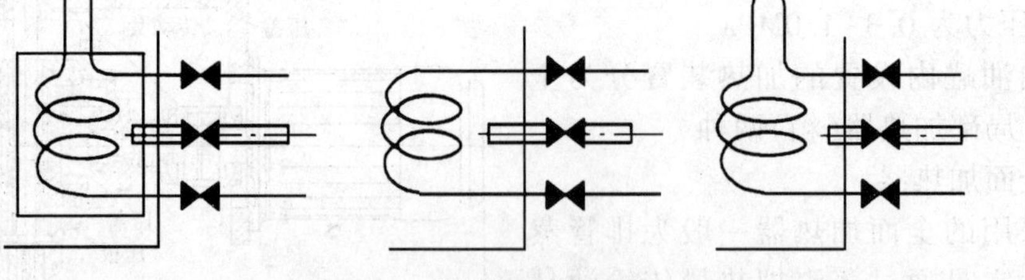

图 2-43　局部加热器示意图

（3）局部加热箱

作业量一般在 40m³/h 以下，在气候不太寒冷的地区，加热黏度不大的油品，加热油品由初温 15℃升至 45℃时，如使用全面加热器，每次都要把罐内油品全部加热，不但加热时间长，而且热能浪费大；使用局部加热箱时，则可缩短加热时间，节约热量，而且不需要设置起落管，可有效降低成本。其结构如图 2-44 所示。

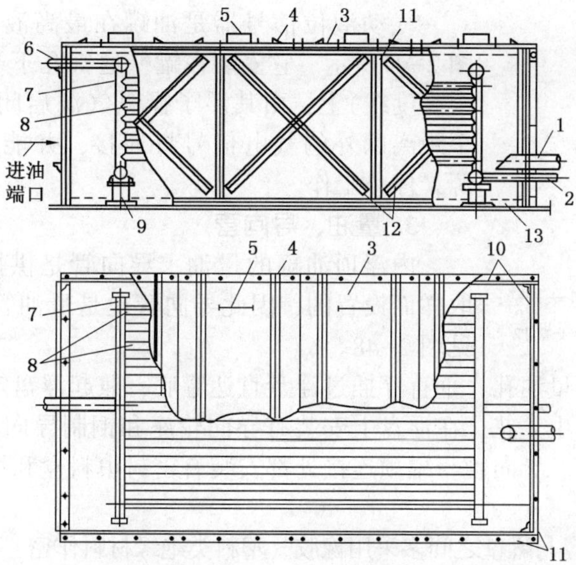

图 2-44　局部加热箱

1—进出油管；2—回水管；3—箱体板；4—加强筋；5—把手；6—蒸汽管；7—配气管；8—加温排管；9—支座；10—箱体壁板；11—框架角钢；12—加强角钢；13—油罐底板

四、内浮顶油罐专用附件

内浮顶油罐与一般拱顶油罐相比，由于浮顶的存在而结构不同，并根据具体使用性能要求，有许多附件是不同的，安装有独特专用附件，主要有八种。

1. 通气孔

内浮顶油罐液面全部为内浮盘覆盖，油气空间基本消除，因此蒸发损耗很少，所以罐顶上不设机械呼吸阀和液压安全阀。但在实际使用中，由于制造误差和运行中的磨损，各结合部位密封面会有油气泄出。当浮盘下降时，黏附在罐壁上的油品是会蒸发的。因此，内浮盘与拱顶间的空间会有油气出现。为防止油气积聚达到危险程度，分别在罐顶和罐壁上设置了通气孔。

(1) 罐顶通气孔

安装在罐顶中心位置，孔径不小于 250mm，周围安装金属网，顶部有防雨防尘土罩，其结构如图 2-45 所示。

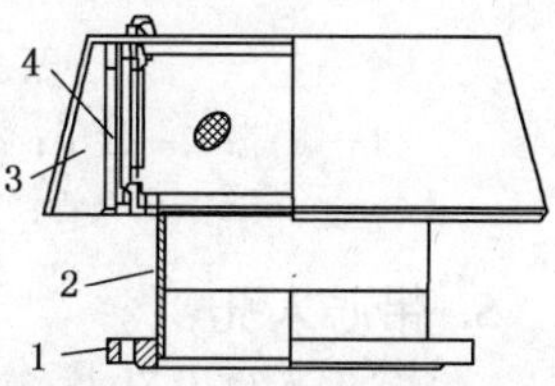

图 2-45　罐顶通气孔

1—平焊法兰；2—接管；3—罩壳；4—不锈钢丝网

(2) 罐壁通气孔

安装在最高设计液位以上的壁板上部，通气孔应沿圆周均匀分布，最大环向间距为 10m，每个油罐至少应设 4 个；总的开孔面积要求每米油罐直径在 0.06m^2 以上；气孔出入口安装有金属丝护罩，其结构如图 2-46 所示。

为使其空气充分对流，降低油罐内浮盘与拱顶空间的油气浓度，罐壁通气孔应为偶数并对称设置。

另外，罐壁通气孔在储油液位超过允许高度和自动报警失灵时，还兼有溢流作用。

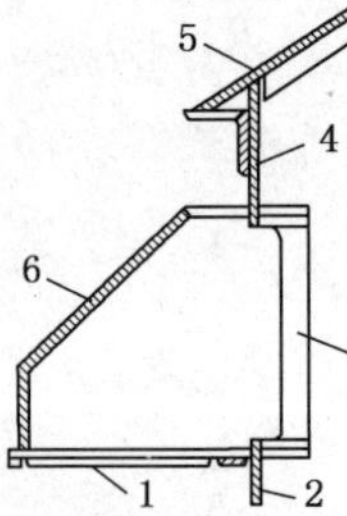

图 2-46 罐壁通气孔

1—不锈钢丝网及压条；2、4—罐壁；3—壁板开孔；5—罐顶；6—罩板

2. 气动液位信号器

气动液位信号器是油罐在最高液位时的报警装置，如图 2-47所示。它安装在罐壁通气孔下端油罐最高液位线(安全高度线)上，由其浮子操纵气源启闭。气源管与设置在安全距离以外的气电信号灯通接，并能自动切断油泵电机电源，停止工作。

3. 量油、导向管

内浮顶油罐的量油、导向管是供操作人员检尺、测温、取样而设置的，因此导向管也是量油管，导向管安装示意图见图 2-48。

导向管上端接罐顶量油孔，垂直穿插过浮盘直达罐底，兼起浮盘定位导向作用。为防止浮盘升降过程中摩擦产生火花，在浮盘上安装有导向轮座和铜制导向轮；为防止油品泄漏，导向轮座与浮盘连接处、导向管与罐顶连接处都安装有密封填料盒和填料箱。

4. 静电导出装置

内浮顶油罐由于浮盘与罐壁之间多采用橡胶、塑料类绝缘材料作密封材料，浮盘容易积聚静电，且不易通过罐壁消除。因此，在浮盘与罐壁之间都要安装导静电连接线。安装在浮盘上的导静电连接线，一端与浮盘连接，另一端连接在罐顶的采光孔上。其选材、截面积、长度、根数由设计部门根据油罐容量确定。

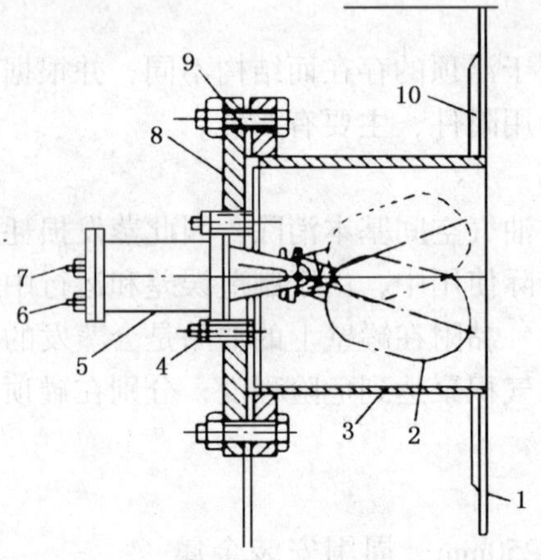

图 2-47 气动液位信号器

1—罐壁；2—浮子；3—接管；4 密封垫圈；5—气动液位信号器；6—出气管；7—进气管；8—法兰；9—密封垫圈

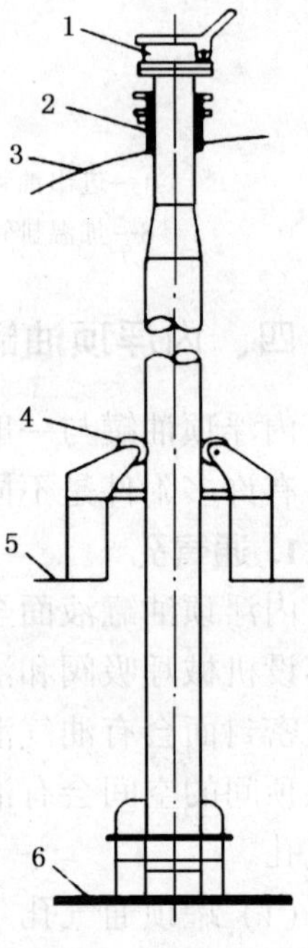

图 2-48 量油、导向管

1—量油孔；2—填料箱；3—罐顶；4—导向轮；5—内浮顶；6—罐底板

5. 带芯人孔

一般油罐的人孔与罐壁结合的筒体是穿过罐壁的(见图 2-17)，这种人孔不利于浮盘升降和密封。带芯人孔是在人孔盖内加设一层与罐壁弧度相等的芯板，并与罐壁齐平。为方便启闭，在孔口结合筒体上还有转轴。操作时，人孔盖不离开油罐，其结构如图 2-49 所示。

内浮顶油罐人孔一般不少于 2 个：一个设在距罐底板约 700mm 处，用于清洗油罐及检修时人员出入；一个设在距离油罐底板约 2400mm 处，方便操作人员进出浮盘上部。

6. 浮盘支柱套管和支柱

由于内浮顶油罐为方便对浮盘检修和油罐清洗以及油罐还要定期标定等原因，这时浮盘需降低到距罐底一定高度。这个高度由若干支柱支撑，浮盘下降有两个高度，由支柱套管和支柱支撑。

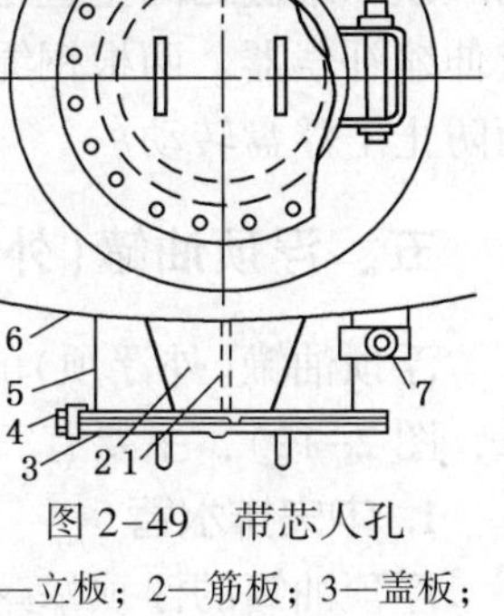

图 2-49　带芯人孔

1—立板；2—筋板；3—盖板；4—密封垫圈；5—筒体；6—补强板；7—转轴

第一高度距离罐底 900mm，也就是浮盘下降的下限高度。支撑这一高度的是浮盘支柱套管。浮盘支柱套管穿过浮盘，并以加强板和筋板与浮盘连接。在浮盘周围堰板处的支柱套管高出浮盘 900mm，其余部位的支柱套管高出浮盘 400mm。支柱套管高出浮盘的一端设有法兰和盲板，平时用密封垫片、螺栓、螺母紧固密封。浮盘下部为 500mm。

第二高度距离罐底板 1800mm。支撑浮盘第二高度的支柱用外径小于支柱套管内径(间隙应稍大点为宜)的无缝钢管制作，在浮盘堰板周围支柱套管的长度为 2700mm，其余的为 2200mm。在其端部设有与支柱套管相同的法兰，作为清洗、检修备用支柱。

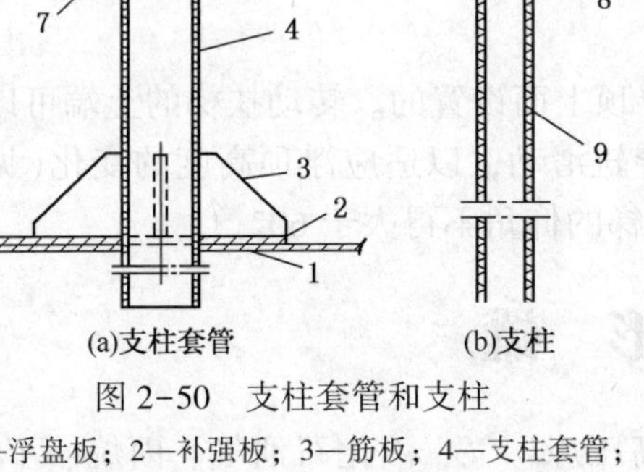

(a)支柱套管　(b)支柱

图 2-50　支柱套管和支柱

1—浮盘板；2—补强板；3—筋板；4—支柱套管；5—密封垫圈；6—盲板；7、8—法兰；9—支柱

当油罐清洗、检修、标定时，把浮盘从第一高度抬高到第二高度。抬高时向罐内注水，使浮盘上升到带芯人孔下缘部位。打开人孔进入浮盘上面，取下支柱套管顶端的盲板，将备用的钢管支柱插入套管，并将支柱上的法兰与套管上的法兰用螺栓连接紧固即可。支柱套管和支柱如图 2-50 所示。

7. 浮盘自动通气阀

浮盘在距离罐底 500mm 支撑位置时，为保证浮盘下面进出油品的正常呼吸，防止油罐浮盘下部出现憋压或抽空，在浮盘中部设有自动通气阀，如图 2-51所示。

自动通气阀由阀体、阀盖和阀杆组成。阀体高 370mm，直径 300mm，固定在浮盘板上，内有两对滑轮用来制导阀杆上下滑动。阀门盖由定位管销轴和阀杆连接，阀杆总高一般为 1100mm。浮盘在正常升降时，由于阀盖和阀杆的自重，使阀门盖紧贴在阀体上面，约有 730mm 的阀杆悬伸在浮盘下面的油品中；当浮盘下降到距罐底 730mm 时，阀杆先于浮盘支柱套管接触罐底，随着浮盘的继续下降阀杆把阀盖板逐渐顶起，当浮盘下降到支柱套管支撑位置时，阀盖板已高出阀体口 230mm，使浮盘上下气压保持平衡。当油罐由于进油或检修进水使浮盘上浮到距罐底 730mm 以上高度时，阀体将阀盖和阀杆带起，恢复紧闭密封状态。

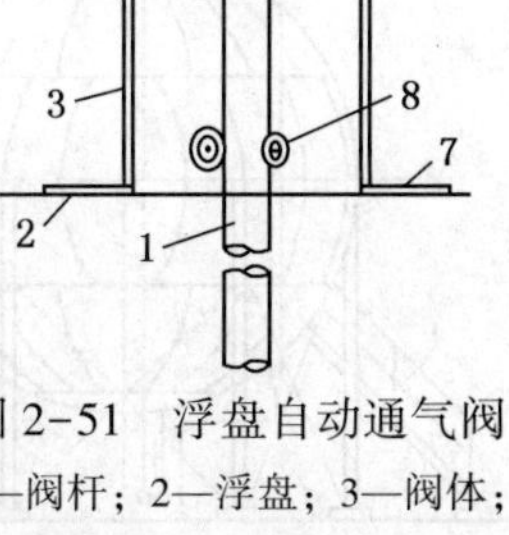

图 2-51　浮盘自动通气阀

1—阀杆；2—浮盘；3—阀体；4—密封圈；5—阀盖；6—定位管销；7—补强圈；8—滑轮

自动通气阀在浮盘检修时，阀盖、阀杆应拔出，以便盘下放水并兼作通风口使用。

此外，有的油罐在浮盘上还安装有采光孔和人孔，以便于进入浮盘下面进行检修。

8. 防浮盘转动钢缆绳

为防止油罐壁变形，浮盘转动影响平稳升降，在内浮顶罐的罐顶和罐底之间垂直地张紧两条不锈钢缆绳，缆绳通过浮盘上尼龙导向管，缆绳下端还装有伸缩补偿器。两根钢绳在浮顶直径两端对称布置，浮盘在钢绳限制下，只能垂直升降，因而防止了浮盘转动。

五、浮顶油罐(外浮顶)的专用附件

浮顶油罐(外浮顶)的附件除了与内浮顶油罐的附件相同外，还有一些专用附件(参见本章，图2-12)，主要有三种。

1. 中央排水管

浮顶油罐的浮顶暴露于大气中，降落在浮顶上的雨雪如不及时排除，就有可能造成浮顶沉没。中央排水管就是为了及时排放积存在浮顶上的雨水而设置的。中央排水管由几段浸于油品中的 *DN*100 钢管组成，管段与管段之间用活动接头连接，可随浮顶的高度而伸直和折曲，所以又称排水折管。根据油罐直径的大小，每个罐内设 1~3 根排水折管。见图 2-12 中排水折管 12。

2. 紧急排水口

紧急排水口是排水管的备用安全装置。如果排水管失灵或雨水过大，来不及排水，浮顶上的雨水聚积到一定高度时，则积水可由紧急排水口流入罐内，以防浮顶由于负载过重而沉没。

3. 转动扶梯

转动扶梯是为了操作人员从盘梯顶部平台下到浮顶上而设置的。转动扶梯的上端可以绕安装在平台附近的绞链旋转，下端可以通过滚轮沿导轨滑动，以适应浮顶高度的变化(见图2-12 中转动扶梯 5)。浮顶转到最低位置时，转动扶梯的仰角不得大于 60°。

第六节　球　形　罐

球形罐属于压力油罐，在炼油厂主要用于储存高压炼厂气、液化石油气、丙烷、丁烷、液氨等。球罐容积系列为 120~2000m^3。

一、球形罐的结构

球形罐的容积较大，主要由壳体、支柱、拉杆盘梯等组成(见图 2-52)，其壳体又由不同数量的瓣片组装焊接而成(见图 2-53)。

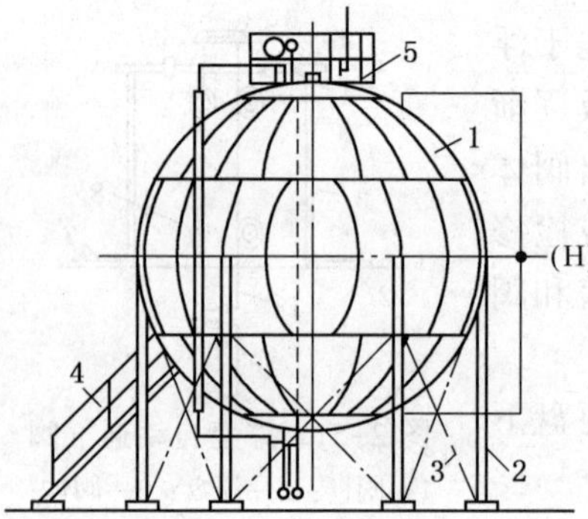

图 2-52　球形罐

1—壳体;2—支柱;3—拉杆;4—盘梯;5—操作台

球罐支座常见的有赤道正切和裙式两种。赤道正切式支座是沿罐壳赤道线均匀焊接 6~8 根钢管支柱，每个支柱有独立的钢筋混凝土基础。为加强支柱的刚性，支柱之间还要用可调节松紧的拉杆连接。这种支柱适用于大型球罐。裙式支座多用于小型球罐，支座低，球体重心稳定，钢材消耗少，但操作检修不便。

二、球形罐的特征

球形罐具有抽象球的特征，无论是从数学、几何

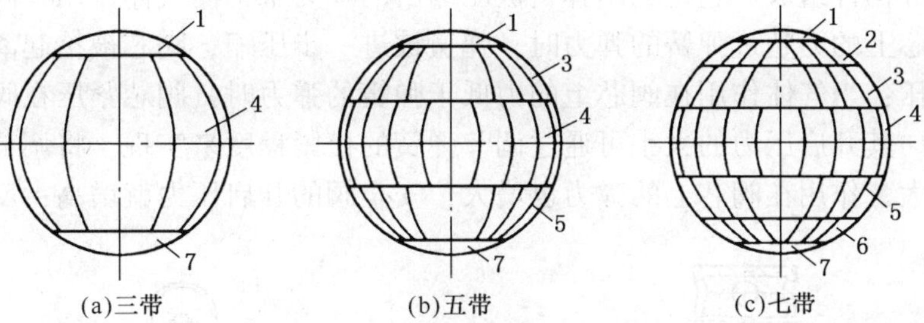

图 2-53 球形罐壳体瓣片分布

1—北极；2—北寒带；3—北温带；4—赤道带；5—南温带；6—南寒带；7—南极

学还是从材料力学的角度上看，和其他几何形状的容器相比具有以下优点：

① 球中心对称。

② 承受压力高，受力均匀，最高可达 2.2MPa。介质完全密闭储存，因而蒸发损耗少。

③ 金属材料消耗量少，相同壁厚的条件下，球形壳体的承载能力最高，即在同样内压下，球形壳体所需要的壁厚最薄，仅为相同直径、同样材料圆筒形壳体罐壁厚的 1/2（不考虑腐蚀裕度）；在相同容积条件下，球形壳体的表面积最小。所以，从受力状态和节约用材来说，球形是压力容器最理想的形体。

④ 有超压密闭放空系统，因而着火爆炸危险性减小。

⑤ 在相同容积下，球罐表面积最小，占地面积小，基础工程量也小。

⑥ 球形罐的使用与维护也有它的局限性，主要缺点是制造安装技术要求高，焊接工程量大，工时成本高，特别是对大型球罐来说，由于运输等原因，要先在制造厂压好球瓣，然后运到现场组装，由于施工条件影响，质量不易保证。基础设施与制造技术要求更严，投资也大，一般用作压力罐。

三、球形罐附件

球罐上的附件有：罐顶上有操作平台和防护栏杆，其上装有安全阀、放空阀、压力表及液位自动检测引出装置，喷淋水降温设施装于罐顶呈环状布置，罐顶一侧分段装有玻璃板液位计。罐底有人孔、脱水阀、进出油气管线和阀门。一次液位仪表装于球罐下方。扶梯（盘梯或斜梯）可供操作人员沿其上罐操作。

1. 安全阀的作用

安全阀是液化石油气储存中最重要的安全附件之一，它的作用是当系统、容器或管路压力超过限额时，能自动开启，泄去部分气体，并发出声响，警告操作人员采取措施。当压力恢复到额定值范围内时，安全阀回座，自动关闭。从而避免因超压而酿成的爆炸事故。安全阀起跳的原因仅仅是超压，而超压的原因却是多方面的，诸如超载（充装过量）、温度过高以及外界强热烘烤、气温偏高和火灾危险等。

2. 安全阀的分类及构造

液化石油气系统所使用的安全阀，全部限定为弹簧式安全阀。弹簧式安全阀按安装位置与介质的接触情况，可分为外弹簧式安全阀和内置式弹簧安全阀两种。

弹簧式安全阀的结构如图 2-54 和图 2-55 所示。

弹簧式安全阀主要由阀体、阀芯、阀座、阀杆、弹簧、弹簧压盖、调节螺丝、销子、外罩、提升手柄等构件组成。它是利用弹簧被压缩后的弹力来平衡气体作用在阀芯上的力，当气体作用在阀芯上的力超过弹簧的弹力时，弹簧被进一步压缩，阀芯被抬起离开阀座，安全阀开启排气泄压；当气体作用在阀芯上的力低于弹簧的弹力时，阀芯紧压在阀座上，安全阀处于关闭状态。其开启压力的大小可通过调节弹簧的松紧程度来实现，将调节螺丝拧紧，弹簧被压缩量增大，作用在阀芯上的弹力也增大，安全阀的开启压力就增高；反之则降低。

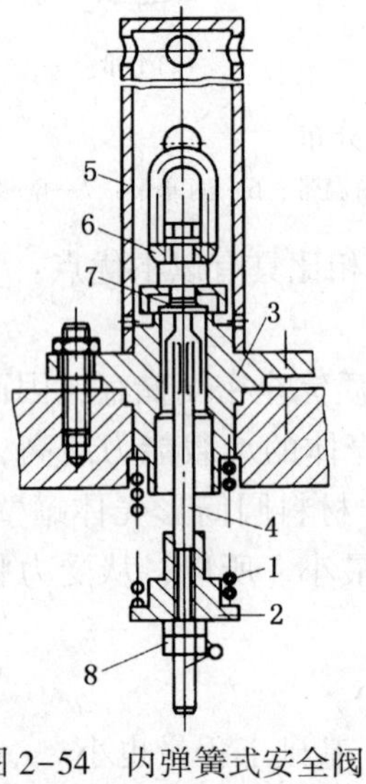

图 2-54　内弹簧式安全阀

1—弹簧；2—塞子；3—阀座；4—阀杆；5—护罩；6—锚环螺母；7—密封环；8—螺母

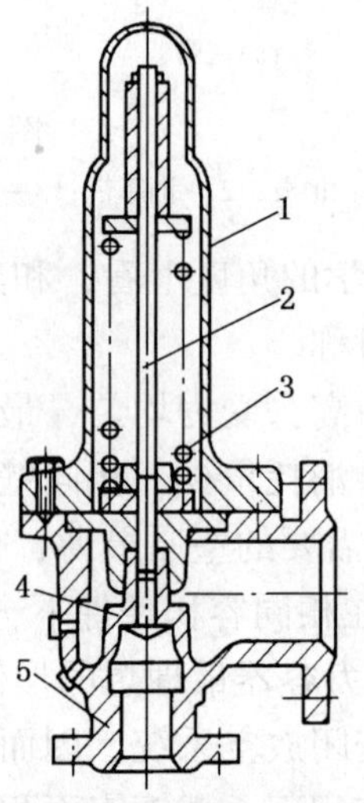

图 2-55　外弹簧式安全阀

1—阀体；2—阀杆；3—弹簧；4—阀芯；5—阀座

3. 液相安全回流阀

大口径液化石油气液相管道上应设置安全回流阀，以防止管路憋压过大而造成事故，液相安全回流阀也是弹簧式安全阀，其作用原理和结构与前述安全阀相同。

如图 2-56 所示为安装在泵后管道上的液相安全回流阀结构示意图，管路上留有专门接口与液相安全阀两端连接，返回的液化石油气应回流到罐中去。其出口口径比进阀口口径尺寸大，是为防止泄压后部分汽化现象及回冲空间的需要而设计的。

在不太容易形成憋压或较小的管道上，有时也设置塞式的液相安全阀，即管道安全阀。其结构如图 2-57 所示。它是开敞式的，不再接液相导管，很明显，少量的泄放并不造成物料的过多损失。

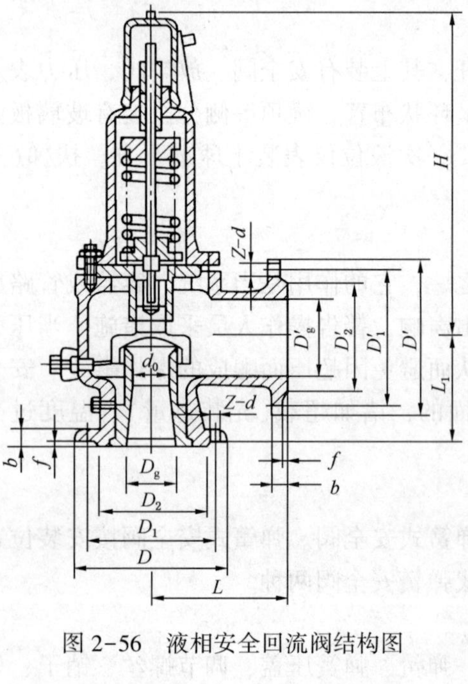

图 2-56　液相安全回流阀结构图

4. 过流阀

液化石油气装卸作业和气相管路或液相管路上都配置有过流阀，以保证管内流速不致超限，当管内流速过大时，过流阀会自动切断管路，从而避免物料损失或酿成事故。因为管内流速过大的原因，往往是因外管路破裂、容器密封破坏等，液化石油气将在自身压力和输送泵压的联合作用下，以超常的速度通过管路，结果往往是大量倾泄，使物料损失甚至造成火灾等恶性事故。

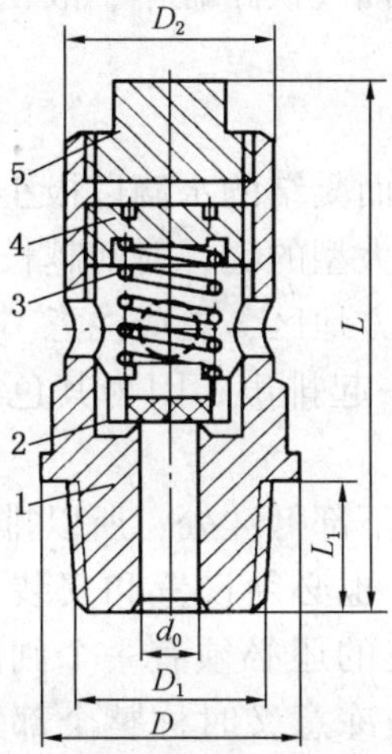

图 2-57　管道安全阀结构

1—阀座；2—阀瓣；3—弹簧；4—压盖；5—螺母

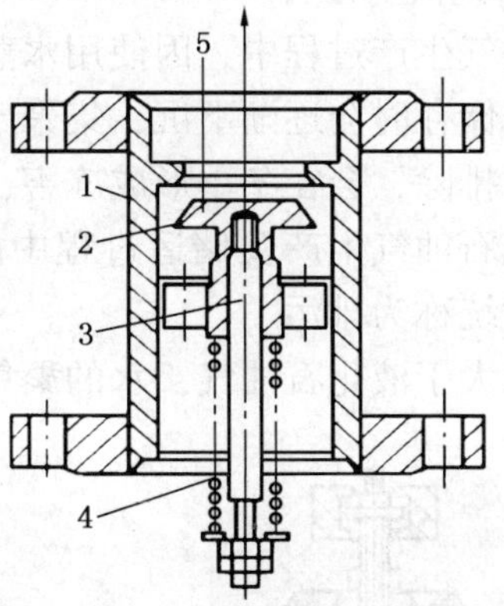

图 2-58　弹簧式过流阀的结构

1—阀体；2—阀瓣；3—阀杆；4—弹簧；5—小孔

过流阀按动作原理分为弹簧式和浮筒式两类，浮筒式亦称浮杯式或重力式。

(1) 弹簧式过流阀

其结构原理如图 2-58 所示，它串联在管道上，正常流速下，弹簧的拉紧力与液化石油气对阀瓣 2 的冲击夹持力相平衡，阀瓣前方的孔道通畅，物料无阻，装卸作业正常。当管内流速超过额定流速的 50%时，阀瓣 2 会因液体的冲击夹持力大于弹簧的拉紧力而冲向前方，阻塞流体通道，管路便自行关闭。

因为阀内有小孔 5，即使在管路切断后，仍有微小细流通过。当外界管路或容器的破裂事故排除后，该小孔所流出的液化石油气及液化气体会充满系统，靠其自身的气压，帮助阀瓣 2 复位，管路恢复通畅。否则阀前后压差过大，复位将不可能。

阀杆、弹簧和阀瓣都一起固定在阀架上，阀架靠螺纹旋入阀体内。阀架的旋入深度决定了阀瓣与孔道的距离。同时，该距离依流速限额不同而异，并与阀瓣截面及弹簧力相匹配，它也是可以调整的。

(2) 浮筒式过流阀

其作用原理是靠浮筒的自重来平衡液化石油气的流动冲击力。正常情况下，浮筒自重大于液化石油气在流动中的夹持力，当流速过高时，浮筒迅速上浮，阻塞上方的通道，关闭管路。为防止浮筒的倾倒，阀内有三叶导向架片。如图 2-59 中所示的 4 即有限位作用，该附件称为导架。

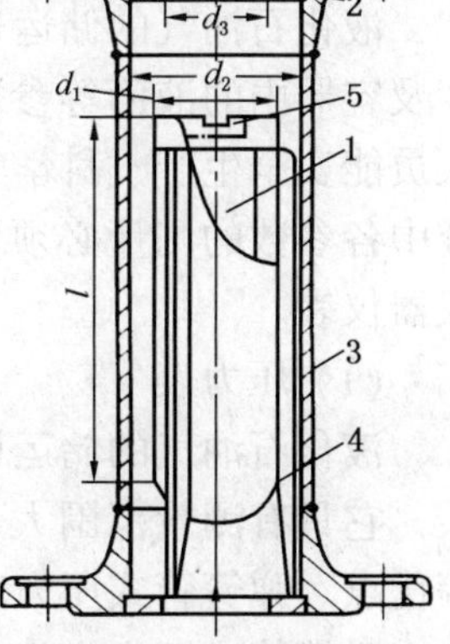

图 2-59　浮筒式过流阀

1—浮筒；2—底座；3—阀体；4—导架；5—槽沟

浮筒式过流阀只能垂直安装，液化石油气自下而上流过。

浮筒式过流阀和弹簧式过流阀一样，也有一个平衡小孔，用以平衡筒前后的压差，使浮筒在关闭管路后复位。

5. 紧急切断装置

紧急切断装置也叫紧急切断阀，常与过流阀一起串联在储罐或罐车的气相或液相出口上，在后面的管道破裂或火焰烘烤管路时用以切断液化石油气管路，避免大量的物料漏损以及火势蔓延。凡是带压容器都有紧急切断装置，如液化石油气铁路罐车、液化石油气公路罐车等。

6. 防冻排污阀等部件

液化石油气生产过程中，因使用水蒸气作为加热介质而凝结的水滴以极小的微球存在于产品中，长期储存时会逐渐下沉，集聚于储罐下部，越是大型的罐，时间越长，集聚量就越大。如不及时排除，会在冬季形成冻害，特别是我国的北方地区，更应注意。在排除部分水的同时，液化石油气生产及储运过程中的其他杂质也会一起排出。因为其色泽与成分的关系，在排放时统称为排污。

水的密度大于液化石油气，水的聚集总是在容器的最下部低洼处，所以排污排水的装置通常称为排污箱，也必须设置和安装在容器设备的最下端，与之相连的还必须有一个闸阀，以备在检修时使用。突出防冻意义时称整个部件为防冻排污阀；强调排污时，称其为排污阀。

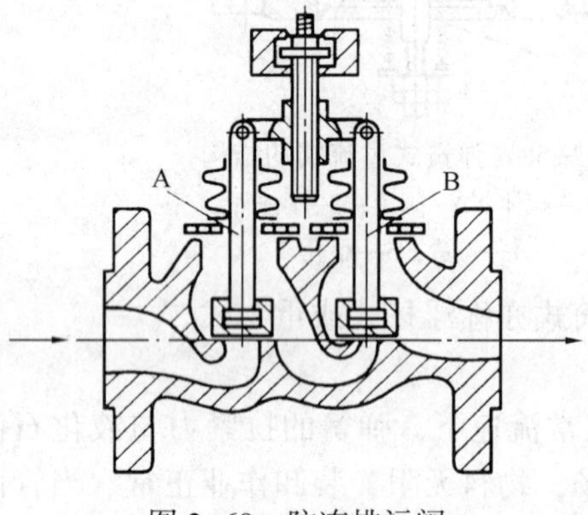

图 2-60　防冻排污阀

防冻排污阀是一种设计非常巧妙的阀件，其结构如图 2-60 所示，它是用同一根杆操作两个小阀杆，阀体内同时包容着两个小阀，两个阀口中 A 比 B 大些。由于散热面大小的关系，B 比 A 冻结早些，若 B 已冻结则 A 尚可开闭，仍然可关严液化石油气通道，使上方的物料不致泄漏。若已同时冻住，因为阀口大小不同，冻结的程度也不同，在同一阀杆力的作用下，B 阀的冰易被破坏，同样达到关严阀门的目的。

当然，防冻排污阀的操作，主要靠定时的巡回检查和执行岗位操作法。气温较低的地区（每年连续 10 天日最低气温低于 0℃），应对防冻排污阀及储罐根部管线加装伴热或保温装置。

7. 测量仪表

液化石油气的储运过程中，必须对系统状态、压力、温度及容器内的液面等参数作及时、准确的反映，以便操作人员能安全生产、科学管理。液化石油气的特性决定了系统中各参数的测量必须使用具有防爆、防尘、抗震性能的仪器仪表。

（1）压力表

液化石油气的储运设备和管道，常使用弹簧管式压力表，它具有测量范围大、结构简单、坚固可靠、价格低廉等优点。弹簧管式压力表的结构如图 2-61 所示。

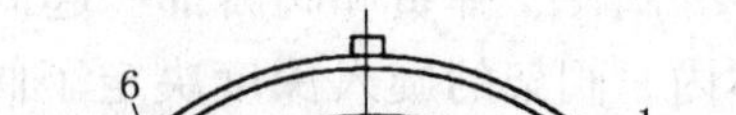

图 2-61　弹簧管式压力表

1—弹簧管；2—拉杆；3—扇形齿轮；4—中心齿轮；5—指针；6—面板；7—游丝；8—调整螺丝；9—接头

弹簧管式压力表的感受元件是金属弹簧管，承压后伸张，减压后回缩，发生一定的机构位移，这个位移量能够通过齿轮机构（扇形齿轮 3，拉杆 2，中心齿轮 4 等）的组合运动，转变为中心轴的角位移。也就是说中心轴作扭转，反映出压力值的大小，安装在轴上的指针反映所承受的压力。

弹簧管式压力表的弹簧管，可以是单管的，也可以是多重管的(多圈式)。同一压力下，多圈管的变形量大，角位移大，指针的偏转大，所反映的数值便可以作小分度的数值显示，用于要求灵敏的场合。因此，弹簧管式压力表可以分为单弹簧管式和多弹簧管式两种，而在液化石油气使用中，普通单弹簧管式压力表便可满足要求。

液化石油气用压力表的量程以 2.5MPa 为宜。因为在正常气温下，液化石油气的压力约为 1.6MPa 以下，处于仪表量程的 2/3 左右，在机械式表的灵敏区以内。对于其他同类测量仪表而言，人们最关注的数值范围多在表盘的 1/4～2/3。

仪表的精度是仪表测量的误差范围，如 1.5 级表，所反映的数值是实际值的±1.5%误差内的值。一般精度等级只要满足需要即可。液化石油气储运过程中的实际用表，只要 2.0 级到 1.5 级精度即可。表盘直径不得小于 100mm。

(2) 液位指示计(液面指示计)

液化石油气储存容器上的液面指示计，反映容器内液位的高低，代表容器内液化石油气的数量，其刻度可直读高低数值，也可以以吨或立方米标出。

液位计的上下阀门，必须具有良好的耐腐蚀性能。经验表明：碳钢、黄铜制造的液面指示计寿命极短，而用 1Cr13 和 1Cr18Ni9Ti 这类不锈钢效果较好。液面指示计的形式很多，性能不同，结构各异。

液面指示计应安装在便于观察的位置，如液面指示计的安装位置不便于观察，则应增加其他辅助设施，大型储罐还应有集中控制的设施和警报装置。液面指示计上最高和最低安全液位，应做出明显的标志。几种常用的液面指示计介绍如下。

① 双面玻璃板式液面指示计。透光性好，易认易读，结构简单，指示液面直观。双面玻璃板式液面指示计的结构及外形如图 2-62 所示。液面计所配的两个阀门还可冲洗玻璃管内的表面。操作时应注意，误关时易读出假液位，连接管不适当或开关失误，也会产生液化石油气的喷出现象。

② 机械传动浮子式液面指示计。

其类型较多，用途也广，工作时是浮子的漂浮位置直接表明液面的高低。浮子多为耐油的复合材料或空心球体或柱体。浮子可与机械机构相连接，通过旋转角度的方式向外显示液面值，也可通过其他方式与外界相联系，如磁力感应等，也可以变换为其他运动传递方式。如图 2-63 所示为机械传动浮子式液面指示计。浮子 1 与所匹配的重量平衡器 2 以及连杆(浮子杆)3、轴 4 等相一致，使浮子能随液面的升降而上下运动，其升降量通过传动装置

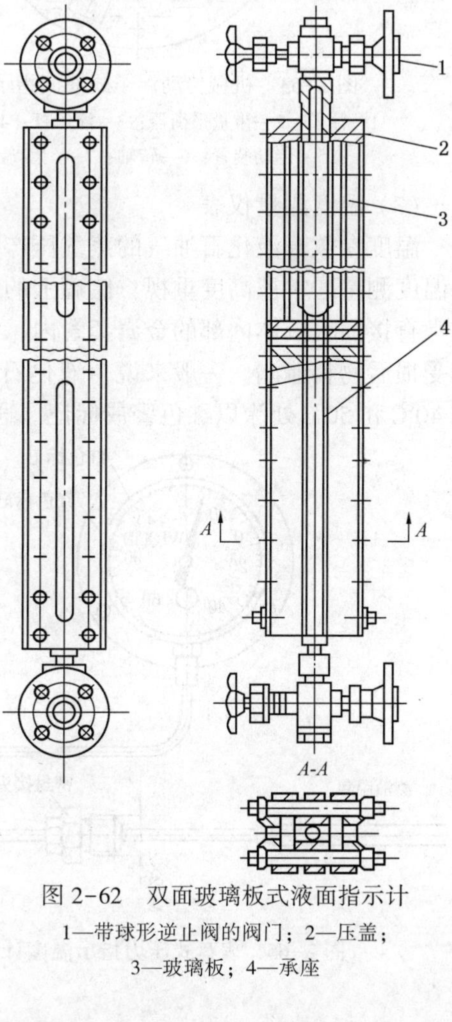

图 2-62　双面玻璃板式液面指示计

1—带球形逆止阀的阀门；2—压盖；3—玻璃板；4—承座

5 反映在表盘上，表盘 7 上的数值可直接标度为液化石油气的数量。

③ 磁性浮子式液面计

如图 2-64 所示为磁性浮子式液面指示计的工作原理。浮子磁钢 1 是一个复合有磁性的轻质浮子体。能漂浮在液体表面。它总是在与罐体上下通管的直管部分上下浮动，它的位置代表着液面的高低，并能将磁力线传递给外边的玻璃管 4 内的小磁体上，使该小磁体随之上下运动。外玻璃管 4 中的指示磁球可以涂以鲜艳的色彩，也可以将外玻璃管换成磁性翻板，随轻质浮子体的上下漂移而翻动不同色彩的板面，使操作人员明显地了解到容器内液位的高低。显然，与液化石油气直接接触的连接管应当是非磁性物质，如铜、铝等，否则，磁浮子无法自如地工作。

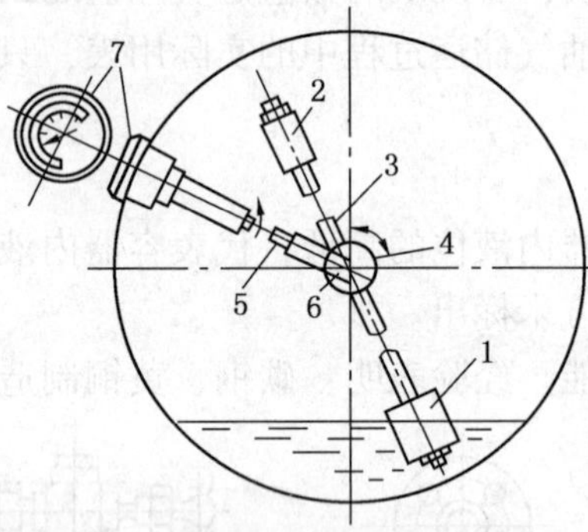

图 2-63　机械传动浮子式液面指示计

1—浮子；2—重量平衡器；3—浮子杆；4—轴；5—传动装置；6—转轴；7—刻度盘

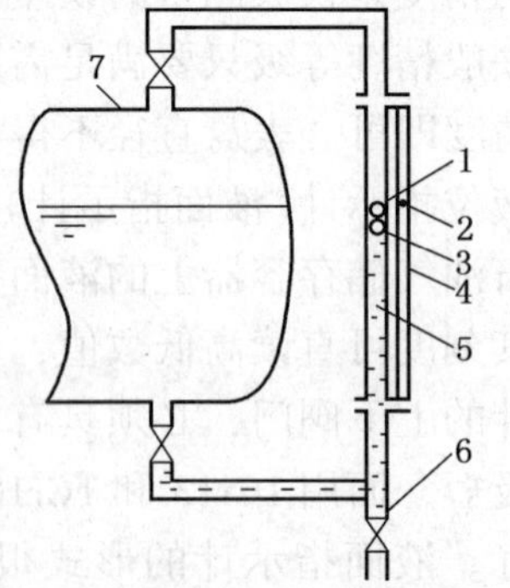

图 2-64　磁性浮子式液位指示计

1—磁钢；2—指示磁球；3—浮标；4—玻璃管；5—连接管；6—阀门；7—储罐

（3）温度测量仪表

温度参数对液化石油气的蒸气压产生敏锐的影响，直接关系到设备安全和生产管理，所以温度测量通常被高度重视，储罐上的温度计多为直读式、体积膨胀式玻璃温度计。温度计通常直接插入液体内部的金属套管内，温度计的感受元件不直接与液化石油气接触，避免仪表受损后物料泄漏。一般来说，液化石油气储罐用温度计只在-40～+60℃以内工作，并应在 40℃和 50℃处涂以红色警戒标记。通常，选用的温度计还有表盘式压力指示温度计、双金属温度计。

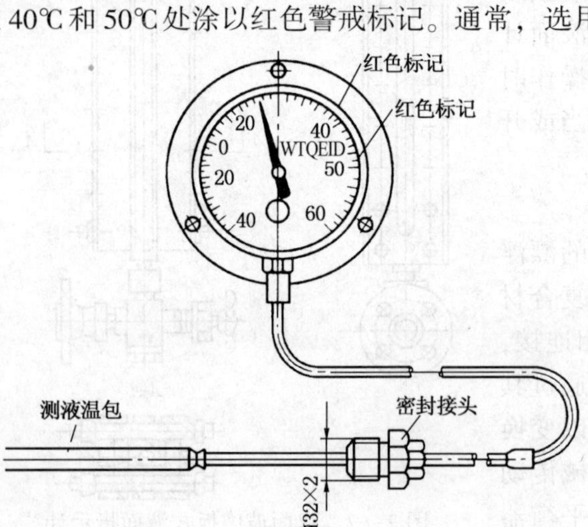

图 2-65　表盘式压力指示温度计

表盘式压力指示温度计（见图 2-65），利用测温包内气体压力随温度变化而变化的原理，指示所测液体的温度。

双金属温度计（见图 2-66）是用绕成螺旋状的热双金属片作感温元件，感温元件装在保护管内，一端固定，另一端连在一细轴上，轴端装有指针，当温度变化时感温元件的自由端旋转带动指针转动，从而在刻度盘上指示出温度的变化值。

温度计应经计量部门校验铅封，并应经常检查。失灵损坏者不得继续使用。温度计的感温元件应与罐内液体相通，以测量液相温度，并应能耐罐体水压试验的压力。

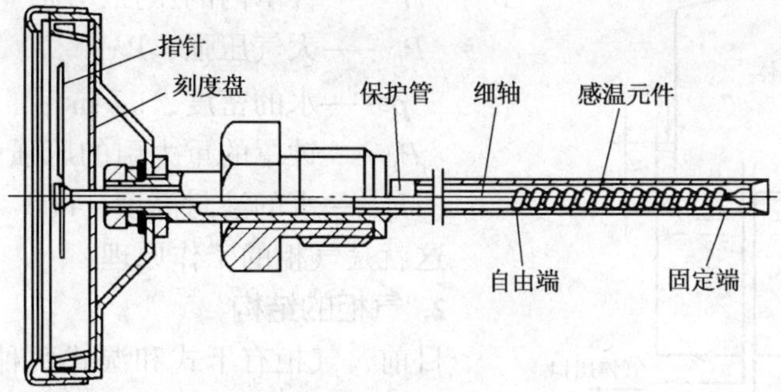

图 2-66　双金属温度计

四、球形罐的安全注意事项

由于液化气易燃易爆，加之储罐区容量大，一旦发生火灾、爆炸，后果极其严重。因此，液化气罐区建设与管理必须符合有关安全要求，重点有以下内容：

(1) 液化气罐区必须布置在通风良好、远离明火的地方，而且不应与其他易燃或可燃油罐同组布置。

(2) 成组油罐布置时，组内储罐不应超过两排，每组总容量不超过 4000m^3。卧式储罐距地面一般不小于 3.5m，储罐坡向排污管一侧，坡度为 0.01~0.02。

(3) 罐上安装的生产和安全设施必须齐全、灵活好用，质量符合要求，严密不漏。罐的安全阀及放空管应接入高压炼厂气管网到火炬，安全阀下的截止阀应常开并加铅封。

(4) 储气罐应设静电接地和防雷设施，定期检测接地电阻。防静电接地电阻值应不大于 100Ω，防雷接地电阻应不大于 10Ω。储气罐还应装设超压报警装置、液面检测自动化仪表及现场气体报警设施。罐区内电气设备及照明均应防爆。

(5) 液化气储罐应定期密闭排污。严禁排污带凝缩油进入明沟系统。

(6) 压力表、安全阀、气液相阀门应定期检定，液面计定期清洗，严禁使用玻璃管液面计。

第七节　气柜、水封槽

气柜、水封槽是炼油厂用以储存低压气体的特种专用储罐。火炬则是炼油厂在开停工期间或紧急状态下处理物料的设备。

一、气柜

气柜是回收、储存炼厂气和调节管网压力的重要设备，在炼厂气系统平衡中起着调节作用。一般容积很大，可达 2000~100000m^3。

1. 气柜的工作原理

气柜也是立式结构，由两部分组成，上部呈套筒体(钟罩)，并可以上下升降，倒置在下部一个圆柱形敞开的大水槽上方，如图 2-67 所示。

水对钟罩的浮力可以忽略不计，设钟罩内气体的压力为 P，钟罩外的大气压为 P_0。

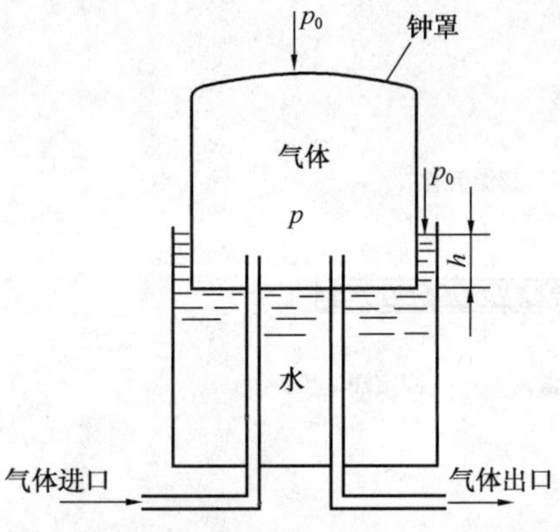

图 2-67　气柜的工作原理图

由流体静力学可知：$P=P_0+P_f=h\rho g$

式中　P——钟罩内的压强，Pa；

P_0——大气压强，Pa；

ρ——水的密度，kg/m^3；

P_f——钟罩的重力引的压强，Pa；

h——水的液封高度，m。

这就是气柜的工作原理。

2. 气柜的结构

目前，气柜有干式和湿式两种，湿式气柜又分垂直升降式和螺旋升降式两种。容积小于 $5000m^3$ 的多选垂直升降式，容积 $10000m^3$ 的普遍采用湿式多节螺旋升降式气柜。

以某炼厂的气柜为例，该气柜水槽直径 26.4m，各塔升起总高约 31m。气柜由上塔(钟罩)、中塔、下塔和水槽组成。3 个塔的水封压力各不相同，一塔定压 2.16kPa($220mmH_2O$)，二塔定压 3.24kPa($330mmH_2O$)，三塔定压 4.31kPa($440mmH_2O$)。气柜投用时，水槽大约可储水 $4500m^3$。钟罩为拱顶，下部沿整个圆周有外翻的挂钩，中塔及下塔的上下部也均有挂钩，上部挂钩内翻，下部挂钩外翻。塔的下端挂钩在气柜上升时，将起两塔连接作用，钩中存水又起水封作用。每层塔的外部装有不同数量螺旋导轨(8～12 个)，导轨两侧有导轮。上塔顶部有通气管和安全阀等，有阶梯通至水槽平台和上塔。柜上还装有高、低液位自动报警和防雷接地设施。水槽有供水管线，顶部沿圆周均匀分布 4 个溢水口。气柜进出口还有摇控自动蝶阀和水封罐。气柜运行中，各塔连接处有足够水封，保证气柜严密不漏。另外塔的外壁还分段标有容积数值，以显示气柜任何时刻的储气量。

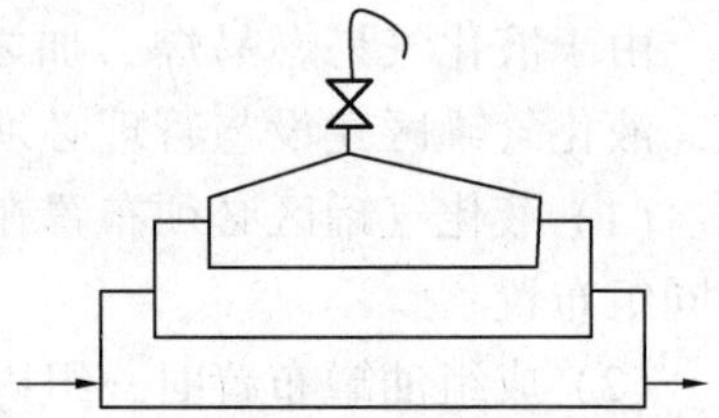
图 2-68　气柜结构示意图

二、水封槽

水封槽的工作原理与气柜基本相同，但水封槽没有可升降的钟罩，其结构如图 2-69 所示。水封罐的作用是通过调节水封高度来控制低压炼厂气管网压力，调节气柜储量，保持炼厂气供需平衡的设备，同时也是防止火炬回火的安全密封设施。

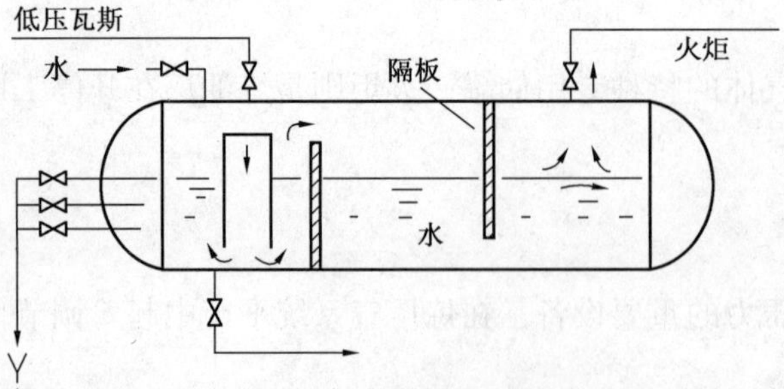

图 2-69　水封槽示意图

水封罐为卧式金属罐，设计压力 1MPa($10kg/cm^2$)，试验压力 1.2MPa($12.5kg/cm^2$)，通常建于火炬区域地面基础上，容积有 $30m^3$、$35m^3$、$40m^3$ 等多种。低压气体从罐顶上部进入罐内直接插入水下，出口端离罐底 200mm，并装有防震罩帽，罩帽上有许多间隙均匀、大小一样的小孔，在炼厂气进入水中时能起到减少水的震动、保持水面稳定作用。罐内有两块挡板，罐侧有 3 个不同高度的溢流水口，可分别上水封400mm、600mm、1000mm(由罐的大小和溢流口位置确定)高度。炼厂气气体从罐顶气相空间接出去火炬。

第八节 原料油的储备量与成品油罐空

一、炼油厂罐区的分布

在炼油厂，油罐是油品储运系统数量最多、分布面最广的设备。罐区数量随加工规模、装置数量、油罐周转天数以及产品品种多少而定，每个炼油厂都有几个到10~20个罐区，油罐单体容量从几千立方米，到数十万立方米，总容量多达上百万立方米。

炼油厂的油品罐区一般分：原油罐区、中间(半成品)罐区、成品罐区、重油罐区、液化石油气罐区、石油气体罐区、润滑油罐区和化工原料罐区等。除成品罐区外，大多数罐区和生产装置相对应。

二、原料油的储备量与成品油罐空

现代炼油装置硬件建设是比较完备的，受外部条件变化影响因素很少，例如水、电及蒸汽等条件都是炼油厂自备，一般不影响炼油生产，但运输条件及市场需求的变化是必须要考虑的因素，以应对外部条件的变化，保证生产正常运行。

1. 原料油的储备量

由于炼油厂连续生产的特点，无论原料油是通过管道、铁路、公路还是水路运输，在其运输过程中都可能发生这样或那样的意外，例如政治、战争、地震及气候条件的变化；例如冬天铁路的运输能力就远不如夏天，还有海上运输也不那么安全；例如中东及马六甲海峡出现动荡等。外部条件的变化会造成原料油供应的紧张、告急或中断。因此，对原料油必须有一定的提前储备量(扣除原油沉降脱水所需要的时间)，一般不小于72h的加工量，退守量为48h。一旦发生原料油储备量不足，生产装置往往采取降量、低温循环来应对。可见，原料储备量是确保炼油厂长周期、平稳运行的重要条件之一。

据报导(中石油、中石化、中海油)内部原油综合商业储备天数为21.6天(在国际上属于商用储备量少的国家之一)。

“原料零库存”的经营方式，只是一种追求和理想状态，炼油企业在原料油储备上要防范因外界条件变化而不足的风险。

2. 成品油的罐空

与原油要有一定的存量相反，要留有一定的罐空余量，成品油的外运也要考虑到运输条件的变化，否则会发生憋罐，例如冬季铁路运力下降等因素，造成成品油外运紧张，有时生产装置被迫降量或者降温打循环，严重时被迫停工。所以，炼油厂对成品油罐空的要求也是一个重要指标，不过“成品零库存量”经营是适用的，但这只是一种理念、追求和理想，很难做到。因为，成品油的库存量不但受运输条件的影响，还受市场需求因素的影响，例如冬季农用柴油的需求量小，若满足冬季柴油罐空的要求，那么就会出现其他三个季度柴油储罐的闲置，在生产上往往采用调整加工方案减少柴油生产量，但可供调整的幅度很有限。

尽管有诸多因素影响到成品油的罐空，但一般不小于储备72h成品油生产能力的空间量，退守量为48h。

可见，原料油的储备与成品油的出厂是油品储运系统的两项至关重要的工作，需要随时维持原料油进厂及成品出厂的动态平衡。

第九节 油品罐区运行与管理

在了解各种金属油罐及附件的结构、特点、性能、用途及设计要求的基础上正确地使用、维护油罐是十分必要的。由物质运动、变化的规律可以知道，设备在运行过程中是会发生变化的，而且这种变化总是朝着不规则程度(熵)增加方向发展，即装置、设备等没有自律能力、没有自我纠偏的能力。所以无论从理论的角度还是从生产实践的角度，任何装置、设备都需要正确地使用和维护，油罐及其附件以及后面将要介绍的各种类型的泵也都是如此。为了安全收发油品，保证油品质量，延长油罐使用寿命，必须正确使用油罐及其附件，加强油罐的管理维护与维修。

一、建立油罐技术档案

无论是新罐或是使用多年的旧罐，都应建立技术档案。新罐从验收到第一次装油时起，就应按照油罐编号着手建立资料，以后每次技术鉴定或修理，都应认真做好记录。建立油罐技术档案的目的是准确掌握油罐的技术状况，未雨绸缪，心中有数，同时也为科学决策打好基础。

油罐的技术档案主要包括如下内容：

① 油罐的图纸、说明书、编号；

② 油罐施工情况记载；

③ 油罐竣工后的实际尺寸；

④ 油罐试压、试漏情况记载；

⑤ 附属设备性能一览表及其技术状况；

⑥ 每次技术鉴定及修理情况记载。

二、油罐的安全最高装油高度

油罐的安全最高装油高度的确定，如图 2-70 所示，油罐储油应尽量装满，这样不仅有利于增加油罐储量，而且也可减少油品蒸发损耗。因为油罐装不满，不仅使油罐容积利用率降低，而且也加大了油罐小呼吸损耗。但是油罐也不可装油过满，以防止冒罐跑油或损坏设备。

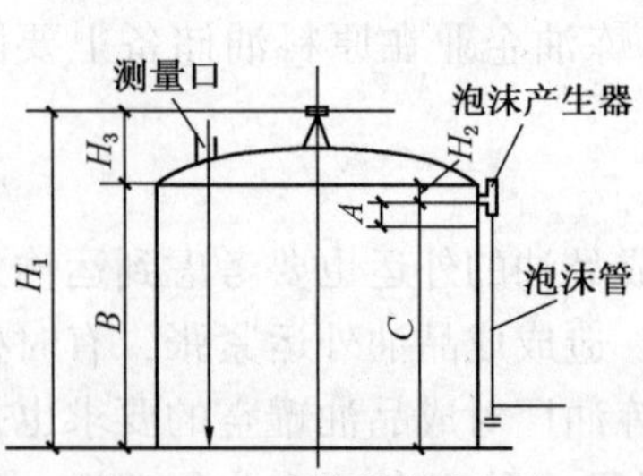

图 2-70 油罐的安全最高装油高度示意图

在确定油罐安全最高装油高度时应考虑以下两个方面的因素并留有充分余地，即：

① 因操作变动或其他原因造成油品受热，温度升高体积膨胀时，油品不能从消防泡沫线或通气孔溢出跑油。

② 油罐一旦发生火灾，油面上的空间高度应能保证预留有一定泡沫层厚度，以利于灭火。

立式油罐安全最高高度计算公式为：

$$H = \frac{\rho_1}{\rho}(H_1 - H_2) \qquad (2-2)$$

式中 H——立式油罐安全最高装油高度，m；

H_1——油罐总高度，m；

H_2——消防泡沫需要高度，m；

ρ_i——油品最高温度时的密度，kg/m^3；

ρ——油品操作温度时的密度，kg/m^3。

三、油罐的操作指南

油罐的操作包括收发油、检尺、测温、计量、油罐加温、脱水、输转等。正确操作油罐最重要的就是必须认真遵守操作规程，严格执行各种规章制度。防止窜油、中毒、设备损坏甚至引起火灾、爆炸事故。

（1）罐区作业都应认真执行生产运行处(调度)作业计划、工艺卡片或主管领导指令。作业操作前应对收发油管线、油罐号、罐内油量、质量、油高、密度、油温、含水等情况，予以全面熟练掌握。

（2）开关阀门或倒换流程应认真执行“对号挂牌操作法”，防止错开、误开、漏关阀门。换罐时应先开后关，防止跑油、混油、憋泵事故发生。

（3）油罐收、发油前要坚持脱水检查，特别注意检查重油罐底有无明水。重油加温，做到不超温、不浪费蒸汽，防止加温高而突沸。

（4）收、发油作业过程中要掌握适宜的流速，防止进油速度过快而产生静电；而进油慢，黏油易冻凝管线。

（5）油罐收、发油作业，应做到收油不超过安全高度，而发油时要保持一定罐底量，而不抽空。脱水时不得离人，脱完水不要忘关阀。

（6）动态罐必须每1~2h检尺一次，做到油罐严密不漏；静态罐每班检尺一次。检尺取样后，要盖严孔盖。

（7）罐区操作人员应按巡检路线、部位、内容、定时、逐点检查，检查中不忘“拨针”或“挂(顶)牌”，发现问题及时处理并做记录。

（8）关于浮顶罐的操作要求：

① 浮顶罐严禁充装芳烃类及重质油品，以防损坏密封橡胶带。

② 浮顶罐当浮船未浮起之前，进油流速要控制≤1m/s或≤$28m^3/h$。

③ 内浮盘上3m之内不得有2人工作，浮盘上不能超过3人工作。

④ 防静电导线的使用情况要经常检查维护。

⑤ 外浮顶油罐下雨时，要及时打开浮顶脱水阀放水，防止水进入油罐内，水排净后关闭，浮顶排水阀禁止常开。

四、油罐的收油操作

油罐收发油作业是炼油厂油品罐区最基本、最繁忙的操作。

1. 准备收油

（1）联系调度准备收油。

（2）开罐根收油阀。

2. 收油

（1）确认油罐排污孔、人孔、法兰无泄漏。

(2) 确认油罐罐体无泄漏。

(3) 观测仪表指示情况。

(4) 确认油罐仪表指示正确。

(5) 确认油罐收油液位 1m(限于有加热器储罐)。

(6) 实际情况投用油罐加热器。

(7) 加热器阀门开度控制油罐温度。

(8) 油罐温度符合工艺卡片要求。

3. 结束后的检查

(1) 收油阀关闭。

(2) 收油任务完成。

(3) 人孔、排污孔、法兰密封无泄漏。

(4) 罐体无泄漏。

五、油罐的发油操作

(1) 根据调度计划，及时将发油罐号、管线号、油品品种、数量、质量、油温、含水等情况通知有关单位(如生产装置、其他罐区、装油台、油码头或外供厂矿油库)以便做好接油准备。

(2) 发出的油品质量、油温、含水应符合有关规定，不合格的油品未经批准不准移动。

(3) 发油前，计量员应先脱水、检尺、测温、计算罐量，核对罐号、阀门号，确认无误再开启付油罐及流程上有关阀门，司泵员应及时开泵。

(4) 发油过程换罐时，打开进油阀门，听到有进油声后，再关原来的进油罐阀门，做到先开后关；如新发油罐开阀后，无油流动响声应视管线已冻凝或流程尚未打通，应及时检查。监测仪表，打电话询问生产装置有无异常，发现异常及时处理并汇报调查抓紧协调处理。

(5) 输送重油时，应先通汽或用油顶线，在打通流程后再开泵送油，同时要开伴热线，防止线路不畅，发油中冻凝管线(特别是在冬季)。

(6) 发油过程应每隔 1~2h 检尺一次。掌握好发油速度和油量，并注意油罐呼吸阀吸气情况，检查沿线有无跑油、漏油现象。

(7) 发油接近结束时，罐区各岗位之间要互相配合，防止泵抽空，油罐应按规定保留一定罐底，一般约 1m 左右。

(8) 油罐发油完毕，关闭付油罐和流程上有关阀门，然后收回现场和流程图上的号牌，放回指定地点。计量员检尺、测温、算量、对量，填写记录和台账。

(9) 重油罐发油结束，要及时和对方联系扫线，待管线油扫净见汽为止，防止冬季冻凝管线，并做好低点排凝和暖线工作。

六、油罐的换罐操作步骤

(1) 换罐(倒罐)前，做好与调度和装置等有关单位的联系；掌握新换油罐内油量、油温、含水及质量情况；核实换罐号、阀门号，对号挂牌，确认无误再开阀；

(2) 输送油品或改罐时，必须执行“先开后关”的原则进行操作，改好后再检查一遍，改线换罐要执行监护制度；

(3) 换罐时，改好流程，检查进油管线；

(4) 在输入、输出、改动油品动向时，必须根据调度指示进行操作。有关双方认真联系，确定双方油罐机泵油线号和时间，转油要有油品合格证，联系工作要执行“复述制度”；

(5) 收发油时应保持油罐呼吸阀处于良好状态，若呼吸阀及通风孔不好用，需要油罐检尺孔打开进行操作，最好盖上带水的海草，事后通知调度和车间及时处理；

(6) 收油过程换罐时，应先打开待收油空罐进口阀，听到油品进罐流动响声或摸到油管温度有变化时，逐渐关闭原收油罐进口阀门。冬季换罐时，严防换罐操作不当，协调配合不好，使生产装置憋压或断流，影响生产；

(7) 开泵转油时，启泵 10min 内，泵工检查机泵的流量、压力、电流，振动润滑及温度等情况，停泵 30min 对量一次，及时关阀，写好转油记录；

(8) 新投产罐必须详细检查进出油阀、法兰、垫片、脱水阀、油罐顶附件、人孔、透光孔及其各螺栓情况；

(9) 凡是不动罐每班检尺一次，本班对上班收发油量、库存作一次综合平衡；

(10) 有测量仪表的油罐区每月要校验两次，若有误差及时找仪表工调整。

七、油罐油品的加热

1. 油罐油品加热的目的

在炼油厂，一般来说经常需要加热的油品有原油、0 号柴油、蜡油、油浆、重柴油、渣油、液体沥青、石蜡及润滑油等。这些油品大多黏度大，含蜡高，流动性差，输送较困难。

油罐加热，首先要确定各种油料在油罐中的最高和最低温度。加热过高或过低，对生产、节能及油品自身质量都是不利的。

油罐加热目的是：

(1) 由于加热，油品黏度会降低，有利油品加工、输转、装车、运输等作业，否则这些作业无法进行。

(2) 加热能达到破乳和脱除油中含水和沉降杂质目的，有利于装置加工和油品调合，同时也能使计量更加准确。

(3) 柴油和润滑油某些馏分在调合时进行加热，有利于轻重馏分受热对流，油品调合更加均匀。

(4) 清罐时，为了清除罐底失去流动性的残油，常常直接通汽进行局部加热，以利油品熔化，便于清扫罐底。

2. 油罐油品加热的工艺指标

油罐加热温度高低，一般取决于以下几个因素。

(1) 油品性质。主要是考虑黏度、含蜡量、闪点和凝点。

(2) 作业性质。是给装置送油还是破乳脱水，是为油品调合或者装车、输转、产品运输等。

(3) 环境的变化。北方地区或冬天寒冷时和南方地区或夏天气温高时，油品是否加热及温度的高低都不相同。

(4) 节约能源。用最少能耗如何取得最佳油罐加热效果。

(5) 安全因素。不致因加热操作失误带来油品着火爆炸或油罐突沸危险。

如果单从安全考虑，一般来说，油品加热温度都以低于闪点 10℃以下为好，但如果机械地照此办理，则大多数油品储存温度偏高，因而浪费能源很不经济。因此，油罐加热，既要考虑到上述安全原则，也要在保证生产需要前提下，尽可能节约能源。

通常，油品储存温度，对于原油来说，一般应高于它的凝点 10~15℃，低于它的初馏点；对于石蜡，应高于其熔点 10℃左右；对于沥青或渣油，不要低于 120℃，以防冷凝积水，也不要高于 200℃以防超温自燃。

油罐加热温度，各地炼油厂情况不同，不可能都执行统一规定温度，表 2-1~表 2-3 为某炼油厂油品加热控制指标，以供参考。

表 2-1　罐内油品储存温度控制范围

介质名称	进油温度控制范围/℃	冬季加热保持温度控制范围/℃
汽油、正己烷、溶剂油	≯37	不加热
煤　油	≯40	不加热
柴　油	≯40	轻柴油不加热，重柴油≯40
原　油	≯70	40~60
俄罗斯原油	≯45	
二加氢原料	≯80	55~70
蜡催原料	≯80	65~80
一重催原料	≯80	65~80
二重催原料	≯80	65~80
污　油	≯60	≯60
渣　油	≯90	70~90
调质油	≯70	50~70
尾　油	≯60	40~60
混合渣油	≯80	60~80
纯　苯	常　温	≯20

表 2-2　各种油品储存温度

油品名称	储存最高温度/℃	储存最低温度/℃	油品名称	储存最高温度/℃	储存最低温度/℃
大庆原油	45	35	润滑油成品油	50	
胜利原油	60	45	汽油、煤气	常温(40)	
克拉玛依混合原油	30	20	轻柴油	常温(40)	30
稠　油	85	70	重柴油	65	40
催化裂化原料油	90	50	燃料油	95	70
润滑油原料油	80	50	沥青(减压渣油)	180	130
润滑油基础油	70	50			

表 2-3　某炼油厂油罐加热控制指标

产品名称	加热范围/℃	产品名称	加热范围/℃
胜利原油	38~45	脱蜡原料	55~60
孤岛原油	45~50	60 号液体沥青	180~195
渣　油	≯120	100 号液体沥青	160~180
蜡　油	80~85	200 号液体沥青	170~180
轻柴油	<35	石蜡成型	<90
催化原料	<70	重柴油	55~60
加氢原料	40~50		

3. 油罐油品加热方法

油品加热的热源有蒸汽、热水、热空气、电能和太阳能等。在炼油厂，各生产装置主要是利用加热炉或换热器(热油、热水、烟道气等热介质)给油品加热，而油品储运系统主要是用蒸汽加热和先进的电能加热，个别地方也有用热水加热的。

用热水作为热源，因其含热量低，所以加热效率也低，但比较经济。通常适用于给沸点低但凝点高的油品或化工原料伴热或加热(如苯、浓硫酸)。用热水加热或伴热不至于引起局部过热，也不会引起油罐突沸。

用热油作为热源。通常是从罐区来的原油，油温大约45℃左右，在进入电脱盐罐前，一般分两路，分别和减一线、减二线或常三线热油交换，温度提高到110℃后，然后再进电脱盐罐。

电加热是先进的加热技术，通常有电阻加热、感应加热和红外线加热3种，采用电加热能耗高，设备必须安全可靠，供电有保证。

以蒸汽作热源是炼油厂应用最广也是储运系统油罐加热最为普遍的方法。蒸汽热含量高，传热系数大，输送容易，蒸汽管网又遍布全厂，使用极其方便。由炼油厂锅炉或热电站供给的加热蒸汽为饱和过热蒸汽，压力为1.0~1.2MPa，温度为250~260℃。作为一般油线的保温伴热或较小油罐维持不高的温度，也可使用二次蒸汽，压力为0.3MPa，温度为140~150℃。

4. 油罐油品加热的计算

有以下几方面的工作需要做，一是以已有设备几何尺寸，计算所需热量(标定核算)；二是反过来根据工艺所要求的热量，求所需设备的面积(设计)；三是计算所需蒸汽消耗量。

(1) 计算油罐油品加热所需热量

带有加热器的油罐一般罐外保温都十分良好，罐内油品完全凝固而需要加热熔化的情形几乎没有，所以油罐加热多属保持罐内油品维持某一特定温度，只有部分油品如原油需要升温是为了便于输送。因此，通常罐内油品加热所需总热量，可通过传热学原理进行计算：

$$Q = \Sigma F_{罐总表面积} K(t_{平均} - t_{环境}) \tag{2-3}$$

式中 Q——单位时间罐内油品加热所需总热量，W；

$\Sigma F_{罐总表面积}$——油罐的罐顶、罐壁和罐底的总表面积之和，m^2；

$t_{平均}$——油品加热过程中的平均温度，℃；

$t_{环境}$——油罐的环境温度，℃。

K——油罐总传热系数，W/(m^2·h·℃)，可查表。

(2) 计算油罐加热器面积

油罐管式加热器的加热面积可按下式计算：

$$F = \frac{Q}{K_0(t_{蒸汽} - t_{平均})} \tag{2-4}$$

式中 Q——单位时间加热油品所需总热量，W；

F——油罐加热器面积，m^2；

K_0——通过加热器对油品的总传热系数，W/(m^2·h·℃)；

$t_{蒸汽}$——蒸汽进入加热器温度，℃；

$t_{平均}$——罐内油品加热过程中的平均温度，℃。

根据式(2-4)求得的加热面积，还应考虑加热器的使用条件、如水处理质量不好或罐内油品杂质多易结垢而影响传热效果等，应将计算所得加热面积再增大10%~20%。运用计算所得油罐加热器面积生产上常和已知的罐内加热面积作对比，检查油罐加热面积够不够，也可根据已知 F 和 $K_0(t_{蒸汽}-t_{平均})$，计算油罐加热所需总热量。

(3) 油罐加热器蒸汽消耗量的计算

用饱和蒸汽作热源，不考虑冷凝水过冷，通过油罐加热器给油品加热，从加热器排出的是饱和冷凝水，则加热器所消耗的蒸汽量可按下式计算：

$$G_z = \frac{Q}{i_z - i_n} \tag{2-5}$$

式中 Q——单位时间内加热油品消耗的总热量，kW；

G_z——加热器消耗的蒸汽总量，kg/h；

i_z——进入加热器的饱和蒸汽热焓，kJ/kg；

i_n——冷凝水从加热器出口排出时的热焓，kJ/kg，可查表。

5. 加热器的结构

用蒸汽加热油品的常用方法有两种，一种是蒸汽直接加热法；另一种是间接加热法。而炼油厂大多采用间接加热法。

(1) 蒸汽直接加热法

蒸汽直接加热大多用在接卸没有加热器的油罐车、油船(驳)所载的原油、重油或燃料油。罐区清扫罐底或处理失去流动性的油品，有时也采取局部直接通汽加热方法。给油罐车加热的设施是用一种特别的类似“人”字形的直接加热器。蒸汽从带有无数小孔的钢管中直接喷射到油品中。而最简单的方法是将蒸汽胶管直接插到被加热的油品中，蒸汽将热量直接传给油品，使油温上升，温度高的油向上运动，冷油向下流动，形成油品上下对流，以达到整个罐内油品加热均匀的目的。

这种直接加热方法，蒸汽压力、蒸汽供给量和油品本身的对流强度决定油品升温速度快慢。一般来说，蒸汽压力高些，如0.3~0.5MPa，蒸汽量又充足，油品对流速度快，油品升温也快。但蒸汽直接加热的油品，其油温不能超过100℃，否则容器底部积存的水分受热后极易引起油品突沸，导致油罐跑油。另外，油品质量对含水量是有要求的，如润滑油等就不能用这种方法，否则油中增加含水将严重影响油品质量。

(2) 蒸汽间接加热方法

蒸汽间接加热法是将蒸汽通过油罐中加热盘管或罐车加热套来使油品加热的方法。这种方法蒸汽和油品不直接接触，在油罐、铁路罐车和油船装卸、储运作业中应用十分普遍。

油罐加热常用的都是管式加热器，按布置形式可分为全面加热器和局部加热器两种，按其结构形式又可分为蛇管式和管束式两种。全面加热器及局部加热器见本章图2-42、图2-43、图2-44所示。

6. 油罐油品加热操作

油罐加热本身技术并不复杂，但加热操作是否得当，则对升温快慢、蒸汽能量消耗多少、能否达到加热预期目的有很大影响。一般来说，蒸汽热源供应如果有保证，加热设备好用，油品升温快慢则和操作经验有很大关系。油罐加热操作应注意以下几点：

(1) 加热前应掌握罐内油品性质、油温、数量和升温的最后温度，并估算出加热大致所需时间，要随时检查油品升温速度，防止超温。

(2) 加热时先打开加热器排气出口阀，排出冷凝水并检查水中是否带油。冷凝水放净再缓慢打开加热器进气阀门，防止给汽过快引起水击损坏加热器。

(3) 油罐加热过程中，应定时查看排气口，检查疏水器是否好用，排放冷凝水是否带气。如果带气，疏水器不好用，要控制排气阀开度，尽量减少蒸汽排放损失。如发现冷凝水带油，加热器已有损坏，应停止加热，安排清罐检修。

(4) 罐内油品液面距加热器不足 150mm 或低于加热盘管，应停止使用加热器加热，油面表层加热温度过高，易引起火灾爆炸。通常做法是临时改为明汽直接加热。

(5) 油罐加热一般不准超过工艺卡片规定，最高也必须控制低于油品闪点。

(6) 重油罐底有明水或油中含水超过 0.5%时，油罐加热不得超过 100℃，以防突沸，造成油品溢罐跑油。

(7) 对于罐内失去流动性油品，不能用加热器加热，防止对流不好，油品局部升温过高，引起火灾。通常先用胶管通入罐内，以明汽直接加热，待油品化开后再用加热器加热。

(8) 罐内油品是否需加热要根据实际情况。如果装置来油本身温度就不低，气温又不低，油品的流动性又能满足储运作业的需要，就可以停止通汽，或稍给汽适当保持油温不降即可，这也是节能降耗的通常做法。

八、油罐油品的脱水

1. 脱水对象

原油进厂后、成品油出厂前以及油品在输转过程中，例如在收油前、收油后、移动前等都需要脱水。

(1) 原油脱水

可以说，无论是国外还是国内的原油都越来越难加工，尤其是原油含水量，炼油厂原油罐区脱水任务比较大。

(2) 半成品油和成品油罐脱水

原油在加工过程中需要汽提，例如常减压装置的汽提，致使半成品油或成品油常常带有微量水和水蒸气。

2. 油罐脱水方法

油品脱水方法很多，有沉降脱水、化学脱水、过滤脱水和电脱水等。

3. 脱水沉降时间

一般为：汽油 2h，煤油 3h，柴油 4h。达到上述时间后，即可脱水。脱水直至见油为止。边进边出罐要求每两个小时脱一次水，直至见油为止。

4. 油罐脱水操作法

① 脱水过程中，脱水阀开度应为小、大、小、停，即开小见水后，开大至 1/4 开度见油后，关小至见水，再见油后关阀；

②脱水时要勤脱慢脱，防止脱水带油；脱水时不准离人，防止脱水跑油，脱水量必须记录在报表或交班日记上。脱水量较大时，要注意下水井排水能力，适当控制防止外溢；

③ 脱水阀如果有两个阀串联时，首先关闭靠罐体侧阀门，再关外侧阀门。脱水过程中，禁止附近动火，防止发生火灾事故；

④ 原料含水大或加热器漏等特殊情况时，当班操作工必须及时脱水；如不按时脱水，装置原料带水，由当班操作工负责；

⑤ 原料罐化验分析合格代抽之前，必须脱水，直至见油方可代抽。抽油罐或边进边抽罐，全开脱水阀 5min 后必须见油；

⑥ 原料罐区如果有自动脱水且隔油池运行正常时，脱水时必须使用该设施进行脱水。自动脱水系统每班检查一次是否运行正常，隔油池满后当班操作工要及时将油品回抽到油罐内；

⑦ 脱水时，操作人员应站在上风方向，防止脱水时间过长，某些含毒油品油气致人中毒。

⑧ 交接班时双方要认真检查原料罐含水情况，如发现原料带水，视情节由当班或上班负责。

九、油罐的清洗

油罐清洗是油罐的一项综合性工作，为油罐进行检修、标定做准备，保证油品质量。

油罐长期使用，罐底总要积存一部分水杂和锈渣等污物，特别是原油罐、油浆罐、蜡油罐、渣油罐等。罐底积存的水、油砂、胶质、沥青质、液蜡、催化剂等沉积物很多，如不定期清理，将影响油品质量，减少油罐有效容积，并降低油罐加热效率，造成能源浪费。

油罐清洗时一定要注意安全。清洗后的油罐应经质量检查部门检查验收，合格后签字确认。封罐后及时进油。

罐清洗同时，一般也为油罐重新标定、油罐主要附件拆卸检查、堵漏刷漆创造了条件。

1. 油罐清洗的目的与方法

油品罐区的油罐清洗有两种情况，一种是定期清洗，一种是非定期清洗。

定期清洗是为保证产品质量，定期检查与维护油罐内部设施，同时也为复测油罐重新编制容积计量表创造条件。非定期清洗则是为了油罐更新，改造或必须动火的应急抢修处理。

油罐清洗步骤和方法如下：

① 抽净罐底残油；

② 进出油罐管线阀门关死或加盲板；

③ 打开罐顶采光孔，明汽加热蒸罐；

④ 用冷水或热水冲洗罐身、罐底，清除残油；

⑤ 罐底黏稠残渣，人工进罐清除；

⑥ 罐底和罐壁用抹布或拖布擦拭干净。

2. 油罐定期清洗时间

油罐定期清洗时间多根据油品性质、油罐容积大小和油罐周转利用情况而定。炼油厂一般规定：轻质油罐和润滑油罐每3年一次，原油罐1年一次，重油罐2年一次，军用油罐1年一次。放空油罐应每年或隔年清洗一次。油罐清洗标准应按有关要求进行。

3. 清罐操作注意事项

（1）油罐清洗按年或月度检修计划进行，特殊情况由车间提出报告，主管单位安排。

（2）被清洗油罐，罐底余油由罐底专线抽净，没有抽罐底专线的可通过油罐底层人孔，采取临时措施抽取。

（3）被清洗的油罐进出口阀门及油罐加热器阀门应关死，并用铁丝将手轮捆住。如阀门不严应加盲板，以防漏油、漏汽进入罐内，危害清罐人员。

（4）对罐底少量沉积物难于抽净的较黏罐底油，可用热水冲洗至下水系统。对于重质油罐(如原油、渣油、蜡油、油浆等)的罐底固态沉积物可用高压热水刷洗和人工挖掘。使用锹、镐等工具一般不准用铁质工具，必须使用时，注意避免碰击产生火花。

（5）通汽蒸罐时，蒸汽从油罐下层人孔或其他部位临时接汽，但人孔应用海草席等物堵塞严密。通汽时，油罐顶部采光孔应予打开。

(6) 用蒸汽加热蒸罐时间，原则规定为：汽油、重整料、原油罐为48h；苯类产品罐为48~52h；热喷气燃料、煤油、柴油罐为24~36h；重油罐为24h；润滑油罐为24~36h。

(7) 进入罐内清洗、擦拭等作业，应在蒸罐之后，并经安全员检查，确认罐内油气浓度已低于规定标准，对人体无害时方可进入。

(8) 清洗后的油罐，应由质量管理部门检查验收，合格后应及时封罐。

(9) 清洗合格的油罐，应及时拆除手轮上捆扎的铁丝、阀门盲板，接好临时断开的管线，盖好采光孔，关闭脱水阀，做好进油准备。封罐后暂时不用的油罐，应将部分合格油品先压入罐内，以防油罐再次生锈。

(10) 罐内清除的杂物、铁锈、油泥应及时运往安全地点或埋入地下，做好罐区地坪原貌恢复，保持罐区清洁、整齐。

4. 油罐重复使用洗刷要求

由于生产需要改装其他品种油品时，除了要考虑油罐承压能力、油罐附件能否满足生产要求及加热设施是否需要增减等外，尤其要注意洗刷要求。

更换储油品种时的清洗，其要求应符合表2-4和表2-5中的规定。

表2-4 油罐重复使用洗刷要求(燃料油、溶剂油)

油品名称	航空汽油	喷气燃料	汽 油	溶剂油	煤 油	轻柴油	重柴油	燃料油(重油)
航空汽油	$TX_{特洗}$ ①	$TX_{特洗}$	$TX_{特洗}$	$TX_{特洗}$	$TX_{特洗}$	$TX_{特洗}$	$BZ_{不宜装}$	$BZ_{不宜装}$
喷气燃料	$TX_{特洗}$	$TX_{特洗}$ ①	$TX_{特洗}$	$TX_{特洗}$	$TX_{特洗}$	$TX_{特洗}$	$BZ_{不宜装}$	$BZ_{不宜装}$
汽油	$BX_{不需刷洗}$	$PX_{普通刷洗}$	$BX_{不需刷洗}$	$BX_{不需刷洗}$	$PX_{普通刷洗}$	$PX_{普通刷洗}$	$BZ_{不宜装}$	$BZ_{不宜装}$
溶剂油	$TX_{特洗}$ ②	$PX_{普通刷洗}$	$TX_{特洗}$	$BX_{不需刷洗}$	$PX_{普通刷洗}$	$PX_{普通刷洗}$	$BZ_{不宜装}$	$BZ_{不宜装}$
煤油	$PX_{普通刷洗}$	$BX_{不需刷洗}$	$PX_{普通刷洗}$	$PX_{普通刷洗}$	$BX_{不需刷洗}$	$PX_{普通刷洗}$	$BZ_{不宜装}$	$BZ_{不宜装}$
轻柴油	$PX_{普通刷洗}$	$BX_{不需刷洗}$	$PX_{普通刷洗}$	$PX_{普通刷洗}$	$BX_{不需刷洗}$	$BX_{不需刷洗}$	$BZ_{不宜装}$	$BZ_{不宜装}$
重柴油	$BZ_{不宜装}$	$BZ_{不宜装}$	$BZ_{不宜装}$	$BZ_{不宜装}$	$BZ_{不宜装}$	$BZ_{不宜装}$	$BX_{不需刷洗}$	$BX_{不需刷洗}$
燃料油(重油)	$BZ_{不宜装}$	$BZ_{不宜装}$	$BZ_{不宜装}$	$BZ_{不宜装}$	$BZ_{不宜装}$	$BZ_{不宜装}$	$BX_{不需刷洗}$	$BX_{不需刷洗}$

注：① 当残存油与装入油的种类、牌号相同，并认为合乎要求时，可按$BX_{不需刷洗}$执行。
② 食用油脂、抽提用的溶剂油不包括在本项中，应使用专门容器储运。
符号说明：
$BZ_{不宜装}$—表示不宜装入。但遇特殊情况，可按$TX_{特洗}$的要求，特别刷洗后装入。
$BX_{不需刷洗}$—表示不需刷洗。但要求不得有杂物、油泥等。罐车底残存油宽度不宜超过300mm，油船、油罐残存油深不宜超过300mm(判明同号油品者不限)。
$PX_{普通刷洗}$—表示普通刷洗。清除残存油，进行一般刷洗。要求达到无明水油底、油泥及其他杂质。
$TX_{特洗}$—表示特别刷洗。用适宜的洗刷剂刷净或溶剂喷刷(刷后需除净溶剂)，必要时用蒸汽吹刷，要求达到无杂质、无水分、无油垢和无纤维，并无明显铁锈。目视或用抹布擦拭检查不呈现铁锈色及黑色。

表2-5 油罐重复使用洗刷要求(润滑油类)

油品名称	一类润滑油①	二类润滑油②	三类润滑油③
一类润滑油	$PX_{普通刷洗}$	$TX_{特洗}$	$TX_{特洗}$
二类润滑油	$BX_{不需刷洗}$	$BX_{不需刷洗}$	$PX_{普通刷洗}$
三类润滑油	$BX_{不需刷洗}$	$BX_{不需刷洗}$	$BX_{不需刷洗}$

注：① 一类润滑油：仪表油、变压器油、汽轮机油、冷冻机油、真空泵油、电容器油、高速机械油等。
② 二类润滑油：机械油类(高速机械油除外)、内燃机油类、压缩机油、轧钢机抽等。
③ 三类润滑油：汽缸油、车轴油、齿轮油等。
更换储油品种时所涉及的管道及泵的冲洗要求与油罐重使用洗刷要求相同。
表中符号说明同表2-4。

十、油罐的维护与管理

1. 油罐的日常管理

(1) 遇雷雨天气时应停止收发油作业，也不应上罐计量和取样。

(2) 同品种油罐，尽量使其中一座油罐满装。

(3) 油罐更换储油品种时，要按《油罐重复使用洗刷要求》进行。

(4) 汽油等易挥发油品，可在呼吸阀下加防气流挡板，炎热地区，可设喷淋降温装置或设防辐射遮阳板、隔热层、涂隔热漆等。

(5) 轻质油罐清洗周期不得超过 3 年，重柴油罐清洗周期不得超过 2.5 年，润滑油罐冲洗周期不得超过 2 年。

(6) 油罐内不要垫水，油罐内如有油污水时，要通过放水阀或排水孔放出，特别在严寒地区，入冬前必须全面检查排放一次，地面、半地下油罐的排污阀还要做好防冻措施。

(7) 油罐内油品加温时，其加热温度最高不要超过 90℃，还必须比该油品闪点低 20℃。

(8) 开启油罐上的各种孔盖时，要用有色金属制成的工具，轻拿轻放，耐油橡胶垫要经常检查，使之保持完好无损。

(9) 要经常检查呼吸阀的阀盘是否灵活，特别是遇有大风降温或暴雨的天气预报时，进出油时要检查一次。

(10) 对于正常收发油罐，罐前有两道闸阀的，第一道闸阀应常开。

(11) 计量、取样、测量时，量器具一端要接地，且器具和绳索应紧固在油罐上。胀油管的入口应弯向罐壁(有的油罐胀油管入口没有弯向罐壁)。

2. 油罐定期检查与维护

除做好日常保养外，还应定期、定项目、定内容进行维护和检修，把可能出现的问题想在前，处理在前，在油品生产过程中，油罐才能发挥应有的作用。

(1) 检查的内容

① 无漏油、漏气现象；

② 罐体有无变形；

③ 油罐基础有无沉降、开裂，罐内气压是否正常；

④ 油罐附件运行是否正常；

⑤ 罐体及附件防腐涂层有无脱落或锈蚀；防雷电、静电接地是否完好；

⑥ 消防设施和器材是否在位、完好等。

(2) 异常现象原因及分析

检查中遇有异常油味、油面不正常下降，地面、管沟有油迹，水面有油花，罐外壁有潮湿尘迹、沥青沙稀释等异常现象时，必须结合当时当地的具体情况认真分析。

其原因可能是：

① 由于温差较大引起内应力变化，导致焊缝裂缝。

② 焊接质量差，焊缝有裂缝、沙眼、夹渣。

③ 油罐基础不均匀沉降，造成折裂、焊缝开裂。

④ 腐蚀穿孔。

⑤ 呼吸系统选型不当(呼吸管直径小、呼吸管线长，阻力大)或有故障，引起油罐胀裂或吸瘪。

⑥ 由于入罐油品与罐内油品温差大，气温剧烈变化(剧烈降温、暴雨降温)等特殊情况引起油罐胀裂或吸瘪。

⑦ 设计原因引起油罐失稳、吸瘪。

⑧ 由于未采取保温等措施引起放水管线、阀门等冻裂。

3. 预防自然灾害对油罐的威胁

(1) 入冬前应采取防冻措施，排水管应排除积水，应打开阀门下部的封堵螺钉放水；机械呼吸阀要防止结冰、结霜，液压安全阀应排除底部积水，必要时更换液封油。

(2) 雨季前应采取防洪措施，由于洪水、地下水引起油罐起浮，应疏通排水沟渠，检查和加固护坡、堤坝，位置较低的放空罐应考虑抗起浮，放空油罐应防止进水等。接地电阻每年需在雷雨季之前检测一次，接地电阻一般不得大于10Ω。

(3) 接到地震预报后，应检查加固防火堤、拦油设施，封堵排水口；接到临震预报后，应拆卸油罐进出油阀门外管线连接(有软管连接的除外)，防止拉裂油罐、阀门、管线，见表2-6。

表2-6　油罐主要附件的检查维护表

配件名称	检查周期	检查内容	维护内容
人孔及光孔	每月1次(不必打开)	是否渗油、漏气	
量油口	每月不少于1次	盖与座间密封垫是否严密、老化。导尺槽磨损情况，螺帽活动情况	密封胶垫换新每3年1次，板式螺帽及压紧螺栓各活动关节处加油润滑
机械呼吸阀	每月两次，气温低于0℃时每周至少1次	阀盘和阀座接触面是否良好，阀杆上下灵活情况，阀壳网罩是否完好，有无冰冻，压盖衬垫是否严密	清除阀盘上灰尘、水珠，螺栓加油。必要时调换阀壳衬垫
液压安全阀	每季度1次	从外面检查保护网是否完好，有无雀鸟窝，测量液面高度	清洁保护网，添注油品。每年秋末应放出油品，清洁阀壳内部1次，必要时更新油品
阻火器	每季度1次，冰冻季节每月1次	防火网或波形散热片是否清洁畅通，有无冰冻，垫片是否严密，有无腐蚀现象	清洁防火网散热片，螺栓加油保护
通风管	每季度1次	防护网是否破损	清洁防护网
内部关闭阀操纵装置	结合清洗油罐进行	试验灵活性，检查填料函是否渗油，检查钢丝绳是否完好	活动关节加油润滑，上紧并调整填料。必要时更新钢丝绳及填料
起落管	结合清洗油罐进行	升降灵活程度，绞车是否好用，钢丝绳腐蚀情况。罐内关节处有无开裂	绞车活动部分加油，钢丝绳每年涂润滑脂保护、顶部滑轮销轴上油
放水阀	每季度1次和清洗油罐同时进行	试验转动灵活性。填料函处有无渗漏，检查内部放水管段完整情况	如活门不灵，卸下整理，修整填料函。冬季要放净管内积水
进出油阀	每年不少于1次和清洗油罐同时进行	检查填料函有无渗漏。检查阀体内部	螺杆加油润滑，清除底部积污。发现关闭不严，即应换新
消防泡沫室	每月1次	玻璃是否破裂，有无油气泄出	换装已损玻璃，调整密封垫，螺栓加油防锈
加热器	每年冰冻期前检查1次，冬季每月1次	阀门有无漏气、油水分离器性能是否良好，排水有无带油现象，检查内部支架有无损坏，管道接头外部检查	清理油水分离器积污，不使用时应打开排水阀。每年冰冻期前按试验压力，作水压试验1次

第三章　油品的输送设备

第一节　管　子

一、管子的分类

1. 按压力分

管子可分为：真空管、低压管、中压管、高压管四种。

2. 按输送介质的温度分

管子可分为：高温管和低温管两种。

3. 按输送介质分

管子可分为：原油管线、汽油管线、柴油管线、渣油管线、液化石油气管线、蒸汽管线及循环水管线等。

4. 按材质分

管子按材质不同可分为：金属管、非金属管和复合管。金属管主要有铸铁管、钢管(含合金钢管)和有色金属管等；非金属管主要有塑料管、橡胶管等；复合管是指金属与非金属两种材料复合得到的管子。最常见的复合管形式是衬里管，它是为了满足防腐、节约成本及保持相应强度的需要，在一些管子的内层衬以适当的材料，如橡胶、塑料、搪瓷、金属等而形成的。随着材料科学的发展，各种新型耐腐蚀材料不断出现，如有机聚合物材料管、非金属材料管正在越来越多地替代金属管。

二、管路的标准及管子规格的表示方法

1. 管路的标准

管路的标准化是指其主要构件，包括管子、管件、阀件(门)、法兰、垫片等的结构、尺寸、连接、压力等实施统一标准的过程。

(1) 压力标准

称为公称压力，用“*PN*+数值”的形式表示，如，*PN*2.45 表示公称压力是 2.45MPa。

(2) 直径标准

称为公称直径，用“*DN*+数值”的形式表示，如 *DN*300 表示管子的公称直径为 300mm。

2. 管子规格的表示方法

管子的规格通常是用“ϕ 外径×壁厚”来表示，如 ϕ38mm×2.5mm 表示此管子的外径是 38mm，壁厚是 2.5mm。但也有些管子是用内径来表示其规格的，使用时要注意。管子的长度主要有 3m、4m 和 6m，有些可达 9m、12m，但以 6m 最为普遍。

三、铸铁管

主要有普通铸铁管和硅铸铁管，在每一种公称直径下只有一种壁厚。因此，铸铁管的规格常用“ϕ 内径”表示，如 ϕ1000mm 表示铸铁管的内径是 1000mm。铸铁管除内径 75mm 和

100mm 两种的长度是 3m 以外，其余都是 4m 长。

1. 普通铸铁管

由上等灰铸铁铸造而成，其主要特点是价格低廉、耐浓硫酸和碱等，但拉伸强度、弯曲强度和紧密性差，性脆而不宜焊接及弯曲加工。因此，在炼油厂主要用于地下供水总管，不能用于带有压力、有害、爆炸性气体和高温液体的输送。

2. 硅铸铁管

分为高硅铸铁管和抗氯硅铸铁管。前者指含硅 14% 以上的合金硅铁管，具有抗硫酸、硝酸和 573K 以下盐酸等强酸腐蚀的优点；后者指含有硅和钼的铸铁管，具有抗各种浓度和温度盐酸腐蚀的特点。两种管子的硬度都很高，只能用金刚砂轮磨修或用硬质合金刀具来加工；性脆，在敲击、剧冷或高温的条件下，极易破裂；机械强度低于铸铁，只能在表压 0. 25MPa 下使用。

四、钢管

主要有有缝钢管和无缝钢管。

1. 有缝钢管

有缝钢管是用低碳钢焊接而成的钢管，又称为焊接管，分为水、煤气管和钢板电焊钢管。

水、煤气管的主要特点是易于加工制造，价格低廉，但因为有焊缝而不适宜在 0. 8MPa (表压)以上的压力条件下使用。目前主要用于输送水、蒸汽、煤气、腐蚀性低的液体、压缩空气及真空管路。

钢板电焊钢管是由钢板焊制而成的，只在直径相对较大、壁相对较薄的情况下使用，因此，只作为无缝钢管的补充。

2. 无缝钢管

无缝钢管是炼油厂及油品储运使用较多的一种，是用棒料钢材经穿孔热轧(热轧管)和冷拔(冷拔管)制成的，因为没有接缝，故称为无缝钢管。用于制造无缝钢管的材料主要有普通碳钢、优质碳钢、低合金钢、不锈钢和耐热铬钢等。无缝钢管的主要特点是质地均匀、强度高、管壁薄，少数特殊用途的无缝钢管的壁厚也可以很厚，如锅炉及石油工业专用的一些管壁就比较厚。由于无缝钢管的材料及壁厚种类很多，工业生产中，无缝钢管能用于各种温度和压力下输送流体，广泛用于炼油厂的冷换设备、蒸发器、管式加热炉、管式裂解炉等设备。

无缝钢管的规格以“$\phi 45\times 2.5\times 4/20$”的形式表示，其中 45 表示外径为 45mm，2. 5 表示壁厚度为 2. 5mm，4 表示管长为 4m，20 表示材料是 20 钢。

五、有色金属管

用有色金属制造的管子统称为有色金属管，主要有铜管、黄铜管、铅管和铝管。在炼油生产及油品储运中，有色金属管主要用于一些防撞击的特殊用途场合。

六、非金属管

用各种非金属材料制作而成的管子统称为非金属管。陶瓷管、水泥管、玻璃管等炼油厂使用的不多故不作介绍，使用较多的有塑料管及橡胶管。

1. 塑料管

塑料管是以树脂为原料经加工制成的管子，主要有聚乙烯管、聚氯乙烯管、酚醛塑料管、聚甲基丙烯酸甲酯管、增强塑料管(玻璃钢管)、ABS 塑料管和聚四氟乙烯管等。其共同优点是抗腐蚀性强、质量轻、易于加工，热塑性塑料管还能任意弯曲和加工成各种形状，但都具有强度低、不耐压和耐热性差的缺点。每一种管子均又有各自的特点，使用中可根据具体情况，参阅有关资料合理选择。

应该指出，由于塑料种类繁多，有的专项性能优于金属管，因此用途越来越广泛，有很多原来用金属管的场合均被塑料管所代替，如下水管。

2. 橡胶管

橡胶管按结构分为纯橡胶小口径管、橡胶帆布挠性管和橡胶螺旋钢丝挠性管等；按用途分为抽吸管、压力管和蒸汽管。橡胶管的特点是能耐酸碱，但不耐硝酸、有机酸和石油产品。主要用作临时性管路连接及一些管路的挠性连接，如水管、煤气管的连接。通常不用作永久连接。近年来，由于聚氯乙烯软管的使用，橡胶管正逐渐为聚氯乙烯软管所替代。

第二节　管　　件

管件是用来连接管子、改变管路方向或直径、接出支路和封闭管路的管路附件的总称。一种管件能起到上述作用中的一个或多个，例如弯头既是连接管路的管件，又是改变管路方向的管件。

一、管子连接件的分类

管子与管子、管子与管件、管子与阀件、管子与设备之间连接的方式主要有 4 种，即螺纹连接、法兰连接、承插式连接及焊接。

二、螺纹连接(又称丝扣连接)

螺纹连接常用来连接天然气、炼厂气、低压蒸汽、水和压缩空气的小直径管路，管径应小于 100mm，少数场合也有用到大于 100mm 管径的。一般大管径的管子不宜采用螺纹连接，因为大管径的管子刻制螺纹和装配管件时很不方便。用螺纹连接管路时，为了保证密封作用，需要在螺纹上涂一些油漆并缠上麻丝。

螺纹连接用的管件有外接头、内接头和活接头。

1. 外接头

是指内有丝扣的空心短管，被连接的两根管子的端部均刻有丝扣，靠着外接头内壁的丝扣将两根管子相连接，如图 3-1(a)所示。

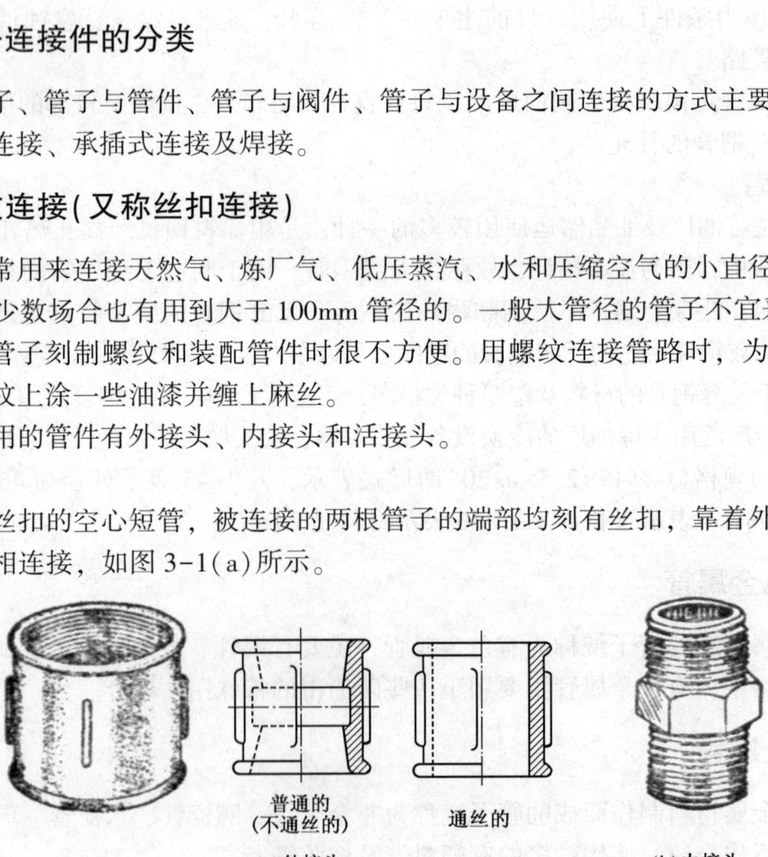

(a)外接头　　(b)内接头

图 3-1　外接头与内接头

2. 内接头

是指外有丝扣的空心短管，见图 3-1(b)。通常很少使用内接头连接管子。

3. 活接头

是指由三个零件和一个垫圈所组成。主节两端刻有阴螺纹，用来连接管子；中间连接部分叫套合节，用来连接两个主节；两个主节连接处夹有一个软垫圈，可以防漏。图 3-2(a)是活接头的结构示意图。除了上述的连接件外，接法如图 3-2(b)所示。还常采用长丝扣连接，这种连接的两根管子顶端的丝扣加长，直接通过一个外接头和一个螺丝帽与另一个管子相连接。

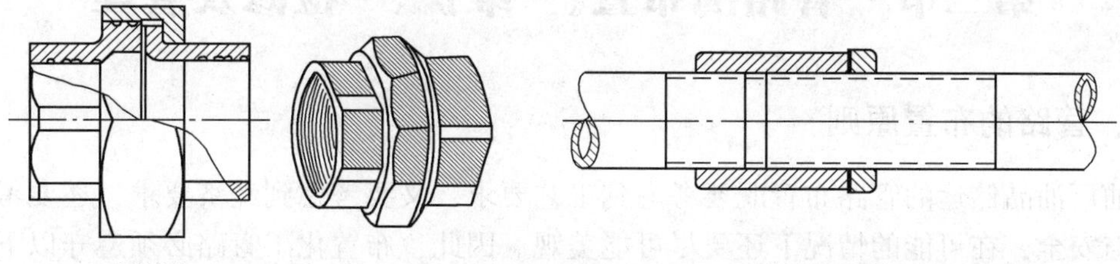

(a)活接头　　(b)长丝扣连接

图 3-2

外接头和内接头连接管子时结构简单，但不容易装卸。活接头构造较复杂，但易于装卸，并且密封性能好，管内流体不易漏出，所以应用较普遍。长丝扣连接比活接头连接简便，但紧密性不如后者。

三、法兰连接

适用于连接 100mm 以上的管路，法兰连接的优点是便于装卸，密封性能好，适用于较高的压力和温度。缺点是费用较高。

炼油厂常采用的法兰连接，按密封端面的构造分为平面式、凹凸面式和带槽圈式三种，如图 3-3 所示。

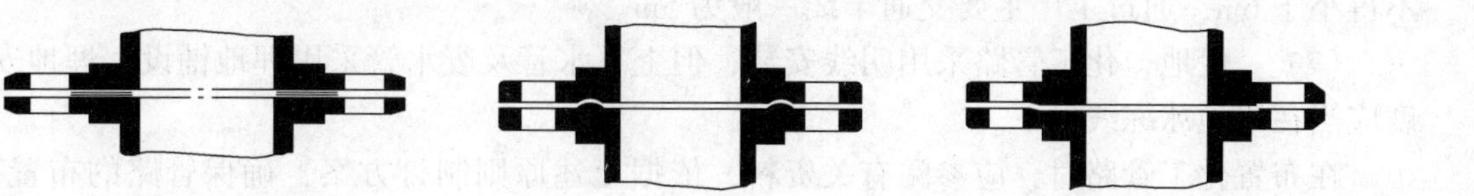

平面法兰　　凹凸面法兰　　槽圈法兰

图 3-3　各种法兰

(1) 平面法兰：适用于输送压力为 2. 5MPa(表压)以下的流体。

(2) 凹凸面法兰：适用输送压力为 4. 0MPa(表压)以下的流体。

(3) 槽圈法兰：适用于输送压力为 25. 0MPa(表压)、温度为 500℃以下的流体。

四、插套连接

这种连接管路的方式如图 3-4 所示。适用于铸铁管、陶瓷管和水泥管等埋在地下的管路，一般管径都在 100mm 以上。插套连接的优点是安装方便，在管路因支架或地面倾斜下沉而发

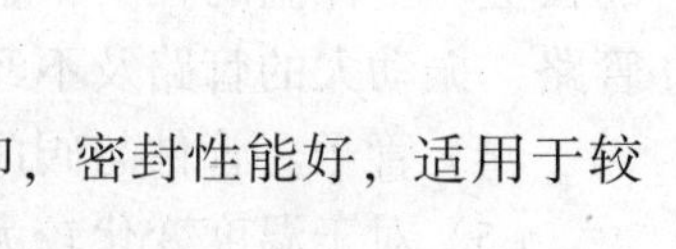

图 3-4　插套连接示意图

生稍稍弯曲时，仍不会发生泄漏，但是难于拆卸，并且不耐高压。

五、焊接连接

焊接管路是目前常用的一种连接管路的方式。适用于钢管、铜管、铅管等有色金属管和塑料管，不适用于铸铁管。焊接管路的优点是费用低，耐用，密封性很好，特别适用于长的输油管线。但经常需要拆卸的管路、流体对焊缝有腐蚀以及现场不允许动火时，则不能使用焊接连接。

第三节 管路的布置、维护、检修及管理

一、管路的布置原则

炼油厂油品储运的管路布置既要考虑到工艺要求，又要考虑到经济要求，还要考虑到操作方便与安全，在可能的情况下还要尽可能美观。因此，布置化工管路必须遵守以下原则。

(1) 在工艺条件允许的前提下，应使管路尽可能短，管件、阀件应尽可能少，以减少投资，使流体阻力减到最低。

(2) 应合理安排管路，以便于安装、操作、巡查与检修。

(3) 管路排列时，通常使热的在上，冷的在下；无腐蚀的在上，有腐蚀的在下；输气的在上，输液的在下；不经常检修的在上，经常检修的在下；高压的在上，低压的在下；保温的在上，不保温的在下；金属的在上，非金属的在下；在水平方向上，通常使常温管路、大管路、振动大的管路及不经常检修的管路靠近墙或柱子。

(4) 管子、管件与阀门应尽量采用标准件，以便于安装与维修。

(5) 对于温度变化较大的管路要采取热补偿措施，有凝液的管路要安排凝液排出装置，有气体积聚的管路要设置气体排放装置。

(6) 管路通过人行道时高度不得低于 2m，通过公路时不得小于 4.5m，与铁轨的净距离不得小于 6m，通过工厂主要交通干线一般为 5m。

(7) 一般地，化工管路采用明线安装，但上下水管及废水管采用埋地铺设，埋地安装深度应当在当地冰冻线以下。

在布置化工管路时，应参阅有关资料，依据上述原则制订方案，确保管路的布置科学、经济、合理、安全。

二、管路的热补偿

在炼油厂，通常情况下，管路的两端是固定的，当温度发生较大变化时，管路就会因管材的热胀冷缩而承受压力或拉力，严重时将造成管子弯曲、断裂或接头松脱，因此必须采取措施消除这种应力，这就是管路的热补偿。热补偿的主要方法有两种：其一是依靠弯管的自然补偿，通常，当管路转角不大于 150°时，均能起到一定的补偿作用；其二是利用补偿器进行补偿，主要有方形、波形及填料三种补偿器。

三、管路的试压

管线试压是对管线强度和严密性进行检验的重要方法，它是新线投用和管线大修、更新

改造后必须进行的检验项目。管线试压有水压试验和气压试验两种方法。

1. 水压试验

水压试验的介质是清水，管线充满水后，用试压泵加压。强度试验压力为1.5倍工作压力(最低不少于0.2MPa)，试压时间保证5min稳定不变。严密性试验压力为工作压力(最低不少于0.2MPa)，检查时间不少于1h。在规定时间内，压力降不大于严密试验压力的5%，各焊缝及管路附件不渗漏为合格。

2. 气压试验

采用气压试验事前需有安全措施。介质可用压缩风(仪表风)、蒸汽或本身输送的介质，如天然气。强度试验压力取管路工作压力的1.1倍，压力保持稳定5min不变。严密性试验压力为管路工作压力，检查时间不少于30min。用肥皂水检查焊缝和管路附件不漏为合格。气压试验压力最低不少于0.2MPa。试压完毕，应在最高点放压排空。用被输送的介质天然气试压时，应采取可靠安全措施，注意防火、防爆。

四、扫线

扫线是炼油厂油品储运系统的一项经常性工作，是使成品油减少污染、保证质量的重要技术措施。为了保证管路系统内部的清洁，必须对管路系统进行吹扫；高标号油品管线改走低标号油品时，管线可不作处理，但是低标号油品管线改走高标号油品时，管线必须吹扫；管线长期停用或需动火检修，均应扫线处理。扫线推荐的使用介质，见表3-1。

表3-1　管线扫线推荐选用介质表

扫线用介质 / 管内介质	蒸汽	空气	氮气	水
原油	好	不能用	不用	不用
汽油、石脑油、拔头油、抽余油	不用	不能用	可用	好
煤油、喷气燃料	不用	不能用	可用	不能用
柴油	好	不用	不用	不能用
苯类产品	不用	不能用	好	可用
燃料油	好	不能用	不用	不能用
润滑油	不能用	好	可用	不能用
蜡油	好	不用	不用	不能用
沥青	好	不用	不用	不能用
液化石油气、橡胶原料、丙烯	不用	不能用	好	可用
可燃气体	好	不能用	可用	可用
轻污油	不用	不能用	不用	好
酸碱	不用	好	不用	不能用

1. 扫线的原则

管线吹扫处理时，应坚持“五不准”原则，即：

(1) 闪点低于60℃的油品管线不准用压缩风扫线，以防油气与空气混合，形成爆炸混合物引起着火、爆炸。

(2) 两端固定，中间又无热补偿的管线不准用蒸汽吹扫，以免管线热胀冷缩，受力变化大损坏管线或设备。

(3) 有沥青防腐层的地下管线，不准用蒸汽吹扫，以免沥青受热软化，防腐层受到破坏。

(4) 无论任何介质，都不准直接往合格油罐扫线，以防产品被污染影响质量。

(5) 用蒸汽扫线时，不准将阀门开得过快或过大，以防水击损坏管路和设备。

2. 球扫线技术

球扫线技术过去广泛用于精细化工、制药等行业，现在也应用于油品调合，特别是润滑油的调合工艺。球扫线装置是在金属管道内，利用压缩空气作动力，推动塑胶球将球前面的产品沿管道推入目的油罐中。使用此系统对共用管线进行清洗，不仅可以清空管线，防止腐蚀，还可以将不同产品分隔开，减少污染，降低因污染产生的不合格品率，从而保证所调产品的质量。

五、管路的防腐、伴热、保温与涂色

1. 管线的防腐

(1) 采取刷油防腐措施。输送介质不同，铺设方式不同，防腐要求也不尽相同。普通地面架设的管线，如不需保温，只要在管外壁先除锈，再涂刷一层红丹底漆，然后再刷上一遍醇酸磁漆即可。如需保温，则在外表再加一层玻璃布或镀锌铁皮(黑铁皮)，铁皮表面刷二遍醇酸磁漆。

(2) 埋于地下的管线，应根据土层质量、电阻率采取普通级、加强级或特强级三种不同防腐方式。

2. 管线的伴热

管线的伴热介质有两种：一是用热水伴热，二是用蒸汽伴热。

(1) 热水伴热是20世纪80年代发展起来的节能技术，并且日臻成熟。对于那些输送距离较短、黏度较小的油品用热水伴热效果显著。

(2) 蒸汽伴热是传统技术，对于那些黏度大、易凝的油品，如原油、重质油、润滑油等用蒸汽伴热。

3. 管线的保温

炼油厂管线通常不是在常温条件下操作的，为了维持工艺所需要的高温或低温条件，节约能源，改善环境，维护劳动条件，必须采取措施以减少管路与环境的热量交换，称为管线的保温。

管线保温一般由四层组成，由里到外分别是防腐层、保温层、防潮层，最外一层为保护层。

4. 管线的涂色

炼油化工厂中的管线是很多的，为了方便操作者识别与管理各种类型的管线，常常在保护层外或保温层外涂上不同的颜色，称为管线的涂色。有两种方法，其一是整个管线均涂上一种颜色(涂单色)，其二是在底色上每间隔2m涂上一个50~100mm的色圈。如给水管为绿色，蒸汽为红色。常见炼油化工管路的颜色可参阅相关手册。

六、管路的防静电措施

静电是一种常见的带电现象，在炼油化工生产中，电解质之间、电解质与金属之间都会因为摩擦而产生静电，如当粉尘、液体和气体电解质在管路中流动，或从容器中抽出或注入容器时，都会产生静电。这些静电如不及时消除，很容易因产生电火花而引起火灾或爆炸。

管路的防静电措施主要是静电接地和控制流体的流速。可参阅管路安装手册。

七、管道的使用、维护、检修、检验及安全管理

1. 使用和维护

(1) 按规定使用管道，定时检查，而检查又可分为外部检查、重点检查和全面检查。

检查管道有无超温、超压、超负荷和过冷，管道有无异常振动，管道有无发生液击。管线输油开始，初速度应控制在1m/s以内，最高流速不超过6m/s，汽、煤、柴等轻油管线流速不宜大于4.5m/s。

(2) 管线输油开始时和作业过程中，应沿流程仔细检查各阀门开关是否正确，各法兰、接头、焊缝、低点放空及其他附件是否完好，各处有无渗漏或跑油。平时收付油作业按调度指令，执行过程有记录。情况不明，管线有问题未经处理，不准输油。

(3) 管道安全保护装置运行是否正常，新投用的管线或经检修与改造的管线，其流程应能满足生产工艺要求；管线上各种附件齐全；管线清洗、吹扫、试压合格，并有记录，管线防腐、保温、伴热完整并符合要求；管线、阀门有编号，刷漆符合要求，油品流向有标志，油品名称有标记。

(4) 管线使用时，和作业计划无关的流程上其他阀门应关闭，并且现场打开的阀门应对号挂牌，并和操作室(或泵房)内工艺流程操作指示图(板)上的挂牌相符，防止开关阀门有误，导致跑油、串油事故发生。

(5) 管线输油结束，应立即关闭流程线上的阀门，输送重质油品后，要及时联系扫线。用蒸汽吹扫后，要及时放空管线内积存的冷凝水，防止冻凝管线。下次使用前，必须用油顶线排出积聚的存水，以防止进入热油罐，引起突沸冒罐。不能用蒸汽扫线的油品，应定时开泵打循环。

(6) 重质油品管线，收付油作业前，应先开伴热线暖线，管线预热后再开泵送油，防止油品凝管。

(7) 作业过程中如需改变流程，应本着先开后关或同步进行，而且阀门开启应缓慢不能过快，防止憋压或抽空。

(8) 绝热层有无破损。

(9) 支架有无异常。

(10) 日常故障处理(见表3-2)。

表3-2　管道常见故障及处理预案

故障现象	故障原因分析	处理预案
法兰泄漏	1. 螺栓上紧力不够或者螺栓受力不平衡 2. 法兰密封面损坏 3. 法兰密封垫失效	1. 上紧螺栓 2. 修复密封面或更换法兰 3. 更换密封垫或带压堵漏
焊缝泄漏	焊缝有沙眼、裂纹、腐蚀减薄	补焊修复或带压密封堵漏
管子泄漏	管子腐蚀穿孔	补焊修复、带压堵漏、更换管段

(11) 对剧毒介质管道、均匀腐蚀的管道不宜采用带压堵漏。

(12) 管线输油过程中，操作人员应注意机泵压力、电流和轴承温度，定时检测油罐液

面，掌握油罐液面变化动态。每班至少沿管线作业流程巡检一遍，发现异常情况应及时查清原因并处理。

（13）特别提示：当管道发生以下情况之一时，应采取紧急措施并向有关部门报告：

① 管道超温、超压、过冷，经处理仍无效；

② 管道发生泄漏或破裂，介质泄出危及生产和人身安全时；

③ 发生火灾、爆炸或相邻设备和管道发生事故危害及管道安全运行时。

（14）油气管线检修需要动火时，管线处理应遵守以下原则：

① 用火部位本身经处理，必须已无任何可燃油品或可燃气体存在；

② 用火部位隔离措施必须可靠，确保用火过程中，绝对不能发生有任何油气串入用火部位；

③ 用火场地应无残油或其他易燃物品；

④ 带油动火作业应使油品与空气隔绝；

⑤ 不能单纯用阀门作隔离油气手段，必须辅以其他措施；

⑥ 管线处理方法应视工艺条件和环境、地点等具体情况，应用不同方法，确定最优处理方案；

⑦ 管线、容器、设备检修动火时，与其相连部位应关闭阀门或加盲板，所加盲板材质和厚度应符合要求，检修结束及时拆除。

2. 管道的检修

管道检修除执行管道检修的相关标准外，应从以下几个方面加以注意：

（1）工作温度大于250℃的管道当温度降至150℃时，应在拆卸的各螺栓上浇机械油或消锈剂。

（2）拆下的高压螺栓、螺母、可重复使用的垫片应清洗干净并一一检查。

（3）拆卸时应保护好各部位的密封面，敞口法兰应予以封闭保护。

（4）对有可能产生硫酸腐蚀开裂的奥氏体不锈钢管道在拆开后接触大气前应进行中和清洗或氮气保护。

（5）对新建和大修后的管道要进行试压，用水试压时应用洁水进行，排净空气，奥氏体不锈钢管道用水试压时，水中氯离子含量不得超过25mg/L，碳素钢和普通低合金钢管道各部水温须保持在5℃以上，水压试验后及时将水排净。

3. 管道的检验

一般工业管道全面检验周期为3~6年。

检验的内容如下：

（1）管子和管件有无损坏、变形、泄漏情况，管子的位置和变形，支架的异常情况，检查管子焊缝是否有缺陷。

（2）测厚重点检查重要管道或有明显腐蚀和冲刷的弯头、三通、管径突变部位等。

（3）合金钢及高温管道材质和螺栓材质不明的要分析。

（4）保温伴热是否完好。

第四节　阀　　门

阀门是一种管路附件，它是用来改变通路断面和介质流动方向，控制输送介质流动的一种装置，具有截断、调节、导流、防止逆流、稳压、分流、溢流泄压等功能。

一、阀门的分类

1. 按用途和作用分类

（1）截断阀。用来截断或接通管道介质。如闸阀、截止阀、球阀、蝶阀、隔膜阀、旋塞阀等。

（2）止回阀。用来防止管道中的介质倒流。

（3）分配阀。用来改变介质的流向，起分配、分离或混合介质的作用。如三通球阀、三通旋塞阀、分配阀、疏水阀等。

（4）调节阀。用来调节介质的压力和流量。如减压阀、调节阀、节流阀等。

（5）安全阀。防止装置中介质压力超过规定值，从而对管道或设备提供超压安全保护。如安全阀、事故阀等。

2. 按连接方式分类

（1）螺纹连接阀门。阀体带有内螺纹或外螺纹与管道螺纹连接。

（2）法兰连接阀门。阀体带有法兰，与管道法兰连接。

（3）焊接连接阀门。阀体带有焊接坡口，与管道焊接连接。

（4）夹箍连接阀门。阀体带有夹口，与管道夹箍连接。

（5）对夹连接阀门。用螺栓直接将阀门及两头管道穿夹在一起的连接形式。

二、炼油厂通用阀门的结构及作用

1. 闸板阀

在炼油生产中应用最广泛的是闸板阀，结构如图3-5所示。阀体内有一个横闸板，上部连着带有手轮的阀杆。转动手轮即可使闸板上下活动。当闸板全部下降时，就挡住了流体

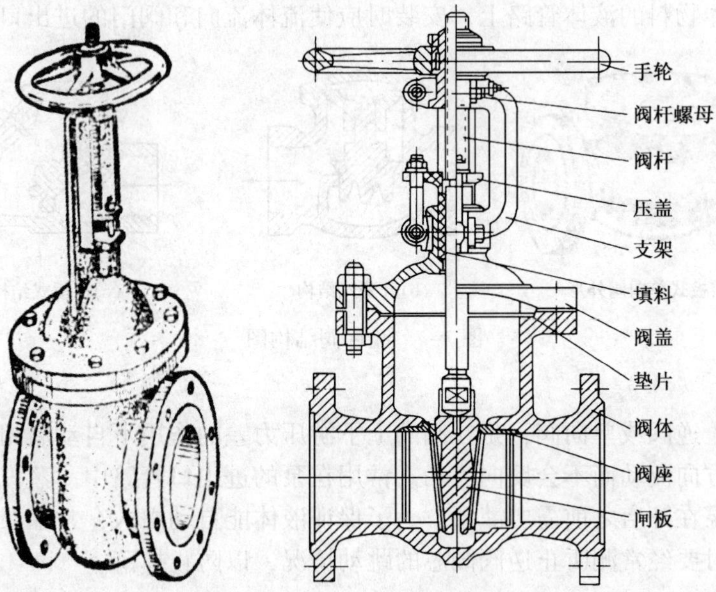

(a)外形　　(b)结构

图3-5　闸板阀的外形与结构示意图

的流通；闸板部分上升时，流体可部分通过；闸板全部上升时，流体便可完全通过。因此，利用闸板的升降可调节和关闭管内流体的流量。

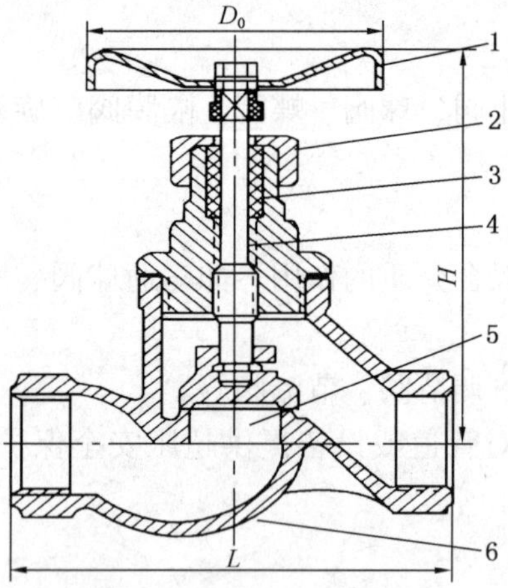

图 3-6　截止阀结构图

1—手轮；2—填料压盖；3—填料；4—阀杆；5—阀芯；6—阀体

闸板阀全开时，流体阻力小是其优点，但制造和修理都比较困难，价格较贵，而且阀体高度大，占地多。闸板阀常安设在大型管路上作开闭用，如石油产品干线和压缩空气的干线管路上大多采用这类阀门。少作调节流量使用，闸板阀不适合输送带固体颗粒的流体。

2. 截止阀

结构如图 3-6 所示。这类阀是靠装在阀杆下面的阀芯来控制开关的。阀体内有一隔层，隔层中央有一个圆孔，如果阀芯将圆孔堵塞，管路内流体就不能通过；若转动阀杆使阀芯上升或下移，这时隔层上开孔的大小随着发生变化，因此可以调节流量。

（1）截止阀的优点：

① 容易调节流量；

② 严密不漏，很少需要检修；

③ 可耐较高压力和温度；

④ 适用于较多的流体；

⑤ 可用于直径较大的管路。

（2）截止阀的缺点：

① 构造较复杂、价格较贵；

② 流体经过阀门时局部阻力大。

截止阀用途很广，常用于输送油品、水蒸气和压缩空气的管路，也可用于真空和高温、高压的管路上。但是，它对流体的局部阻力大，不适合用在输送黏性较大油品的管路，也不宜用在输送含固体物料的液体管路上。安装时应使流体流向和阀门的进出口一致。

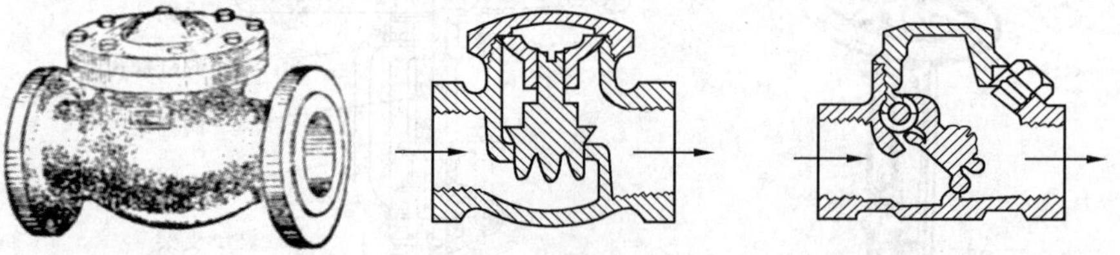

(a)摇板式单向阀外形　　(b)升降式结构　　(c)摇板式结构

图 3-7　止回阀结构图

3. 止回阀

止回阀也称止逆阀或单向阀，是在阀的上下游压力差的作用下自动启闭的阀门，其作用是使介质按一定方向流动而不会反向流动。常用在泵的进出口管路中、蒸汽锅炉的给水管路上。例如，离心泵在开启之前需要灌泵，为了保证液体能自动灌入，常在泵吸入管口处装一个单向阀。操作时要经常测听止逆阀阀芯的跳动情况，以防止掉落。

4. 旋塞阀

旋塞阀又叫“考克”，这是旋塞阀的英语译音。图 3-8 是旋塞阀的结构示意图，在阀体中心处有个可旋转的圆形塞子，塞子上有孔道。当转动旋塞，使它的开孔转到被阀体挡住一部分时，流体的流量相应地减少；全被阀体挡住，流体就被阻止无法通过旋塞。旋塞起着关闭管路和调节流量的作用。

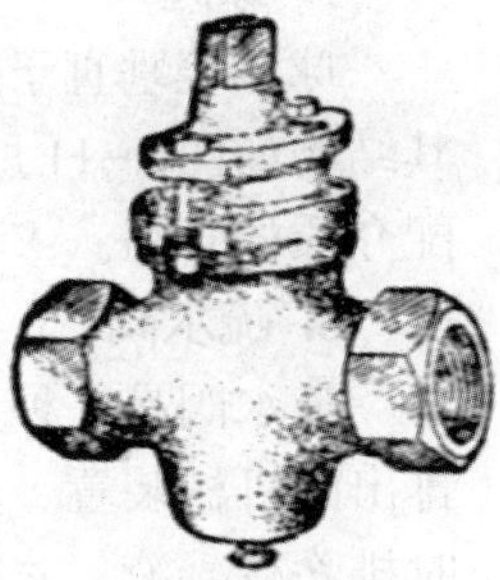

(a)外形

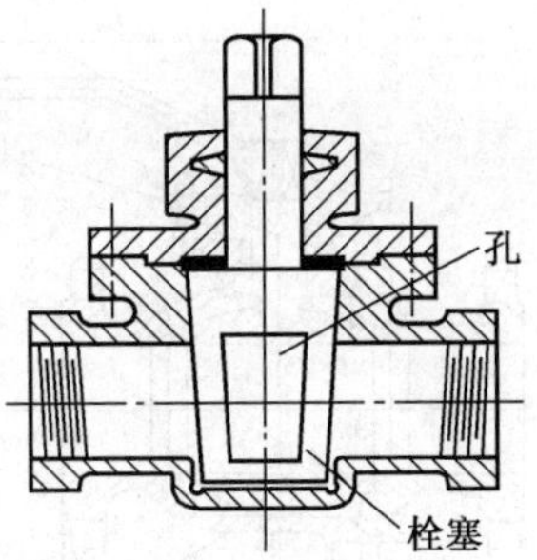

(b)结构

图3-8 旋塞阀结构示意图

(1) 旋塞阀的优点：

① 旋塞阀构造简单、价钱便宜；

② 开闭较快；

③ 占地少；

④ 容易检修和维护；

⑤ 完全开着时，流体所受的阻力小。

(2) 旋塞阀的缺点：

① 不能精密调节流量；

② 用在大直径的管路上开关很费力。

旋塞阀主要用在自来水管(龙头)和输送流体在120℃和压力为0.3~0.5MPa(表压)以下的管路上，如炼油厂里不重要的水管、冷油管路等。旋塞阀也适用于输送带有固体颗粒的流体管路。直径大于80mm的管路、高温高压管路以及蒸汽管路不宜安装旋塞阀。

5. 安全阀

安全阀是一种保险装置，为了管道及设备的安全保险而设置的截断装置，它能根据工作压力而自动启闭，从而将管道及设备的压力控制在某一数值以下，主要用于高压塔器、油罐等设备上，可防止设备内由于压力过高而造成事故，以保证其安全。其构造如图3-9所示。安全阀要保持无挂污与无渗漏，并定期校验其灵敏度。

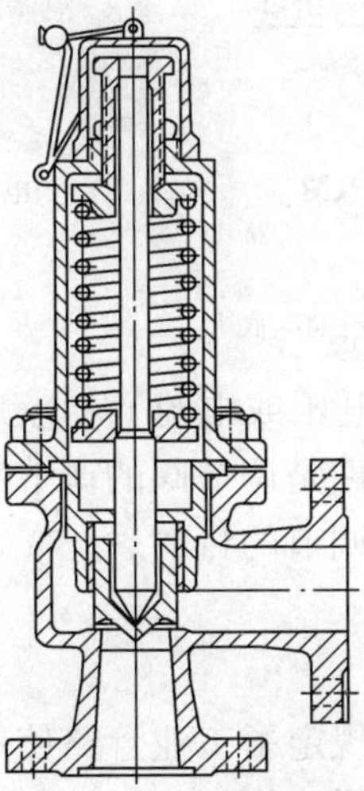

图3-9 安全阀示意图

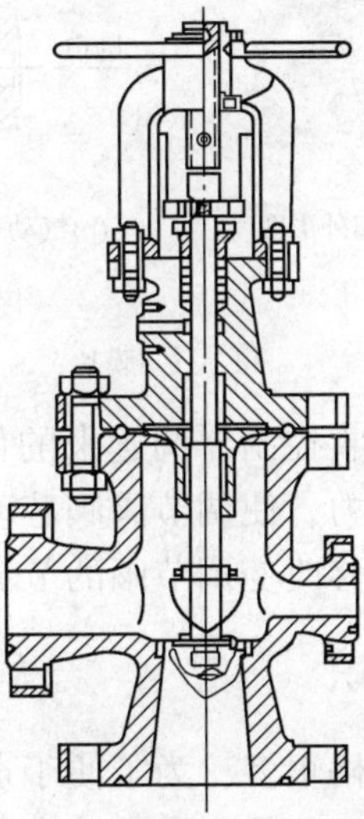

图3-10 减压阀结构示意图

6. 减压阀

减压阀能自行降低管路和设备内的高压，使达到规定的低压，以适应生产工艺的需要。其结构如图3-10所示。操作时应注意观察减压效能，若减压值波动较大，应及时检修。

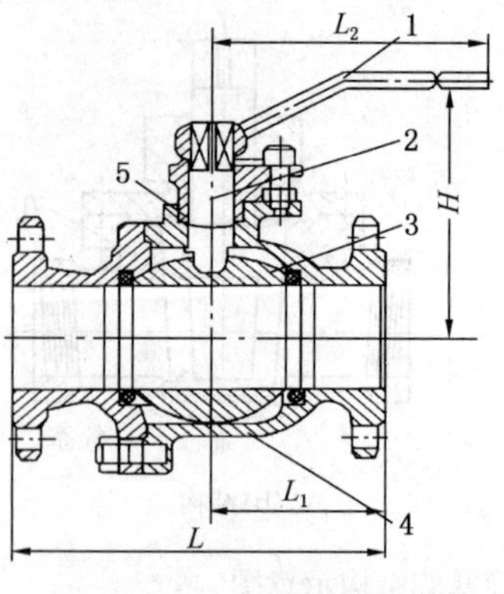

图 3-11　球阀结构示意图

1—手柄；2—阀杆；3—球体；4—阀体；5—密封

7. 球阀

球体绕垂直于通道的轴线旋转而启闭的通道阀门叫球阀，其结构如图 3-11 所示。适用于截断介质、改变介质流向、分配介质的管路。

8. 疏水阀

疏水阀是一种自动间歇排除冷凝液，并能自动阻止蒸汽排出的机械装置。蒸汽是化工生产中最常用的热源，只有及时排除冷凝液，才能很好地发挥蒸汽的加热功能。几乎所有使用蒸汽的地方，都需要使用疏水阀。

9. 自动调节阀

流量调节阀是配合控制仪表使用的一种自动调节阀。如图 3-12(a)、(b)、(c)所示。

气动调节阀由执行机构和阀门部件两部分组成，见图 3-12(a)、(b)为气动调节阀，它由阀杆上部与一层金属膜和弹簧相连，阀的开度由膜上气压调整膜下弹簧的松紧来决定的气动执行机构和阀门组成。图 3-12(c)为电动调节阀，由执行机构与阀门组成。

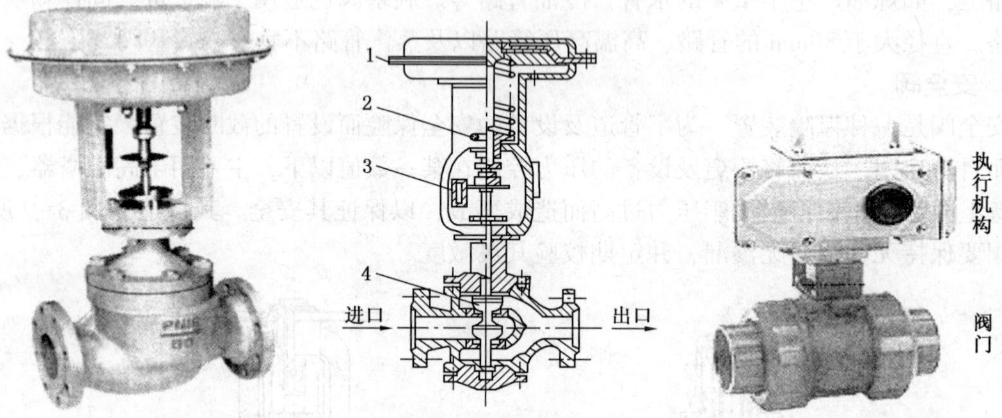

(a)气动自动调节阀外形图　(b)气动自动调节阀结构示意图　(c)电动自动调节阀

图 3-12　调节阀

1—膜片；2—弹簧；3—刻度计；4—阀芯

调节阀工作时接收控制器调送来的信号(气压、电压或电流)从电源或气源中获得能量产生与信号对应的推力，使调节阀阀芯动作。阀门部件是调节阀的调节部分，它直接与介质接触，通过阀芯的位移改变调节阀的节流面积，达到调节的目的。

三、阀门的标识

阀件的种类与规格很多，为了便于选用和识别，规定了工业管路使用阀门的标准，对阀门进行了统一编号。阀门的型号由七个部分组成，其形式如下：

X_1、X_2、X_3、X_4、X_5、X_6、X_7；$X_1 \sim X_7$ 为字母或数字，可从有关手册中查取。

(1) 阀门类别代号 X_1，用阀门名称的第一个汉语拼音字母来表示，如截止阀用 J 表示。

(2) 阀门传动方式代号 X_2，用阿拉伯数字表示，如气动为 6、液动为 7、电动为 9 等。

(3) 阀门连接形式代号 X_3，用阿拉伯数字表示，如内螺纹为 1，外螺纹为 2 等。

(4) 阀门结构形式代号 X_4，用阿拉伯数字表示，以截止阀为例，直通式为 1，角式为 4，直流式为 5 等。

(5) 阀座密封面或衬里材料代号 X_5，用材料名称的汉语拼音字首来表示，如铜合金材料为 T，氟塑料为 F，搪瓷为 C 等。

(6) 公称压力的数值 X_6，是阀件在基准温度下能够承受的最大工作压力，可从公称压力系列表选取。

(7) 阀体材料代号 X_7，用规定的汉语拼音字母表示，如 T 为铸铜。

例如，有一阀门的铭牌上标明其型号为 Z941T-1.0K，则说明该阀门为闸板阀，电动传动，法兰连接，明杆楔式单闸板，阀座密封面的材料为铜合金，公称压力为 1.0MPa，阀体材料为可锻铸铁。

四、阀门的使用与维护

要做好阀门的使用，就要从以下几个方面着手：

1. 选用正确的阀门

选用阀门必须综合考虑介质的腐蚀性能、温度、压力、流速、流量，结合工艺、操作、安全等因素选用正确的阀门型式。

2. 阀门的安装

阀门安装质量的好坏直接影响阀门今后的使用，阀门的安装应有利于操作、维修和拆装。

3. 阀门的操作

阀门操作正确与否，直接影响使用寿命，应从以下几个方面加以注意：

(1) 阀门在日常操作中一定按规定使用，不能超温、超压运行，操作要注意方法，特别是不能用板卡过力操作，防止把阀门传动机构损坏，关紧后最好往回松一下，防止咬死。对一些特殊阀门有特殊要求的操作时一定要按规定操作。

(2) 高温阀门，当温度升高到 200℃ 以上时，螺栓受热伸长，容易使阀门密封关不严，这时要对螺栓进行热紧，在热紧时不宜在阀门全关时进行，以免阀杆顶死。

(3) 气温在 0℃ 以下时，对停汽、停水的阀门要注意排凝，以免冻裂阀门，不能排凝的要注意保温。

(4) 填料压盖不宜压过紧，应以不泄漏和阀杆操作灵活为准。

(5) 在操作中通过做到“听、摸、擦、比、看”五字操作法及时发现异常现象，及时处理或联系处理。

4. 阀门的维护

(1) 阀门要定期清扫

阀门的各部件容易积灰、油污等，不清扫对阀门产生磨损和腐蚀；露天阀门的传动装置必须有防护罩，以免大气及雨雪的侵蚀。

(2) 阀门要定期润滑

阀门的传动部位必须保持润滑良好，减少摩擦，避免磨损。润滑部位要按具体情况定期加油，经常开启。

(3) 阀门各部件保持完好

阀件应齐全、完好；法兰和支架的螺栓应齐全、满扣，不能松动；检查有无渗漏，如有及时修复；不允许敲打；不允许支承重物或站人；有驱动装置的要保证驱动装置清洁、润滑完好，使传动部件灵活动作，电动阀应保持清洁及接触点的良好接触。

(4) 阀门的防腐

阀门损坏主要是腐蚀引起的，阀门在使用中防腐是很重要的。阀门腐蚀有内腐蚀和外腐蚀，内腐蚀因介质不同而腐蚀形态各异，操作人员很难控制，在运行中操作人员重点是做好外防腐。

(5) 阀门的保温

阀门保温是节约能源，提高热效率和保证设备正常运行的一项重要措施。它包括阀门的保温、保冷、加热保护等。常用的材料有玻璃纤维类、硅藻类、蛭石类等，应排净停用阀门内部积存的介质。

(6) 阀门全开后，必须将手轮倒转少许，以保持螺纹接触严密、不损伤；

(7) 及时维修损坏的阀门零部件，发现异常现象应及时处理，处理方法见表3-3。

表3-3 阀门异常现象与处理预案

异常现象	原因分析	处理预案
填料函泄漏	1. 压盖松或螺栓受力不平衡 2. 填料装得不严 3. 阀杆磨损或腐蚀 4. 填料老化失效或规格不符	1. 均匀压紧填料，拧紧螺母 2. 采用单圈、错口顺序填装 3. 更换新阀杆 4. 更换新填料
密封面泄漏	1. 密封面之间有脏物黏贴 2. 密封面锈蚀磨伤 3. 阀杆弯曲使密封面错开	1. 反复微开、微闭冲走或冲洗干净 2. 研磨锈蚀处或更新 3. 调直后调整
阀杆转动不灵活	1. 填料压得过紧 2. 阀杆螺纹部分太脏 3. 阀体内部积存结疤 4. 阀杆弯曲或螺纹损坏	1. 适当放松压盖 2. 清洗擦净脏物 3. 清理积存物 4. 调直修理
安全阀灵敏度不高	1. 弹簧疲劳 2. 弹簧级别不符 3. 阀体内水垢结疤严重	1. 更换弹簧 2. 按压力等级选用弹簧 3. 彻底清理
减压阀压力自调失灵	1. 调节弹簧或膜片失效 2. 控制通路堵塞 3. 活塞或阀芯被锈斑卡住	1. 更换新件 2. 清理干净 3. 清理干净、打磨光滑
电动机构动作不协调	1. 行程控制器失灵 2. 行程开关触点接触不良 3. 离合器未啮合	1. 检查调节控制装置 2. 修理接触片 3. 拆卸修理

第五节　离　心　泵

一、泵的分类

泵是把机械能转换成油品所需能量的机械，是炼油厂油品输送的主要设备，在这过程中泵是依靠从原动机得到能量作功的。

泵的分类方法有很多，按其结构特征和工作原理，主要分为以下几种：

1. 叶片式泵

这类泵靠高速旋转的叶轮对液体做功，使液体的机械能增大，如各种叶片式泵：离心泵、轴流泵、混流泵、漩涡泵等。

2. 容积式泵

这类泵是利用往复运动的活塞或旋转的转子改变工作室容积，挤压液体，对液体做功，使液体的机械能增大，如往复泵、活塞泵、柱塞泵、隔膜泵、回转泵、齿轮泵、螺杆泵、滑片泵。

3. 其他类型泵

包括喷射泵、水锤泵。

由于离心泵结构简单、易于制造、体积小、流量平稳、操作方便、适应性强、故障少、使用寿命长，在炼油化工生产中，特别是油品储运系统应用十分广泛，因此本节重点讨论离心泵。

4. 油品储运系统使用离心泵的场合

① 由于装卸油作业的特点是：一般不连续运转，排量大，扬程不高，往往使用离心式油泵，可以缩短装卸作业时间，提高栈桥和车辆利用率。

② 原油泵要求工作可靠，能长期连续运转，而且压力、流量保持平稳，有利于装置长周期、安全、稳定均衡生产，一般多选用离心泵。

③ 用于输转、调合、倒罐等作业用泵，要求各泵使用灵活，适宜多种工艺需要，泵组之间又可以互为备用，所选机泵应流量较大，扬程能满足各种工艺要求，一般也选离心泵。

二、离心泵的工作原理

图 3-13 所示为一台安装在管路上的离心泵。主要部件有叶轮 1、叶片 2 与泵壳 3 等。具有若干弯曲叶片的叶轮安装在泵壳内，并紧固于泵轴 4 上。泵壳中央的与吸入管路 8 相连接，侧旁的排出口与排出管路 9 相连接。

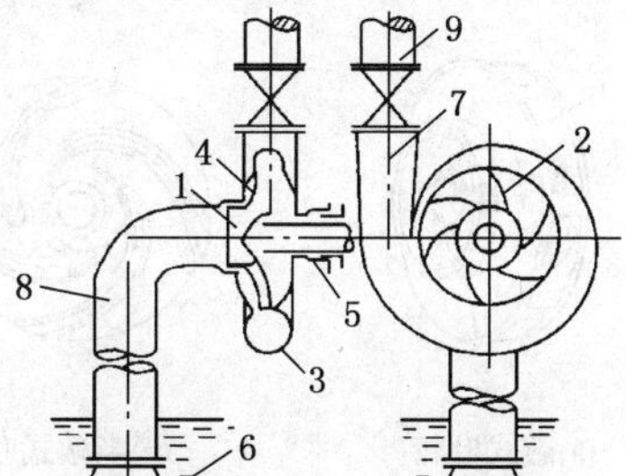

图 3-13　离心泵装置简图

1—叶轮；2—叶片；3—泵壳；4—泵轴；5—填料函；6—底阀；7—扩散管；8—吸入管；9—排出管

离心泵在启动前壳内应被所输送的液体充满（灌泵），启动后，泵轴带动叶轮高速旋转，受叶轮上叶片的约束，泵内流体与叶轮一起旋转，随即发生离心现象，液体从叶轮中心向叶轮外缘运动，叶轮中心处出现局部真空而呈负压状态。这样，在吸入管的两端就形成了一定的压差，即吸入液面压力与泵吸入口压力之差，只要这一压差足够大，液体就会被吸入泵体内，这就是离心泵的吸液原理。另一方面，被叶轮甩出的液体，在从中心向外缘运动的过程中，动能与静压能均增加了，流体进入泵壳后，由于泵壳内蜗形通道的面积是逐渐增大的，液体的动能将减少，静压能将增加，到达泵出口处时压力达到最大，于是液体被压出离心泵，这就是离心泵的排液原理。

如果在启动离心泵前，泵体内没有(灌泵)充满液体，由于气体密度比液体的密度小得多，所产生的离心现象就很小，从而不能在吸入口形成必要的真空度，在吸入管两端不能形成足够大的压差，于是就不能完成离心泵的吸液。这种因为泵体内充满气体(通常为空气)而造成离心泵不能吸液(空转)的现象称为“气缚”现象。因此，离心泵是一种没有自吸能力的泵，离心泵在启动前泵壳内必须充满所输送液体(灌泵)。

三、离心泵的结构和主要部件

离心泵的主要零部件有叶轮、泵轴、吸液室、泵壳、密封装置、托架、轴承及轴承箱，如图 3-14 所示。

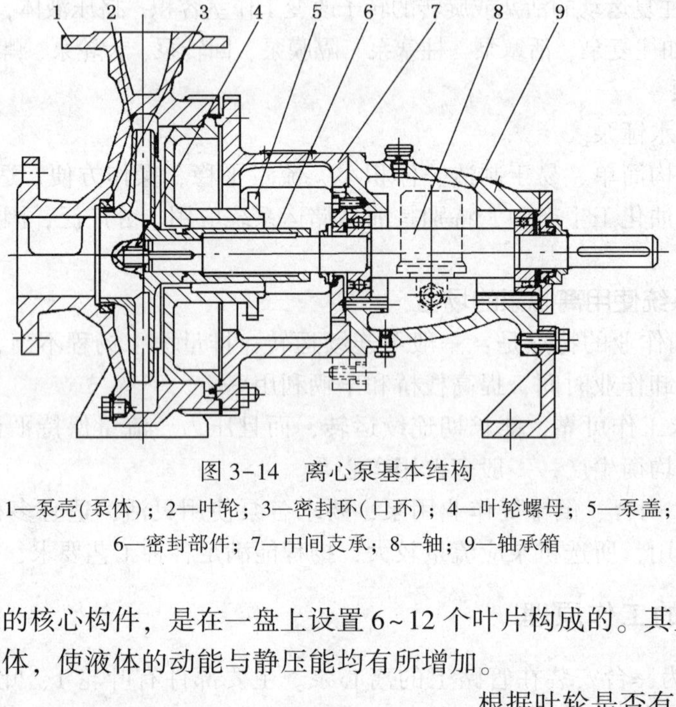

图 3-14 离心泵基本结构

1—泵壳(泵体)；2—叶轮；3—密封环(口环)；4—叶轮螺母；5—泵盖；6—密封部件；7—中间支承；8—轴；9—轴承箱

1. 叶轮

叶轮是离心泵的核心构件，是在一盘上设置 6~12 个叶片构成的。其主要功能是将原动机的机械能传给液体，使液体的动能与静压能均有所增加。

图 3-15 离心泵的叶轮

根据叶轮是否有盖板可以将叶轮分为三种形式，即敞式、半敞式和蔽式。如图 3-15 所示，其中(a)为蔽式叶轮，(b)为半敞式叶轮，(c)为敞式叶轮。通常，蔽式叶轮的效率比敞式高，而半敞式叶轮的效率则介于两者之间，因此应尽量选用蔽式叶轮。但由于蔽式叶轮在输送含有固体杂质的液体时，容易发生堵塞，故在输送含有固体的液体时，较多使用敞式或半敞式叶轮。对于蔽式与半敞式叶轮，在输送液体时，由于叶轮的吸入口一侧是负压，而在另一侧则是高压，因此在叶轮两侧存在着压力差，从而存在对叶轮的轴向推力，使叶轮沿轴向至吸入口窜动，造成叶轮与泵壳的接触磨损，严重时还会造成泵的振动。为了避免这种现象，常常在叶轮的盖板上开若干个小孔，即平衡孔。但由于平衡孔的存在而降低了泵的效率。其消除轴向推力的方法是安装止推轴承或将单吸改为双吸。

根据叶轮的吸液方式可以将叶轮分为两种，即单吸式叶轮与双吸式叶轮，如图3-16所示，图中(a)是单吸式叶轮，(b)是双吸式叶轮。显然，双吸式叶轮完全消除了轴向推力，而且具有相对较大的吸液能力。

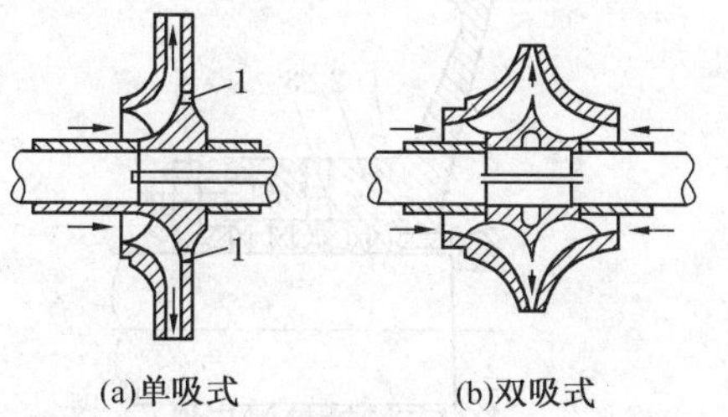

图3-16　叶轮的吸液方式

叶轮上的叶片是多种多样的，有前弯叶片、径向叶片和后弯叶片三种。但工业生产中主要为后弯叶片，因为后弯叶片相对于另外两种叶片的效率高，更有利于动能向静压能的转换。由于两叶片间的流动通道是逐渐扩大的，因此能使液体的部分动能转化为静压能。叶片是一种能量转换装置。

2. 泵壳

由于泵壳的形状像蜗牛，因此又称为蜗壳。这种特殊的结构，使叶轮与泵壳之间的流动通道沿着叶轮旋转的方向逐渐增大并将液体导向排出管。因此，泵壳的作用就是汇集被叶轮甩出的液体，并在将液体导向排出口的过程中实现部分动能向静压能的转换。泵壳也是一种能量转换装置，为了减少液体离开叶轮时直接冲击泵壳而造成的能量损失，常常在叶轮与泵壳之间安装一个固定不动的导轮，如图3-17所示。导轮带有前弯叶片，叶片间逐渐扩大的通道使进入泵壳的液体的流动方向逐渐改变，从而减少了能量损失，使动能向静压能的转换更加有效。导轮也是一个能量转换装置。通常，多级离心泵均安装导轮。

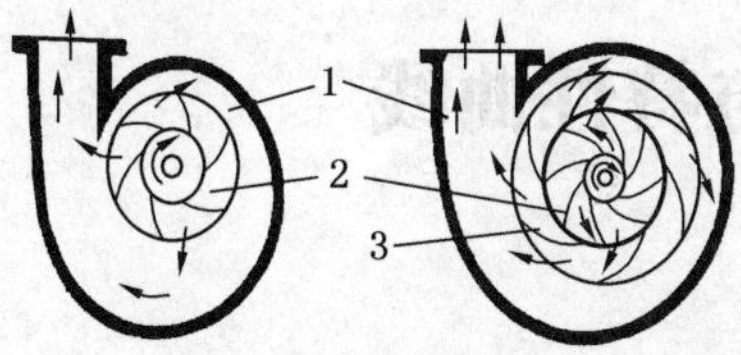

图3-17　泵壳与导轮
1—泵壳；2—叶轮；3—导轮

3. 轴封装置

由于泵壳固定而泵轴是转动的，因此在泵轴与泵壳之间必然存在一定的空隙，为了防止泵内液体沿空隙漏出泵外或空气沿相反方向进入泵内，需要对空隙进行密封处理。用来实现泵轴与泵壳间密封的装置称为轴密封装置。常用的密封方式有两种，即填料函密封与机械密封。

(1) 填料函密封

填料函(俗称盘根箱)结构如图3-18所示，是用浸油或涂有石墨的石棉绳(或其他软填料)填入泵轴与泵壳间的空隙，来实现密封目的的。特点是：结构简单，价格低，但密封效果差。

(2) 机械密封

是通过一个安装在泵轴上的动环与另一个安装在泵壳上的静环来实现密封的目的，工作时借助弹力使两环密切接触达到密封。特点是：结构复杂、精密，造价高，但密封效果好。因此，机械密封主要用在一些密封要求较高的场合，故炼油厂多数离心泵用此种密封。

(3) 密封技术的新进展

近年来，随着材料科学的发展和进步，填料及填料密封已克服了过去那种耐磨性能差、密封不严等弊端，而新型的填料密封具有结构简单、耐用、维护方便及密封效果显著等特点。另外，磁防漏技术也日益成熟，借助加在泵内的磁性液体来达到密封与润滑作用。

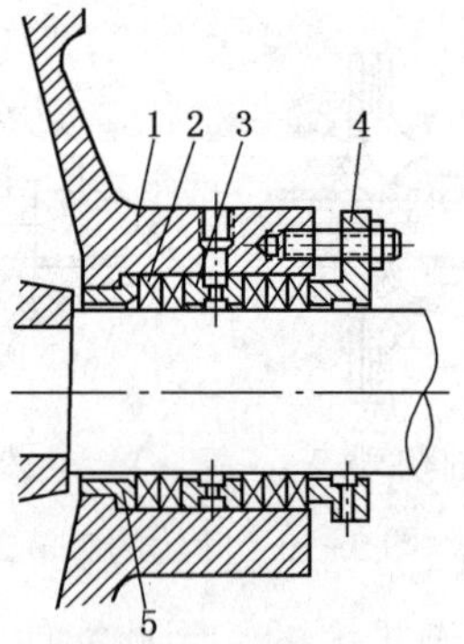

图 3-18　填料函

1—填料函壳；2—软填料；3—液封圈；4—填料压盖；5—内衬套

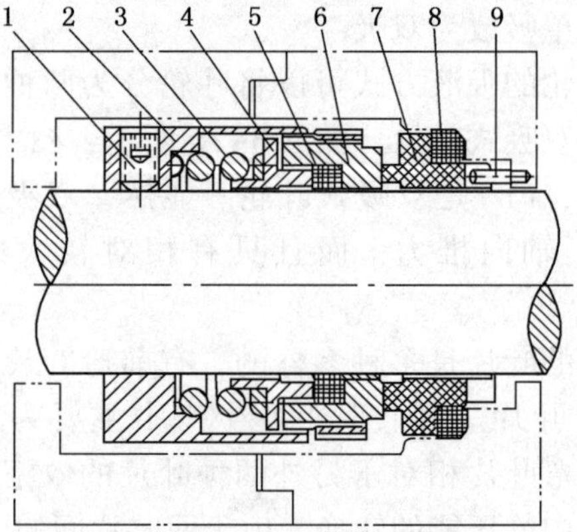

图 3-19　机械密封装置

1—螺钉；2—传动座；3—弹簧；4—推环；5—动环密封圈；6—动环；7—静环；8—静环密封圈；9—防转销

第六节　离心泵的主要性能与特性曲线

一、离心泵的主要性能

离心泵的主要性能参数有流量、扬程、功率和效率等，这些性能与它们之间的关系在泵出厂时会标注在铭牌或产品说明书上，供使用者参考。

1. 流量

流量是指单位时间内从泵内排出的液体体积，用 Q 表示，单位为 m^3/s，也称生产能力或输液能力。离心泵的流量与离心泵的结构、尺寸和转速有关，在操作中可以变化，其大小可以由实验测定。离心泵铭牌上的流量是指离心泵在最高效率下的流量，称为设计流量或额定流量。

2. 扬程

扬程是离心泵对 1N 流体所做的功。它是 1N 流体在通过离心泵时所获得的能量，用 H 表示，单位为 m，也叫压头。离心泵的扬程与离心泵的结构、尺寸、转速和流量有关。通常，流量越大，扬程越小，两者的关系由实验测定。离心泵铭牌上的扬程是离心泵在额定流量下的扬程。

3. 功率

离心泵在单位时间内对流体所做的功，称为离心泵的有效功率，用 $N_{有}$ 表示，可以用下式计算：

$$N_{有} = QH\rho g \qquad (3-1)$$

式中　$N_{有}$——离心泵的有效功率，W；

Q——泵的流量，m^3/s；

H——泵的扬程，m；

ρ——液体的密度，kg/m^3；

g——重力加速度，m/s^2。

离心泵从原动机那里所获得的能量，称为离心泵的轴功率，用 $N_{轴}$ 表示，单位为 W。由实验测定，是选取电动机的依据。离心泵铭牌上的轴功率是离心泵在额定状态下的轴功率。

4. 效率

效率是反映离心泵利用能量情况的参数。由于机械摩擦、流体阻力和泄漏等原因，离心泵的轴功率总是大于其有效功率的，两者的差别用效率 η 表示，其定义式为：

$$\eta = \frac{N_{有}}{N_{轴}} \times 100\% \tag{3-2}$$

离心泵效率的高低既与泵的类型、尺寸及加工精度有关，又与流量及流体的性质有关。

二、离心泵的特性曲线

实验表明，离心泵的扬程、功率及效率等主要性能均与流量有关。把它们与流量之间的关系用图表示出来，就构成了离心泵的特性曲线，如图 3-20 所示。

不同型号的离心泵的特性曲线虽然各不相同，但其总体规律是相似的，是选择离心泵的主要依据。

1. 扬程-流量曲线

扬程随流量的增加而减少，少数泵在流量很少时会有例外。

2. 轴功率-流量曲线

轴功率随流量的增加而增加，也就是说，当离心泵处在零流量时消耗的功率最小。因此，离心泵开车和停车时，都要关闭出口阀，以达到降低功率、保护电机的目的。

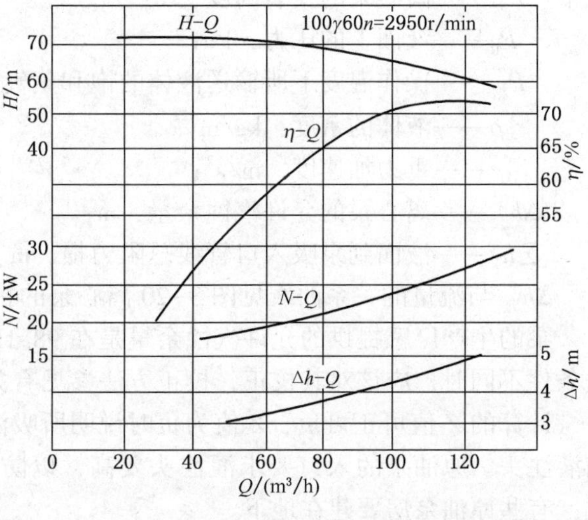

图 3-20　100Y-60 型离心式油泵特性曲线图

3. 效率-流量曲线

离心泵在流量为零时，效率为零，随着流量的增加，效率也增加，当流量增加到某一数值后，再增加，效率反而下降。通常，把最高效率点称为泵的设计点或额定状态，对应的性能参数称为最佳工况参数，铭牌上标出的参数就是最佳工况参数。

离心泵在指定转速下的特性曲线由泵的生产厂家提供，标在铭牌或产品手册上。应当特别指出的是：性能曲线是在 293K 和 98.1kPa 条件下以清水作为介质测定的，因此，当被输送液体的性质与水相差很大时，必须校正。

第七节　离心泵汽蚀现象与安装高度

一、离心泵的汽蚀现象

由离心泵的工作原理可知：其吸液能力是容器液面上的压强 P_0 与叶轮中心处的压强(残压)P_t 之间的压差形成的，而 P_0 与 P_t 的压差越大，离心泵的吸液能力越强，也就是说离心泵入口中心线与液面的垂直距离(安装高度)可以越大。然而，液面压强 P_0 是由工艺条件决定的，一般情况下是一个定值，但 P_t 也不能无限小，当 P_t 小到等于所输送液体的饱和蒸气压 $P_{饱}$ 时，液体就会汽化产生气泡，夹于液体中，液体在泵内高速旋转中，气泡又不断凝聚成液滴，在相互撞击中会产生响声和振动，这就是离心泵的“汽蚀”现象。该现象不仅会使泵的流量、扬程、效率降低，而且还会损坏泵内机件，影响泵的使用寿命。

二、离心泵的安装高度

离心泵的安装高度与 P_0 与 P_t 的差值有关，差值越大，其安装高度的值也就可以越大，当 $P_t=P_{饱}$ 时是其极限值，在生产实践中，为了使泵运转时不发生汽蚀，往往通过采取汽蚀余量的措施予以解决。

依据柏努利方程式，离心泵的安装高度可按下式计算：

$$Z_{安}=\frac{P_0-P_{饱}}{\rho g}-\Delta h_{允}-\sum H_n \tag{3-3}$$

式中 $Z_{安}$——离心泵的安装高度，m；

P_0——液面上的压力，Pa；

$P_{饱}$——操作温度下所输送液体的饱和蒸气压，Pa；

ρ——液体的密度，kg/m^3；

g——重力加速度，m/s^2；

$\Delta h_{允}$——离心泵的允许汽蚀余量，m；

$\sum h_n$——液面到泵吸入口管线总阻力损，m。

$\Delta h_{允}$ 与流量的关系曲线见图 3-20 离心泵的特性曲线中的下数第一条曲线。

泵的生产厂家提供的允许汽蚀余量是在 98.1kPa 和 293K 下以清水为介质测得的，当输送条件不同时，应该对其校正，校正方法参见有关资料。

计算的 Z 值可正可负，Z 值为负时说明所吸液面要比离心泵入口中心线高出 Zm，即所谓灌注头。原油泵的入口要求灌注头要高，以防泵抽空，保证常减压装置的平稳操作。因此，有些原油泵房要建在地下。

通常的化工操作离心泵的吸入液面是维持在一定的平衡高度时进行工作的，但油罐的收、发油过程则不同，其离心泵的吸入液面是在油罐的最高限位和最低限位之间进行工作，当离心泵处于油罐低液位时要特别关注泵的运行变化情况，以防抽空影响平稳操作。

第八节 离心泵操作与故障排除预案

一、离心泵的操作

1. 启动前的检查准备工作

(1) 检查机泵、阀门、法兰及过滤器各部位连接螺栓是否把紧，地脚螺栓有无松动，各测量仪器仪表是否灵敏，电机接地线是否连接牢靠；

(2) 检查联轴节螺栓有无松动，用手(或专用工具)盘车 3~5 圈，检查转动是否灵活；

(3) 检查润滑部位是否有油，有无进水或乳化变质，缺油时应加油到规定位置；

(4) 打开压力表和冷却水阀，打开泵房内与作业有关的流程阀门。

(5) 对热油泵应先预热(亦称暖泵)，其标准是：泵壳温度不得低于入口油温 40~60℃范围，预热速度不得超过 50℃/h。

(6) 对与泵房作业相关的单位(如生产装置、装油栈桥(台)、油码头、储运站、装瓶站、其他油品罐区等)做好联系工作，改好流程。

2. 启动操作

(1) 打开泵进口阀门灌泵引油。不能靠油灌泵时，可用真空泵引油或人工方法灌泵。灌泵时，先打开泵上放空阀，排净泵内空气直至泵内充满油料为止，然后关闭放空阀。

(2) 启动泵，待泵压力达到额定(或最大)数值并稳定后，再缓慢打开泵出口阀门，直到调整泵压到规定数值(生产上一般在压力表规定值处画上红线)。但泵出口阀关闭的时间不能太长，一般不超过 1~2min；如遇出口阀打开压力迅速下降，说明泵抽空不上量，应及时停泵查找原因。故障排除后，再重新开泵。

3. 运转中检查

(1) 泵运转中应观察泵压和电流波动情况。不得超过规定数值，每隔两小时对本岗位机泵作一次巡回检查，重点机泵要加强检查，每隔两小时记录一次，要做到资料齐、全、准。

(2) 日常维护中，要做到“听、摸、擦、比、看”五字操作法。

听：听电机、机泵运转声音。

摸：电机、机泵的振动、温度情况。

擦：保持设备环境整齐、清洁，做到不漏油、汽、水、瓦斯。

比：与其他机泵比较，与本机泵过去运转情况比较，看是否正常。

看：机泵出口压力、电机、电流及运行情况。五字操作法也适用于其他类型设备的维护与操作，以后不再重复叙述。

规定电机轴承温度不得超过 65℃(有的规定 70℃)；泵的填料函温度不得超过 60℃(或不高于环境温度 45℃)，遇温度过高应查清原因。原因不明，温度不降，应停泵处理。

(3) 检查机泵填料函漏油情况，规定：轻油不大于 20 滴/min；重油不大于 10 滴/min。机械密封泄漏油规定：轻油不超过 10 滴/min；重油不超过 5 滴/min。

(4) 调节流量或扬程，应通过泵出口阀予以控制，通常情况下不能用进口阀调节流量。

传统技术一直认为电机的频率改变起来很困难，在电机转数不变的情况下，用泵的出口阀控制流量，这样做的弊端是能量消耗量大，特别是炼油装置的规模扩大以后，用离心泵出口阀调节流量，能量消耗大的矛盾将越来越突出，于是人们将“芯片”置入变频设备，这样通过改变电机的频率，来改变泵的转数以达到调节流量的目的，既方便快捷又节约能量。

4. 泵的切换

作业过程需要换泵时，应将备用泵的有关准备工作提前做好。先启动备用泵，缓慢打开泵出口阀门，待泵上量后，调整压力达到规定数值时，再逐渐关小原来运转的机泵出口阀，直至关死，然后停泵。

换泵操作一定要配合协调，提前和有关单位联系好，特别是给装置送原料、给锅炉送燃料，如果换泵操作不当，极易造成泵抽空，引起压力、流量波动，会危及平稳操作与安全生产。

5. 停泵操作

(1) 停泵时，先关闭泵出口阀，然后再停泵，接着关闭泵入口阀。

(2) 关闭冷却水阀和压力表阀，关闭泵房内不再需要常开的阀门，防止串油、跑油发生。

(3) 冬季露天机泵应放净冷却水、管存水或水阀稍开保持常流水(只能作为临时措施)，以防冻坏设备。

(4) 重质油料输送后，要及时联系开汽扫线。

二、离心泵故障原因与排除预案

常见的故障现象、原因及排除预案见表3-4。

表3-4　离心泵故障原因及排除预案

故　障	原因分析	排除预案
泵排不出液体	1. 吸入管路连接处泄漏 2. 入口管堵塞(包括滤网) 3. 灌注头不够 4. 泵内有气体 5. 泵没有达到额定转速 6. 叶轮堵塞 7. 出口控制阀全关 8. 电压低，泵转速不够	1. 检查并消除漏气现象 2. 清洗入口管线，消除堵塞物 3. 增加灌注头 4. 打开放空管放掉气体，重新灌泵 5. 提高转数 6. 检查清理叶轮 7. 检查仪表风压和调节阀位 8. 调整电压，或提高发动机转速
泵的流量及扬程不够	1. 吸入扬程高或灌注头不够 2. 泵与电机转向不对 3. 吸入管中压力接近于汽化压力 4. 管路阻塞 5. 轴套磨损过大 6. 泵或管路内有杂物 7. 进口阀开得过小 8. 出口阀开得过快	1. 减少吸入管阻力，增大进口压力 2. 检查电机转动方向，若反转，立即纠正 3. 提高吸入压力，或降低入口流体温度 4. 检查并清扫管线 5. 更换轴套 6. 检查并消除 7. 开大进口阀 8. 开泵时，出口阀缓慢打开
泵消耗功率大，超过电机负荷	1. 泵轴和电机轴线不同心 2. 泵的生产能力大于使用范围 3. 口环发生磨损 4. 轴套或盘根磨损太多 5. 盘根过紧 6. 介质密度不符合(密度过大) 7. 冬季管线冻结，液体流不动 8. 泵房外有关流程阀门未打开	1. 停泵调正 2. 降低负荷 3. 更换口环 4. 更换或磨光轴套 5. 松一下盘根压盖 6. 适当减少机泵的排量 7. 处理冻凝的管线，重新吹扫管线，并打开伴热线 8. 打开流程中未开阀门
泵发生振动和杂音	1. 流量过小(出口阀关过小) 2. 转子不平衡 3. 泵轴与电机轴不同心 4. 叶轮抖动或内有杂物 5. 配合部分有间隙 6. 轴承密封环磨损过大 7. 泵体内或管路中有杂物 8. 机泵地脚螺栓松动	1. 加大流量 2. 转子调平衡 3. 调正 4. 更换叶轮及消除杂物 5. 调整各部分间隙 6. 检查并调正 7. 检查并清理 8. 紧固地脚螺栓
串轴	1. 流量不稳 2. 止推轴承间隙大 3. 平衡管堵塞	1. 校正流量 2. 调正止推轴承间隙 3. 检查清理

续表

故　障	原 因 分 析	排 除 预 案
轴承发热	1. 电机轴与泵轴不同心 2. 润滑油过少或过多 3. 冷却水不够 4. 油脏，油内混入水 5. 轴承箱漏油	1. 调正 2. 加油或放掉一部分油 3. 加大冷却水 4. 更换润滑油 5. 更换毛毡及垫片
盘根箱漏油	1. 压盖螺丝上的不均匀 2. 固定环磨损严重 3. 油内有脏物，密封环上有痕迹 4. 固定环和动环干摩擦	1. 上紧、上均匀 2. 更换固定环 3. 检查研磨 4. 进行冲洗和润滑
盘根箱过热	1. 冷却水中断和水量过小 2. 密封件发热	1. 开大冷却水 2. 检查研磨调正
电机过热超载跳闸	1. 电流、电压超过指针 2. 泵超负荷 3. 定子绕组短路 4. 电源某一相断路	1. 检查电源 2. 降低泵负荷 3. 修理或更换 4. 电气系统检查
电机杂音并轴承发热	1. 轴承润滑脂不够 2. 轴承磨损过大	1. 更换新油 2. 更换轴承
泵出口压力超指标	1. 出口管线堵 2. 出口阀柄脱落(或开度太小) 3. 压力表失灵 4. 泵入口压力过高	1. 处理出口管线 2. 检查更换 3. 更换压力表 4. 查找原因降低入口压力
离心泵盘不动车	1. 重质油品(如渣油)凝固 2. 长期不盘车而卡死 3. 泵的部件损坏或卡住 4. 轴弯曲严重	1. 吹扫预热 2. 加强盘车(预热泵) 3. 联系钳工处理 4. 联系钳工更换轴承

第九节 离心泵的型号与选用

一、离心泵型号

常见的离心泵型号标识如图 3-21 所示。

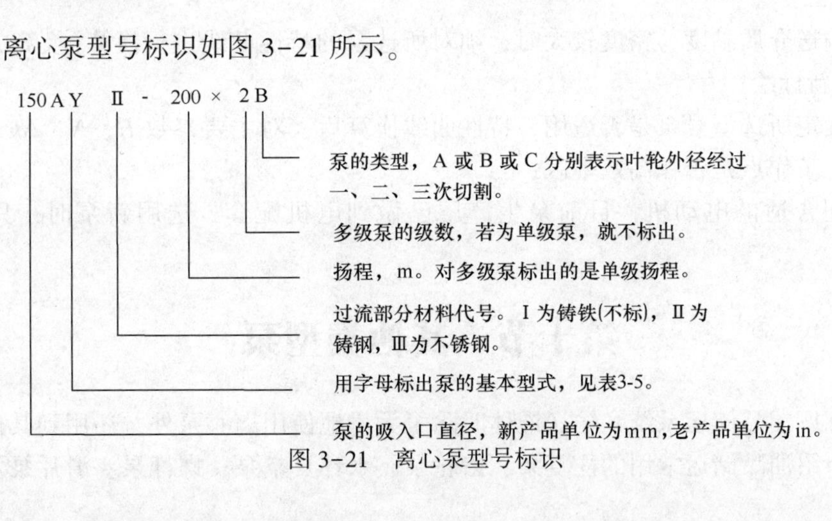

图 3-21 离心泵型号标识

表 3-5　离心泵的基本型式及其特征

型式代号	泵的型式及其特征	型式代号	泵的型式及其特征
IS	单级单吸离心泵	YG	管道泵
S	单级双吸离心泵	IH	单级单吸耐腐蚀离心泵
D(DA)	分段式多级离心泵	FY	液下泵
DS	分段式多级离心泵首级为双吸叶轮	JC	长轴离心深井泵
KD	中开式多级离心泵	QJ	井用潜水电泵
KDS	中开式多级离心泵首级为双吸叶轮	Y(AY)	油泵
DL	立式多级筒形离心泵	P	屏蔽泵
YG	卧式圆筒形双壳体多级离心泵	W	漩涡泵
DG	分段式多级锅炉给水泵	F	耐腐蚀泵

二、离心泵的选用

选用泵时应根据合理、适用、经济、能满足工艺要求等原则出发，既要考虑到供给能量的一方，又要考虑到需要能量的一方，以求供需双方的统一。

从需要能量的管路来说，必须了解输送液体的性质(如黏度、密度、有无腐蚀性等)、操作温度、压力及流量，并通过计算求出此流量下的扬程。

从供给能量的泵来说，必须了解当前泵制造厂所提供的泵的型号、性能、规格、材质等，一般泵厂所生产的泵的类型、规格、性能反映在各泵厂《产品说明书》上，可根据《样本》或《说明书》挑选所需要的泵。

选泵不能单纯从技术角度考虑，必须按照当时当地的具体条件(如制造加工能力、供应情况、库存情况等)以及工艺生产要求出发，全面衡算，力求减少所选泵的固定投资及操作费用，并在满足生产要求的前提下，使泵的输送能力适当留有余地，以适应生产不断发展的需要。为保证生产顺利进行，一般在主要管线上，还须增设备用泵。

一般选泵的基本步骤如下：

(1) 由输送介质的性质和操作条件，在《产品样本》上选定类型；

(2) 根据已知管路条件，运用能量平衡方程式确定被输送液体所需要的扬程 H；

(3) 按已定的流量 Q 和计算出的扬程 H，在泵的《产品样本》或《产品说明书》上选择适宜型号的泵；

(4) 如输送介质黏度、密度较大时，须对所选泵的特性曲线进行换算(换算方法参阅有关书籍)，重新标绘；

(5) 为确定所选型号泵是否适用，特性曲线换算后，对主要参数 H、N、$\Delta h_{允}$ 重新进行校核，并注意工作点是否在高效率区；

(6) 选配合适的电动机，目前泵生产厂已做到电机配套，选用新泵时，只进行校核即可。

第十节　其他类型泵

在石油炼厂油品储运系统，输送液体时除了大量地使用离心泵外，还用到其他一些类型的泵。本节介绍油品储运常用的往复泵、齿轮泵、水环真空泵、螺杆泵、滑片泵及管道泵。

一、往复泵

往复泵是一种以电力或蒸汽直接驱动为动力的容积式输液设备，按其作用原理可分为单作用泵和双作用泵两类。

1. 往复泵的结构

往复泵的结构如图 3-22 所示，主要由曲轴、连杆、十字头、轴承、机架、液缸、活塞（或柱塞）、吸入阀（瓦鲁）、排出阀（瓦鲁）、填料函和缸盖等组成。

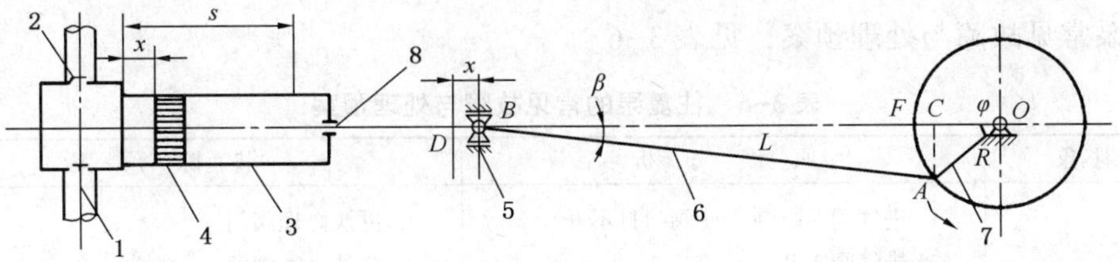

图 3-22　往复泵结构示意图

1—吸入阀；2—排出阀；3—液缸；4—活塞；5—十字头；6—连杆；7—曲轴；8—填料函

2. 往复泵的原理

如图 3-22 所示，当曲轴以一定的角速度旋转时，活塞向右移动，液缸的容积增大，压力降低，排出阀在出口管道内液体压力的作用下关闭，被输送的液体在压力差的作用下克服吸入管道和吸入阀的阻力进入液缸。当曲轴转过 180°角后，活塞向左移动，液体被挤压，压力急剧上升，在液体压力作用下吸入阀关闭而排出阀打开，液缸内液体在压力差的作用下被排送到出口管道中去。当往复泵的曲轴以一定的角速度不停地旋转时，往复泵就不断地吸入和排出液体。

3. 往复泵的性能和用途

往复泵与离心泵相比，结构较复杂、体积大、成本高、流量不均匀。但它具有自吸能力，在输送小流量、高扬程、黏度较大的液体的场合具有较高的效率，用作计量泵时计量准确。

往复泵主要用来输送压力较高的液体，或高黏度、具有腐蚀性以及易燃、易爆、剧毒的各种液体。流量小于 $100m^3/h$，压力大于 10MPa 是往复泵的最佳使用范围。

4. 往复泵的使用

（1）检查泵各附件安装完好。

（2）润滑油油位正常，带强制润滑的泵检查油压正常，带注油器的泵检查注油器滴油正常。

（3）打开泵的进出口阀及回流阀。

（4）盘车，让活塞往复两次，无卡涩或异常响声。

（5）启动泵空负荷试车，检查泵无异常响声或摩擦现象。

（6）逐渐升高压力到额定值，检查缸内无冲击、碰撞等异常现象。

（7）检查密封泄漏量不超标。

（8）检查泵体振动不超标。

5. 往复泵的维护

(1) 定期检查各轴承温度。

(2) 定期检查润滑油压力、油位及润滑油质量，有注油的泵每班加一次油。

(3) 检查填料密封的泄漏情况，适当调整填料压盖螺栓的松紧。

(4) 检查各传动部件如活塞杆、十字头等有无松动和异常声音。

(5) 检查地脚螺栓及各连接部件紧固情况，防止松动。

(6)备用泵定期盘车并向传动部位加油，防止锈蚀或卡死。

6. 往复泵常见故障与处理预案

往复泵常见故障与处理预案，见表3-6。

表3-6　往复泵的常见故障与处理预案

故障现象	原因分析	排除预案
泵走不动	1. 进气阀芯折断，使阀门打不开 2. 排气阀未开 3. 汽缸内有积水 4. 摇臂销子脱落 5. 活塞备帽脱落 6. 涨圈断裂 7. 汽缸磨损间隙过大 8. 配汽活门不严 9. 蒸汽压力不足	1. 更换修理阀门 2. 打开排气阀门 3. 打开放水阀门放掉积水 4. 装好销子 5. 装好备帽 6. 更换涨圈 7. 更换涨圈及搪缸 8. 研磨配汽活门 9. 调节蒸汽压力
泵抽空	1. 进口温度太高产生汽化或液面过低吸入气体 2. 进口阀未打开 3. 瓦鲁螺丝太短或瓦鲁弹簧太硬 4. 瓦鲁安装不平不正或瓦鲁座歪斜 5. 蒸汽进出口垫片吹坏而连通串气 6. 油缸套磨损太大 7. 进口管太长灌注头不够 8. 两台泵串联使用，进口流量不足	1. 降低进口温度，保证一定液面，并调整往复次数 2. 打开进口阀 3. 更换瓦鲁螺丝及弹簧 4. 修正瓦鲁或瓦鲁座 5. 更换垫片 6. 更换缸套 7. 设法提高入口灌注头 8. 改单机使用，或进口管适当放大口径
产生响声或振动	1. 活塞冲程过大或汽化抽空 2. 活塞螺帽或拉杆背帽松动 3. 缸套松动 4. 瓦鲁片碎了，掉入缸内 5. 泵地脚螺丝松动 6. 十字接头中心架连接处松动	1. 调节活塞冲程和往复次数 2. 拧紧活塞螺帽和拉杆背帽 3. 拧紧缸套顶丝 4. 扫除缸内碎片 5. 紧固地脚螺丝 6. 修复磨损件，拧紧十字接头
格兰漏汽漏油	1. 拉杆磨损或表面毛糙 2. 汽缸格兰孔中心不正 3. 盘根坏 4. 外格兰未上紧或盘根不足	1. 更换或磨光拉杆 2. 校正油、汽缸中心 3. 更换盘根 4. 加盘根或上紧格兰
汽缸拉杆过热	1. 注油器单向阀失灵 2. 润滑油不足 3. 盘根过紧	1. 更换或研磨单向阀 2. 加足润滑油 3. 松格兰盘根

续表

故障现象	原因分析	排除预案
压力不稳	1. 瓦鲁不严或弹簧弹力不一样 2. 涨圈在箱内不灵活 3. 压力表失灵	1. 研磨瓦鲁、更换弹簧 2. 修理涨圈与槽之配合 3. 更换压力表
压力不高	1. 瓦鲁不严 2. 涨圈弹性不足，与缸套间隙较大或缸套磨损 3. 进出口垫片坏	1. 研磨瓦鲁 2. 更换缸套涨圈活塞 3. 更换垫片
流量小	1. 瓦鲁不严 2. 涨圈与缸套间隙过大 3. 油泵冲程次数太慢 4. 冲程太短	1. 研磨瓦鲁、更换瓦鲁弹簧 2. 更换涨圈和缸套 3. 调节冲程次数 4. 调节泵行程
活塞撞缸	1. 突然抽空 2. 冲程太长 3. 缸套太短	1. 调节操作 2. 调节更换拉杆 3. 更换缸套

二、齿轮泵

1. 齿轮泵的结构

由两个齿轮相互啮合在一起形成的泵，称为齿轮泵。其中一个是主动齿轮，另一个是从动齿轮，由主动齿轮带动从动齿轮旋转。按齿轮啮合方式可分为两种，即外啮合齿轮泵(结构如图 3-23 所示)，内啮合齿轮泵(结构如图 3-24 所示)。

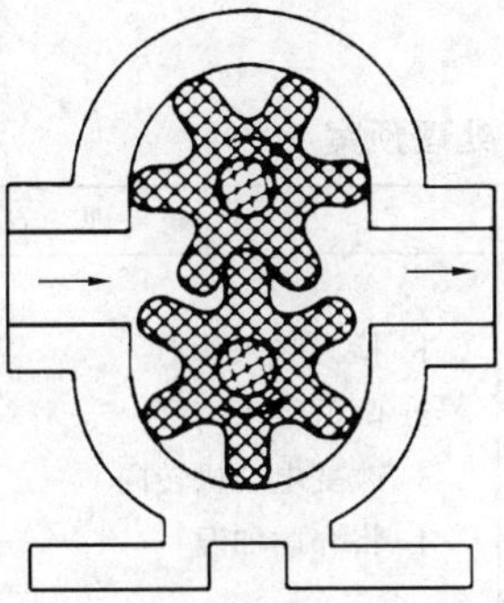

图 3-23　外啮合齿轮泵

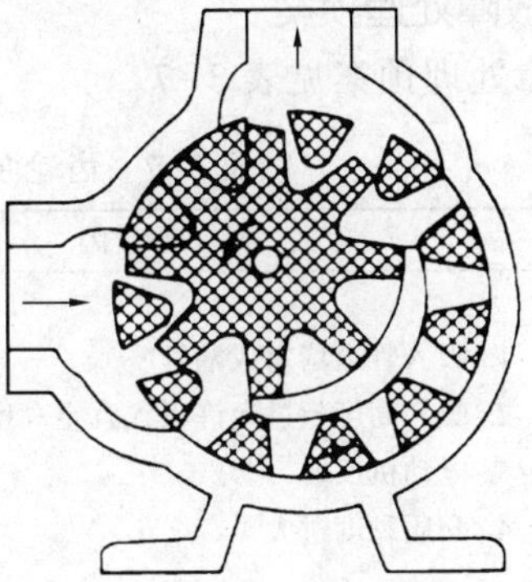

图 3-24　内啮合齿轮泵

2. 齿轮泵的工作原理

齿轮泵是依靠齿轮啮合空间的容积变化来输送液体的。当吸入室一侧的啮合齿逐渐分开时，齿间密闭容积增大，形成局部真空，便将液体吸入泵内。进入泵体内的液体分成两路，在齿轮与泵壳间的空隙中分别被主、从动齿轮推送到排出室。由于排出室一侧的齿轮逐渐啮合容积减小，齿轮间的液体被挤到排出管中。

齿轮泵一般自带安全阀。当排出压力超过规定值时，安全阀自动开启，高压液体排放至吸入侧。

3. 齿轮泵的性能及用途

齿轮泵工作稳定，结构可靠，缺点是齿面容易磨损。它适用的场合为：流量0.3~200m³/h；出口压力≤4MPa；转速150~1450r/min；温度350℃；介质黏度$1\sim1\times10^5mm^2/s$；

齿轮泵常用于输送无腐蚀性的油类等黏性介质，不适用于输送含有固体颗粒的液体及高挥发性、低闪点的液体。

4. 齿轮泵的使用

（1）盘车无卡涩或异常响声，泵附件齐全。

（2）打开泵出入口阀，排净泵体内气体(自吸泵不用排气)。

（3）点动电机，确认电机转向正确。

（4）启动齿轮泵，不允许长时间抽空运转。

（5）泵轴承箱外表温度不超过75℃，振动一般不超过6.5mm/s。

（6）电机电流不超过额定值。

（7）密封泄漏不超过标准规定。

（8）安全阀回流不超过3min。

（9）停车时不得先关闭出口阀。

5. 齿轮泵的维护

（1）定时检查泵的出口压力，不允许超压运行。

（2）定时检查泵紧固螺栓有无松动，泵内有无杂音。

（3）定时检查填料箱、轴承及壳体温度，不超标。

（4）定时检查轴密封泄漏情况。

（5）定时检查电流。

（6）定时清理入口过滤器。

6. 齿轮泵的故障处理预案

齿轮泵的故障处理预案见表3-7。

表3-7　齿轮泵的故障与处理预案

故障现象	故障原因	处理方法
泵不上量	1. 吸入管道堵塞或漏气 2. 吸入高度超过允许吸入真空高度 3. 电动机反转 4. 介质黏度过大	1. 检修吸入管道 2. 降低吸入高度 3. 改变电动机转向 4. 将介质加温
压力表指针波动大	1. 吸入管道漏气 2. 安全阀没有调好或出口管道压力过大，使安全阀时开时闭	1. 检查吸入管道 2. 调整安全阀或降低出口管道压力
流量下降	1. 吸入管道堵塞或漏气 2. 齿轮与泵体严重磨损 3. 安全阀弹簧太松或阀瓣与阀座接触不严	1. 检查吸入管道 2. 更换零部件 3. 调整弹簧，研磨阀瓣与阀座

续表

故障现象	故障原因	处理方法
电流急剧增大	1. 排出管道堵塞 2. 齿轮与泵体发生摩擦 3. 介质黏度太大	1. 停泵清洗管道 2. 停泵检修 3. 加热介质
泵振动大	1. 泵与电机不同心 2. 齿轮与泵不同心或间隙大 3. 泵内有气体 4. 安装高度过高，泵内产生汽蚀	1. 调整同心度 2. 检修调整 3. 排除漏气部位 4. 降低安装高度或降低转速
泵发热	1. 泵内严重摩擦 2. 机械密封回油孔堵塞 3. 油温过高	1. 检查调整齿轮间隙 2. 疏通回油孔 3. 适当降低油温
密封泄漏	1. 装配位置不对 2. 密封压盖不平衡 3. 动环与静环密封面磨损 4. 静密封圈损坏	1. 重新按要求安装 2. 调整密封压盖 3. 研磨密封面或更换新配件 4. 更换密封圈

三、水环真空泵

1. 水环真空泵的结构

水环真空泵分单作用和双作用两种，适用于抽吸或输送无颗粒、无腐蚀性、不溶于水的气体，当被抽气体不宜与水接触时，泵内可充其他液体介质，因此也叫液环真空泵。

如图 3-25 所示。泵壳内安装偏心叶轮 3，叶轮上有许多径向叶片。启动之前，泵内不充水或充装一定量的水(约泵壳的一半)，启动时由于空载或小载荷不能损坏叶轮上的叶片。

2. 水环真空泵的型号

我国生产的水环真空泵的系列代号采用“水”、“真”二字的汉语拼音第一个字母的组合 SZ，型号举例如下：

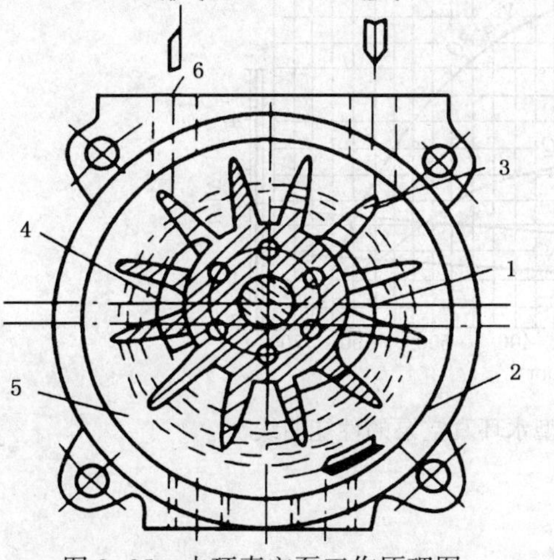

图 3-25　水环真空泵工作原理图

1—吸入室；2—泵壳；3—叶轮；4—排出室；5—水环；6—排气孔

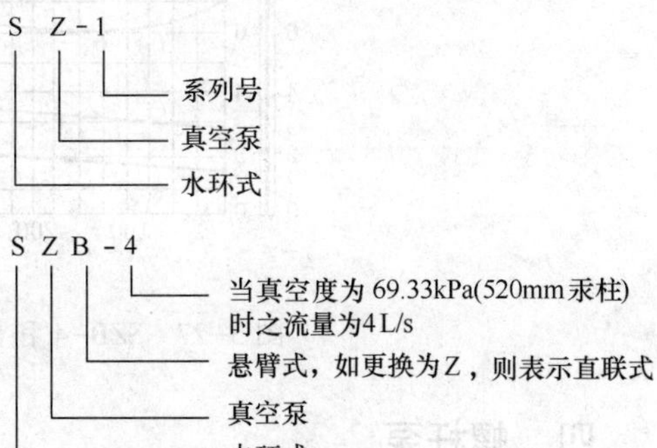

图 3-26　水环式真空泵型号

3. 水环真空泵的工作原理

当叶轮旋转时，水被叶片带动产生离心现象而形成一个水环，水环5的内圆正好与叶轮在叶片根部相切，使泵壳内形成一个月牙形截面的空间，此时空间被叶片分割成许多大小不等的小室。当叶轮按顺时针旋转时，由于水的活塞作用，右边的小室逐渐增大，压力降低，气体进入壳内，左边的小室逐渐缩小，压力升高，气体从排气孔6排出，这样叶轮不停地旋转气体就不断地吸入和排出。

4. 水环真空泵的特点

这种泵既能输送气体，又能输送液体。只是在输送液体时效率很低，在输送气体时也可作压缩机使用，其排出压力在100~200kPa左右，一般都是当作真空泵使用，其排液范围在0.004~0.5m^3/s之间，真空度可达70%~80%，当泵制造得好或用油作为工作介质时，真空度可达99%以上。

水环真空泵结构简单紧凑，易于制造和维修，没有活门，经久耐用。由于旋转部分没有机械摩擦，寿命长，操作可靠，转速较高可由电机直接带动，内部无需润滑，可使气体免受油污，排量较为均匀。适于抽吸含有液体的气体，尤其是在输送有腐蚀性或有爆炸性气体时更为适合。但不足的是这种泵的效率低，只有0.3~0.5。

水环真空泵在排气时会带走一部分水，因此要在运转时不断地向泵内补充水，以保持泵内水环的活塞作用，同时也可以带走一部分热量(真空泵发热不应超过50℃)。

5. 水环真空泵的性能曲线

每种水环真空泵在制造厂中都进行了性能试验，作出性能曲线附在产品说明书上，表示在各种真空度下所能得到的抽气量及所消耗的功率，供使用单位选用。图3-27是SZB-4和SZB-8型水环真空泵的性能曲线图。

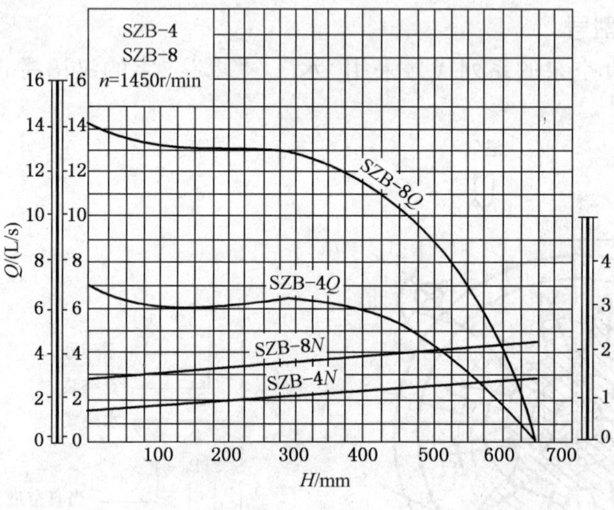

图3-27 SZB-4和SZB-8型水环真空泵的性能曲线

四、螺杆泵

螺杆泵也是一种容积式泵，是在炼油厂油品储运中应用较多的一种泵。它是依靠几根相互啮合的螺杆间容积变化来输送液体的。螺杆泵有单螺杆泵、双螺杆泵和三螺杆泵等。

1. 螺杆泵的结构与工作原理

螺杆泵的螺杆数目虽然不同，但其工作原理是相同的，都是利用螺杆啮合空间的容积变化输送液体。螺杆泵是依靠相互啮合的螺杆与泵壳间形成的封闭空间容积的变化来完成吸、排液体的。图 3-28 为三螺杆泵的结构图，它由主动螺杆和两根从动螺杆组成，主动螺杆与驱动机连接，两从动螺杆对称布置于主动螺杆两侧。三根螺杆相互啮合地组装在泵套之内就形成若干个彼此相隔的密封腔，把泵吸入口与排出口隔开。当螺杆旋转啮合时，吸入腔容积产生变化，将输送介质吸入腔内，通过各密封腔带着介质连续、均匀地沿轴向移动到排出口。

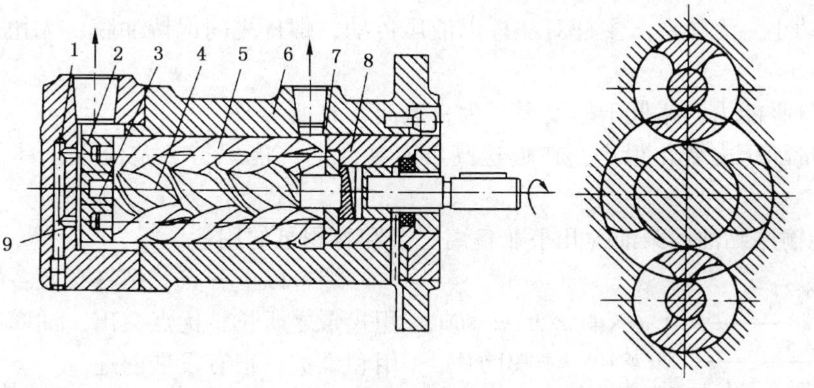

图 3-28　三螺杆泵的结构图

1—泵盖；2—轴承；3—轴承；4—主动螺杆；5—从动螺杆；6—壳体；7—压盖；8—轴承

（1）壳体：由泵体、泵套、密封压盖、泵盖组成，承受泵的压力。

（2）转子：由一根主动螺杆、两根从动螺杆组成。

（3）轴承：承受螺杆的轴向力及径向力。

（4）安全阀附件：泵上带有安全阀。当出口压力超过规定的工作压力时，安全阀自动打开，形成泵内介质自循环，即全回流。全回流时间不宜过长，否则泵容易发热损坏。

如图 3-29 所示，当螺杆旋转时，吸入腔一端螺纹开放，密封线连续地向排出腔一端作轴向移动，使吸入腔的容积增大，压力降低，液体在压差作用下沿吸入管进入吸入腔。随着螺杆的转动，密封腔内的液体便连续而均匀地沿轴向移动到排出腔。由于排出腔一端的容积逐渐缩小，压力增大，即将液体排出。

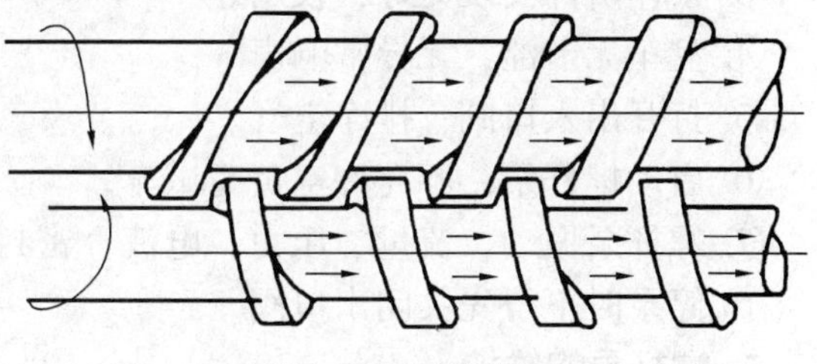

图 3-29　螺杆泵的输液的原理示意图

单吸螺杆泵将液体从螺杆的一端吸入，卷到另一端排出。双吸螺杆泵上的螺纹分成两段，一段右旋，一段左旋，吸入腔的液体从两端吸入口吸入，一齐卷到中间排出口排出。

三螺杆泵是双吸式，它的轴向力可以自行平衡。三螺杆泵是密闭式，采用摆线齿轮螺纹螺杆与衬套，以及螺杆与螺杆之间，都是线接触，流体不会倒流。同时，主动轴杆可以对从动螺杆液压传动，不需外设同步齿轮。

2. 螺杆泵的性能特点

(1) 结构简单紧凑。可与电动机直接连动，操作管理方便，具备离心泵的特点。

(2) 流量大。一般流量范围广，最大流量可达 2000m^3/h，具有离心泵的特点。

(3) 扬程高。排出压力可达 40MPa，常用在无缝钢管耐压强度内，具备往复泵优点。

(4) 转速高。一般转速为 1450r/min 和 2900r/min 两种，还有 10000r/min 以上者，为其他容积式泵所望尘莫及，可与离心泵媲美。

(5) 效率高。一般为 80%~90%。

(6) 工作平稳，流量均匀。流体在螺杆密封腔内无搅拌地、连续地作轴向移动，没有脉动和旋涡，接近离心泵的优点，为其他容积泵所不及。

(7) 震动小，无噪音。主杆对从杆以液压传动，螺杆之间保持油膜，无扭矩，具备离心泵的优点。

(8) 有自吸能力，略低于往复泵，为一般离心泵所不及。

(9) 流量随压力变化很小，在输送高度有变化时，能保持一定流量，具备容积式泵的优点。

(10) 能输送黏油和柴油，几乎兼备离心泵和容积泵的用途。

综合以上各点，螺杆泵兼备叶片式泵和容积式泵之所长，优点突出，油库中只要精心使用和维护，很有发展前途。

3. 螺杆泵的型号

油库常用的螺杆泵有 3U80_D—2.5 型单吸螺杆泵和 3sU110_D-2.5 型双吸螺杆泵。它们的型号意义见图 3-30。

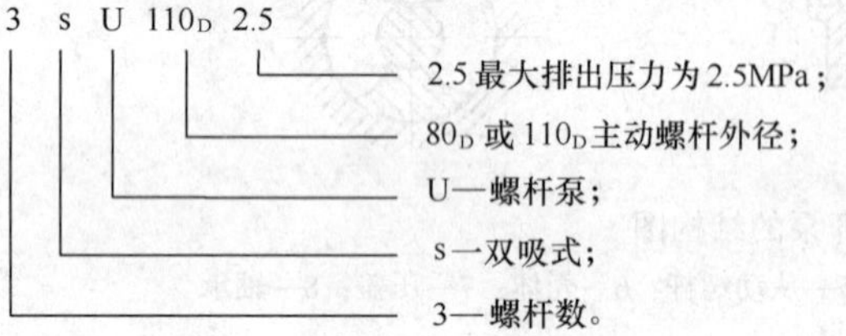

图 3-30　螺杆泵的型号

4. 螺杆泵的使用

① 电机单试，确认转向。

② 轴承箱内润滑油质和油量符合要求(采用介质润滑的泵不另加润滑油)。

③ 泵体附件安装完好，投用。

④ 盘车无卡涩，无异常响声。

⑤ 打开出入口阀，排净空气。

⑥ 启动螺杆泵，不允许空负荷试车。

⑦ 螺杆泵振动、流量、压力、电流、密封泄漏均符合相关要求。

⑧ 停泵时不得先关闭出口阀。

5. 螺杆泵的维护

① 定时检查泵的出口压力。

② 定时检查泵的轴承温度及振动情况。

③ 检查密封泄漏及螺栓紧固情况。

④ 封油压力应比密封腔压力高 0.5~0.1MPa。

⑤ 泵有不正常响声或过热时，应停泵检查。

6. 螺杆泵的操作使用与故障排除

① 螺杆泵的检查注意事项参考离心泵的规定，操作特点参考往复泵的规定。

② 螺杆泵的常见故障和排除方法，见表 3-8。

表 3-8 螺杆泵的常见故障和排除预案

故障现象	原因分析	排除预案
轴功率急剧增大	1. 排出管路堵塞 2. 螺杆与泵套摩擦	1. 停泵清洗管路 2. 检修与更换有关零件
泵振动增大	1. 泵电动机不同心 2. 螺杆与泵套不同心 3. 泵内有气 4. 安装高度过大，泵内产生汽蚀	1. 调整同心度 2. 检修调整 3. 检修吸入管路，排除漏气 4. 降低安装高度或降低转速
泵发热	1. 泵内严重摩擦 2. 机械密封回油孔堵塞 3. 油温过高	1. 检查调整螺杆和泵套 2. 疏通回油孔 3. 适当降低油温
机械密封大量漏油	1. 装配位置不对 2. 密封压盖未压平 3. 动环和静环密封面碰伤 4. 动环和静环密封圈损坏	1. 重新按要求安装 2. 调整密封压盖 3. 研磨密封面和换新件 4. 更换密封圈
泵不吸油	1. 堵塞或漏气 2. 超过允许吸上真空高度	1. 检修吸入普路 2. 降低安装高度
压力表指针波动大	1. 吸入管路漏气 2. 安全阀没有调好或压力过大而时开时闭	1. 检查吸入管路 2. 调整安全阀或降低工作压力
流量下降	1. 吸入管路堵塞或漏气 2. 螺杆与泵套磨损 3. 安全阀弹簧太松或阀座与阀瓣不严 4. 电动机转速不够	1. 检修吸入管路 2. 磨损严重时应更换零件 3. 调整弹簧，研磨阀瓣阀座 4. 修理和更换电动机

五、滑片泵

1. 滑片泵的结构与原理

滑片泵为容积式泵，它主要由转子、泵体、叶片(滑片)、端盖、轴、轴承和机械密封、安全阀等组成。转子为开有若干叶片槽的柱体，泵体内壁为一有规律变化的曲线，泵腔内壁与转子外表面构成一个月牙形空间，叶片装在转子的沟槽内，并可以在槽内滑动。转子旋转时，叶片受离心力的作用从槽中甩出，其端部紧贴在腔体内壁上，月牙形空间被叶片分隔成若干扇形的小室——基元容积，当基元容积逐渐增大时，在吸入端产生真空，将液体吸入；随着转子的旋转，基元容积逐渐减少，对泵腔内的液体产生挤压作用，使液体排出泵而形成一定流量，当出口有负载时，形成压力，压力的大小与负载有关。基元容积周而复始地增大、减少、连续变化，将液体连续地吸入和压出，使液体按照一定的流量和出口负载所需的压力由出口输出。

2. 滑片泵的正确使用

(1) 新机组开机前泵体内应充入适量的介质油(用所输送的介质，可从安全阀尾部螺孔加入)，要求泵体内油量超过泵的轴心线。否则会损坏泵内的机械密封，正常使用的泵开启前不必加油。

(2) 检查转向是否符合规定要求。

(3) 检查润滑油，特别是长期停用后的泵，再次启动时，必须加注润滑油脂(钙基润滑脂4号），每隔30天检查一次黄油杯中的油量，不够时须加满，并压入轴承中。用手转动联轴器，检查转动是否灵活（盘车），有无卡壳或其他异常情况，正常使用前，必须使联轴器转动灵活。

（4）检查泵进出口阀门开闭状况。对滑片泵来说，最好是出口阀全开情况下启动，如果工艺流程不允许全开，则可慢慢调整至流程所规定的要求，然后将阀的开度锁住，下次启动就不必再调整。

（5）开机前各项准备工作完成后，即可开机。

（6）启动后应查看进出口压力表所指示的表压，出口表压应在性能指标范围内，以达到高效运行之目的。

（7）在操作中通过做到"听、摸、擦、比、看"五字操作法及时发现异常现象，检查泵组运行状况，不得有刺耳噪音和剧烈振动，及时处理或联系处理。

（8）连续运行时，要检查安装轴承的泵端盖温度是否正常，不得高于环境温度40℃，用手触摸不得烫手，否则为异常情况，应停机查找原因。

（9）注意观察电机功率表（或电流表），功率（或电流）过大应停机，查找原因。

3. 滑片泵的维护

滑片泵结构紧凑、合理、可靠性好，在正常情况下使用，一般不需拆开保养，当发现有故障时，应找出原因予以解决。

（1）轴承

轴承为滚针轴承，平时保养不必更换，只有当磨损严重，影响正常使用时，才予以更换。

（2）滑片

滑片的正常磨损量极小，当磨损严重，磨损量超过2mm（指滑片与泵腔内壁接触部的磨损量）时，必须更换滑片。

（3）泵端盖

泵左右端盖正常情况下，磨损很小，且两边应均匀磨损，若保养、维护时发现磨损大，磨损不匀时，应找出原因予以解决。

（4）机械密封

机械密封在不漏油的情况下，一般不应拆开检查。若泵端盖下端泄漏口产生漏油时，则应对机械密封进行拆检。装拆机械密封时，应轻取轻放，注意密封面的清洁，保护好动环和静环的镜面，严禁敲击碰撞。机械密封产生泄漏的原因主要是摩擦副镜面拉毛所致，其修复办法，可对摩擦副进行研磨使镜面恢复，也可更换摩擦副。另一原因是"O"型密封圈（输油泵材质为耐油橡胶，化工泵材质为F4）安装不当或变形老化所致，此时则需要调整或更换"O"形密封圈进行重新装配。

（5）安全阀

安全阀出厂时已按用户要求调定其开启压力。平时严禁打开或随意调定压力。若要改变其开启压力，泵出口须装有压力表监测。首先松开锁紧螺母，旋动调节螺杆，观察压力表值。旋到合适位置后，拧紧锁紧螺母，贴上封条。顺时针旋动时，安全阀开启压力升高；反之，则开启压力降低。

4. 滑片泵的常见故障及排除预案

滑片泵常见故障及排除预案见表3-9。

表 3-9　滑片泵常见故障与排除预案

故　障	原因分析	排除预案
泵不出油	1. 吸入管路漏气 2. 吸入管路过长或吸程太高 3. 机械密封泄漏严重 4. 出口管路处于闭死状态	1. 查出漏气部位，予以消除 2. 降低吸程，缩短吸入管路 3. 更换机械密封 4. 打开出口管路阀门排气
泵出油量不足	1. 转速太低 2. 安全阀松动，偏离原调定位置 3. 转子两端面磨损严重 4. 负载过大(压力超过额定压差)	1. 调整转速 2. 重新调整，并锁紧 3. 修理或更换转子 4. 减少负载
泵轴功率过大	1. 压力过高 2. 转速过高 3. 装配太紧，摩擦损耗功率太大	1. 降低压力 2. 调整转速 3. 重新调整、保证端面径向间隙
泵发热	1. 负载压力过高 2. 安全阀起作用压力过低 3. 轴承磨损严重 4. 二相抽送时，气相比例太高	1. 减低负载压力 2. 重新调整起作用压力 3. 修理、更换轴承 4. 调整二相比例
振动噪声过大	1. 底座不稳 2. 发生汽蚀 3. 轴承磨损 4. 泵与电机不同轴 5. 工况点不合适	1. 加固底座 2. 改变工况 3. 更换轴承 4. 调整同轴度 5. 更新调整工况点

六、管道泵

1. 管道泵的工作原理与结构

管道泵是在离心泵的基础上发展而来的，其工作原理与离心泵基本相同。结构也是由泵体、叶轮、密封装置、联轴器等部件组成(见图 3-31)。

(1) 泵体

泵体与离心泵的区别在于整体铸造的外壳上，进出口位于同一水平线上，且直径相同，用法兰与管道相联接。泵体上端用螺栓与泵盖相联，泵体与泵盖形成泵室，内装泵轴与叶轮。

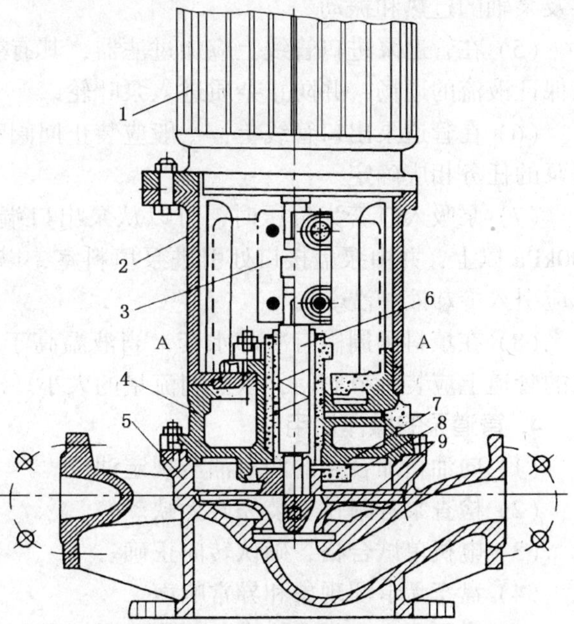

图 3-31　YG 型管道泵结构图

1—电机；2—支架；3—联轴器；4—泵盖；5—泵体；6—泵轴；7—叶轮密封环；8—泵体密封环；9—叶轮

(2) 叶轮和密封环

叶轮是闭式的，成品油单向吸入叶轮的吸入口。叶轮与叶轮固定螺母之间装有防松垫圈，以防叶轮反转时松动。叶轮密封环是钢件镀铬或硬质合金堆焊的，与铸造的泵体密封形成一对轴向密封装置。泵轴穿过泵盖处有一组轴向密封装置，该装置有机械式和填料式两种，现大多采用机械密封并和相应的轴套相配合，前者轴套外径小，后者外径大。在轴与轴套接触端面有防泄漏垫片。目前管道泵大多采用机械密封。

（3）联轴器

联轴器为两半夹壳式，这种刚性联轴器对安装的同心度要求较高，切勿使脏物进入安装面，并注意吊装时不得将轴端碰伤，以免影响联轴器的安装质量。

（4）电机

管道泵的电机是YB型防爆电机的派生系列。

2. 管道泵的性能参数

YG型管道油泵系列的流量范围6.25~425m^3/h(管径250mm)，炼油厂常用的GY型管道油泵可达1500m^3/h(管径350mm)，扬程范围15~150m。该泵的吸入性能较好，最大的泵的允许吸上真空达6m。

管道泵的型号有GY、YG和HGY等几种。

管道泵常用于泵直接发油的工艺管道，也用于铁路卸油管道中，有时也用来为长距离输送油品的管道打接力用。此外，它还可用于污水处理管道和其他辅助管道中。

3. 管道的安装

（1）管道泵在管线上安装时，一般要尽量靠近吸油液面位置，应根据其吸液面所能提供的压头经计算合理地确定。

（2）泵的进口管直径一般可大于排出管直径，以减小吸入管阻力损失。

（3）进口管道的中心线高度应低于泵入口中心高，以防在管道上壁积存气体。

（4）泵的吸入管与排出管应加支承，以免管道重量和应力集中到泵上，引起泵基础的倾斜及泵轴的过热和振动。

（5）在管道泵进口管线上应加过滤器，其有效过滤面积应为吸入管有效面积的3~4倍，以保证液流的通畅，并防止杂质进入泵叶轮。

（6）在管道泵出口管线上，一般应装止回阀和截断阀，与泵联接的输油管道工艺，应根据泵的任务相应确定。

（7）泵吸入口若为负压时，可以从泵出口端引出一股液流，使其压头高出泵入口压力100kPa以上，并由泵盖接口处引进泵填料室，以冲洗填料环。若泵安装机械密封，其端面也应引入冷却液冲洗。

（8）在填料函周围有冷却水套，当液温高于80℃时，应从外部通入冷却水，引入冷却水的管道上应装调节阀门，以控制流量的大小。冷却水的压力不应超过500kPa。

4. 管道泵的操作使用

（1）向油箱加合格的润滑油至规定油位。

（2）检查泵各附件安装完好无缺。

（3）电机单试合格，确认转向正确。

（4）盘车无卡涩现象和异常响声。

（5）全开泵入口阀，检查各部位泄漏情况。

（6）灌泵和排气，其操作程序与普通离心泵相同。

（7）启动泵，检查润滑、振动和各部位泄漏情况。

(8) 无小流量控制线时，及时均匀打开出口阀，不要开得太快，避免泵抽空。控制流量、压力和电流在规定范围。

(9) 不允许用入口阀调节流量，以免泵抽空。停泵前先关闭泵出口阀。

(10) 管道泵作为热油泵运转。用管道泵输送热油时，要注意泵的预热，使泵的升温速度小于50℃/h，以保证泵的各部受热均匀。泵的入口压力一般不应超过2000kPa，以控制泵叶轮所受的向上的轴向推力。

5. 管道泵的维护

(1) 定期检查润滑油位及质量。

(2) 定期检查泵进出口压力、振动、流量、密封泄漏和轴承温度等参数情况，发现不正常或异常声音等问题及时停机处理。

(3) 定期检查泵各紧固件是否松动。

(4) 备用泵定期盘车。

(5) 如果泵采用填料密封，要求与离心泵基本相同；如果泵采用机械密封，在新安装的管线上，一般先以填料密封运行2~3个月，待管道冲洗干净后，再装机械密封运转，如果管道是干净的，也可以直接装上机械密封运行。

正常运转时，端面的渗量不应超过3滴/min，如发现泄漏严重，应及时检修。更换机械密封的动环或静环时，可拆下夹壳式联轴器，从二轴间取出动环或静环。

6. 管道泵的故障原因分析及处理预案(见表3-10)

表3-10 管道泵故障原因及处理预案

故障现象	原因分析	处理预案
泵不出油	1. 泵轴旋转方向不对 2. 叶轮流道堵塞 3. 吸入高度太高或灌注头太低 4. 出口压头大于泵的扬程 5. 泵吸入管漏气	1. 电机调相 2. 清洗叶轮流道 3. 重新确定吸入高度 4. 检修出口控制阀 5. 吸入管堵漏或更换吸入管
泵流量不足	1. 转数太低 2. 叶轮流道部分堵塞 3. 叶轮损坏 4. 吸入管阻力大或排出管水头损失大于泵扬程额定值	1. 额定功率不够，重新换泵 2. 清洗叶轮流道 3. 更换叶轮 4. 重新确定吸入高度或重新选泵

高速管道泵是近年来开发的新型液体输送设备，并已装备炼油厂，具有扬程高、转速高等特点，其原理、结构及操作与管道泵基本相同。

第十一节 各种泵的比较及输送设备的新发展

一、各种泵的比较

4种泵列表比较见表3-11，供学习、使用时参考。

表 3-11　4 种泵的比较

性　能	离心泵	往复泵	齿轮泵	螺杆泵
流量 Q	1. 均匀 2. 量大 3. 流量随管路情况而变化	1. 不均匀 2. 量不大 3. 流量恒定，几乎不因压头变化而变化	1. 比较均匀 2. 量小 3. 与往复泵同	1. 流量均匀，只与转速有关，与工作压力无关 2. 流量范围大，$0.52\sim300^3/h$
扬程 H	1. 一般不高 2. 对一定的流量只有一定的扬程	(1) 较高 (2) 对一定的流量可有不同的扬程，由管路系统确定	同往复泵	特点与往复泵一样，使用压力<39.2MPa
功率 N	可选择范围大，<50kW	功率小，<20kW	功率小，<10kW	可选择范围大，<50kW
效率 η	1. 最高为 70% 左右，最高可达 90% 2. 在设计点最高，偏离愈远，效率愈低	1. 在 80%左右 2. 对于不同的扬程，效率仍保持较大值	1. 在 60%~90% 2. 扬程高时泄漏量大，使效率降低	一般在 80%~90%
转速 n	转速高，1500~3000r/min 或更高	往复次数低，<140r/min	<1500r/min	一般<1500r/min，小型机可达 3000r/min
允许吸入真空高度	4.5~7m，最大可达 8m	一般可过 8m	一般<6.5m	4.5~6m
结构	1. 简易，价廉，安装容易 2. 高速旋转可直接与电动机相连 3. 同一流量下泵体积较小，占地少 4. 轴密封装置要求高，不能漏气	(1) 因零件多而易出故障，无需灌泵 (2) 检修麻烦，可用蒸汽驱动 (3) 不能用出口阀而只能用支路阀调节流量 (4) 扬程流量改变时能保持较高效率	1. 零件少，构造简单，安装容易 2. 可高速旋转，能与电机直接相连 3. 体积小，占地少 4. 无需吸入、排出活门，但制造精度要求较高	结构简单，体积小，占地少
操作	1. 操作、维护方便 2. 可用出口阀很方便地调节 3. 不因管路堵塞而发生损坏现象	1. 有自吸能力，无需灌泵 2. 输送腐蚀性液体时构造更复杂	1. 有自吸能力，无需灌泵 2. 检查比离心泵复杂，比往复泵容易 3. 调节流量与往复泵同 4. 扬程过高时效率显著降低	1. 有自吸能力，工作平稳，流量均匀 2. 操作方法同齿轮泵 3. 工作可靠；适宜抽送黏度大液体 4. 流量和扬程范围很大，特别适合高扬程、大流量下工作，效率也高
缺点	1. 无自吸能力 2. 有气缚现象，开车前需灌泵，运转中不许漏气 3. 不能输送黏度大的液体	1. 零件多，构造复杂 2. 振动甚大，不可快速，安装较难 3. 体积大，占地多 4. 要有吸入和排出活门	1. 泵内零件加工精度高，价格贵 2. 设备运转有噪声，流量和扬程可选择范围较小	1. 泵内零件加工精度高，价格贵 2. 对输送介质要求严，不能有固体颗粒，不宜输送轻质油品
适用范围	原油、汽、煤、柴油、轻污油、油浆、清水等	燃料油、润滑油、柴油、液体沥青	渣油、润滑油、燃料油	燃料油、渣油、润滑油

除了离心泵、往复泵、齿轮泵外，炼厂还应用一些其他类型的泵，如旋转泵、比例泵、螺杆泵、屏蔽泵等。目前，在炼油化工生产中离心泵的应用最广泛，这是因为离心泵不但结构紧凑、造价低廉、易安装、易维修和能与电机直接相联，而且流量均匀、易于调节、可用各种耐腐蚀材料制造和能输送腐蚀性和含有悬浮物的液体，其缺点是压头一般不高，没有自吸能力，效率稍低，但是高速管道泵的开发和运用弥补了离心泵的不足。

往复泵的优点是压头高，流量固定，有自吸能力，效率较高；但其结构比较复杂，又需要传动机构，振动大，体积大，维修麻烦，造价较高。因此，往复泵适用于压头高、流量较小、输送黏度较大的液体或利用蒸汽作动力的情况，而炼油厂的蒸汽来源又比较充足。

二、液体输送设备的新发展

1. 变频电机的广泛使用

过去由于受电的频率的限制改变电机的转速是很困难的，只能在1450r/min或2900r/min之间选择，离心泵的流量靠出口阀调节，这样增加了能量损失，特别是炼油装置的加工能力扩大以后，此种调节方法损失的能量则更大，不能忽略，但随着变频技术的日臻完善，特别是“芯片”的置入，实现了用改变电机频率的方法调节离心泵的流量，改变了过去用出口阀“憋压”能量损失大的缺点。

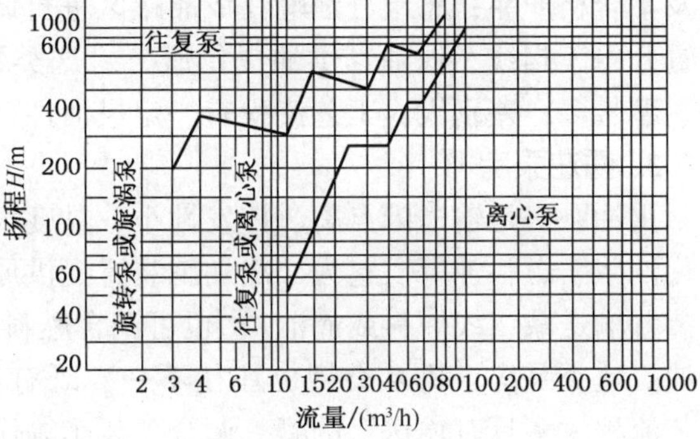

图3-32　各种泵的适用范围

2. 离心泵取代往复泵

过去长期用来输送易燃易爆液体的蒸汽往复泵，近年来由于防爆电机的不断发展，有被离心泵、螺杆泵，特别是高速管道泵取代的趋势。

3. 强自吸泵、屏蔽泵及潜油泵等

强自吸泵、屏蔽泵及潜油泵等炼油厂油品储运系统使用的也比较多，其原理、结构与操作方法与离心泵相近，但由于受篇幅的限制本书不作介绍。

第十二节　炼油厂油品储运泵房及管理

一、油品储运泵房

炼油厂的泵房类型按油品性质可分原油泵房、轻油泵房、重油泵房、润滑油泵房、液化气泵房等；按任务可分为输转、成品、装油等泵房。

1. 原油泵房

原油输送进厂目前有三种方式，管线输送、船舶运输和铁路罐车运输，个别企业也用汽车运输，其都需要在厂内及中转罐设置必要容量的油罐，以便能在规定限期内容纳运来的原油。而铁路罐车运输原油尚需要有专用的原油卸车设施。

由于接卸方式的不同，大多数炼油厂为管道接卸，也有的靠铁路、轮船接卸原油。原油泵房有以下特点：

① 为了保证常减压装置平稳操作，防止泵抽空，要求泵的入口要有足够的灌注头。因

此，有些原油泵房建于地下。

② 要有备用泵，供应急时使用，而且应有同品种两台泵并联流程，以便生产需要时可同时运转，以利提高装置加工能力。

③ 输送(或接卸)性质不同的两种或多种原油，多台泵可同时工作，也可有的运行，有的停泵检修，并有防止窜油互不影响的措施。

④ 在不影响正常供油的情况下，还可供倒罐、装车、卸车等作业同时进行的流程。

⑤ 原油接卸和输送作业在同一泵房时，机泵应隔开房间分别布置，作业互不干扰。

2. 输转泵房

输转泵房(也称中间泵房)负责提供生产装置所需原料；接收生产装置的成品、半成品以及不合格产品；将组分油输往成品罐区进行调合或供给二次加工装置再加工；检修期间为装置开停工扫线、退油、供油提供服务。这类泵房油品品种多作业性质复杂，因此机泵规格、型号多，差别大，工艺流程有一定灵活性，因而比较复杂。

3. 重油泵房

重油泵房是输送闪点高、挥发性小、黏度大的油品泵房。这类泵房输送的油品是渣油、催化油浆、燃料油等。它为二次加工装置提供原料(如为沥青装置输送减底渣油，为催化裂化装置输送减二线原料或渣油)；也可调合燃料油供产品出厂或输往附近电厂、化工厂作原料油。这类泵房，机泵类型也往往不一，既有离心泵也有往复泵(电动或汽动)或螺杆泵。工艺流程大多具有输送、倒罐、调合、装车等作业要求，还应有防止冻凝采取的活线循环和扫线等措施。

4. 装车泵房

装车泵房是专门为油品外销提供动力的泵房，一般都紧邻成品罐区。泵房出口直通铁路装油栈桥、油船装油码头或汽车装油台。如果罐区地势高(或油罐满罐)，装油场所地势低，也可不启动油泵，利用位差自压装油。这类泵房要求机泵扬程不高，但排量要大，以利装车、装船快，不压车、保点出厂。在工艺流程上应考虑两种以上品种同时装车，互不干扰。除特殊油品需专线外，性质相同油品应使机泵互为备用。在车、船装满或发生事故而紧急关闭情况下，机泵应有防止超压自动停机、循环和报警设施，以防憋压损坏机泵。

除上述一些泵房外，炼油厂油品储运系统还有卸车泵房、润滑油泵房、调合油泵房、液化石油气泵房等。这些泵房输送介质不同，作业特性也不相同，但其作用不外乎是接卸、输转、调合、装车、外供等。设备规格、型号既有相似之处，流程既有专线专用，也有要求设备和工艺既要考虑满足生产要求，还要有保证产品质量和安全生产的措施。

二、油品储运机泵的选用

一般应考虑以下几点：

(1) 装卸油泵一般不连续运转，主要要求排量大，扬程不是太高，这样可以缩短装卸作业时间，提高油台和车辆利用率，一般多选离心泵。黏度过大、输送困难的油品多选用往复泵、齿轮泵。

(2) 原油泵是供给炼油厂常压装置原料的关键设备，要求工作可靠，能长期连续运转，而且压力、流量保持平稳，有利装置长周期、安全、稳定均衡生产，一般多选用离心泵。

(3) 用于输转、调合、倒罐等作业用泵，要求各泵使用灵活，适宜多种工艺需要，泵组之间又可以互为备用，所选机泵流量较大，扬程能满足各种工艺要求，一般也选离心泵。

(4) 其他：添加剂品种多，用量小，黏度较大，多选齿轮泵或往复泵。化学药剂则选耐腐蚀离心泵。

三、油品储运泵房的管理

油品泵房是油品储运的核心区域，是为油品储运各种作业提供动力的场所。油品泵房的设备管理、操作管理、安全管理，主要应做好以下工作：

1. 设备配置及工作环境

① 泵房应根据其油品性质、作业要求来布置工艺流程，并选择和设置符合安全规定的机泵、仪表。

② 泵房属易燃、易爆场所。泵房内应有良好通风设施，泵房内空气中油气含量不大于 $300mg/m^3$，噪声等级不大于 90dB。

③ 配齐必要的消防器材和防毒用具，设置可靠的静电接地装置。

④ 消防泡沫站的入口阀必须处于常开状态，机泵达完好备用状态。

⑤ 泵房内维修工具和润滑用具应配置齐全，固定地点放置，摆放整齐。禁在泵房堆放杂物或易燃物品。

⑥ 泵房照明应防爆，可燃气报警仪灵敏可靠，安全阀定压合理，定期校验。

⑦ 泵房内管线、阀门、机泵、仪表等设备，刷漆应符合规定。油品名称、介质流向和编号应标志清楚，书写规范，整齐统一。

⑧ 泵房内管线、阀门、法兰、机泵、仪表等设备应紧固、严密、润滑良好，静密封点泄漏率不超过 0.5%。

⑨ 泵房内部，窗明地净，管沟见底，无积水、无油垢。外部场地平整，环境清洁，无草，无杂物。

2. 人员素质及规章制度

① 从事设备操作的人员必须做到：懂设备结构、原理、性能和作用；懂泵房内工艺流程；懂油品的基本性质；懂安全生产常识。会操作、会维护、会排除故障。经考试合格取得设备操作上岗合格证者，方可独立操作。

② 操作人员要掌握生产动态，做到心中有数。启动设备应严格遵守操作规程，按照调度指令和作业要求，实行对号挂牌开闭流程，保证安全、准确、正点、优质完成任务。

③ 泵房应有健全的规章制度，包括岗位责任制、交接班制、设备维护保养制、设备润滑制、安全生产制、定期工作制和设备操作技术规程等。所有制度应格式统一，书写工整，张贴在墙上并排列整齐。

④ 泵房应建立完整工作记录，包括交接班记录、设备运转记录、设备维修保养记录等，所有记录应填写及时，内容详实，数据完整，字迹整齐，保管完好。

3. 规范操作及安全管理

① 按照巡检路线检查，发现跑、冒、滴、漏等现象及时联系处理。

② 检查泵房机泵运转情况、阀门开关状态，及时将信息反馈。接到生产指令后，立即改好倒油流程、核对流程并等待监护人员到来后启动机泵。

③ 开、停泵时严格按照开、停泵步骤进行。

④ 严格执行润滑油管理制度，即“五定，三过滤”。

⑤ 开泵后检查机泵的运转情况，查看机泵运行是否正常，机泵运行过程中每 20min 巡检一次。

⑥ 泵房操作人员上岗必须穿戴规定劳保用具。设备运转中严禁脱岗、串岗、睡岗。

⑦ 接到装车通知单后，确认罐号、品名、出口管线号与车数。

⑧ 装车开泵后观察质量流量计的流量是否正常，并记录装车流量计前后表数。

第四章 主要石油产品的质量标准及管理

一般，石油产品是指炼油厂的产品，并不包括后续以石油为原料合成的各种石油化工产品。现有石油产品有800余种，若包括石油化工产品则达数千种之多。我国现将石油产品分成发动机燃料、润滑剂、石油沥青、石油蜡、石油焦、溶剂和化工原料六大类。

熟悉产品质量标准、性能和使用要求，是深层次认识石油及其产品质量的重要手段，特别是通过熟悉产品质量标准找出其与馏分油之间差异，是使馏分油转化为商品油的关键之所在，是油品调合工作的前提条件和基础，也是油品储运技术的目标，从而实现对产品质量的有效控制，使馏分油达到产品出厂的质量要求。

第一节 发动机燃料

一、汽油

1. 品种牌号及其用途

汽油按其用途分为航空汽油和车用汽油。各种汽油均按辛烷值划分牌号，由不同牌号构成汽油的系列产品。

（1）车用无铅汽油按国家标准GB 17930—2006命名，分为90号、93号、95号、97号、98号五个牌号。根据汽车发动机压缩比的高低选用不同牌号的汽油。

（2）航空汽油分为95号和75号两种牌号。95号航空汽油用于有增压器的大型活塞式航空发动机。75号航空汽油用于无增压器的小型活塞式航空发动机。

2. 汽油的主要性能要求

（1）抗爆性

未经处理的汽油在汽油发动机中使用时，汽缸中会出现敲击声，燃烧室温度突然升高，并冒出黑烟。这就是汽油发动机的爆震现象。为此，对汽油提出一项十分重要的质量要求，就是要有良好的抗爆性能。抗爆性的表示方法，是以汽油当中抗爆性比较好的异辛烷组分作为100，称之为辛烷值，用来对比各种汽油的抗爆性。正是由于抗爆性特别重要，因此以辛烷值作为汽油的牌号。例如，93号汽油，即表示其研究法辛烷值不小于93。

根据辛烷值的测定方法不同，分为两种，一种是马达法辛烷值(Motor Octane Number，缩写为MON)，一种是研究法辛烷值(Research Octane Number，缩写为RON)。

抗爆指数可用下式定义并计算：

$$抗爆指数 = \frac{研究法辛烷值 + 马达法辛烷值}{2} \qquad (4-1)$$

马达法与研究法辛烷值的换算公式为：

$$马达法辛烷值 = 研究法辛烷值 \times 0.8 + 10 \qquad (4-2)$$

汽油是$C_4 \sim C_{11}$各族烃类的混合物，抗爆性与其化学组成有关。汽油馏分中的单环芳烃辛烷值最高，研究法辛烷值几乎在100以上，马达法辛烷值多在90以上。

汽油辛烷值的高低与原油的品种及其加工工艺有关，但炼油装置的馏分油一般达不到商品油的质量指标要求，往往采取加入抗爆剂的办法。过去常用的抗爆剂是四乙基铅。由于四乙基铅有剧毒，加铅汽油燃烧后的废气严重污染大气，有害人体健康，我国已限制使用。目前，为了提高辛烷值，广泛采用的是以甲基叔丁基醚为代表的一种醚类化合物作为汽油掺合组分油，无毒，可有效地提高汽油的辛烷值。

（2）蒸发性

为了保证高转速点燃式发动机的正常工作，汽油需要在极短的时间内完全蒸发，并迅速扩散，与空气形成一定比例的均匀的可燃混合气，而且需要满足低温启动性、加速性、完全燃烧和不稀释润滑油的要求，因而汽油必须具有良好的蒸发性，但又要求不因头部馏分过轻而产生气阻。

汽油在发动机中的蒸发不仅取决于使用条件，如空气的流速、温度和压力以及雾化程度等，也取决于汽油自身的性质，如馏程、饱和蒸气压等。

汽油的10%馏出温度反映其启动性和产生气阻的倾向。为了适应启动性和防止气阻相互矛盾的要求，一般需要控制10%馏出温度在一定的范围之内，并在不同的气候条件下对汽油的蒸气压加以适当的调整。例如：10%的馏出温度不高于70℃，90%的馏出温度不高于190℃等。

（3）蒸气压

为了避免汽油在使用中发生气阻，对汽油产品质量规定了“蒸气压”的指标，以保证汽油在使用中既有良好的蒸发性，又将其蒸气压限制到一定程度。

在一定温度下，液体与其液面上的蒸气呈平衡状态时，蒸气所产生的压力称为饱和蒸气压，简称蒸气压。蒸气压表示液体在一定温度下蒸发和汽化的能力。蒸气压高的液体容易汽化。蒸气压是石油加工、储运和设备设计的重要基础物性数据，也是某些轻质油品的质量指标。

混合物蒸气压是温度和组成的函数。同一油品的蒸气压随温度的提高而增大；相同温度时，油品越轻，越易挥发，其蒸气压越大。一般采用雷德蒸气压评价汽油的使用性能。

雷德蒸气压测定仪如图4-1所示。用GB/T 8017—87标准方法测定蒸气压时，将冷却的试样充入蒸气压测定仪的燃料室，并将燃料室与空气室相连接（燃料室与空气室的体积比为1∶4）。将该测定仪浸入恒温浴（37.8℃±0.1℃）中，定期振荡，直到安装在测定仪上压力表的压力读数稳定，此时的压力表读数经修正后，即为雷德蒸气压。

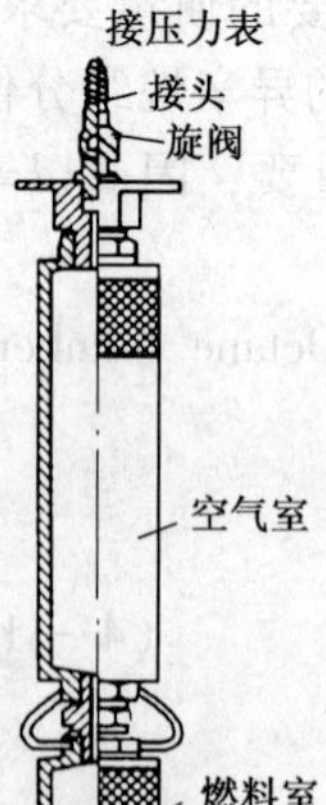

图4-1　雷德蒸气压测定仪

（4）安定性

汽油产品在储存和使用过程中要求颜色基本不变，并且不生成黏稠胶状沉淀物。影响汽油安定性的因素在于汽油含有的不饱和烃类及容易氧化变质的硫、氮化合物。使用安定性差的汽油会造成喷油嘴堵塞、火花塞因积炭而短路、排气阀关闭不严、汽缸壁积炭使传热恶化等，使发动机不能正常工作。

（5）腐蚀性

汽油的腐蚀性不容忽视。汽油在储运和使用过程中，都要与金属接触，因此要求汽油没有腐蚀性。汽油的基本组成是碳氢化合物，是没有腐蚀性的，但汽油在加工过程中往往含有一些杂质，包括水溶性酸碱、有机酸、活性硫化物等，这些都对金属有腐蚀作用，因此汽油产品的质量指标中对汽油的腐蚀性要加以控制。表示腐蚀性的指标有酸度、铜片腐蚀、硫含量等。

（6）低温性

汽油中含有某些芳烃(如苯类)以及溶解在油中的微量水分，在低温环境中，会析出固体颗粒和冰晶，而使过滤器堵塞，影响发动机的正常供油。特别是航空汽油更应防止固体颗粒和冰晶的析出。汽油的低温性通常用结晶点进行评定。

3. 车用汽油标准

车用汽油标准 GB 17930—2006 代替 GB 17930— 1999 中规定的汽油技术要求，见表 4-1。

表 4-1　车用汽油标准

项　目	GB 17930—2006			试验方法
	90 号	93 号	97 号	
抗爆性				
研究法辛烷值(RON)	≮90	≮93	≮97	GB/T 5487
抗爆指数(RON+MON)/2	≮85	≮88	报告	GB/T 503
铅含量/(g/L)	≯0.005			GB/T 8020
馏程				GB/T 6536
10%蒸发温度/℃	≯70			
50%蒸发温度/℃	≯120			
90%蒸发温度/℃	≯190			
终馏点/℃	≯205			
残馏量/%(V/V)	≯2			
蒸气压/kPa				
从 11 月 1 日至次年 4 月 30 日	≯88			GB/T 8017
从 5 月 1 日至当年 10 月 31 日	≯74			
实际胶质/(mg/100mL)	≯5			GB/T 8019）
诱导期/min	≮480			GB/T 8018
硫含量/%	≯0.05			GB/T 380
硫醇(需满足下列要求之一)：				
博士试验	通过			SH/T 0174
硫醇含量/%	≯0.001			GB/T 1792
铜片腐蚀(50℃，3h)/级	≯1			GB/T 5096
水溶性酸或碱	无			GB/T 259
机械杂质及水分	无			目测）
苯含量/%(V/V)	≯2.5			SH/T 0713
芳烃含量/%(V/V)	≯40			GB/T 11132
烯烃含量/%(V/V)	≯35			GB/T 11132
氧含量/%	≯2.7			SH/T 0663
甲醇含量/%	≯0.3			SH/T 0663
锰含量/(g/L)	≯0.018			SH/T 0711
铁含量(g/L)	≯0.01			SH/T 0712

表 4-2 车用无铅汽油技术要求

项目	质量指标		试验方法
	97 号	98 号	
研究法辛烷值(RON)	≮97	≮98	GB/T 5487
铅含量/(g/L)	≯0.005		GB/T 8020
馏程			GB/T 6536
10%蒸发温度/℃	≯70		
50%蒸发温度/℃	≯120		
90%蒸发温度/℃	≯190		
终馏点/℃	≯205		
残馏量/%(V/V)	≯2		
蒸气压/kPa			GB/T 8017
从 9 月 16 日至次年 3 月 15 日	≯88		
从 3 月 16 日至当年 9 月 15 日	≯74		
实际胶质/(mg/100mL)	≯5		GB/T8019
诱导期/min	≮480		GB/T 8018
硫含量/%	≯0.05		GB/T 380
硫醇(需满足下列要求之一)			
博士试验	通过		SH/T 0174
硫醇含量/%	≯0.001		GB/T 1792
铜片腐蚀(50℃, 3h)/级	≯1		GB/T 5096
水溶性酸或碱	无		GB/T 259
机械杂质及水分	无		目测
苯含量/%(V/V)	≯2.5		SH/T 0713
芳烃含量/%(V/V)	≯40		GB/T 11132
烯烃含量/%(V/V)	≯35		GB/T 11132

1. 乙醇汽油的概念

是在普通汽油中添加一定量的变性燃料乙醇(加入变性剂后不能饮用的乙醇)，经过均匀混合的一种含有乙醇的汽油。

燃料乙醇的加入量是根据汽车发动机对燃油指标的要求确定的。巴西车用乙醇汽油规定的乙醇体积分数为 22%；美国规定为 5.5%~10%；我国的国家标准中规定为 10.0%±2.0%。

国家标准《车用乙醇汽油》(GB 8351—2001)中规定，车用乙醇汽油中不得人为加入其他含氧化合物。因此，10%(体积分数)乙醇汽油的氧含量为 3.5%(质量分数)。

乙醇是一种可再生能源，它是一种具有较高辛烷值的含氧化合物。乙醇汽油作为一种清洁性的车用燃料，可以有效地节约石油资源，降低汽车尾气 CO 和碳氢化合物的含量，改善大气环境。

2. 车用乙醇汽油主要质量指标

乙醇加入到汽油中会引起汽油的某些性质发生变化，如辛烷值、烯烃、氧含量、蒸气压、诱导期、蒸馏特性以及水溶性等，这些特性的改变有可能影响到汽车发动机的正常工作。

（1）蒸气压和氧含量

乙醇在40℃时的蒸气压为18kPa，远低于汽油的蒸气压，但将乙醇添加到汽油中后，乙醇汽油的蒸气压将升高。在加入5.7%(体积分数)乙醇时达到最大值，其后随乙醇加入量的增加乙醇汽油蒸气压有所下降，即使乙醇加入量增加到15%(体积分数)时，仍比不加乙醇的汽油高3kPa左右。

（2）水溶性

车用乙醇汽油允许的水含量，与温度和乙醇含量有关，温度越低水含量允许值越低，乙醇含量越低水含量允许值也越低。

（3）腐蚀性

车用乙醇汽油具轻微的腐蚀性，这是由于变性燃料乙醇中存在微量乙酸。但试验表明车用乙醇汽油除对紫铜腐蚀明显外，对其他金属的腐蚀不明显。通常在车用乙醇汽油中加入适量腐蚀抑制剂，以有效抑制微量有机酸对黄铜和紫铜的腐蚀，并改善其他金属的耐腐蚀性。

（4）溶解性

车用乙醇汽油具有一定的溶解能力，可以使某些种类的橡胶、树脂和塑料产生软化、溶涨的现象。试验证实氯丁橡胶、顺丁橡胶、丁腈橡胶、硅橡胶、氟橡胶、尼龙、聚四氟乙烯以及缩醛树脂的耐油性和抗乙醇汽油的溶涨性较好；氰化丁腈橡胶、氯化聚醚、丁基橡胶、聚氨酯橡胶和聚氨酯等抗乙醇汽油的溶涨性较差。

表4-3　车用乙醇汽油调合组分油

项　目	质量指标			试验方法
	90号	93号	97号	
抗爆性				
研究法辛烷值(RON)	≮87.5	≮91	≮95.5	GB/T 5487
抗爆指数(RON+MON)/2	≮83	≮86.5	报告	GB/T 503 GB/T 5487
铅含量/(g/L)	≯0.005			GB/T 8020
馏程				GB/T 6536
10%蒸发温度/℃	≯70			
50%蒸发温度/℃	≯120			
90%蒸发温度/℃	≯190			
终馏点/℃	≯205			
残馏量/%(V/V)	≯2			
蒸气压/kPa				GB/T 8017
从11月1日至次年4月30日	≯81			
从5月1日至10月31日	≯67			
实际胶质/(mg/100mL)	≯5			GB/T 8019)
诱导期/min	≮540			GB/T 8018
硫含量/%(m/m)	≯0.05			GB/T 380
硫醇(需满足下列要求之一)				
博士试验	通过			SH/T 0174
硫醇含量/%	≯0.001			GB/T 1792
铜片腐蚀(50℃，3h)/级	≯1			GB/T 5096

续表

项目	质量指标			试验方法
	90号	93号	97号	
水溶性酸或碱	无			GB/T 259
机械杂质及水分	无			目测
有机含氧化合物/%	≯0.3			SH/T 0663 SH/T 0720
苯含量/%(V/V)	≯2.5			SH/T 0693 SH/T 0713
芳烃含量/%(V/V)	≯42		≯44	GB/T 11132 SH/T 0741
烯烃含量/%(V/V)	≯38			GB/T 11132 SH/T 0741
锰含量/(g/L)	≯0.018			SH/T 0711
铁含量/(g/L)	≯0.01			SH/T 0712

表 4-4 车用乙醇汽油主要质量指标

项目	90号汽油	93号汽油	95号汽油
RON	≥90	≥93	≥95
抗爆指数	≥85	≥88	≥90
铅/(g/L)	≤0.005		
馏程/℃			
10%	≤70		
50%	≤120		
90%	≤190		
终馏点	≤205		
残留量(体积分数)/%	≤2		
蒸气压/kPa			
9月16日至次年3月15日	≤88		
3月16日至9月15日	≤74		

二、煤油

过去煤油主要用于照明以及煤油炉等，使用灯用煤油时，一般有两条要求：一是开始点燃时要有一定的亮度，并且光亮度下降速度不应过快；二是没有臭味和油烟，灯芯上积炭要少，耗油量低。评定灯用煤油的质量指标主要是：燃烧性(点灯试验)、无烟火焰高度、馏程、色度等。目前煤油绝大部分用作喷气燃料，也称作航空煤油。

1. 喷气燃料的馏分

石油燃料馏分越轻，燃烧性能越好，启动也越方便，有利于降低燃料的冰点，但随之也带来容易发生气阻和减少油箱重量加油量的缺点。馏分较重时不但可以增加体积发热量而有利于持续航行距离，而且也有利于超音速飞机在大气层摩擦发热情况下，不至于油箱燃料蒸发或发生气阻，但也带来不便启动或燃烧不完全而产生积炭的缺点。并且由于未完全燃烧的燃料在燃烧室壁或透平叶片上积炭而产生局部过热现象，可能造成事故。因此，喷气燃料的馏分必须根据各有关因素选定。目前已用的馏分范围一般为150~250℃，也有扩大到65~350℃的。有的规定馏分中含萘等衍生物不得超过3%，终沸点不得高于320℃或330℃。

航空喷气燃料要保证在任何情况下都能正常喷油雾化，并在空气/燃料比为(60~120)：1的大量过剩空气的条件下，都能顺利正常燃烧，因而要严格控制馏分范围和黏度。

为飞行安全必须保证供油系统的畅通，要求喷气燃料不得含水分及机械杂质，在喷气燃料加入飞机油箱之前需进行粗、中、细3次过滤，还有推荐用电净化方法彻底净化的。一般控制喷气燃料的含水量不得超过30mL/m³，杂质控制在“无”或1mg/L以下。

航空喷气燃料分为汽油型(馏分80~260℃)、宽馏分型(50~305℃)和煤油型(180~330℃)三种。

2. 品种牌号及其用途

国产喷气燃料有五种：代号为RP-1、RP-2、RP-3、RP-4、RP-5，其中1号冰点低，适用于高空和寒冷地区；2、3号用于远程大型飞机；4号用于亚音速飞机；5号专供舰载飞机使用。

3. 产品规格和实际质量典型数据

喷气燃料技术指标见表4-5。目前国内生产的喷气燃料中，3号喷气燃料占95%以上。

表4-5 喷气燃料技术要求

项目	1号喷气燃料 (GB 438—77)	2号喷气燃料 (GB 1788—79)	3号喷气燃料 (GB 6537—2006)	4号喷气燃料 (国标)
外观			清澈透明，无不溶解水及悬浮物报告	
颜色/号				
组成				
总酸值(mgKOH/g)	≤0.015	≤0.015	≤0.015	≤0.015
芳烃含量/%(V/V)	≤20.0	≤20.0	≤20.0	≤20.0
烯烃含量/%(V/V)	≤5.0	≤5.0	≤5.0	≤5.0
总硫含量/%	≤0.20	≤0.20	≤0.20	≤0.25
硫醇性硫/%	≤0.005	≤0.002	≤0.002	≤0.005
或博士试验	通过	通过	通过	通过
挥发性				
馏程：				
初馏点/℃	≤150	≤150	报告	≤60
10%回收温度/℃	≤165	≤165	≤205	实测
20%回收温度/℃	实测	实测	报告	实测
50%回收温度/℃	≤195	≤195	≤232	≤195
90%回收温度/℃	≤230	≤230	报告	实测
终馏点/℃	≤250	≤250	≤300	280
残留量/%(V/V)	≤2.0	≤2.0	≤1.5	≤3.0
损失量/%(V/V)	≤2.0	≤2.0	≤1.5	≤3.0
闪点(闭口)/℃	≥28	≥28	≥38	
密度(20℃)/(kg/m³)	≥775	≥775	≥775~830	≥775

续表

项　目	1号喷气燃料（GB 438—77）	2号喷气燃料（GB 1788—79）	3号喷气燃料（GB 6537—2006）	4号喷气燃料（国标）
流动性				
冰点/℃	≤-60	≤-50	≤-47	≤-40
运动黏度/(mm^2/s)				
20℃	≥1.25	≥1.25	≥1.25	≥1.0
-20℃	≤8.0	≤8.0	≤8.0	≤6.0
燃烧性				
净热值/(MJ/kg)	≥42.9	≥42.9	≥42.8	≥42.7
烟点/mm	≥25	≥25	≥25	实测
或烟点最小为20mm时，萘烃含量/%(体积分数)	≥3.0	≥3.0	≥3.0	
或辉光值	≥45	≥45	≥45	
腐蚀性				
铜片腐蚀(100℃，2h)/级	≤1	≤1	≤1	≤1
银片腐蚀(50℃，4h)/级	≤1	≤1	≤1	
安定性				
热安定性(260℃，2.5h)				
压力降/kPa			≤3.3	
管壁评级			<3，且无孔雀蓝色或异常沉淀物	
洁净性				
实际胶质/(mg/100mL)	≤5	≤5	≤7	≤5
水反应界面情况/级	≤1b	≤1b	≤1b	实测
分离程度/级	实测	实测	报告	实测
固体颗粒污染物含量/(mg/L)	实测	实测	报告	实测
导电性				
电导率(20℃/(pS/m))			50~450	
铜离子含量/(μg/kg)			≤150	

4. 主要性能要求

喷气燃料应具有良好的燃烧性、低温性(结晶点、冰点)、抗腐蚀性、安定性、洁净度、润滑性及防静电等性能。

(1) 燃烧性

为使燃料在发动机内完全燃烧，对其中的芳烃含量、碳氢比、萘含量都有一定要求。喷气燃料中的芳烃规定不超过20%(体积分数)，5号喷气燃料的芳烃含量不超过25%(体积分数)。具体反映燃烧性能的指标为无烟火焰高度、萘系烃含量或辉光值。有些军用喷气燃料要求其氢含量不低于13.5%。为了满足喷嘴能使燃料很好地雾化以保证完全燃烧，在-20℃

下允许的最高黏度值应不高于 8.0mm²/s。

喷气燃料的雾化性能和蒸发性取决于燃料的馏程、蒸气压和黏度。10%馏出温度直接影响起动性，90%馏出温度是表征重质馏分含量及雾化蒸发难易和燃烧完全与否的指标。蒸气压是直接影响到蒸发性的指标，蒸气压 46.7~65.3kPa 的喷气燃料在-54℃下也可能起动，也是控制不致发生气阻和防止油箱蒸发损失的指标，但近年使用密闭燃料加压给油系统已基本解决了气阻问题。喷气燃料油的黏度直接关系到雾化性好坏，也是保证燃料油泵润滑指标。

航空业为提高喷气发动机燃烧室单位容积的热效率，延长飞机的续航距离，要求燃料的发热量要高(质量发热量要求在 43.12MJ/kg 以上)，同时要求密度在 0.775g/cm³ 以上。

(2) 结晶点(冰点)

结晶点(或称冰点)是喷气燃料的主要使用指标。结晶点是用目测有晶体结晶出现时的最高温度。喷气飞机在高空或冬季低温情况下，一旦燃料中析出冰块或石蜡结晶，则会堵塞燃料滤清器及输油系统而造成危害，因而必须保证军用喷气燃料的冰点在-60℃以下，民用喷气燃料冰点在-40℃以下。为防止水分结冰，喷气燃料规定没有水分，即最多不许超过 0.002%~0.005%。

为防止结冰，喷气燃料一般需要用防冰剂加以抑制，如加入乙二醇基甲基醚等防冰剂 0.10%~0.15%(体积分数)。

(3) 抗腐蚀性

为防止喷气燃料内硫化物、微量硫醇及硫化氢对油泵精密部件的腐蚀，为改善抗腐蚀性可加入 8.6g/m³ 的烷基磷酸酯或胺基磷酸酯等抗腐蚀剂。为解决在有金属存在下对燃料的氧化生胶的催化作用，加入 5.8g/m³ 左右的 *N*,*N*′-二亚水杨基-1,2-丙二胺等金属脱活剂。我国以酸度、总硫、铜片腐蚀和银片腐蚀等指标控制喷气燃料质量。

(4) 安定性

由于超音速飞机在大气层中高速飞行而摩擦生热，机体温度上升，因而要求燃料有较好的热安定性。热安定性关系到燃料系统的沉积物和油泥生成数量，因而要求燃料最好是传热效率高、比热容较大、而且抗热氧化安定性良好、以长链烷烃为主要组分的燃料。

为改善喷气燃料的抗氧化安定性能，需加入不超过 24g/m³ 的 *N*,*N*′-二异丙基对苯酚及 2,6-二叔丁基酚等抗氧化剂。

(5) 硫醇

硫醇直接影响燃料系统的塑料材料和金属制品，要求不允许对塑性材料及橡胶件等和金属材料有所侵蚀，因此硫醇含量不许超过 0.005%，有些严格要求在 0.001%以下。同时，对总硫量也有限制。含硫多导致燃烧中增加积炭并使积炭变硬，黏着在燃烧室壁上影响导热而使局部过热，可能损害发动机金属结构。但含硫太少又会使燃烧室金属材料发生渗炭，也是不利的。

(6) 洁净度

要求喷气燃料不含机械杂质、水分、细菌等有害成分。有时，经过精制后，油品中会含有某些表面活性物质，使喷气燃料中的水滴悬浮在油中不易分离，严重时将造成过滤器堵塞等事故。为此需用水分离指数、水反应等指标来控制燃料的质量。为防止细菌的产生，可加入相当于硼浓度 10~20mg/L³ 的杀菌剂。

（7）润滑性

有些喷气燃料经过深度精制，失去了燃料中固有的天然抗磨性组分，以致在滚动机上使用时引起油泵柱塞及其他精密摩擦部件过高的磨损。为防止类此事故，我国在这类燃料中加入环烷酸馏分或二聚酸类添加剂。后者兼有防锈及抗磨作用，性能比较好。

（8）防静电性

为防止产生静电引起火灾和爆炸事故，可向燃料中加入由烷基水杨酸铬盐、磺酰琥珀酸钙盐及甲基丙烯酸酯和甲基乙烯吡啶的共聚物组成的防静电剂 1mg/L。

三、柴油

柴油作为柴油发动机燃料是我国目前消费量最多的发动机燃料。

1. 品种牌号及其用途

我国的柴油机燃料分为馏分型和残渣型两类。馏分型柴油机燃料即为柴油，分为轻柴油和重柴油。转数 1000r/min 转以上的高速柴油机要用轻柴油，重柴油则用于中速（500～1000r/min）和低速（小于 500r/min）柴油机。残渣型柴油机燃料目前主要用于船用大功率、低速柴油机，故又称船用残渣燃料油。

轻柴油按凝点划分牌号，重柴油和残渣型柴油机燃料按黏度划分牌号，它们均由不同牌号构成该系列产品。大量应用的是轻柴油，轻柴油按其凝点高低分为 6 个牌号：5 号（凝点不高于 5℃）、0 号（凝点不高于 0℃，以此类推）、-10 号、-20 号、-35 号、-50 号，低凝点柴油主要用于寒冷地区。不同黏度的重柴油和残渣型柴油机燃料适用于不同类型和转速的柴油发动机。

2. 主要性能要求

（1）十六烷值

十六烷值用以表示柴油的抗爆性，是柴油燃烧性能的标志。十六烷值高的柴油，在柴油机中燃烧时不易产生爆震。但柴油的十六烷值也不宜过高，否则，燃烧不完全，耗油量增大，一般十六烷值控制在 40～60 之间。

（2）蒸发性与黏度

为了保证柴油机能平稳、正常地完全燃烧，要求轻柴油在极短的瞬间能完全蒸发，迅速与空气形成均匀的可燃性混合物，因而需要控制轻柴油的馏分组成。我国轻柴油的馏程一般控制在 200～380℃ 范围内，根据高速柴油机的使用要求、使用地区和季节不同加以适当调整。

为了保证柴油机的正常工作，柴油机燃料应有适当的黏度。黏度关系到发动机供油系统的正常工作，影响到喷油雾化的质量以及燃料在发动机中的蒸发和燃烧。高、中、低速柴油机均需要有一个适宜黏度范围的燃料。

（3）冷滤点

冷滤点是将试油在规定条件下冷却，在 1.96kPa 真空压力下进行抽吸，使试油通过过滤器（363 目/in）每分钟不足 20mL 时的最高温度。冷滤点是模拟发动机的实际工作情况，近似于发动机的实际使用条件，试验证明，柴油的冷滤点与柴油的最低使用温度有着良好的对应关系。目前，国内外评价柴油低温流动性广泛采用冷滤点。冷滤点法比浊点、凝点更具有实用性。因为柴油温度降至浊点时，由于蜡结晶颗粒很小，并不一定引起滤清器堵塞，而在温度尚未降至凝点之前，滤清器就已经堵塞了，所以浊点和凝点的实用意义不大，国外许多国家使用冷滤点取代了浊点和凝点测定法。

为了改善柴油的低温流动性，通常在油中加入降凝剂，又称低温流动改进剂。柴油中加入降凝剂后，可在低温下使石蜡结晶分散，降低柴油的冷滤点和凝点，改善柴油在低温下的流动性。我国生产的降凝剂有乙烯-醋酸乙烯酯共聚物等。

(4) 凝点

凝点是柴油在低温下失去流动性的最高温度。我国柴油的牌号就是按柴油的凝点划分的。凝点是柴油储存、运输和油库收发作业的低温界限温度，同时与柴油低温使用性能有一定的关系。凝点越低的柴油，低温下输送、转运作业越顺利，在柴油机燃料系统中供油性能越好。柴油凝点比环境温度低 5~7℃，即可保证柴油顺利地进行抽注、运输和储存。

(5) 闪点

闪点是柴油加热时产生的蒸气和空气的混合气成为可燃混合气(浓度 0.7%~1.0%)时，由小火焰或电火花点火时的温度。是保证液体油品储运和使用的安全指标，也就是在低于这一温度时，可能蒸发的轻质组分浓度不能达到爆炸限度的指标，闪点也是说明油品蒸发倾向性的指标。

柴油的安全性主要是为了储存运输上的安全。柴油的安全性用闪点来表示。一些国家按不同季节和用途规定不同的闪点，一般为 38~55℃。

(6) 馏程

馏程是保证柴油在发动机燃烧室里迅速蒸发汽化和燃烧的重要指标。我国轻柴油规定 50%馏出温度不得高于 300℃，90%馏出温度不得高于 355℃，95%馏出温度不得高于 365℃。柴油机的启动性能取决于柴油的初馏点和 10%馏出温度，柴油的轻质馏分可以保证良好的喷油雾化和迅速蒸发并形成均匀的混合气，以利于燃烧。

(7) 残炭值

蒸馏 10%残余物的残炭值是说明柴油在柴油机的燃烧室里燃烧时可能发生结焦积炭的指标。从残炭值可以判断柴油含胶质、芳烃和烯烃多少，说明燃烧性能。使用残炭值大的柴油的柴油机的检修期可能缩短，因燃烧室积炭堆积较快，严重时使柴油机不能正常工作。

(8) 硫含量

硫含量是控制柴油中硫化物的指标，硫化物燃烧后生成二氧化硫或三氧化硫，遇水形成硫酸或亚硫酸而腐蚀机械，尤其是二氧化硫或三氧化硫气体污染大气，含大量硫化物的燃烧废气进入汽缸壁和曲轴箱，会使柴油机润滑油加速变质和发生腐蚀。

(9) 酸度和水溶性酸及碱

酸度和水溶性酸及碱是控制柴油有机酸含量和不含无机酸、碱，以保证柴油储运容器和柴油机燃料系统不受腐蚀，防止因此而增加发动机喷油嘴结焦积炭的指标。低分子有机酸除表现在酸度外，因溶于水也表现在水溶性酸上。柴油酸度过大或含水溶性酸、碱时，除带来腐蚀外，还会造成柴油的乳化现象。

(10) 灰分

灰分是间接控制柴油中的铁、硅、钠、钾及钒等化合物含量不能太多的指标，也是直接控制柴油燃烧后影响燃烧室结垢和发动机磨损的指标。特别是含硫较多的柴油，灰分中含有五氧化二钒时，对燃烧生成的二氧化硫起催化作用，生成三氧化硫，遇水生成硫酸，腐蚀机械，这是十分有害的，因而轻柴油的灰分都要控制在 0.01%以下。

(11) 水分及机械杂质

水分及机械杂质是控制柴油不受污染的指标。由于混进自然水分必然带进无机盐类而增加灰分和结垢，致使发动机磨损增大，同时也易于造成柴油乳化变质。机械杂质除堵塞滤油器和供油管线外，还严重磨损高压油泵和喷油嘴，因而对机械杂质要严格控制，不允许其存在。

(12) 安定性

柴油长期储存如果颜色变深和胶质增加，说明柴油的安定性很差。柴油中含有不饱和烃、环烷芳香烃以及非烃化合物是储存安定性差的原因。柴油中胶质的增加，在燃烧时会产生积炭，造成机械磨损。

在柴油机运转过程中，柴油温度不断升高，加上各种金属的催化作用，油中的不安定组分很快被油中的溶解氧所氧化，生成氧化缩合物，使喷油嘴堵塞及各部位积炭，导致磨损加剧。

3. 质量指标

轻柴油技术要求见表 4-6，200 号重油技术要求见表 4-7。

表 4-6　轻柴油技术要求(执行标准：GB 252—2000)

项　目	质量指标					实验方法
	5 号	0 号	-10 号	-20 号	-35 号	
色度/号	≯3.5					GB/T 6540
氧化安定性总不溶物/(mg/100mL)	≯2.5					SH/T 0175
硫含量/%	≯0.2					GB/T 380
酸度/(mgKOH/100mL)	≯7					GB/T 258
10%蒸余物残炭/%	≯0.3					GB/T 268
灰分/%	0.01					GB/T 508
铜片腐蚀(50℃，3h)/级	≯1					GB/T 5096
水分/%(v/v)	痕迹					GB/T 260
机械杂质	无					GB/T 511
运动黏度(20C)/(mm^2/s)	3.0~8.0					GB/T 265
凝点/℃	≯5	≯0	≯-10	≯-20	≯-35	GB/T 510
冷滤点/℃	≯8	≯4	≯-5	≯-14	≯-29	SH/T 0248
闪点(闭口)/℃	≮55	≮55	≮55	≮55	≮45	GB/T 261
十六烷值	≮45	≮45	≮45	≮45	≮45	GB/T 386 GB/T 11139 GB/T 6536
馏程						
50%馏出温度/℃	≯300					
90%馏出温度/℃	≯355					
95%馏出温度/℃	≯365					
多环芳烃/%	≯11					
润滑性：磨斑直径/μm	≯460					
密度(20℃)/(kg/m^3)	报告					GB/T 1884 GB/T 1885

表 4-7　200 号柴油技术要求(执行标准：Q/SHMM 01—2000)

项　目	质量指标	试验方法	项　目	质量指标	试验方法
恩氏黏度(100℃)/°E	5.5~9.5	GB/T 266	水分/%(V/V)	≯2.0	GB/T 260
闪点(开口)/℃	≮130	GB/T 267	硫含量/%	≯3.0	GB/T 387
凝点/℃	≯36	GB/T 510	机械杂质/%	≯2.5	GB/T 511
灰分/%	≯0.3	GB/T 508	密度(20℃)/(kg/m³)	报告	GB/T 1884 GB/T 1885

第二节　润　滑　油

润滑油是石油产品中品种、牌号最多的一大类产品。分为润滑油基础油和成品润滑油两大类。

一、润滑油基础油的分类代号

润滑油基础油根据黏度指数分类。

1. 黏度等级的划分

润滑油基础油的黏度等级按赛氏通用黏度划分，其数值为某黏度等级基础油运动黏度所对应的赛氏通用黏度整数近似值。低黏度组分称作中性油，黏度等级以 40℃ 赛氏通用黏度(s)表示；高黏度组分称作光亮油，黏度等级以 100℃ 赛氏通用黏度(s)表示。

2. 所用代号的说明

润滑油基础油的代号是根据黏度指数和适用范围确定的。每个品种由一组英文字母组成的代号表示。

(1) 润滑油通用基础油的代号由表示黏度指数高低的英文字母组成。“UH”、“VH”、“H”、“M”和“L”分别为“超高(Ultra High)”、“很高(Very High)”、“高(High)”、“中(Middle)”和“低(Low)”英文字头，“VI”为黏度指数(Viscosity Index)的英文字头。

(2) 润滑油专用基础油代号由润滑油通用基础油代号和专用符号组成。专用符号为代表该类基础油特性的一个英文字母。“W”为“Winter”的英文字头，表示其低凝特性；“S”为“Super”的英文字头，表示其深度精制特性。

二、润滑油基础油的分类

润滑油基础油据适用范围分为通用基础油和专用基础油。

润滑油基础油的分类标准见表 4-8。此标准为 1995 年中石化的企业标准。

1. 通用基础油

(1) HVI 基础油

本标准适用于高黏度指数的润滑油基础油。黏度指数不小于 95，可用于调配黏温性能要求较高的润滑油。

① 中性油牌号：分为 HVI 75、HVI 100、HVI 150、HVI 200、HVI 350、HVI 400、HVI 500 和 HVI 650 八个牌号。

② 光亮油牌号：HVI 120BS，HVI 150BS。

表 4-8　润滑基础油的分类

品种代号类别 \ 黏度指数Ⅵ		超高黏度指数	很高黏度指数	高黏度指数	中黏度指数	低黏度指数
		Ⅵ≥140	120≤Ⅵ<140	90≤Ⅵ<120	40≤Ⅵ<90	Ⅵ<40
通用基础油		UHVI	VHVI	HVI	MVI	LVI
专用基础油	低凝	UHVIW	VHVIW	HVIW	MVIW	—
	深度精制	UHVIS	VHVIS	HVIS	MVIS	—

（2）MVI 基础油标准

适用于中等黏度指数的润滑油基础油。黏度指数不小于 60，可用于调配黏温性能要求不是很高的润滑油。

① 中性油牌号：分为 MVI 75、MVI 100、MVI 150、MVI 250、MVI 350、MVI 500、MVI 600、MVI 750、MVI 900 九个牌号。

② 光亮油牌号：分为 MVI 90BS 和 MVI 125/140BS 二个牌号。

（3）LVI 基础油标准

适用于低黏度指数的润滑油基础油。可以用于调配变压器油、冷冻机油等低凝点润滑油。

① 中性油牌号：分为 LVI 60、LVI 75、LVI 100、LVI 150、LVI 300、LVI 500、LVI 900、LVI 1200 八个牌号。

② 光亮油牌号：LVI 90BS、230/250BS。

2. 润滑油专用基础油

（1）HVI W 基础油

适用于高黏度指数具有低凝和低挥发性的润滑油基础油。黏度指数大于 95，主要用于调配多级内燃机油、液力传动液、低温液压油等油品。

① 中性油牌号：分为 HVI W75、HIV W100、HIV W150、HIV W200、HVI W350，HIV W500 和 HIV W650 七个牌号。

② 光亮油牌号：HIV W120BS。

（2）HVIS 基础油

适用于黏度指数深度精制润滑油。黏度指数大于 95，主要用于调配重负荷工业齿轮油、重负荷车辆齿轮油、汽轮机油、高压抗磨液压油等油品。

① 中性油牌号：分为 HVI S75、HVI S100、HVI S150、HVI S200、HVI S350、HVI S400、IVI S500 和 HVI S650 八个牌号。

② 光亮油牌号：HVI S120BS、HVI S150BS。

（3）MVIW 基础油

适用于中黏度指数具有低凝和低挥发性的润滑油基础油。黏度指数不小于 60，主要用于调配内燃机油、低温液压油等油品。

中性油牌号：分为 MVI W75、MVI W100、MVI W150、MVI W250 和 MVI W500 五个牌号。

（4）MVIS 基础油

适用于中黏度指数的深度精制油润滑油基础油，黏度指数不小于 60，主要用于调配重负荷工业齿轮油，重负荷车辆齿轮油、气轮机油等油品。

中性油牌号：分为 MVI S75、MVI S100、MVI S150、MVI S250，MVI S500、MVI S600、MVI S750 和 MVI S900 八个牌号。

三、成品润滑油的分类

1. 润滑油的总分类

我国基本上是按国际标准化组织(International Standardization Organization)的 ISO 6743/0—1981 润滑剂分类标准制定了 GB 7631.1—87 国家标准，把润滑油分为 19 组，见表 4-9。

表 4-9 润滑油总分类

组 别	应用场合	组 别	应用场合
A	全损耗系统	P	风动工具
B	脱模	Q	热传导
C	齿轮	R	保护和防护
D	压缩机(包括冷冻机和真空泵)	T	汽轮机
E	内燃机	U	热处理
F	主轴、轴承和离合器	X	用润滑脂的场合
G	导轨	Y	其他
H	液压系统	Z	蒸汽汽缸
M	金属加工	S	特殊润滑剂应用场合
N	电器绝缘		

2. 按使用场合分类

(1) 内燃机润滑油包括汽油机油、柴油机油等，见表 4-10。这是需要量最多的一类润滑油，约占润滑油总量的一半。

表 4-10 内燃机油的分类

应用范围	品种代号	特性和使用场合
	SA(废除)	运行条件非常温和的老式发动机，该油品不含添加剂，对使用性能无特殊要求
	SB(废除)	用于缓和条件下工作的货车、客车或其他汽油机，也可用于要求使用 API SB 级油的汽油机。仅具有抗擦伤、抗氧化和抗轴承腐蚀性能
	SC	用于货车、客车或其他汽油机以及要求使用 API SC 级油的汽油机。可控制汽油机高、低温沉积物及磨损、锈蚀和腐蚀
汽油机油	SD	用于货车、客车和某些轿车的汽油机以及要求使用 API SD、SC 级油的汽油机。此种油品控制汽油机高、低温沉积物、磨损、锈蚀和腐蚀的性能优于 SC，并可代替 SC
	SE	用于轿车和某些货车的汽油机以及要求使用 API SE、SD 级油的汽油机。此种油品的抗氧化性能及控制汽油机高温沉积物、锈蚀和腐蚀的性能优于 SD 或 SC，并可代替 SD 或 SC
	SF	用于轿车和某些货车的汽油机以及要求使用 API SF、SE 及 SC 级油的汽油机。此种油品的抗氧化性和抗磨损性能优于 SE，还具有控制汽油机沉积、锈蚀和腐蚀的性能。并可代替 SE、SD 或 SC
	SG	用于轿车、货车和轻型卡车的汽油机以及要求使用 API SG 级油的汽油机。SG 级质量还包括 CC(或 CD)的使用性能。此种油品改进了 SF 级油控制发动机沉积物、磨损和油的氧化性能，并具有抗锈蚀和腐蚀的性能，并可代替 SF、SF/CD、SE 或 SE/CC
汽油机油	SH	用于轿车、货车和轻型卡车的汽油机以及要求使用 API SH 级油的汽油机。SH 质量在汽油机磨损、锈蚀、腐蚀及沉积物的控制和油的氧化方面优于 SG，并可代替 SG
	SJ	适用于 1997 型的汽油机(1997 年以后)使用，除具备上述 SC 级油的性能外，其含磷量进一步降低，更进一步延长尾气催化转化器的寿命，并具有更好的低温性能。也可用于 1997 年以前所有的高等级汽油机

续表

应用范围	品种代号	特性和使用场合
柴油机油	CA(废除)	用于使用优质燃料、在轻到中负荷下运行的柴油机以及要求使用API CA级油的发动机。有时也用于运行条件温和的汽油机。具有一定的高温清净性和抗氧抗腐性
	CB(废除)	用于燃料质量较低、在轻到中负荷下运行的柴油机以及要求使用API CB级油的发动机。有时也用于运行条件温和的汽油机。具有控制发动机高温沉积物和轴承腐蚀的性能
	CC	用于在中及重负荷下运行的非增压、低增压或增压式柴油机，并包括一些重负荷的汽油机。对于柴油机具有控制高温沉积物和轴瓦腐蚀的性能，对于汽油机具有控制锈蚀、腐蚀和高温沉积物的性能，并可代替CA，CB级油
	CD	用于需要高效控制磨损沉积物或使用包括高硫燃料的非增压式柴油机以及国外要求使用API CD级油的柴油机。具有控制轴承腐蚀和高温沉积物的性能，并可代替CC级油
	CD-Ⅱ	用于要求高效控制磨损和沉积物的重负荷二冲程柴油机以及要求使用API CD-Ⅱ级油的发动机，同时也满足CD级油性能的要求
	CE	用于在低速高负荷和高速高负荷条件下运行的低增压和增压式重负荷柴油机以及要求使用API CE级油的发动机，同时也满足CD级油性能要求
	CF-4	用于高速四冲程柴油机以及要求使用API CF-4级油的柴油机。在油耗和活塞沉积物控制方面性能优于CE并可代替CE，此种油品特别适用于高速公路行驶的重负荷卡车
	CG-4	适用于1994型重负荷柴油机，燃烧低硫燃料，满足美国1994排放标准
	CH-4	适用于1998型重负荷柴油机。燃烧高硫或低硫燃料，满足美国1998年排放标准

（2）齿轮油是在齿轮传动装置上使用的润滑油，见表4-11、4-12，其特点是它在机件间所受的压力很高。

表4-11 工业闭式齿轮油的分类

分类		现行名称	组成、特点及使用说明	相对应的国外标准
ISO	中国			
CKB	CKB 抗氧防锈型	工业齿轮油	由精制矿物油加入抗氧、防锈添加剂调配而成，有严格的抗氧、防锈、抗泡、抗乳化性能要求，适用于一般轻载荷的齿轮润滑	AGMA 250. 3 R&O型
CKC	CKC极压型	中载荷工业齿轮油	由精制矿物油加入抗氧、防锈、极压抗磨剂调配而成，比CKB具有较好的抗磨性，适用于中等载荷的齿轮润滑	AGMA 250. 03EP
CKD	CKD极压型	重载荷工业齿轮油	由精制矿物油加入抗氧、防锈、极压抗磨剂调配而成，比CKC具有较好的抗磨性和热氧化安定性，适用于高温下操作的重载荷的齿轮润滑	AGMA250. 04EP 美钢224
CKE	CKE蜗轮蜗杆	蜗轮蜗杆油	由精制矿物油或合成烃加入油性剂等调配而成，具有良好润滑特性和抗氧、防锈性能，适用于蜗轮蜗杆齿轮的润滑	AGMA250. 04MP. MIL-L-15019E(1982)6135，MIL-L-18486B(05)(1982)
CKT	CKT合成烃极压型	低温中载荷工业齿轮油	由合成烃为基础油，加入同CKC相似的添加剂，性能除具有CKC的特性外，有更好的低温、高温性能，适用于在高、低温环境下的中载荷齿轮的润滑	
CKS	CKS合成烃型	合成烃齿轮油	由合成油或半合成油为基础油加入各种相配伍的添加剂，适用于低温、高温或温度变化大，耐化学品以及其他特殊场合的齿轮传动润滑	

表 4-12　工业开式齿轮油的分类

分类		现行名称	组成、特点及使用说明	性能要求
ISO	中国			
CKH	CKH	普通开式齿轮油	由精制润滑油加抗氧防锈剂调制而成。具有较好的抗氧、防锈性和一定的抗磨性。适用于一般载荷的开式齿轮和半封闭式齿轮润滑	
CKJ	CKJ	极压开式齿轮油	由精制润滑油加入多种添加剂配制而成，它比 CKH 油具有更好的极压性能。适用于苛刻条件下的开式或半封闭式的齿轮箱润滑	Timken OK 值不小于 200N 或 FZG 齿轮试验通过九级以上
CKM	CKM	溶剂稀释型开式齿轮油	由高黏度的普通开式或极压开式齿轮油加入挥发性溶剂调配而成，当溶剂挥发后，齿轮上形成一层油膜，该油膜具有一定的极压性能	溶剂挥发后的油膜强度 Timken OK 值不小于 ZOON 或 FZG 齿轮试验通过九级以上

(3) 液压油及液力传动油是在传动、制动装置及减震器中用来传递能量的液体介质，它同时也起润滑及冷却作用，见表 4-13。

表 4-13　液压油分类

用油系统	分类符号	组成和特性	主要用途
流体静压用油	HH	不含任何添加剂的矿物润滑油	
	HL	具有防锈、抗氧化性的精制矿物润滑油	用于通用型机床液压箱和齿轮箱，轻载荷机械的润滑油
	HM	具有抗磨性的 HL 型油品，不仅具有 HL 油的全部特性，而且具有良好的抗磨性能	用于要求抗磨性能较高的中、高压液压系统
	HR	具有更好的黏温特性的 HL 型油品	用于要求高黏度指数的低、中压液压系统
	HV	具有更好的黏温特性的 HM 型油品	用于要求高黏度指数的中、高压液压系统
	HS	以合成烃为基础油，具有较低的倾点和良好的黏温特性	用于特殊环境及高寒地区作业
	HG	具有更好的防黏滑性(防爬)的 HM 型油品	用于既有液压传动又有滑动面的系统
	HFA	水包油乳化液(可燃物≯20%)	用于钢铁厂、矿山及其他要求抗燃性的工业
	HFAS	水的化学溶液	
	HFB	油包水乳化液	
	HFC	含聚合物水溶液(含水≮35%)	
	HFDR	磷酸酯无水合成液	用于钢铁厂、矿山及其他要求抗燃性的工业。选择本产品时应小心，因可能对环境和健康有害
	HFDS	氯化烃无水合成液	
	HFDT	HFDR 和 HFDS 混合的无水合成液	
		其他成分的无水合成液	
流体动力系统用油	HA	组成和特性划分原则待定	用于自动变速齿轮箱
	HN	组成和特性划分原则待定	用于联轴节和变矩器

(4) 工业设备用油其中包括机械油、汽轮机油、压缩机油、汽缸油以及并不起润滑作用的电气绝缘油、金属加工油等。

(5) 用于缓和条件及苛刻条件下工作的小型风冷二冲程汽油机用油见表4-14。

表4-14　二冲程汽油机用油分类

代　号	特性和使用场合
ERA	用于缓和条件下工作的小型风冷二冲程汽油机。具有防止发动机高温堵塞和活塞磨损的性能，另外还能满足发动机其他一般性要求
ERB	用于缓和至中等条件下工作的小型风冷二冲程汽油机。具有防止发动机活塞磨损和燃烧室沉积物引起提前点火的性能，另外还能满足发动机其他一般性能要求
ERC	用于苛刻条件下工作的小型至中型的风冷二冲程汽油机，具有防止高温活塞环薪结和由燃烧室沉积引起提前点火的性能，另外还能满足发动机其他一般性要求
ERD	用于苛刻条件下工作的中型至大型水冷二冲程发动机。具有防止由燃烧室沉积物引起提前点火、活塞环黏结、活塞磨损和腐蚀性能，另外还能满足发动机其他一般性能要求

四、润滑油主要质量指标及其在使用中的应用

1. 黏度

黏度是润滑油最重要、最基本的性质，是各种润滑油分类分级的依据，对质量鉴别和确定用途有决定性的意义。润滑油黏度对生产和使用的主要意义如下：

(1) 黏度是润滑油各种牌号的区分标志，各种工业润滑油以40℃时的运动黏度划分牌号(GB 3141)，而各种车辆润滑油按100℃运动黏度划分牌号。

(2) 必须正确选用润滑油黏度，以保证机器的正常运行，若选用的油品黏度过大，会造成启动困难，消耗动力；若黏度过小，则会降低油膜支撑能力，增加磨损。

(3) 黏度是建立油品数理方程的重要物理量之一，是工艺计算及计算技术应用的主要参数。例如：计算流体在管线中压力损失时所应用的雷诺数，必须从黏度的数据算出。

(4) 黏度随润滑油馏程和精制深度的不同而不同。馏程增高油品黏度增加，精制加深，油品黏度降低。在生产上可以从黏度的变化判断润滑油的精制深度。在油品使用中，可以从黏度的变化来判断油品在使用过程中的变质情况。

(5) 对于流体润滑来说，油的黏度与摩擦系数有关。油的黏度越大，摩擦系数也越大。同时油的黏度对于保证良好的密封作用和必要的冷却作用，均是必须正确选择的因素。

(6) 良好的黏温性。燃机工作温度范围广，不仅需要油品具有适当的黏度，而且必须具有良好的黏温性能。

(7) 在相同压力下，油品黏度大会增加内摩擦阻力，使压力降和功率损失大，冷却效果不好；黏度过小，会降低容积效率和系统压力，增大磨损和泄漏，甚至液压控制失调。

油泵对黏度的变化最为敏感，泵的允许黏度是确定油品黏度的依据，还要求工作中黏度变化小，即油品有较高的黏度指数。

2. 凝点和倾点

润滑油的凝点是指在规定的试验条件下，盛于试管内的试油冷却并倾斜45°，经过1min后，油面不能移动时的最高温度。

凝点对于润滑油使用中的意义：

(1) 凝点可以用作润滑油低温性质参考指标，例如发动机润滑油的凝点应比启动温度低

约10℃左右。但是，即使温度高于凝点也不一定就能泵送，这也取决于油品低温黏度。对于不含蜡的油品来说，黏度增大而使油品失去流动性的范围在 $2\times10^5\sim3\times10^6mm^2/s$。但是，实际上远低于此值时油品已经丧失了流动性或泵送性。对于含有微量石蜡的油来说，当温度低于浊点而高于凝点时，有时由于润滑管路中有细滤网等原因，也会使润滑油无法流通。

(2) 对于含蜡的油品，凝点也是估计石蜡含量的方法之一。由于油中含有少量石蜡就会使油的凝点上升很大，例如油中加入0.1%石蜡，凝点便会升高9～12℃。因此，当二种不同凝点的油品相互混合时，凝点不是可加的，而是偏向凝点高的油品。这点应在具体掺合油品时注意。凝点的测定方法为GB/T 510。更能代表润滑油的低性能是倾点，今后将用倾点代替凝点，倾点通常比凝点高1～3℃。

3. 酸值

润滑油的酸值是中和1g油品中的酸性物质所需的氢氧化钾毫克数，酸值是油中所含有机酸和无机酸的总值。但在大多数情况下，润滑油中没有无机酸，油中所含的有机酸主要为环烷酸和脂肪酸。但是对于储存和使用过的润滑油来说，会产生因氧化变质而生成的酸性产物。酸值不同于酸度，酸度是用于燃料的，为中和100mL试样所需氢氧化钾的毫克数。

4. 闪点

在规定条件下加热润滑油，随着油温升高，油蒸气的浓度也相应增加，当油蒸气含量达到可燃浓度，移近火焰出现闪火时的最低温度称作油品的闪点。闪点测定的方法有开口闪点与闭口闪点之分。

5. 氧化安定性

润滑油的氧化安定性是一个很重要的指标，因为油品在使用中变质的主要原因是氧化。润滑油在使用和储存过程中，与空气中的氧气接触，在一定条件下，便会使油的颜色变暗，黏度增加，酸性增大，产生沉淀。

润滑油的氧化深度与四个因素有关，即润滑油化学组成、氧化温度、氧化时间、金属和其他物质的催化作用。其中尤以温度的影响最突出。在常温下，润滑油可以保持5年之久，其性质也不起什么变化。但当处在100℃以上温度时，则氧化很快生成多量的氧化产物。例如在11℃时，1g润滑油吸收5mg氧所需的时间为500h，在150℃时，只要5h，在250℃时，则只需25min。

润滑油的氧化安定性测定方法虽然与实际应用或各种模拟评定之间有时有出入，但是人们仍用来判断润滑油在使用中的氧化倾向。

6. 腐蚀和锈蚀试验

润滑油的腐蚀度是指润滑油中含有的腐蚀性物质和在试验条件下产生的氧化物对金属所引起的腐蚀程度。各种润滑油均不能腐蚀金属零件，这是润滑油必须具备的重要品质之一。

7. 残炭

润滑油的残炭，是油在不通入空气的条件下，加热使其蒸发、分解和焦化，排出燃烧的气体后，所残留的黑色残留物。用质量分数表示。

形成残炭的主要物质是油品中的沥青质、胶质和多环芳烃，故润滑油的残炭说明润滑油的精制深度，同时也说明润滑油在热氧化条件下的生焦程度。

8. 灰分

油品在规定条件下灼烧后所剩下的不燃物质，称为灰分，以百分数表示。

基础油的灰分一般均很低，含量只有万分之几或十万分之几，通常重质胶质和酸性组分含量高的油品灰分较多。因为灰分一般是有机酸的金属盐含量的一个标志。例如环烷酸的钙盐、镁盐、钠盐等所形成的灰分。在重油的灰分中，这些碱金属的灰分可占灰分总量的20%～30%。

9. 水溶性酸和碱

润滑油的水溶性酸和碱是一个定性的指标，它是指向油中加入呈中性反应的蒸馏水(同体积)，把油中溶于水的酸和碱分别用指示剂显示之，故有时又称作反应。

油品在加工和储存过程中，有时会残留或污染极微量的溶于水中的酸或碱，例如碳酸、酸性硫酸酯、苛性钠、碳酸钠等。此外，如变压器油在使用过程中也会产生水溶性酸。这些极微量的水溶性酸碱，要比油溶性酸更活泼，更富有腐蚀性。所以，水溶性酸和碱成为一个比较重要的定性指标。

10. 水分

经过充分精制过的润滑油是不含水的。如有极少量的水存在于油中，就会使油品呈浑浊状，这是一般粗糙的鉴定法。在运输和长期的储存过程中，在油品中会进入一些水分。水在润滑油中的溶解度很小，在正常温度下不超过0.01%，但温度升高时会多溶解一些，把这些为数极少的水分自油中除去是很困难的。

11. 泡沫性和空气释放性

润滑油在机器中使用，要经受激烈的搅动。如果密封不严而出现泵漏气或油箱中的油过分飞溅，都会使空气留存在油中，引起机械的噪声和振动。特别是在液压系统中，由于压力的变化而使油中空气的影响更加显著，严重时导致机器损坏。

12. 抗磨性试验

良好的抗磨性能是润滑的油性、黏性和摩擦系数等各种性能的综合表现。这就要求内燃机油具有良好的油性和抗磨性能。通常内燃机油中都加有抗磨剂和油性剂。

13. 清净性试验

内燃机油应具有良好的清净分散作用，使氧化产物在油中处于悬浮分散状态，不致堵塞油路、滤清器及聚结在发动机的高温部分继续氧化而生成漆膜、积炭，导致活塞环黏结、磨损加剧，直至发动机停止运转。为此，内燃机油中都加有金属清净剂和无灰分散剂，以提高其清净分散性能。

第三节　润滑脂、石蜡、沥青和石油焦

一、润滑脂

润滑脂是将稠化剂分散于液体润滑油中所组成的一种稳定的固体或半固体产品，这种产品可以加入旨在改善某种特性的添加剂和填料。尽管润滑脂数量远不及润滑油，可是其应用范围之广，品种之多，都不亚于润滑油。润滑脂和液体润滑油一样，主要用来减轻摩擦面之间的摩擦程度。但是，却比润滑油具有更好的防护及密封作用，这主要是由润滑脂具有的独特结构决定的。

各种机械设备名目繁多，它们的运转条件和工作环境错综复杂，对润滑脂的性能要求各不相同。在润滑脂的生产和科学研究中，还不能生产出一种或几种具备各种特性的万能润滑

脂，而只能生产各种不同使用性能的润滑脂，来适应各种机械设备操作条件的要求。因此，出现了润滑脂品种很多，专用性很强的特点。随着润滑脂制造技术的不断发展，也促使润滑脂品种迅速增加。就国内而言，润滑脂品种约在百种以上，而不同牌号累计则可达数百种。

对润滑脂进行分类，包括两方面内容：一是具体确定润滑脂稠度等级，即区分牌号；二是对润滑脂品种进行详细划分。一般采用以下几种分类方法，按稠化剂的类型分类、按润滑脂使用性能分类及按国家标准分类法分类。

1. 按稠化剂类型分类

根据润滑脂的稠化剂不同，可分为皂基和非皂基润滑脂，见表 4-15。

表 4-15 润滑脂按稠化剂类分类

润滑脂	稠化剂	实　例
皂基润滑脂	单皂基润滑脂(脂肪酸金属) 混合皂基脂(不同脂肪酸金属皂混合) 复合皂基脂(脂肪酸与其他有机酸或无机酸皂的复合物)	锂基脂、钙基脂等 锂钙基脂、钙钠基脂等 复合锂基脂、复合铝基脂、复合钙基脂等
非皂基润滑脂	烃基润滑脂(石蜡和地蜡) 有机稠化剂润滑脂(有机化合物) 无机稠化剂润滑脂(无机化合物)	工业凡士林、表面脂等 聚脲基脂、酞氰酮脂等 膨润土脂、硅胶脂等

2. 国内合成润滑脂分类方法

用一个四位数的阿拉伯数码表示一种产品，以“4”字开头的是油类，以“7”字开头的是脂类，第二位数字表示用途，后 2 位数字表示产品的序号。国内合成润滑脂的分类方法见表 4-16。

表 4-16 国内合成润滑脂的分类方法

代　号	产品名称	代　号	产品名称
70××	高低温脂	75××	真空脂
71××	仪表、阻尼、陀螺脂	76××	密封脂
72××	防护、防锈多用途脂	77××	抗辐射脂
73××	光学、电器脂	78××	抗化学脂
74××	极压、抗磨脂	79××	其他

3. 其他分类方法

按被润滑的机械元件不同分为轴承脂、齿轮脂、链条脂等；按用脂的工业部门不同分为汽车脂、铁道脂、钢铁用脂等；按使用的温度不同分为低温脂、普通脂和高温脂等；按应用范围不同分为多效脂、专用脂和通用脂；按基础油不同分为矿物油脂和合成油脂；按承载性能不同分为极压脂和普通脂。

二、石油蜡

1. 石油蜡的品种与用途

石油蜡分为石蜡和微晶蜡。

石蜡和微晶蜡都是从石油中分离出来的一种固体烃混合物，广泛应用于国防、电子、冶金、化工、日化、医药、纺织和食品等行业。

石蜡是以含油蜡为原料，经发汗或溶剂脱油，再经白土或加氢精制所得到的。其烃类分子的碳原子数为C_{17}~C_{35}，平均相对分子质量为300~450。按其精制程度和用途可分为半精炼石蜡(GB/T 254—1998)、全精炼石蜡(GB 446—93)、食品用石蜡(GB 7189—1994)、粗石蜡(GB/T 1202—1987)和皂用蜡(SH/T 0014—90)等。通常产品分为11个牌号，即50号、52号、54号、56号、58号、60号、62号、64号、66号、68号、70号，这些数字表示其熔点。

微晶蜡是石油的重馏分或减压渣油经溶剂脱沥青、溶剂精制、脱蜡、脱油，再经白土或加氢精制得到的。它的碳原子数为C_{30}~C_{60}，平均相对分子质量为500~800。微晶蜡的相对分子质量比石蜡的大，其组成也比石蜡复杂得多，所以无明显的熔点，一般用滴熔点来表示其耐热性能，产品也以滴熔点来确定牌号。共有11个牌号(SH/T0013-1999)。微晶蜡不像石蜡那样容易脆裂，具有较好的延性、韧性和黏附性。因此，微晶蜡主要用在防潮、防腐、黏结、上光、绝缘、铸模、橡胶、医药、化妆品、食品组分等。

石蜡与微晶蜡性质上的差别是由于它们的化学组成不同。石蜡大多数是正构烷烃和少量的异构烷烃，而微晶蜡不仅含有正构烷烃，还含有大量的异构烷烃和环烷烃以及芳香烃。

2. 石油蜡的主要性能

评定石蜡和微晶蜡物理性质的主要指标是熔点、滴熔点、含油量、颜色、针入度。评定石蜡和微晶蜡化学性质的指标是反应性能。一般要求反应中性或无水溶性酸碱，其次是无臭味和异味，不含水和机械杂质。

(1) 熔点

石蜡的熔点是指在规定的条件下冷却熔化了的石蜡试样，当冷却曲线上第一次出现停滞期的温度。

影响石蜡熔点的主要因素是所选用原料馏分的轻重，从较重馏分脱出的石蜡熔点比轻馏分脱出的石蜡熔点要高。此外，含油量对石蜡的熔点也有很大的影响，石蜡中含油越多，则其熔点越低。

(2) 滴熔点

微晶蜡的滴熔点是指在规定的条件下，试样变得足够流动而从进行测定时所用温度计球上滴落的温度。石蜡和微晶蜡的许多用途均与熔点、滴熔点有直接关系或影响。

(3) 含油量

含油量是指石蜡、微晶蜡中所含低熔点烃类的量。半精炼石蜡指标为不大于1.8%，全精炼石蜡指标为不大于0.5%(优级品)和0.8%(一级品)，食品用石蜡指标为不大于0.5%(食品石蜡)和1.2%(食品包装石蜡)，粗石蜡指标为不大于2.0%，皂用蜡指标为不大于2%(优级品)、6%(一级品)和8%(合格品)。微晶蜡的含油量指标为不大于5%(合格品)、3%(一级品)和1.0%(食品级)。含油量过高会影响蜡的颜色和储存安定性，但大部分蜡制品中需要含有少量的油，那样对改善制品的光泽和脱模性能是有利的。

(4) 颜色

颜色是石蜡、微晶蜡的使用性能指标之一。石蜡采用“石蜡产品赛波特颜色测定法”(GB/T 3555)，微晶蜡采用“石蜡产品颜色测定法”(GB/T 6540)，是蜡烛、蜡笔、药用蜡的重要指标。

(5) 针入度

针入度是石蜡、微晶蜡的使用性能指标之一，常用来测定它们的硬度。

三、沥青和石油焦

1. 沥青

(1) 沥青的用途

石油沥青具有良好的黏结性、绝缘性、不渗水性，并能抵抗许多化学药物的侵蚀，因而广泛用于铺路、建筑工程、水利工程、绝缘材料、防护涂料等工业原料以及保持水土、改良土壤等领域，其中以道路沥青的用量最大。沥青的用途很广泛，表 4-17 为石油沥青的用途。

表 4-17 石油沥青种类和用途

用途 \ 针入度级/$\left(\frac{1}{10}\text{mm}\right)$		直馏(调合)沥青										氧化沥青			
		0~10	10~20	20~40	40~60	60~80	80~100	100~120	120~150	150~200	200~300	5~10	10~20	20~30	30~40
铺路用	加热混合				✓	✓	✓	✓							
	沥青乳化液						✓	✓	✓	✓	✓				
	稀释沥青						✓	✓	✓	✓	✓				
屋顶铺设与防水材料									✓	✓	✓		✓	✓	
防潮纸													✓	✓	✓
沥青砖			✓	✓									✓	✓	
接缝材料				✓	✓	✓								✓	✓
沥青涂料		✓	✓	✓								✓	✓	✓	✓
防水用													✓	✓	
油墨		✓	✓									✓	✓		
导火索		✓	✓									✓	✓		
电绝缘黑纸带													✓	✓	
钢管表面涂覆													✓	✓	✓
焦炭黏结剂		✓	✓												
气化用							✓	✓	✓	✓	✓				

沥青是高度缩合的含氧、含硫、含氮、多环类的混合物，常温下为无定形固体，呈黑色，断面有光亮。沥青的性质应满足以下要求：具有一定的硬度、一定的韧性。生产中主要用软化点、延伸度作为控制质量的指标。

(2) 沥青的质量指标

① 针入度。针入度表示沥青的稠度，针入度越大表示沥青的稠度也越低。针入度的测定，是用沥青的样品置入规定温度的恒温水浴中，用特别的针加 100g 负荷，计量在一定时间内插入沥青的深度，用 1/10mm 为单位表示。“针入度比”表明沥青的热稳定性，即沥青样品经加热蒸发以后测定的针入度与原始样品针入度的比值，用百分率表示。百分率越大，沥青的热稳定性越好。

② 延伸度。延伸度表示沥青的塑性。延伸度的测定是把沥青样品在一特别形状的小盒中制成膜，放在规定温度的恒温水浴中，用一定的拉力和速度拉至断裂时所伸长的距离，以 cm 来表示。

要生产高延伸度的沥青，必须使其各组成(沥青质、胶质、芳香族和饱和族)之间很好的搭配。

③ 软化点。软化点表示沥青的耐热性能。软化点越高，则耐热性能越好。沥青中几乎集中了原油中大部分的含硫、氧、氮化合物以及绝大部分重金属。沥青由四部分组成，即沥青质、饱和烃、芳烃、胶质。

2. 石油焦

石油焦来自石油炼制过程中渣油的焦炭化。石油焦是一种无定型炭，灰分很低，可用于制造碳化硅和碳化钙的原料、金属铸造以及高炉冶炼等；经进一步高温锻烧，降低其挥发分和增加强度，是制作冶金电极的良好材料。

延迟焦化生产的普通石油焦，也称生焦，分为三个等级：1 号石油焦用于炼钢工业的普通功率石墨电极；2 号石油焦用于炼铝和制作一般电极、绝缘材料、碳化硅或作为冶金燃料；3 号石油焦仅适用于作冶炼工业燃料。

针状焦也称熟焦，针状焦主要做炼钢用高功率和超高功率的石墨电极。生产针状焦要选择适宜的渣油作为原料，并对延迟焦化的工艺条件进行调整、优化。

四、液化石油气

目前，我国液化石油气标准(执行 GB 11174—89)的质量要求见表 4-18。

表 4-18 液化石油气的质量(执行 GB 11174—89)

项 目		质量指标	试验方法
密度(15℃)/(kg/m^3)		报告	ZBE 46001
蒸气压(37.8℃)/MPa	≤	1.380	GB 6602
C_5 及 C_5 以上组分含量(体积分数)/%	≤	3.0	SY 2081
残留物			SY 7509
蒸发残留物/(mL/100mL)		报告	
油渍观察值/mL		报告	
铜片腐蚀/级	≤	1	SY 2083
总硫含量/(mg/m^3)	≤	343	ZBE 46002
游离水		无	目测

第四节 油品分析

一、油品分析的概念

石油及其产品是各种烃类、非烃类化合物的复杂混合物，其组成不容易直接测定，也没有必要细分，而且多数物化性质不具有可加合性，因此对油品的物化性质常常是采用条件性的试验方法来测定。也就是说，试验所用的仪器、试剂、试验条件、试验步骤、计算公式及精确度都作了统一标准的技术规定。这就是油品的试验方法，通常称油品分析。

二、油品分析的任务和作用

油品分析的主要任务是对石油及其产品的物化特性、使用性能、化学组成以及化学结构进行分析。其测出的物化性质是组成石油产品的各种烃类、非烃类化合物性质的综合表现。它不仅是控制石油加工过程和评定产品质量的重要指标，而且是石油加工工艺装置设计的重要依据。对石油产品的研究、生产、应用和储运都具有重要的指导意义。分析数据是油品调合的重要依据。油品分析数据经常性的项目主要来自于炼油厂中心化验室；一些特殊项目如原油评价和台架试验等来自于石油炼制研究中心。油品储运工作人员对所涉及的油品分析数据一定要有定性、定量的了解。

三、油品主要质量指标的分析方法简介

油品的一系列质量指标除绝大多数是由炼油厂化验分析中心(化验室)或石油炼制研发中心提供外，也有一部分指标由油品调合工段根据需要测出，例如密度、黏度、凝点等。现将油品主要质量指标的分析方法简介如下。

1. 馏程的分析方法

100mL试样在适合其性质的规定条件下进行蒸馏，系统地观察温度计读数和冷凝的体积，根据这些数据，再进行计算和报告结果。

2. 闪点的分析方法

试样在连续搅拌下用很慢的恒定的速率加热，在规定的温度间隔，同时中断搅拌的情况下，将一小火焰引入杯内，以火焰引起试样上的蒸气闪火时的最低温度作为闪点。

3. 冰点的分析方法

在测定条件下，试样出现结晶后，再使其升温，后来形成的烃类结晶消失的最低温度即为冰点。

4. 残炭的分析方法(微量法)

将已称重的试样放入样品管中，在惰性气体(氮气)气氛中，按规定的温度程序升温，将其加热到500℃，在反应过程中生成的易挥发性物质由氮气带走，留下的炭质型残渣以占原样品的百分数报告微量残炭值。

5. 运动黏度的分析方法

在某一恒定的温度下，测定一定体积的液体在重力下流过一个标定好的玻璃毛细管黏度计的时间，黏度计的毛细管常数与流动时间的乘积，即为该温度下测定液体的运动黏度。

该温度下的运动黏度和该温度下液体的密度之积为该温度下液体的动力黏度。

6. 结晶点的分析方法

试样在规定的试验条件下冷却，并定期地进行检查，当用肉眼看出试样中有结晶出现时的最高温度作为结晶点。

7. 凝点的分析方法

将试样装在规定的试管中，并冷却到预期的温度时，将试管倾斜45°经过1min，观察液面是否移动，以不移动时的最高温度作为凝点。

8. 针入度的分析方法

以标准针在一定的荷重、时间及温度条件下垂直穿入试样的深度来表示，单位为1/10mm。标准针、针连杆与附加砝码的合重为(100±0.1)g，温度为25℃，时间为5s。

9. 酸度的分析方法

先用沸腾的乙醇抽出试样中的有机酸，然后用氢氧化钾乙醇溶液进行滴定，中和100mL石油产品所需氢氧化钾的毫克数则称为酸度。

10. 水溶性酸及碱的分析方法

用蒸馏水或乙醇水溶液抽提试样中的水溶性酸或碱，然后用甲基橙或酚酞指示剂检查抽出液颜色的变化情况，或用酸度计测定抽提物的 pH 值以判断有无水溶性酸或碱的存在。

11. 硫含量的分析方法(电量法)

试样在裂解管汽化段汽化并与载气(氮气)混合进入燃烧段，在此与氧气混合，试样裂解氧化，硫转化为二氧化硫随载气一并进入滴定池，与电解液中的三碘离子发生如下反应：

$$I_3^- + SO_2 + H_2O \longrightarrow SO_3 + 3I^- + 2H^+$$

滴定池中三碘离子浓度降低，指示-参比电极指示出这一变化并和给定的偏压相比较，然后将此信号输入微库伦仪放大器，经放大后输出电压加到电解电极，电解阳极处发生如下反应：

$$3I^- \longrightarrow I_3^- + 2e^-$$

被消耗的三碘离子得到补充，消耗的电量就是电解电流对时间的积分，根据法拉第电解定律即可求出试样的硫含量。

12. 密度的分析方法

将试样转移到和试样温度大致一样的密度计量筒中，再把合适的石油密度计垂直地放入试样中并让其稳定，等其温度达到平衡状态后，读取石油密度计刻度的读数并记下试样的温度，然后将在实验室温度下测得的密度按照 GB/T 1885 换算为 20℃时的密度。

13. 腐蚀的分析方法(铜片腐蚀)

把一块已磨光好的铜片浸在一定量的试样中，并按产品标准要求加热到指定的温度，保持一定的时间，待时间周期结束时，取出铜片，经洗涤后与腐蚀标准色板进行比较，确定腐蚀级别。

第五节　石油产品的质量控制程序

炼油企业要树立产品质量意识，熟悉产品质量标准、性能和使用要求，特别是要熟悉油品储运与产品质量的关系，做好产品质量维护的各项工作。

一、产品质量的控制体系

炼油企业普遍推行了全面质量管理，建立健全了质量管理保证体系。实行质量目标管理和质量考核经济责任制，开展质量教育和产品升级创优活动，积极推行标准化和采用国际标准。

(1) 原料进厂和保证原料、化工材料质量，做好生产过程质量管理、化验质量检验管理和产品出厂质量管理工作。

(2) 有一套完整、严格的质量管理制度和质量监督检查体系予以保证。例如进厂原油要定期作常规分析，根据原油评价确定加工方案，不同品种原油分别储存。

(3) 各种石油产品的生产都必须严格按照生产计划和生产工艺卡片进行，操作条件不得随意更改。

(4) 半成品油和成品油都要定时按质量标准分析，半成品油按工艺卡片调合成各种成品油。

(5) 进入储运罐区的成品油必须都是合格的并分别储存。盛装油品的所有油罐、管线、容器都必须清洗合格，符合质量要求。一切产品都是按运销计划灌装、发运出厂。

二、油品储存的质量控制法

1. 减少油品蒸发损失，防止油品氧化变质

石油产品都有易于蒸发的特性，尤其是轻质油品。油品蒸发后，不仅会造成数量损失，而且还会使产品质量下降，污染环境及安全。

由于70%~80%的汽油、柴油由重油催化裂化生产得到，内含不饱和烯烃等不稳定组分，在储存过程中容易氧化变质。操作失误等原因也会造成油品污染，品质变坏，损坏设备，甚至给生产、运输和安全带来影响。

油品蒸发的主要影响是：影响油品的汽化性能，降低油品的黏度，另外油品与空气中氧接触，氧化生成胶质，也会影响油品安定性和抗爆性，并使润滑油酸值增大，引起设备腐蚀。防止油品蒸发损失，延缓油品氧化应采取的措施，见第九章。

2. 防止油品混入水分和机械杂质

任何石油产品都不得混入水分和机械杂质，特别是变压器油等绝缘性用油。任何重质油品(润滑油、燃料油等)混入轻质油品都可能使闪点降低而不达标。

在石油燃料和润滑油(脂)中，对水和机械杂质的含量都有严格的质量要求。水的含量一般为痕迹，机械杂质含量无或不大于0.01%。但在储运过程中，油品混入水杂是最常见的质量问题。

油品混入水杂，对汽油来说会堵塞油路，使供油中断，乳化失去润滑作用；电气用油混入水杂会使绝缘性能变坏，并增加机械磨损；润滑油遇水会增加设备停电的危险性。为防止油品混入水杂，应采取的措施有：

(1) 要保持装储油容器清洁。即装油前容器要先清洗，检查后符合所装油品质量要求才能灌装；容器要专油专用不能相互混用；容器内壁喷涂防锈漆等。

(2) 油品储存时间越长，氧化产生沉淀物越多，对油品质量影响越大。因此，油罐应定期清洗。清洗和干燥后的油罐与容器应达到无水分、无杂质、无油垢、无纤维、白布擦拭不带污物。

(3) 装卸油品时，遇雨雪风沙天气应停止装油操作。

(4) 加强桶(听)油品保管。入库油品分类堆放；露天放置加盖棚布；放置时应采取卧放或斜放；配齐桶口胶圈，拧紧桶盖；倒油前，清洗桶口、桶面油垢灰尘；严格控制库存油品环境温度等。

(5) 定期对库存油品化验分析，油品发放执行先进后出的原则；库存油品执行定期分析，有利掌握油品质量变化情况，发现质量问题应及时处理，以便保证发出油品质量合格。一般规定，桶装油品每六个月复查一次，罐存油品根据周转情况，每半年至一年复检一次，易变质油品可缩短复检周期。

3. 防止串油、混油发生

不同性质油品不能相混，否则会使油品质量下降，甚至变质失去使用价值。如汽、柴油相混，汽油机会难于启动，燃烧不好冒黑烟；柴油机使用会增加爆震，损坏设备。灯油混入汽油，点燃时会增加着火危险性，混入柴油会冒黑烟，灯芯结焦，亮度减弱。润滑油混入轻质油会降低闪点和黏度，使润滑性能变坏，增加机件磨损。

在油品储运中，防止串油、混油可采取的措施有：

① 不同性质的油品应实行专油、专线、专容器，不能混用。

② 一条管线、设备、容器必须输送或储存不同质量油品时，应采取置换、顶线、吹扫等方式，经质量检验合格，方可引油。

③ 两种不同介质的油品其管道连通点应用盲板或切断阀隔开，并定期检查有无渗漏。

④ 罐区作业时，流程上阀门要防止开错和漏关。重点部位应“对号挂牌，双人操作”，操作后要复查。

4. 保证产品质量的各项规章制度

做好产品质量维护，各级石油公司和石油站也都有一套完整的质量管理制度，并积累许多宝贵管理经验，如：成品油进石油站执行“四不入库”规定，即：无发货方产品合格证不入库；不合质量标准的产品不入库；货单品种规格与到货实际不符的不入库；罐车铅封受到破坏，质量情况不明的不入库。

油品出库执行“四不发货”规定，即：油品变质不发货；没有合格证不发货；调配或再生油品没有品质证明不发货；装完油容器未铅封不发货。

大量实践证明，不论是生产企业还是油品经销部门，凡发生油品质量事故，大多是违反制度、不遵守操作规程所致。因此，搞好油品质量维护，认真执行制度是关键。通过加强职业道德教育，提高职工责任心和整体技术素质，逐渐变制度管理为自主管理，产品质量维护也就有了可靠保证。

三、油品储运其他环节质量控制法

1. 油品化验分析环节质量控制

① 坚持及时采样、及时分析、及时报告结果。

② 实行逐级检查：化验分析结果出来要经自检、互检和班长三级检查，确认无误才能报出合格单。

③ 确保采样准确、仪器和试剂准确、化验分析准确、计算与记录准确、报出结果准确。

2. 油品切换、交接、移动环节质量控制

在油品切换、交接、移动过程中，为保证油品的质量采取如下措施：

① 油罐切换时要与装置进行联系，把切换时间、罐号、管线号与对方交代清楚，并把对方的姓名记录在案。油罐切换时要“先开后关”，防止蹩压事故发生。

② 收油罐的液位达到安全高度的85%时要通知岗位操作工手工检尺及校表，防止冒罐事故的发生，油罐收满后通知岗位操作工脱水。

③ 油品移动时，要观察输出罐、输入罐的油量是否正常，防止串油事故发生。

④ 机泵开启15min后，要对该罐区和与本流程有关联的其他储罐进行液位监控，防止串油事故发生。

⑤ 油品移动结束后，通知岗位操作工在20min内关闭阀门。冬季倒油后，认真执行冬季操作法，防止冻凝事故发生。

⑥ 装车出厂时，首先核对罐号、品名、出口管线号与车数，然后检查入口管线质量是否合格，管线不合格时向调度请示处理线的去向，顶线量按入口管线存油量的1.5倍计算。

当手尺与表尺超过误差范围时，及时联系仪表工校表，并做好记录。

⑦ 罐内停止进油，未经分析或分析项目不全的油品不许移动。

⑧ 产品质量不合格的油品不许移动。

⑨ 容器、管线不符合使用要求不准进油，油罐未切水杂的油品不许移动；

⑩ 特殊情况未经主管领导批准的油品不许移动。

3. 油品脱水环节的质量控制

（1）收油前脱水。避免罐底留有水杂在收油时因搅动而乳化，影响计量准确；

（2）收油后沉降脱水。装置流出口常有水分随油带出，罐装到安全高度后需沉静1~4h，脱除水分，以利下道工序加工；

（3）移动前脱水。保证罐内残存底水不带入下道加工工序，并保证产品出厂质量。

4. 铁路罐车刷洗环节的质量控制

铁路油罐车的刷洗环节，应认真执行“三不出站”规定，即：

（1）车刷完未经检查不出站；

（2）车刷洗不合格不出站；

（3）特洗车要开合格证，车口没有加盖铅封不出站。

5. 石油产品装车环节的质量控制

保证发送油品质量合格、货单对准、管线、油罐(车船油罐)符合要求。

散装油品在收发、输传、罐装等作业时，应根据油品的不同性质，将各管线、油泵分组专用，并加强检查，对关键阀加锁，在可能泄漏的支管上加盲板隔断，以杜绝混油事故的发生。对特种油品(如航空用油)和高档润滑油专管、专泵、专罐。

“五不装”：特种油没有特洗合格证不装；罐车刷洗质量和装油品种质量不符不装；罐车实际车号和计划单不符不装；特洗车车口未加铅封不装；罐车容器附件不全，不能保证严密不装。

6. 油品出厂环节的质量控制

石油产品严格执行“五不许出厂”规定，即：

① 产品未经分析或分析项目不全不许出厂；

② 品种、规格不符合质量标准要求不许出厂；

③ 产品没有质量合格证以及军用油合格证上没有厂领导签字不许出厂；

④ 包装容器不符合规定标准不许出厂；

⑤ 产品未按规定留样不许出厂。

7. 油罐清洗环节的质量控制

油罐执行定期清洗、周期清洗规定：轻油罐 3 年；蜡油、重柴油罐 2 年，润滑油罐 3 年，液化气和苯类产品罐 5 年，原油罐 1 年。

四、油品使用中的质量维护

质量好的油品还必须使用得当，才能发挥应有作用。因此，作为生产企业的窗口有责任将相关信息传达给用户，合理选购。妥善管理，正确使用，厉行节约则是用户自己应负的责任。

各种不同的油品都有不同的特点和使用要求，用户在油品使用中主要应注意以下几点：

① 选择油品应和设备性能对应，使用油品应按油品性能或说明进行，不准随意代用。

② 盛装油品的自备容器必须清洁，专油专用，不得混装、混用，以免油品污染变质。

③ 设备应使用合格油品，用前需经沉淀、过滤。过滤器应定期清洗。

④ 设备应选用合理的换油周期。换油前残油要放净，并清洗油箱、容器和润滑部位，防止好油被污染。

⑤ 油品不可久存不用。保管中避免日晒、雨淋，做好密闭防止水杂混入。

⑥ 单位用油应有专人管理，定额供油，厉行节约，旧油回收，更新再用，保证供油质量。

第五章 油品计量技术及自动化

第一节 概 述

一、油品计量的概念

通过规定的标准、条件、步骤、计算公式、量具、器具及精度，对被测物系的特定量，例如：油品的温度、压力、密度、黏度、流量(体积流量、质量流量)及油罐的液面高度等进行测量为目的全部操作过程，称为油品的计量。

油品计量贯穿在石油加工生产、储存、调合、装卸、运输全过程，为生产与经营提供齐全、准确的数据。

二、质量与重量的概念及重量修正

1. 质量与重量的概念

质量和重量是油品计量经常使用的两个不同的基础物理概念，两者之间的关系可由牛顿运动定律 $F=ma$ 得出：当质量用国际单位制，重量(重力)用工程单位制时，质量和重量在数值上相等，并且单位都可以用 kg 或 t 来表示。但这时物质的质量和重量只是理论上在数值上相等。因为牛顿经典力学是真空条件下的质点力学(即物体的大小相对观察者可以忽略)。但通过杠杆原理(例如，天平或不等臂杠秤)、弹性机构或者压力传感器等测量器具(如法码)对油品称量时，由于油品的体积比法码大得多，这时油品所受的空气的浮力不能忽略，需进行修正。换言之，经修正后所测量的油品的重量就是通过重力(F)来确定油品的质量(m)。质量不受海拔高度的影响，而重量则不同。

2. 油品在空气中的重量修正

GB/T 1885—1998《石油计重方法》：

$$m=V_t K(\rho_{20}-0.0011)$$

式中 m——石油及液体油品在空气中的重量，t；

V_t——t 温度下石油产品的表载体积，m^3；

K——油品体积修正系数；

ρ_{20}——油品在 20℃时的密度(标准密度)g/cm^3；

0.0011——油品密度的空气浮力修正值。

为了简化计算程序，提高计算效率，加快车辆周转，依据 GB/T 1885—1998《石油计重方法》将上式中的 $K(\rho_{20}-0.0011)$ 的乘积编制成“单位体积重量表”。

三、油品计量的范围及技术要求

油品需要计量的范围及技术要求如下：

1. 油品计量的范围及重点

① 炼油厂油品计量工作包括原油进厂计量、装置与罐区中间计量、罐区内部输转计量

和所有产品出厂计量4个方面。而原油的进厂和成品油的出厂计量是油品计量工作重点。

② 油罐在收付油期间，应每隔2h或4h检尺一次(视油罐大小、收付油快慢而定)，静止储存罐每8h计量一次，月终盘点于月末最后一天6点或8点对所有的油罐逐罐检尺一次，做全面生产与库存统计。

③ 油罐的收付油计量，应以收付作业停止、液面经稳定一定时间后，再进行检尺、测温和测密度(油品的标准密度可由化验室提供)。计算收付油量时，应把管线存油量一并考虑进去。

④ 油罐在收油、发油、输转、调合、装车(船)、脱水等作业前后都应进行油罐计量。油罐车与油船在接卸前、灌装后也要进行油品计量。

2. 油品计量的技术要求

油品计量的正确与否，决定于油品的计量技术、所使用的工具、人员素质以及整个计量管理的水平，以下为具体要求。

① 计量操作规程和油品计量工作各项标准等。

② 配齐油品计量所必须的一切仪器设备，计量器具的精度、质量符合要求，必须是合格产品，且需定期检定合格。计量器具配备率、周期检测率与检测合格率都应达到规定标准。

③ 随着油品计量技术的发展，要尽量采用油品计量新技术、新设备、新工艺，使油品计量走向自动计量、定量控制、自动巡检、自动打印记录报表等。运用计算机网络实现计量科学管理，以保证计量准确。

④ 把提高油品计量管理水平和降低油品损耗工作结合起来。认真执行油品损耗定额管理，努力消除人为计量差错。

⑤ 油品移动(包括装置和罐区、罐区之间、罐区对装油台或油品外供等)在完成收付作业后，双方应立即对量，在扣除输转、调合、泵装、泵卸等损耗定额后，如发生较大差量时，双方应分别查找原因进行误差分析。当班不能结账要移交下一班。对量结果，填入记录或台账，以备核查。

⑥ 厂内各装置与油品车间之间油品交接，一般都以罐区油品计量为准。出厂油品则以罐区成品罐或运销出厂计量器具为准。为了收、付油和出厂计量准确，不能有活罐作业。

⑦ 计算油罐、油罐车或油船油量时，必须扣除罐内底水或油中含水，以纯油量作为交接计量和结算依据。

⑧ 检尺计量时，检尺读数与记录均应到毫米，重量计算到千克，不准随意四舍五入，人为造成重大差量。

⑨ 检尺计量记录、报表、台账应及时填写，并认真执行"三复查"：即岗位自己检查，本班为上一班复查，工段或车间统计员最后复查。发现差错应及时查清原因并予纠正，确保数据准确，统计无误。

⑩ 一切盛油容器，包括油罐、油罐车或油船都必须编有符合计量要求的容积表，遇容器检修、改动而容积发生变化时，需重新标定另编容积表。正常情况每2~3年标定一次。

四、油品计量方法及其选择

1. 油品计量方法

石油及其产品计量方法，按油品所处状态来分，有静态计量和动态计量两种。人工检尺和衡器计量属于静态计量，而流量计量则属于动态计量；按检测方法和计量单位又可分为体积法(又称容量法)、重量(质量)法(又称衡量法)和体积-质量法3种。

(1) 体积法

它是以流量计或容器为计量手段，在国际商品油贸易中广泛应用，其标准是ASTM或API。此法计量参数是温度和体积，适用于大宗油品交接并以容积(L)、加仑(gal)和桶(bbl)为计量结算单位。

(2) 重量(质量)法

它是以衡器为计量手段，在我国应用较为广泛，适用于小批量交接并以重量(质量)为计量结算单位。

(3) 体积-重量(质量)法

根据油品体积和密度乘积来计算油品质量的方法，即人工检尺方法。此法在我国、前苏联和东欧被广泛采用。计量主要参数是液位、温度和密度，此法适用于大宗油品交接并以kg或t为计量结算单位。

在炼油厂，不论采取哪种计量方式，最后生产统计、销售结算其数量还是以重量(质量)确定，计量单位以kg或t为准。

2. 油品计量方法的选择

(1)采用人工检尺计量方法：油罐交接计量、铁路油罐车、油船、油驳的装卸油计量。

(2) 采用流量计计量：原油、液体产品、气体产品的管道输送，汽车罐车装油、生产装置之间原料互供等。

(3)采用衡器计量。

① 瓶装液化气、桶装石油产品或袋装、盒装固体产品等采用衡器逐桶、逐瓶、逐袋计量。

② 固体产品(如沥青、油焦、石蜡、硫磺等)的汽车或火车运输均来用地衡或电子轨道衡逐车计量。

③ 石油气体(如丙烯、液化石油气等)或石油液体(如汽油、煤油、柴油、润滑油、液体沥青或丙烯腈等)产品用汽车罐车或铁路罐车运输时，均采用汽车衡或电子轨道衡逐车计量。

(4)采用自动仪表计量。金属油罐、石油气体球罐的液面、温度、压力自动遥测；油罐汽车、铁路罐车的自动定量装车；液体或气体管道输送的自动计量等。

除去衡器和质量流量仪表能直接测得油品质量外，其他如检尺计量、容积流量仪表、液面检测仪表则都需测出液位高度、油品的体积，然后通过油温和油品标准密度，运用查表和公式计算才能得到油品质量。

五、计量误差的几个概念

对任何物质测量都会受到检测设备、测量环境、检测方法、人员的技术水平、被测量物质的不断变化等诸多因素影响，因而要想测出真实值是困难的。也就是说，测量结果都有误差，误差自始至终存在于一切科学实验和生产测量之中。我们虽然不能完全从根本上消除误差，但通过对误差的认识、研究和分析，采取切实措施，还是可以防止，减少甚至消除某些误差，以提高计量的准确性。

1. 绝对误差的概念

某物质的测量结果与该物质的真实值之间的差异称绝对误差或误差。即：

$$\Delta Q = Q - Q' \quad (5-1)$$

式中 ΔQ——绝对误差(误差)；

Q——测量值；

Q'——真实值。

在进行误差分析和计算时，常引入一个修正值，所谓修正值就是真值减去测量值，即：修正值=真值-测量值。也可以说，真实值就是将测量值加上修正值后所得的数值。即：真实值=测量值+修正值。

从使用角度出发人们规定，当测量值读数小于真实值时，即 $\Delta Q>0$，称为正差，则说明“称大”；当测量读数大于真实值时，即 $\Delta Q<0$，称为负差，则说明“称小”。因此，绝对误差有正、负，且带有单位名称。

2. 相对误差的概念

绝对误差与被测量的真实值之比叫相对误差，即：$\varepsilon = \dfrac{\Delta Q}{Q}$

$$相对误差=\frac{绝对误差}{真实值} \approx \frac{绝对误差}{测量值}\times 100\% \quad (5-2)$$

相对误差有正负，但没有单位，通常用百分数表示。可评定相同的被测量精度，也可评定不同的被测量的精度。

通常，用相对误差或精度来表征衡器的准确度。在称量值最大范围内，衡器的相对误差叫衡器的精度，一般来说，新制成或大修后的衡器，其精度要求为1/2000，使用中的衡器其精度要求为1/1000。

3. 允许误差的概念

计量器具误差不应超出规范或标准允许的误差界限就叫允许误差。简称允差。

由于计量器具使用频繁，常常发生变形、摩损等，因此使用一段时间后，示值会发生变化，甚至可能超出允差范围，失去原有精度，为保证量值的统一和测量准确，计量器具必须实行强制性周期检定。

六、误差的来源

要做到减少或消除误差，就必须了解误差的成因，只有将误差来源判断准确无误，真正掌握误差的来源，才能采取相应的方法减少或消除误差，从而达到提高测量准确度的目的。

产生误差的原因是多方面的，了解这些方面对我们进行误差计算、选择测量方法和评定测量准确度都具有重要意义。从计量科学与检定中的实际情况归纳出误差主要有以下四个方面的来源。

1. 来源于装置的误差

计量装置是指为确定被测量值所必需的计量器具和辅助设备的总称。其中包括标准器具、仪器、仪表及其附件等。由于计量装置本身不完善和不稳定所引起的计量误差称为装置误差。

2. 来源于环境的误差

由于各种环境因素与测量所要求的标准状态不一致及其随时间和空间位置的变化引起的测量装置和被测量本身的变化而造成的误差，称为环境误差。这些因素包括温度、湿度、大气压、震动、照明、重力场(海拔高度不同，重力加速度不同)、电磁场和野外工作时的风效应、阳光照射、透明度、空气含尘量等。

3. 来源于人员的误差

这种主要表现为测量人员由于受分辨能力、反应速度、固有习惯和操作熟练程度的限制以及疲劳或一时疏忽的生理、心理上的原因所造成的误差，称为人员误差，简称“人差”。如视差、观察的角度误差、估读误差等。

4. 来源于方法的误差

采用近似的或不合理的测量方法和计算方法而引起的误差叫做方法误差。如计算中 $\pi=3.1416$(或 $\pi=3.1415926$)以近似代替圆周率所造成的计算结果的误差，经验表明在计算过程中遇到 π 时，往往放在计算的最后处理。

我们必须注意到以上各种误差来源，有时是联合起作用的。在误差分析中，几个误差联合作用时，可作为一个独立误差因素考虑，这样就可能使它与其他各个因素独立或无关，以使误差合成时得到简化。

七、误差的特征及基本消除方法

误差可从不同的角度进行分类，在误差理论中按照误差表现的特性可分为系统误差、随机误差和粗大误差。研究误差最终是为了达到减少或消除误差的目的，以提高测量准确度。

1. 系统误差的特征及其消除方法

在同一被测量的多次测量过程中，保持恒定或以可预知方式变化的测量误差的分量，称为系统误差。

(1)按变化规律的不同系统误差可分为：

① 恒定系统误差。又称定值系统误差，包括恒正系统误差和恒负系统误差。

② 可变系统误差。又称变值系统误差，包括线性系统误差、周期性系统误差和复杂规律系统误差等。

(2) 系统误差的基本消除方法

消除系统误差有以下几个基本方法：以修正值的方法加入测量结果中消除之，在实验过程中消除一切产生系统误差的因素；在测量过程中，选择适当的测量方法，使系统误差抵消而不致带入测量结果中。在测量过程中不使系统误差带入测量结果中的一些常用方法如下：

① 恒定系统误差的基本消除方法

a. 检定修正法。将计量器具送检，求出其示值的修正值以在测量结果中加入修正值消除之。

b. 异号法(反向对称法)。改变测量中的某些条件，如测量方向等，使两种条件下测量结果的误差符号相反，取其平均值以消除误差。

c. 交换法。本质上也是异号，但形式上是将测量中的某些条件，如被测物的位置等相互交换，使产生系统误差的原因对测量结果起相反的作用，然后取交换前后测量结果的平均值，从而抵消系统误差。

d. 替代法。保持测量条件不变，用某一已知量替换被测量，再作测量，以达到消除系统误差的目的。

② 可变系统误差的消除

对呈线性变化的系统误差可采用“对称测量消除法”，即将测量程序按某时刻对称地再作一次，它可以有效地消除随时间变化的线性系统误差；而对周期性变化的系统误差，根据周期变化的特点可采用“半周期偶数测量法”消除之；至于其他有规律性变化的系统误差往往可以求出其变化函数关系，再进行修正，即采用某些特殊的消除法。

2. 随机误差的特征及基本消除方法

指在同一被测量的多次测量过程中，以不可预知方式变化的测量误差的分量。即在实际测量条件下，对同一被测量的多次测量过程中，其误差的绝对值和符号的变化时大时小，时正时负，有时也称这类误差为“偶然误差”。

随机误差按其正态分布曲线定性地描述为以下四个特征：有界性；单峰性；对称性；抵偿性。

根据随机误差的对称性和抵偿性可知，当无限次的增加测量次数时，就会发现测量误差的算术平均值的极限为零。这就告诉我们只要测量次数无限多，其测量结果的算术平均值就不存在随机误差。因此，在实际工作中，虽不可能无限次增加测量次数，但我们应尽可能地多测几次，并取得多次测量结果的算术平均值作为最终测得值，以达到减少或消除随机误差的目的。

3. 粗大误差的特征及消除方法

粗大误差是指明显超出规定条件下预期的误差，粗大误差又称过失误差或疏忽误差。这种误差主要是人为造成的，如测量者的粗心或疲劳，即在测量时读错、记错了标记而导致测错，如将 6 错读成 5 而读错，将 7 记成 2 而记错等。此外在测量过程中受环境条件的变化或在实验中实验状况未达到预想的指标以及使用有严重缺陷的仪器等都有可能造成这种误差。

含有粗大误差的测得值会歪曲客观现象，严重影响测量结果的准确性。因此我们往往把这类含有粗大误差的测得值叫坏值或异常值，必须设法从测量数据中找出来并加以剔除，以保证测量结果的正确性。

当然剔除的关键在于正确的识别。有一种用于识别“异常值”的常用方法——“莱依达准则”，这是一种采用统计学的方法。用莱依达准则识别测量量值中是否有“异常值”的过程可能是多次的，也比较复杂，读者若深入了解这部分内容，请参阅统计学方面的书籍，在这里不作详细介绍。

八、油品计量的精度

在计量器具测量范围内，反映测量数值与真实值接近程度的量值叫精度。精度高的，误差小；精度低的，误差大。精度又可分为：

① 精密度：反映随机误差大小的程度。

② 正确度：反映系统误差大小的程度。

③ 准确度(精确度)：反映综合误差大小的程度。

对于测量来说，精密度高的正确度不一定高，正确度高的精密度不一定高，但准确度高的则精密度与正确度都高。

在测量过程中，凡系统误差和偶然误差都小的，其综合误差也小，其检测准确度就高，这是我们计量检测的希望结果。

在仪表行业，常用仪表刻度中引用误差最大的百分数分子作为仪表的精度。如 0.1 级(1%)、0.2 级(2 %)、0.5 级(5%)。我国仪表的精度等级规定为 0.1 级、0.2 级、0.5 级、

1.0级、1.5级、2.0级、2.5级、4.0级八个等级。仪表的精度等级是仪表的综合技术指标，反映了它的复现性、稳定性和使用寿命。

九、计量器具的检定与计量检测试剂

1. 油品计量器具的强制检定范围

在石油贸易交接计量中已列入《中华人民共和国强制检定的工作计量器具目录》的计量器具有：

① 尺、套管尺、钢卷尺、带砣钢卷尺；

② 玻璃液体温度计；

③ 秤：台秤、地衡等；

④ 轨道衡；

⑤ 计量罐：包括立式计量罐、卧式计量罐、球形计量罐；汽车计量罐车、铁路计量罐车、船舶计量舱；

⑥ 燃油加油机；

⑦ 密度计；

⑧ 流量计：液体流量计、气体流量计等。

凡强检计量器具都必须严格按照相应检定规程进行周期检定，部分石油计量器具国家检定规程规定的周期见表5-1。

表5-1　部分石油计量器具强制检定周期表

器具名称	检定周期	规程编号
量油尺	半年	JJG 398—85
工业用玻璃液体温度计	1年	JJG 130—84
密度计	2年	JJG 42—87
立式金属罐	4年	JJG 168—87
卧式金属罐	4年	JJG 266—96
球形金属罐	5年	JJG 642—90
铁路罐车	初检1年，复检2年	JJG 140—87
汽车油罐车	初检1年，复检2年	JJG 133—87
船舶液货计量舱	10年	JJG 702—90
质量流量计	2年(贸易结算的为1年)	JJG 897—95
腰轮流量计	1年(贸易结算及优于0.5级的为半年)	JJG 667—97
椭圆齿轮流量计	1年(贸易结算及优于0.5级的为半年)	JJG 667—97
刮板式流量计	1年(贸易结算及优于0.5级的为半年)	JJG 667—97
速度式(涡轮、涡街)流量计	半年(0.5级及以上)；2年(低于0.5级)	JJG 198—94
计量加油机	半年	JJG 443—86
静态机械轨道衡	半年	JJG 142—87
动态称量轨道衡	1年	JJG 234—90
固定式杠杆秤	1年	JJG 15—85
移动式杠杆秤	1年	JJG 14—85
套管尺	1年	JJG 473—86
钢卷尺	根据实际情况确定	JJG 4—80

2. 强制检定的程序

为了保证流量计在使用中的准确性、可靠性，对流量计必须执行周期检定。检定方式可分为检定站检定和在线检定。

由县级以上政府计量行政部门指定的法定计量检定机构或者授权的计量技术机构，实行定点、定期的检定。强制检定的强制性表现在以下三个方面：

（1）检定由政府计量行政部门强制执行。

（2）检定关系固定，定点定期送检。

（3）检定必须按检定规程实施。

实施强制检定的计量器具范围包括两部分，一是计量标准，即社会公用计量标准、部门和企事业单位使用的最高计量标准；二是工作计量，即直接用于贸易结算、安全防护、医疗卫生、环境监测方面。

用计量标准器校准计量检测设备时要考虑每一相关设备不确定的累计影响，要使计量标准累计不确定度是被校设备不确定度的1/10～1/3。

在物料计量方面，我国采用的是以重量为基本量的计量体系，检定周期根据各种不同类型的流量计按有关规定执行。

3. 容器检定

凡用于盛装油品作静态交接计量的各种油罐和容器，均属强制检定计量器具，应由国家计量主管部门批准的专职大容器检定站负责检定，经检定合格，出具检定合格证书，编出容积计量表方准使用。

立式金属罐容积检定应按 JJG 168—87《立式金属罐容积检定规程》进行。检定周期：初检为 3 年，复检为 4 年。

铁路罐车容积检定应按 JJG 140—87《铁路罐车容积试行检定规程》进行。检定周期按有关规定进行。

卧式罐容积检定应按 JJG 266—96《卧式金属罐容积检定规程》进行。检定周期复检不超过 8 年。

4. 器具检定

凡用于静态油品交接计量的量油尺、温度计、密度计等均属强制检定计量器具范畴，应由县级以上计量部门检定或经授权批准的本企业专职计量检定机构检定。检定合格的，出具检定合格证书，方准使用。其技术条件应分别符合 JJG 4—80《钢卷尺检定规程》、GB 514—83《石油产品试验用液体温度计技术条件》和 SH 0316—92《石油密度计计量条件》。

5. 计量检测试剂

计量用检测试剂有试水膏和量油膏两种。

试水膏是检测容器内有无明水的有效试剂，它遇水后即会变色，使用时，将试水膏均匀涂在检水尺或量油尺的预测高度尺面上，垂直放入油罐（或罐车、船舱）、至底部，停留时间为 10～20s，取出量尺观察尺面试剂颜色变化位置，即可确定容器内含有明水高度。试水膏过去都是按配方自行配制，现市场已有成品出售。

量油膏是用来检测容器内油面高度的有效试剂，遇油也会变色，常用来检测易挥发的轻质油品。使用方法同试水膏一样，下到容器内停留时间 10～30s，提起量尺观察尺面试剂颜色变化位置，即可检测出容器内液面高度。

十、油品计量的操作指南

(1) 计量前，认真检查计量器具是否齐备、有效、清洁及有无损坏。

(2) 计量过程中，严禁穿着化纤服装和铁钉鞋。

(3) 准备量油时，应站在上风处，轻启量油口盖，待正负压平衡后方可量油。

(4) 量油尺的一端要和油罐跨接，防止产生静电火花。

(5) 量油必须按规定顺序进行操作，投尺、收尺都应小心谨慎。

(6) 若库内油罐的垫水高度超过规定时，必须按有关要求放水后再量油。

(7) 油的高度测量不得少于二次，应取其平均值作为计量依据。

(8) 测量完毕，应小心盖好量油口盖并做好计量工具的清洁工作。

(9) 根据油的有效高度从容积表中查出罐内油的体积值。若求重量值，按规程使用密度计测量油的密度值。

(10) 按有关规定，认真填写计量记录、台账、报表。

(11) 油品进罐时，应每两小时测量一次油高，严格掌握油罐允许的安全高度值，不得超量储油。

(12) 油品装船、卸船前后及正常装车过程中，计量人员均应按操作规程的要求进行计量。

(13) 违反本制度的有关规定和玩忽职守造成事故者，视情节轻重，按奖惩制度的有关规定进行处理。

十一、检尺计量安全注意事项

油品计量人员在易燃、易爆场所工作，由于工作粗心大意或违章违纪，有时会引起人身摔伤或着火爆炸事故。因此，在检尺计量中，必须严守操作规程，格外注意安全，避免任何事故发生。主要注意事项有：

1. 自身安全防护

(1) 认真遵守进入危险工作区的各项安全规则。

(2) 进入工作区要求穿防静电工作服，不能穿能引起火花的鞋，在干燥地带不推荐穿胶鞋(应穿接地性能好的鞋以防静电)。

(3) 计量员所用的工具仪器应装在包内，以便空手攀扶梯子。

2. 设备安全防护

(1) 在工作区域所使用的照明灯和手电应是防爆的。

(2) 通路梯、油罐车、平台和栏杆在结构上要处于安全状态，应有良好的照明；

(3) 在工作区域所使用的计量器具应符合防爆要求。

3. 操作的安全防护

(1) 掀、盖量油孔盖或罐车人孔盖要轻，避免碰击产生火花。不准在量油口或罐车口处开闭手电、手机，更不准使用手机、打火机照明进行读取检测数据。

(2) 提拉量油尺、取样器不可过快、过猛，应始终保持尺绳与检尺口的金属相接触，取样瓶外不准挂有金属网或带有金属标牌。

(3) 为了使人体的静电接地，在进行检尺前人体应接触金属结构上的某个部件。

(4) 在室外作业时，操作者一定要在上风口位置，以减少油蒸气吸入人体内；在室内作业时，要求作业场所保持良好的通风状态，使油气尽量散开；检尺后，应及时关闭量油口盖，防止油气挥发，造成损失和污染环境。在有飞溅危险的地方，可戴上不溶于烃类的防护手套、眼罩或面罩。

(5) 当对盛装可燃性液态烃的容器进行检尺时，如果液态烃的储存温度高于其闪点温度时，为避免发生静电的危险，应再次检查容器的静电接地状况。检尺时需在正确安装的计量管进行测量。

(6) 对重质油料检尺测温时，要掌握油温和罐内含水情况，以及油面有无泡沫，严防检测时油罐突沸伤人。

(7) 计量员在锥形或拱形罐顶走动时，应小心随时会遇到的特别危险，如霜、雪、滴落的油、大风、腐蚀了的钢板等。在雷电、冰雹、暴风雨期间，不应进行室外检尺、采样、测温等项操作；冬天应及时清除罐顶积雪与冰霜，注意防滑，防止摔伤。

(8) 工作场所如有非挥发性油品散落在容器顶上，应立即擦拭干净。工作中，擦拭过计量器具的已浸了油的物质或废棉纱不应乱放，应集中放入容器中。

(9) 因特殊需要，计量员需到浮顶油罐罐顶进行计量时，应有另一名计量员在罐顶平台上监护。在下列情况下，计量员应佩戴安全带或呼吸器：

① 浮顶停止在支架上或局部浸没；

② 浮顶不圆或浮顶密封圈损坏；

③ 油罐内油品含有挥发性硫醇；

④ 油品蒸发达到危险浓度。

第二节　计　量　器　具

一、量油尺

量油尺是用于测量油品深度或空间高度的专用尺。

1. 量油尺的构造

量油尺的结构如图 5-1 所示，量油尺的尺锤(也称尺砣)由铜或铝的合金材料制成，长 120~150mm，重 500~1000g(测量黏度很大的油料时，尺锤加长到 200~250mm，重增加到 1500~2000g)，锤身呈圆柱形或棱柱形等，下端呈圆台形，用挂钩挂在尺带上。它的零点就是量油尺的起始点，所以不能随意调换。锤身除上、下两端外，应从尺锤零点开始标注长度的刻线。厘米刻线最长，0.5cm 刻线次之，毫米刻线最短。在厘米刻线上方或下方应有表示厘米量值的数字。

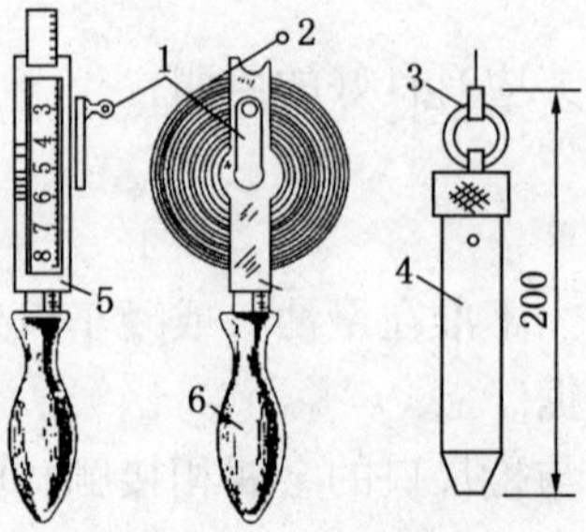

图 5-1　量油尺结构示意图

1—摇柄；2—尺带；3—挂钩；4—尺锤；5—尺架；6—手柄

尺带上有毫米刻线。终点线纹后的余量应不小于 300mm。在余量或尺架上应标有制造厂名或商标、全长、型号、出厂编号、生产年月及分度值。数字和文字必须清晰、工整。尺架上装有鼓轮和轴。轴的一端连接着摇柄。摇柄的作用是将尺带卷在鼓轮上。摇柄上刻有量油尺的标称长度。

尺的量程根据容器的规格来选择。用于立式金属罐的量油尺的量程为 10m、15m、20m、25m 四种。用于铁路罐车的量油尺量程为 5m。

2. 量油尺的技术要求

(1) 尺带必须用含碳量低于0.8%的钢带制造。钢带经热处理后，在鼓轮上收卷和伸开不得留有残存的变形。

(2) 尺带表面必须洁净，不得有斑点、锈迹、扭折、深的划痕和其他缺陷；边缘应平滑，不得有锋口和倒刺。

(3) 尺带上所有刻线必须均匀、清晰，并垂直于钢带的边缘。

(4) 表示分米、米的刻线必须横贯其表面，表示厘米、0.5cm和毫米的刻线应该一个比一个长些。

(5) 厘米、分米、米的分度必须标有数字。一位数的数字应处于刻线向着尺首的那一边，两位数的数字必须对称地分别处于刻线的两边。10m以下表示各米的数字后面必须带有字母m。

(6) 量油尺的全长和最大允许误差必须符合表5-2的规定。

使用中的量油尺要定期进行检定。检定证书应附有每米的修正值。

表5-2　5~50m量油尺最大允许偏差

标称长度/m	允许误差/mm			
	全　长	毫米分度	厘米分度	分米分度
5	±1.3	±0.2	±0.3	±0.5
10	±2.0	±0.2	±0.3	±0.5
15	±2.8	±0.2	±0.3	±0.5
20	±3.5	±0.2	±0.3	±0.5
30	±5.0	±0.2	±0.3	±0.5
50	±8.0	±0.2	±0.3	±0.5

二、丁字尺

用于装重质油品的铁路罐车、汽车油罐车的量油尺为专用丁字尺，量程一般为800mm。

丁字尺由水平横梁和垂直直尺两部分组成。横梁的下端面呈水平，长度略大于汽车罐车帽口外直径。直尺的零点在横梁的下端面处，示值自上向下递增。

测量时将直尺伸入帽口，将横梁轻轻地搁在帽口指定的测量部位上，任直尺浸入液体中。此时，液面至直尺零点之间的距离即为空间高度。

读取空间高度的方法，根据丁字尺的构造而不同。一种是在刻线尺外面套上玻璃管和金属保护套，玻璃管的下端有一个由横梁上操纵的阀门，使用时先将阀门打开，然后下尺，罐车中的液体进入玻璃管并与外面的液面持平；横梁搁在帽口上以后，关闭底部阀门，使玻璃管中的油漏不出来，提尺，读取空间高度，再打开底阀将油排净。另一种尺的直尺就是刻线尺，借助于量水膏或量油膏来读取空间高度，这种尺使用比较轻便而且不需要排油。

丁字尺的准确度为：全长不大于±0.4mm，任一厘米不大于±0.1mm，任一毫米不大于±0.05mm。

三、量水尺

量水尺是用来测量罐内水面高度的。在储油容器的底部，由于一些油品含有水分或人为地往罐底垫水，所以，在确定罐内的油品体积时，必须测量出水面高度，以便扣除其体积。

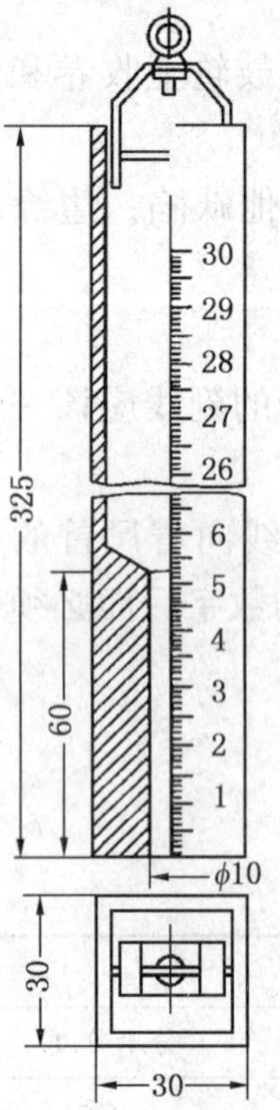

图 5-2　量水尺

1. 量水尺的技术要求

(1) 量水尺应采用与铁器摩擦不发生火花的铜、铝或合金材料制成。它的基本尺寸应符合图 5-2 的要求。

(2) 量水尺的尺面要光洁，刻度要清楚。立放在平面上应构成 90°角，倾斜误差不超过 0.5°。

(3) 量水尺刻线误差应符合以下要求：

① 长度为 300～500mm，分度值为 1mm，全长度误差不超过 ±0.5mm。

② 厘米分度误差不超过±0.3mm。

③ 毫米分度误差不超过±0.2mm。

④ 量水尺的背面应刻有制造厂名或商标，制造年月和器号，在使用过程中，应定期进行检定或校验。

2. 量水尺的使用方法

首先将量水尺擦干净，在估计水高处涂上试水膏，量水的方法基本与量油相同，但提尺时间应根据被测油品不同而稍有差异。量水膏变色的分界线处，即为水面高度。

四、温度计

1. 温度计的种类

温度计是利用物质的某些物理性质随温度变化而变化的特性制成的。据此温度计分为以下几种：

(1) 体积式

热胀冷缩是一般物质都具有的性质。根据物体随温度的变化而膨胀或收缩的原理制成的温度计叫膨胀式温度计。玻璃液体温度计是常见的一种膨胀式温度计，由于它价格便宜，使用简单，因此应用十分广泛。

(2) 电阻式

金属的电阻随温度的升高而增大，半导体的电阻随温度的增高而减小，通过测量电阻值变化的大小来判断温度高低的温度计叫电阻式温度计，如半导体点温计就是电阻式温度计。

(3) 压力式

利用温度变化后工作物质的压力变化来测量温度的温度计叫压力表式温度计。这是因为它的一般结构与压力表相似。

(4) 热电势式(也称热电偶)

通过测量热电势变化的大小来判断温度高低的温度计叫热电势式温度计。

(5) 辐射式

利用测量物体热辐射强度的原理做成的温度计叫辐射式温度计，如光学高温计。

装在罐壁或输油管道上的温度计可使用热电温度计(电阻温度计、热偶温度计、热敏电阻温度计)或套管温度计等，最小分度值为 0.5℃，测量范围 60～240℃。

2. 玻璃液体温度计

测温用温度计应符合 JJG 130《工业用玻璃液体温度计》有关技术要求。

玻璃液体温度计可按刻线的位置分为棒式、内标式和外标式三种；如按使用时的浸没深度分类，则可分成全浸和局浸两种；如按其精度等级，可分为标准温度计、精密温度计和工业用温度计。

棒式温度计是一根毛细管同一个贮囊(称感温泡)熔接在一起，温度值直接刻在毛细管的外表面上。

感温泡、中间泡、安全泡位置见图 5-3 所示。

在罐内采样或利用测温盒(杯盒温度计或充溢盒温度计)测量油温时应使用棒状全浸式水银温度计。这种温度计全长 350mm±3mm，最小分度值为 0.2℃，直径 7mm±1mm，测量范围 −30~150℃。

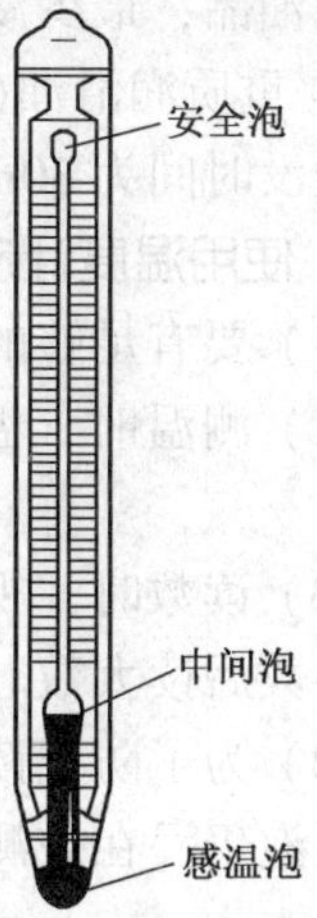

图 5-3　棒式温度计

3. 石油温度计的技术要求

石油温度计应符合 G 130《工业用玻璃液体温度计》的有关技术要求：

(1) 温度计的玻璃应光洁、透明，不得有裂痕和影响强度的缺陷；刻线应清晰，在标尺范围内不得有影响读数的缺陷。

(2) 液柱不得中断，不得倒流(真空的除外)。上升时不得有显见的停滞或跳跃现象，下降时不得在管壁上留有液滴或挂色。

(3) 内标式温度计刻度板的纵向位移不得超过分度值的 1/3；毛细管应处于刻度板纵轴中央，不得有明显的偏斜，与刻度板的间距不得大于 lmm。

(4) 内标式温度计套管内应清洁、无杂质，不得出现影响读数的朦胧现象。

(5) 温度计还应具有以下标志：表示国际实用温标“摄氏度”的符号“℃”，制造厂名或商标，制造年、月，编号，浸没方式和浸没标志等。

(6) 在石油产品计量中使用的温度计，必须附有检定证书及修正值。

(7) 测温盒。测温盒是检测罐(车)内油品温度的专用工具，有杯式保温盒和充溢式保温盒两种。

测温盒应用硬木、铜质或铝合金材料制成。装油容量分别是：杯盒式是 100mL；充溢盒式是 200mL；所用提拉绳应选用符合防静电要求的材料。

4. 容器内油品温度的测量

(1) 测量容器内油品液面高度后，应立即测量油温。选择一支合格的适合容器内油品温度范围的全浸水银温度计放入杯盒中，将杯盒放入容器内指定的测温部位。测温部位是根据液面高度确定的。

(2) 测温部位

油高 3m 以下，在油高中部测一点油温。

油高 3~5m，在油品上液面下 1m、下液面上 1m 处测温，共测两点，取其算术平均值作为油品的温度。

油高 5m 以上时，在油品上液面下 1m、油高中部和下液面上 1m 处各测一点温度，取三点油温的算术平均值作为油品的温度。如果其中有一点温度与平均温度相差大于 1℃，则必须在上部和中部、中部和下部测量点之间各加测一点，最后取这五点的算术平均值作为油品的温度。

(3) 测温停留时间

将杯盒温度计放入测温部位后最少浸没时间为：

① 轻油以及 40℃时运动黏度小于和等于 $20mm^2/s$ 的其他油品，最少浸没时间为 5min。

② 原油、润滑油以及 40℃时运动黏度大于 $20mm^2/s$ 的，而 100℃运动黏度小于 $36mm^2/s$ 的其他油品，最少浸没时间为 15min。

③ 重质润滑油（汽缸油、齿轮油、残渣油以及 100℃运动黏度 ≥ $36mm^2/s$ 的其他油品），最少浸没时间为 30min。

5. 使用温度计应注意的事项

（1）要有足够的感温时间，使感温泡内的水银与被测介质能充分地进行热交换。

（2）测温时，温度计的感温泡与被测对象的容器壁要有一定的距离，且不可触及容器壁。

（3）读数时，视线要与毛细管内水银柱凸面之最高点相切并估读至 0.1℃；读数顺序是先读小数后读大数。

（4）为了防止读数时水银柱的高度发生变化，温度计应与保温盒配套使用，以保证读数时感温泡仍浸在被测介质中。

（5）读数时还应检查毛细管中水银柱是否有断裂的现象。

五、密度计

1. 石油密度计的构造

用于测量石油密度的密度计称石油密度计。

密度计由躯体、压载室、干管三部分组成，如图 5-4 所示。躯体是圆柱形的中空玻璃管，其下端是压载室，在室内填满金属丸，并用胶固物或玻璃板封固，躯体上端有直径均匀的干管，指示读数的分度表粘贴于干管内。

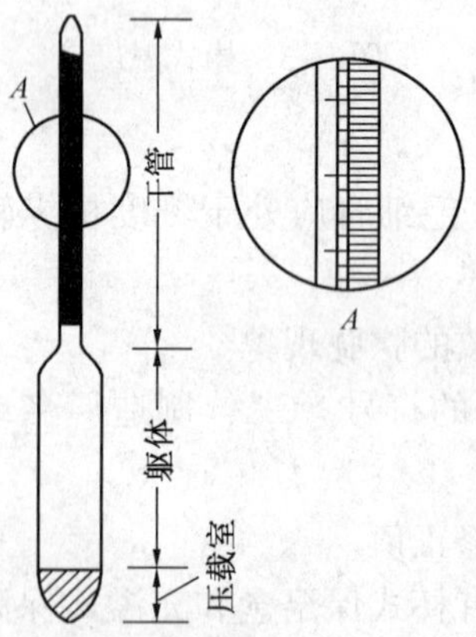

图 5-4　石油密度计构造图

密度计是根据阿基米德定律设计的。

2. 石油密度计的种类及技术要求

① 密度计玻璃必须光洁透明，没有划痕、泡沫和其他妨碍读数的缺陷。

② 标尺上的数字必须清晰，并位于相应的刻线上。

③ 标尺刻度线必须均匀并垂直于石油密度计的轴线。

④ 密度计内标尺刻度纸不得窜动。

⑤ 有校正表，且误差在允许范围内。

第三节　油品的静态计量

油品的静态计量主要是指人工通过计量工具如温度计、密度计、量油尺、量水尺等对油品的温度、密度、油罐的液面高度进行测量的过程。

一、用密度计测量油品密度

1. 按国家标准（GB/T 1884—2000）的规定进行。

2. 方法要点

将试样处理至合适的温度并转移至和试样温度大致一样的量筒中。再将合适的密度计垂直地放入试样中，待稳定后，读取石油密度计读数，并记录试样的温度，然后按 GB/T 1885—1998 中的石油密度换算表换算为标准密度。

（1）测轻质油，试样沿量筒壁倒入，先插入 1/5 分度的温度计，而后手提密度计干管上端，轻轻浸入油中，让其自由下沉、停稳，视线与 ab 两点成水平（见图 5-5），在弯月面上缘读数，读到最小分度值的 1/5（即 0.0001g/cm^3）。接着看温度，温包不离开油面，密度计浸入试样中，如不形成正确的弯月面，应提出用汽油擦净重做。

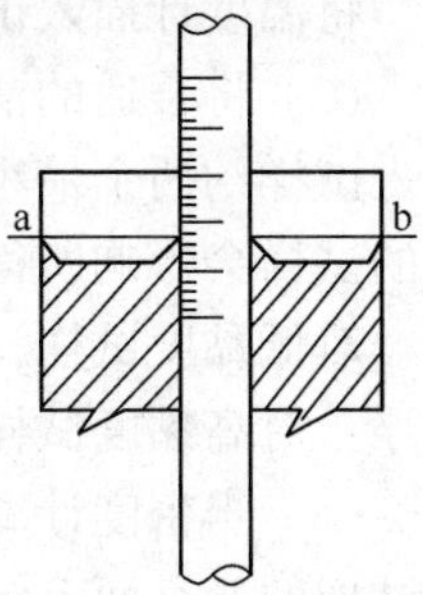

图 5-5　密度计弯月面读数示意图

（2）测黏稠油料：当油料黏度>200 厘沱（50℃）的石油产品测密度时，可将已知密度的煤油和将要测量油品在同温度下按 20∶80 或30∶70 的体积比例掺合均匀后测量。

3. 使用的仪器

石油密度计、量筒（其内径要比密度计外径大 25mm，高度应使密度计漂浮在试样中时密度计底部距量筒底部至少 25mm）、温度计（分度值为 0.2℃的全浸温度计）、恒温浴（使试样温度变化稳定在 0.5℃以内）。

4. 准备工作

（1）测定密度时的温度应根据试样的类型而定。一般在标准温度（20℃）下或接近这个温度（20℃±5℃）下测定密度最为准确。如在-18～90℃之间的温度下测定，应根据试样的类型和表 5-3 中的限制条件而确定。

表 5-3　测定油品密度时油品温度的限制条件

试样类型	初馏点/℃	其他限制	测定温度
高挥发性		雷德蒸气压在 180kPa 以下	在原密闭容器中冷却至 2℃或更低温度
中挥发性	≤120		在原密闭容器中冷却至 18℃或更低温度
中挥发性但黏稠	≤120		加热至试样获得足够流动性时的最低温度
非挥发性	>120	在 18℃时黏度太高	在 8～90℃任何方便的温度
石油产品和非石油产品			在 20℃±0.2℃进行试验

为石油计量而测定密度时，测定温度应尽量接近油罐存油的实际温度，即在高于实际温度 3℃范围内测定。如在此温度范围内，被测的乳稠试样达不到足够流动性时，要继续提高试样温度，使其达到具有足够流动性的最低温度为止，以保证石油密度计能在试样中自由地漂浮。

（2）选择适当密度范围的石油密度计。为石油计量而测定密度时，要求使用 SY-I 型或使用精度与其相当或更高的石油密度计。

（3）将用于测定密度的密度计、量筒和温度计处于与所测试样接近的温度。

5. 测定步骤

（1）将均匀的试样小心地沿量筒壁注入量筒中，避免生成气泡，当试样表面有气泡聚集时，可用一张洁净的滤纸除去。在转移过程中，要尽可能使易挥发试样中低沸点组分的蒸发损失减少到最低程度。

当使用金属量筒测定深色试样时，为保证能准确读取读数，试样液面应装至量筒上边缘 5mm 以内；当使用恒温浴时，其液面应当高于量筒中试样的液面。

(2) 将盛有试样的量筒垂直地放在没有空气流动的台面上。在测定过程中，环境温度变化应≯2℃，否则应使用恒温浴。

将温度计插入试样中，小心地搅拌试样，注意温度计的水银柱要保持全浸。

(3) 将合适的清洁干燥密度计轻轻地放入试样中，待石油密度计静止后，将密度计轻轻压入试样约两个最小分度，再放开。在液面上的密度计干管部分尽量少沾试样，因干管上多余的试样会影响所得读数。

对低黏度试样，放开密度计时，要轻轻地转动一下，以利于离开量筒壁，静止下来自由漂浮；对高黏度试样，让全部气泡升到液面，除去气泡。

(4) 当密度计离开量筒壁并自由地漂浮时，按弯月面上缘读取密度值。读数时，眼睛要与试样的弯月面上缘成同一水平面。当测定深色试样时，眼睛要稍高于液面。选用 SY-I 型密度计时，应读至 0.0001g/cm^3；如选用 SY-Ⅱ型密度计时，应读至 0.0005g/cm^3。同时读取温度计数值，读至 0.1℃。

(5) 将密度计稍稍提起，擦去干管上部粘附的试样，再放入试样中，然后按第(3)、(4)条的操作要求再测定一次。两次试样温度变化在 0.5℃以内，否则，重新读取温度和视密度数值。

(6) 计算。根据连续两次测定的温度和视密度，查 GB/T 1885 石油计量换算表，计算出试样 20℃密度。

① 连续两次测定结果之差不应超过下列数值：

密度计型号	允许差数/(g/cm^3)
SY-Ⅰ	0.0005
SY-Ⅱ	0.001

② 取连续两个测定结果的算术平均值作为试样的密度。

6. 采样器

图 5-6 采样器外形图

采样器是为采集容器内油样、用来检测油品质量和密度的专用工具。对采样器的要求主要是：

① 材质为铜质或铝合金材料制成。

② 采样器的自身重量应是排出液体重量的 1.5~2.0 倍。

② 采样器的总容量为 500~1000mL，最大的 1200mL。

④ 采样器底部垫铅(或铝)要牢靠，瓶口塞要严密、光滑，松紧适度。

⑤ 应配容量为 1000mL 的量筒 2 支。

二、油罐液面高度的人工测量

油品的体积重量(质量)法计量，是通过测量油罐内油面高度，查油罐容积表，得到油品的总体积，再由测得的油品温度和视密度，换算成标准体积和标准密度，从而计算出油品的重量(质量)。计量准确与否，油面高度测量是重要环节之一。

1. 检实尺与检空尺的概念

根据油品性质不同，人工检尺有检实尺和检空尺两种操作方法。方法虽然不同，但油品检尺都必须是在静止状态下检测的。检测目的是为了测得容器内油面高度，通过油罐(油船或罐车)容积计量表查得油的体积。

检实尺方法，就是测量油面到罐底基准点的垂直距离。此法适用于轻质油品计量，如汽油、煤油、柴油、苯类、抽余油、石脑油、重整料、轻污油和轻质润滑油等。

检空尺方法，就是测量量油口基准点至液面的垂直距离。此法适用于黏度较大的重质油品计量，如原油、渣油、蜡油、重污油、油浆、液体沥青、黏稠润滑油等。

人工检尺计量，即静态计量是油品交接中为国内外普遍采用的传统计量方法。这种计量方式所需计量器具简单，操作方便，只需按计量规程要求测出油面高度、油品温度和密度3个常用计量参数，然后查找有关计量表，经计算就可得到油品重量。因此，这种计量方法也属容积-重量法一类。

2. 检尺的方法

（1）静置及液面稳定时间

油品进罐以后，不能立即进行检测作业，必须在规定的静置时间以后，方可进行测量。这是因为油品进罐过程中，由于油品与管道内壁、过滤器及其他附件发生摩擦产生大量静电荷，带入油罐内。进油刚一结束时，油面上电压很高，此时若进行检尺，极易产生静电放电，引起火灾事故。所以，务必过一段时间之后，待油罐内静电泄漏后，方可检尺。

国家标准GB 13348石油产品静电安全规程中规定油品在罐中的静置及液面稳定时间如表5-4所示。

表5-4 油品在油罐中的静置及液面稳定时间

容器		静置时间及操作内容			
油罐	容积/m^3	<10	11~50	51~5000	>5000
	静置时间/min	3	5	15	30
铁路油罐车 汽车油罐车		2min后才检尺、测温、取样 加油后静置2min才能提升装油鹤管、测量等			
轻油收油后液面稳定时间/h		2			
轻油付油后液面稳定时间/min		30			
重质黏油收油后液面稳定时间/h		3			
重质黏油付油后液面稳定时间/h		1			

（2）操作要领

左手握尺，小心地沿着指定位置下尺，避免与量油孔壁碰擦。下尺时尺锤不应前后摆动，用右手拇指和食指轻轻固定下尺位置，使尺带沿着下尺点下伸，尺锤将接触油面时粗略地估读下尺高度，再从总高度内扣除下尺高度，即为估计油高。接着将估计油高处尺带擦净，需要时抹上量油膏，然后慢慢下尺，尺锤接触油面时应缓慢，以免破坏静止油面，估计尺锤将接近罐底时，用左手拇指压紧尺架上的尺带，等油面静止时慢慢降低手腕高度，手感尺锤触底后应该核对下尺高度，以确信尺锤触底。这时，对于轻油应迅速提尺读数；对于黏油应稍等数分钟，待尺带周围液面水平后再提尺读数。读数时可摆动尺带借助光线折射读取最靠近的毫米数，以后再读大数，但尺带不应平放或倒放，以防液面上升。

3. 使用量油尺时的注意事项

（1）检尺部位。立式金属罐、卧式金属罐、油轮及油驳均在罐顶计量口的下尺槽或标记处进行检尺。

铁路罐车在罐体顶部人孔盖铰链对面处进行检尺。

(2) 液面稳定。收、付油后进行油面高度检尺时必须待液面稳定、泡沫消除后方可进行检尺。

(3) 尺锤触底后，停留的时间应根据被测油品的轻重来决定。轻油应立即提尺，重油应等尺带周围的凹坑填平后提尺。

(4) 提尺时，尺带有刻线的一面不能靠在检尺口边上，防止油迹被擦掉，提尺后应先读小数后读大数。

(5) 对于轻油要先量油，后量水；对于重油要先量水，后量油。

(6) 新投用和清刷后的立式油罐应在罐底垫 lm 以上的油后，再进行收、付油品交接计量。

(7) 浮顶罐的油品交接计量，应在浮顶起浮后进行量油，以避免收、付油前后浮顶状态发生变化产生计量误差。

(8) 油品交接计量前后，与容器相连的管路工艺状态应保持一致。

(9) 测量油高时不允许用吸湿性材料，如粉笔代替量油膏。

(10) 固定容器中的油高应测量两次，两次误差应≯1mm，取小的数。两次误差若超过1mm时应重测。油轮、油驳中的油高应视风浪情况，至少测量两次，取平均值。

4. 计量精度

按国家和行业标准规程进行油品静态交接计量时，其准确度为：

(1) 立式金属罐，对原油、轻质油为±0. 35%；

(2) 立式金属罐，对重质油品为±0. 5%；

(3) 铁路罐车，对轻质油和重质油为±0. 7%；

(4) 汽车罐车，对所装成品油为±0. 35%；

(5) 卧式罐，对所装成品油为±0. 7%。

5. 空高的测量

所谓空高就是油罐内油品液面以上空间的高度。其测量方法如下：

(1) 满足静置时间以后，油面稳定之后再进行测量作业。

(2) 同检实尺一样，左手握尺，小心地沿指定位置下尺。下尺时尺锤不应前后摆动，用右手拇指和食指轻轻固定尺带位置，使尺带沿着下尺点下伸，尺锤将要接触油面时应缓慢下伸，防止静止的液面被破坏。尺锤和部分尺带进入油层后，用右手拇指将尺带压在检尺口内，随即读取标记线或下尺槽处的尺带示值 L。这时，对于轻油，立即提尺，读取尺带的浸油深度 a；对于黏油，应静置数分钟，待尺带周围的液面呈水平后再提尺，读取尺带的浸油深度 a，则空间高度即为 $L-a$。

(3) 计算罐内油高。

罐内的油高可以下式计算：

$$H_1 = H - (L - a) \tag{5-3}$$

式中 H_1——油面高度，m；

H——油罐的总高，m；

L——尺带示值，m；

a——浸油深度，m。

为便于计算，可使下尺高度以下的尾数与总高中米以下的尾数相一致。此时，从总高整数米数内减去下尺高度的整数米数，再加上尺带的浸油深度即为油高了。

（4）空间高度应测量两次，两次读数不应超过 2mm，取平均值作为结果；超过 2mm 时应重测。

（5）下列情况下需测空高：

① 容器的容积表是按空高编制的，量油时应测空高，量水时应测实际水高。

② 当油的黏度太大，尺锤不能自由下沉或容器不水平时，如油轮、汽车等，应测空高。

三、水位高度的测量

油罐内往往都有一定量的水，掌握油罐内水位高度，一方面可以正确计算罐内的储油数量，另一方面可以避免由于水位升高在对外付油时带出水，影响油品的数量和质量，浪费运能。这一点若做不好，往外发出(加注)的油品中含有水，还可能引起贸易纠纷，影响企业信誉，导致企业经营效益下滑。

（1）测水位高度，必须待油品在罐内静置时间超过规定以后，油面平稳之后方可进行。

（2）测水位高时，应先在尺的估计水位高度附近擦净油渍，涂上一层薄薄的试水膏，然后下尺。下尺位置与量油位置一致。当油、水界面在尺的刻度范围之内时，可用量油尺量水。否则，应用量水尺。用量水尺时，可从量油尺的挂钩上取下尺锤，挂上量水尺。

（3）尺锤或量水尺接触罐底时，对于轻油应静止 3~5s，对于重油应静止 20~30s，然后才提尺，读取试水膏变色处最近的毫米数。读数时尺锤和量水尺不应平放或倒置。水位一般只测量一次，若遇油水界面不清晰或不平直时，应重新测量。

（4）重新测量水位高时，仍不一定能得到准确结果。因为当油水界面上有杂质时，水珠可能被量油尺带入油层，带入油层的水珠若不能迅速下沉，会使第二次测量结果与第一次相差较大(所以测量时，应先测量水位，后测量油位)。如果属于盘点，可用第一次测得的水高；如属于油品交接，应使水珠下沉后再复测。

（5）油水分界线上有变色斑点，说明这一油层中含有悬浮的水珠，应记下分界线和斑点高度，用筒状采样器抽样，用离心法检验水分含量。

（6）测量原油、燃料油等黑色油品的明水液位时，应先将涂上试水膏的量水尺浸入轻质润滑油如 5 号机械油或 10 号变压器油中，使试水膏外有一层薄薄的油膜，然后把量水尺放入油罐中，检测油罐底部的水位高度，静置 1~2min 后，将尺提上，放入预热过的煤油中，轻轻晃动量水尺，洗去量水尺表面的黑油，使试水膏显露出来，便能见到水痕。

测得油面总高，又测出了水位高度，就可在该罐的容积表中的两个相应高度查出两个所对应的容积，两者相减就得到油品的总体积了。

第四节　油罐液位的自动测量

通过对油罐液位的测量，一是可以掌握油罐的安全液位高度、判断油罐是否渗漏，二是可以由液位计算油罐内油品的数量。液位计的种类很多，测量原理和测量方法也各不相同，下面介绍炼油厂常用的几种液位计。

一、静压强式液位计

1. 工作原理

如图 5-7 为静压强式液位计安装示意图，其工作原理是：传感器在液体某一点中所感受到各个方向的压力是一样的，感受压力与液位高度呈线性比例关系，即 $P=\rho gh$。只要测出某一点所受到的压力大小就可换算出相对应的液位高度及油品的储量。

静压强式液位计工作原理如图 5-8 所示。平衡器 1，通过管路与容器 2 相通，靠近平衡器的管路上接一只 U 形管压差计。测量时调节压缩气体(氮气)直至 U 形管压差计内指示液柱稳定为止(此时 a 点与 b 点压强相等)。指示液柱 R 的读数就反映出容器内液面 h 的高度。

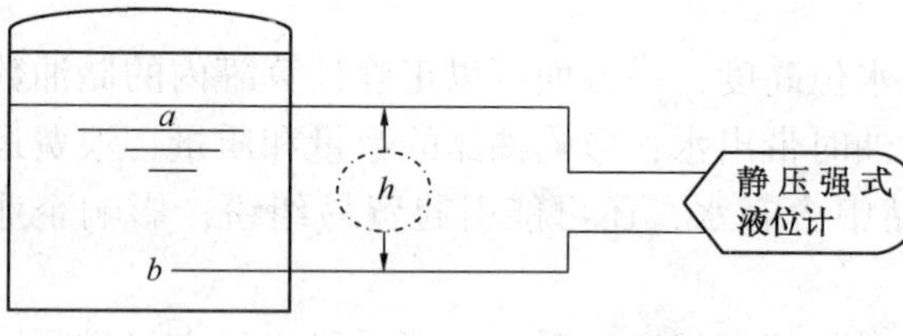

图 5-7　静压强式液位计安装示意图

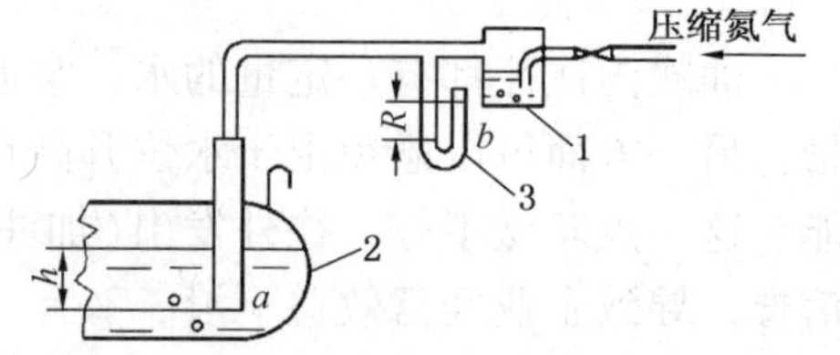

图 5-8　静压强式液位计工作原理图

1—平衡器；2—容器；3—U 形管压差计

2. 特点

其优点是直接投入，安装简单，被测介质广泛，被测定液位压力不受介质气泡影响。其缺点是测量精度一般，不能用于测量介质分层储罐，需要对油罐内气压进行补偿。

二、浮子钢带式液位计

1. 浮子钢带式液位计的结构与工作原理

浮子钢带式液位计的结构与工作原理如图 5-9 所示。整个系统采用力平衡、恒浮力原理。浮子吊在钢带的一端，钢带对浮子施以拉力(约 3.5N)，钢带可以自由伸缩，当浮子在测量范围内变化时，钢带对浮子的拉力基本不变。为防止浮子受被测液体流动影响而偏离垂直位置，使测量精度受到影响，可增加一个导向机构。导向机构是由悬挂的两根钢丝所组成，靠下端的重锤进行定位，浮子沿导向钢丝随液位变化上下移动。如果罐内液体表面流速不大，可以省略导向系统。

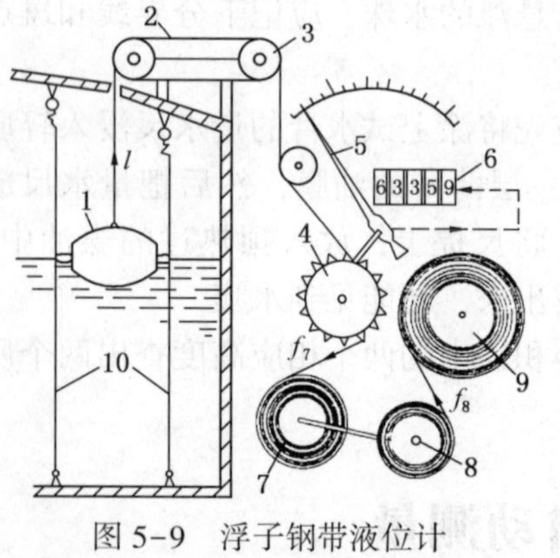

图 5-9　浮子钢带液位计

1—浮子；2—钢带；3—滑轮；4—钉轮；5—指针；6—计数器；7—收带轮；8—轴；9—恒力弹簧轮；10—导向钢丝

浮子 1 经过钢带 2 和滑轮 3 将浮力的变化传到钉轮 4 上，钉轮周边的钉状齿与钢带上的孔啮合，将钢带的直线运动变为转动，由指针 5 和计数器 6 指示出液位。在钉轮轴上再安装转角传感器或变送器，就可以实现液位信号的远传。

为了保证钢带张紧，绕过钉轮后的钢带由收带轮 7 收紧，其收紧力由恒力弹簧提供。恒力弹簧外形与钟表发条相似，但特性不同。钟表发条在自由状态下是松弛的，卷紧之后其回送力矩与变形成正比，符合虎克定律。恒力弹簧在自由状态是卷紧在恒力弹簧轮 9 上的，受力反绕在轴 8 上，恢复力 f_8 始终保持常数，从头至尾相同，因而称为恒力弹簧。

由图 5-9 中可见，由于恒力弹簧具有一定厚度，虽然 f_8 恒定，但它对轴 8 形成的力矩并非常数，液位低时力矩大。同样，由于钢带厚度使液位低时收带轮 7 的直径小，于是在 f_8

恒定的情况下，钢带上的拉力 f_7 就和液位有关了。液位低时 f_7 大，恰好与液位低时图 5-9 中 1 段钢带的重力抵消，使浮子所受的提升力几乎不变，从而减少了误差。

当浮子浸没在液体中某一高度时，液体对浮子产生的浮力为 F，若浮子本身的重力为 W，恒力弹簧对浮子的拉力为 T，整个系统平衡时应满足：

$$T = W - F \tag{5-4}$$

如果液位升高，则在瞬间会使浮力 F 增加，恒力弹簧会通过钢带将浮子向上拉升，钢带上的小孔和钉轮上的钉状齿啮合，从而钢带的线位移变为钉轮的角位移。当拉力 T 恒定，钉轮的周长、钉状齿间距及钢带的孔间距均制造得很精确时，可以得到较高的测量精度。

2. 应用场合、量程及精度

这种传动方式，密封比较困难，不适用于有压容器，因此通常多用于常压储罐的液位测量。

它的测量范围一般为 0~20m，测量精度可以达到 0.03%。若采用远传信号方式，不仅可以提供远传标准信号，还可在现场提供液位的液晶数字显示。

由以上叙述可以看出，浮子钢带液位计利用恒浮力原理测量液位，由浮子所受浮力、浮子重力、钢带重力、张紧装置的弹性力、相对运动部分的摩擦力构成力平衡系统。以上各种因素的变化将影响液位计的工作状态和测量精度。

3. 注意事项

(1) 当液位变化时，通常在测量钢带的孔距上做调整。然而尽管钢带做了修正，但由于液体相对密度不尽相同，相对密度变化引起的误差也要根据仪表说明进行修正。

(2) 温度变化时，钢带将产生热胀冷缩效应。由于罐内温度分布不是一致的，罐体本身随着温度变化也有胀缩，因此在修正钢带胀缩量时必须同时考虑。

(3) 由于浮子钢带是接触式机械仪表，具有运动部件，因此在安装、使用中应使钢带处于一个平面上，运行时摩擦越小越好，使其运动部件运动灵活，导向钢丝要拉紧，没有弯曲和打结。使用中注意密封和润滑，定时清除污物，定期检查钢带是否有扭折或破裂现象，表内链轮是否生锈或堆积尘土。冬季要注意防冻。

浮子钢带液位计只要正确安装和调整、精心使用和维护基本能够满足一般液位测量的需要。

三、浮子钢带-光纤液位计

浮子钢带光纤液位计，其测量原理与浮子钢带相同，只是其浮子的位移由光信号读出。液位计分常压型与带压型两种。常压型是由钢丝绳直接与浮球相连，而带压型是通过磁力耦合系统带动磁锤上下运动。机械检测系统与光学编码室完全隔离。

光纤液位计由测量单元(包括浮球、钢丝绳、重锤、导向轮、绳轮等机械部分)、光纤传感器、光电转换器、二次表及光缆组成，工作原理见图 5-10。通过浮球(或磁力浮球系统)将被测液位信号变为计量绞轮的精确转动，并由此带动光纤传感器的光学编码器，使液位每上下运动 1 mm 就有脉冲信号，再经二次表放大整形、可逆判向等处理显示出液位，同时输出标准电信号，再经 RS - 232C 标准计算机接口进入计算机罐区管理系统，做到罐区无电检测、本质安全防爆。这里分别介绍光纤传感系统和光电转换部分的工作原理和结构。图 5-11 为光纤液位计安装示意图。

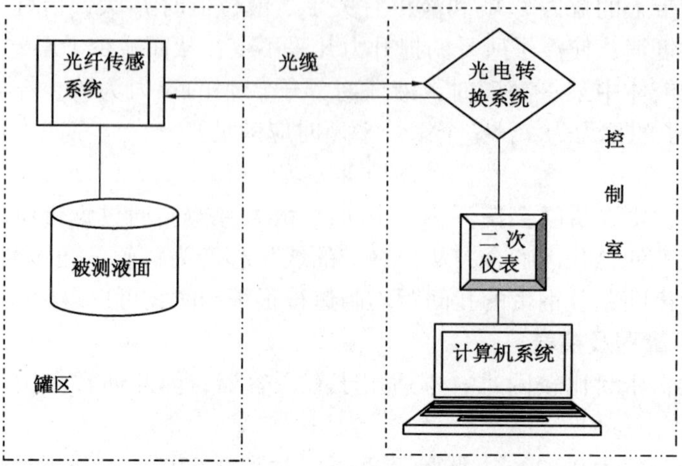

图 5-10　光纤液位计工作原理示意图

1. 光纤传感系统

光纤传感系统主要由磁轮、光学编码盘绞轮和光纤探头组成。

光学编码盘是一个沿圆周编有信息码的薄盘，材质为 1 Cr18Ni9Ti，它与磁轮同轴，密封在光盘室中，完全与环境隔离。图 5-12 为光纤探头示意图。

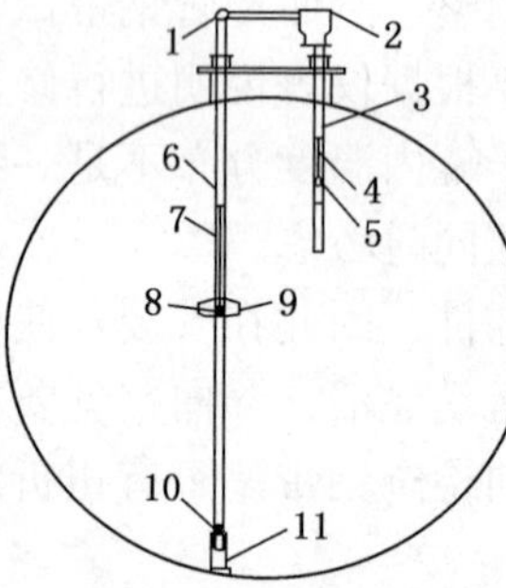

图 5-11　光纤液位计安装示意图

1—导轮盒；2—光纤传感器；3—重锤导管；4，7—钢丝绳；5—重锤；6—浮球导管；8—磁锤；9—浮球；10—弹簧；11—定位套

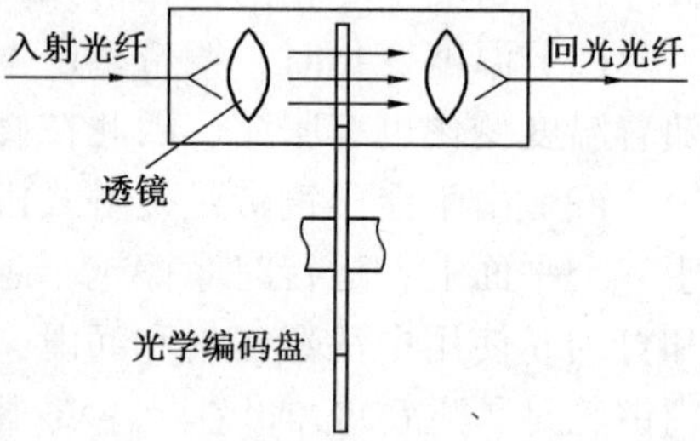

图 5-12　光纤探头示意图

由入射光纤射入的光经透镜聚焦后变为平行光，然后再经另二个透镜聚焦耦合进入回光光纤内。光学编码盘在二透镜中间旋转时，即可调制回光信号。

当光学编码盘因被测液面变化而转动时，对两个光纤探头分别发出的两束红外光进行调制，调制后的两组光信号沿光缆传回控制室的二次仪表。之所以要采用两路光纤探头是因为不仅要记录被测液位变化的大小，而且要判断液位变化的方向。图 5-13 是光纤探头与光学编码盘相互位置示意图。

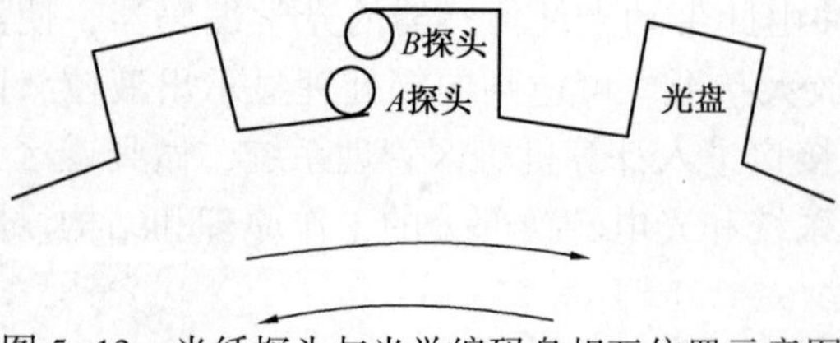

图 5-13　光纤探头与光学编码盘相互位置示意图

用光强(I_P)脉冲表示，光强和时间(t)的脉冲示意图见图 5-14。

当光学编码盘如图 5-14 顺时针转动时，A、B 二光纤探头的信号变化遵循“A 探头先有光，B 探头后有光；A、B 探头同时有光；A 探头先无光，B 探头后无光；A、B 探头同时无光”的规律进行。但光学编码盘如果逆时针转动，A、B 探头的信号变化则遵循“B 探头先无光，A 探头后无光；B、A 探头同时无光；B 探头先有光，A 探头后有光；B，A 探头同时有光”的规律进行。

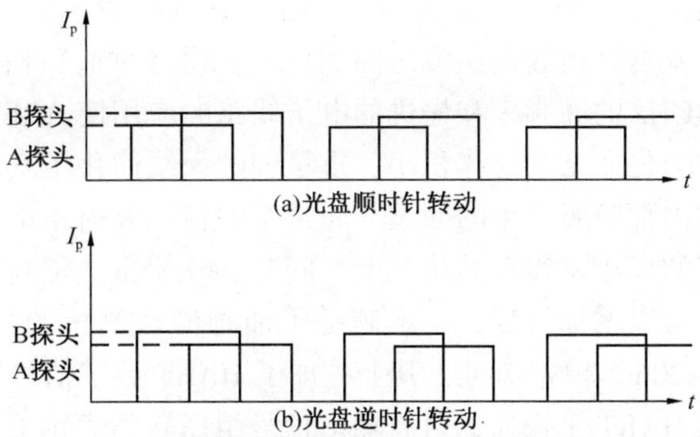

图 5-14　光脉冲示意图

注：A、B 探头的光强不会相等，但差值不大。

2. 光电转换及二次仪表部分

光电转换器与现场的光纤液位计由四芯恺装光缆相连。其中两芯为用红外发光二极管 LED 发出的两套光电转换器光源，发出稳定的连续的光分别给 A、B 探头。两套光电转换器件将另外二芯光纤传来的光信号变为电信号，并在专用屏蔽盒内进行信号处理，转化成标准的 CMOS 电压信号送给二次仪表。

经光电转换和整形放大处理后送入二次仪表的液位信号，在二次表内经处理后送入单片机。在单片机内完成可逆判向逻辑处理等功能，由 LED 显示出液位。同时还可将此信号通过标准 RS - 232C 接口送入上位机，进行罐区管理与监控。

3. 主要技术指标

测量范围：0~15m；

测量精度：±2mm；

灵敏度：lmm；

最大可传输距离：5km。

4. 光纤液位计的特点

(1) 本质安全防爆。该液位计在现场使用的是光信号，没有任何电信号，所以安全可靠。

(2) 抗电磁干扰。光信号在传输路径上不受任何电磁干扰。

(3) 精度及灵敏度高。对于不严格要求计量等级的应用场所可完全满足要求。

(4) 可动部件少，运行可靠，便用方便。除外浮顶外，测量不受恶劣天气如 5 级以上的风、降雨、降雪等影响。

(5) 耐腐蚀性强。现场仪表的主要部件大量采用不锈钢、聚四氟乙烯自润滑轴承等材料，不需保养，且密封性能好。

(6) 安装方便。对于旧罐改造，不需要在罐体上动火开孔，可利用原钢带表的 3 个孔中的 2 个，也可安装在罐顶人孔盖上。

(7) 调整方便。可随时根据测量误差的大小调整计量轮的周长。

四、雷达液位计

雷达液位计是利用雷达电波测量液位，是近几年国内外都很关注的技术。雷达液位计不接触介质，无可动部件，故障率低，而且精度也很高。下面以 APEX 雷达液位计为例作简要介绍。

1. 雷达液位计主要原理、结构

如图 5-15 所示，APEX 雷达液位计应用调频连续波（FMCW）技术，由雷达液位计探头发出 24GHz 微波。雷达波(微波)从雷达发出到液体表面，然后射回雷达接收器。接收器计算发射和接收雷达波之间相位差。通过对这一相位差信号的分析，得到至液位表面的距离。24GHz 的高频率和先进的电子线路的应用使 APEX 雷达液位计的天线很小，同时其雷达波的射角也非常窄。体积小、重量轻的天线简化了安装过程。同时很窄的雷达波射角减少了由油罐内部障碍产生的回波。非常窄的雷达波射角也提高了安装的灵活性，因为雷达可安装在原有的离罐壁很近的法兰上。同时 APEX 雷达液位计测量距离达 56 英尺(17m)，特殊需要时还可以增加量程，基本满足了油罐液位测量的量程要求。APEX 雷达液位计的基本输出为 4~20mA 模拟信号，其上叠加了 HART 数字信号。HART 也接受一路 RID(热电阻)信号。应用 HART 手操器，可将输出信号组态转为表示液位计算的体积或标准体积。

无论被测介质的密度、介电常数还是导电率发生变化，APEX 雷达液位计的测量都不会受到影响。此外，它的雷达波还能穿透许多泡沫或烟雾、蒸汽介质，不受环境变化的影响而可靠地测量其液位的精确值。图 5-16 所示为雷达液位计探头外形。

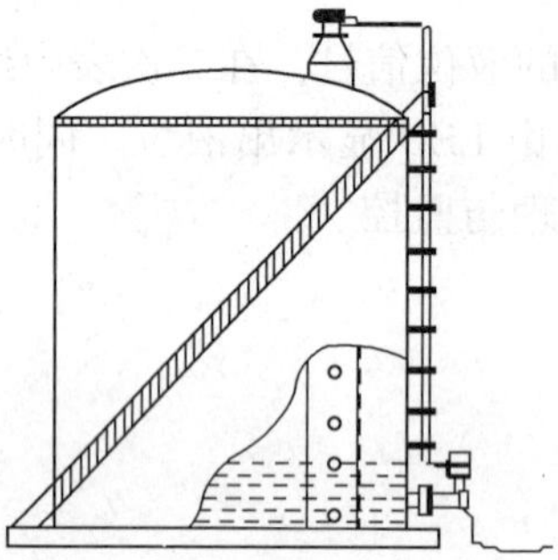

图 5-15　雷达液位计工作原理

图 5-16　雷达液位计外形

2. 雷达液位计主要技术参数

测量范围：0. 5~17m。

供电：四线制操作，18~36V，DC 或 90~250V，AC，50Hz，9W。

输出信号：输出为 4~20mA 模拟信号，叠加 HART 数字信号。

不可擦除存储器：所有的组态信息和程序都存储于不可擦除存储器内。当中断电源、重新供电后，所有的数据都可重新恢复。

电气连接：交流、直流供电端子，温度的输入端子，接地及回路测试端子。

测量过程条件：对于油蒸气及罐内的障碍(像搅拌器、挡板、管槽、梯子及支架)对液位信号的影响可忽略不计。

环境温度：-40~70℃，一体化表头：-20~55℃。

雷达天线口温度范围：-40~149℃。

工作湿度范围：5%~100%相对湿度(于外壳拧紧条件下)。

五、容积表

以上介绍了各种测量油罐液面高度的方法，有了液面高度就可以计算出油罐的容积，从而编制油罐容积表。

容积表反映了油罐中任意高度下的容积，即从油罐底基准点起，任一垂直高度下该油罐的有效容积。容积表编制的基础是按照油罐的形状、几何尺寸及油罐内的附件体积等技术资料为依据，其编制方法有实测和计算两种。计算法是首先测量出油罐的几何尺寸，然后通过计算编制成表。这种方法的特点是精确度高，操作简单。

容积表一般是以 cm 或 dm 为单位，依照油罐满量程的检尺高度，按序排列编制的。不足 dm 或 cm 的，用线性插值法计算(例如：球罐和卧罐)。若在某一区间内单位高度的容积不变可以单独列 mm 高度容积表(如立式罐)。

1. 编制容积表的依据

(1) 油罐的几何尺寸；

(2) 罐底不平度、附件所占体积、液体静压容积修正及油罐的倾斜度修正。

2. 容积表的组成

(1) 主表。从计量基准点起，以间隔 1cm 高对应的容积，累加至安全高度所对应的一列有效容积值。

(2) 附表(小数表)。按圈板高度和附件位置划分区段，给出每区段高度 1~9mm 的一列对应的有效容积值。

(3) 容量静压力修正表。一般是按储存介质的密度为 $1g/cm^3$，储存高度从基准点起，以 1dm 间隔累加至安全高度所对应的一列罐容积增大值(静压压缩油品，所以容量静压力修正为增值)。

部分油罐的容积表见本书附表。

第五节 油品流量测量

一、概述

1. 油品流量和流量计的概念

油品在单位时间内流过管道或设备某横截面处的数量称为流量。该数量可以用体积或质量来表示。流过的数量用体积计算的称为体积流量，单位为 m^3/h；用质量计算的称为质量流量，单位为 kmol、kg、t/h。由于是表示单位时间内的体积流量、质量流量，因此称为瞬间流量，而在某一段时间内流经管道的流体的体积流量或质量流量称为累积流量，体积流量用 Q 表示，质量流量用 m 来表示。它们之间有 $m=\rho Q$ 的关系(ρ 为流体密度)。

流量计是测量流量的仪表，它能指示和记录某瞬时流体的流量值，能指示和记录某瞬时流体的流量值，累积某段时间间隔内流体的总量值，可以测量体积流量或质量流量。

在油品储运过程中，流量测量参数是指导油品调合操作、监控设备运行情况以及进行油品交易核算的重要参数和依据。

采用流量计计量，比油罐检尺计量简单，它不受人为因素影响，能够连续计量，效率高，而且温度、密度可以自动补偿，数量直观又可远传，既能显示瞬时流量，也有累积流量，如和计算机联网，更有利于实现油品计量管理自动化。

2. 流量计的分类及作用

测量管线流量的计量仪表品种很多，一般可分为 3 类，即容积式流量计、速度式流量计和质量流量计。流量计分类见图 5-17。本书仅对炼油厂中常见的少数几种类型的流量计作些介绍。

在炼油厂，对于黏度大的重质油品计量，如原油、重油、重柴油、燃料油等，多选用容

- 流量计量仪表
  - 容积式流量计
    - 椭圆齿轮流量计
    - 腰轮流量计
    - 刮板流量计
    - 圆盘式流量计
  - 速度式流量计
    - 涡轮流量计
    - 转子流量计
    - 孔板流量计
    - 电磁流量计
    - 旋翼式流量计
  - 质量流量计
    - 角动量式测量
    - ρQ^2 变送器和密度组合测量
    - Q 变送器和密度组合测量

图 5-17　流量计分类

积式流量计，如腰轮流量计或椭圆齿轮流量计；对于黏度和密度较小的轻质油品计量，如汽油、煤油、柴油和苯类产品等，多选用速度式流量计，如涡轮流量计，有时也选用椭圆齿轮流量计或腰轮流量计。这些流量计的计量精度都能满足国内贸易(进出厂)不低于±0.35%，用于国际贸易也可达到±0.2%的要求。

3. 流量计的安装

由于油品的体积和密度是随其温度和压力变化的，而仪表的检定标准都是在20℃条件下定的，因此用流量计计量时，应选用具有温度自动补偿的仪表或人工换算到标准情况下的数值。另外，对油品黏度的影响，也需做精度调整和误差修正。

为了保证流量仪表工作正常，计量准确可靠，在流量计前的工艺管线上均需装有过滤器、消气器和旁通管路，如图 5-18 所示。

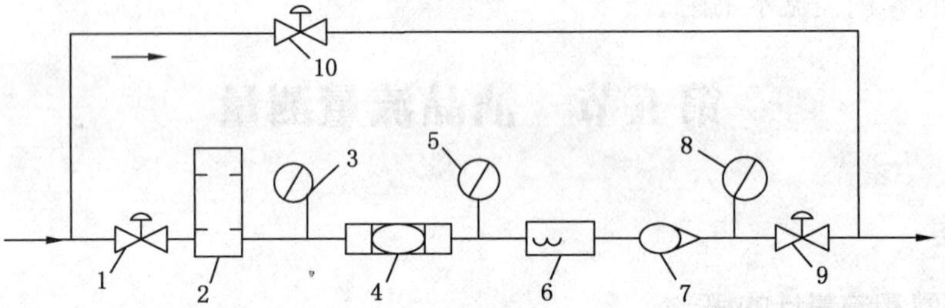

图 5-18　流量计安装工艺示意图

1、9、10—阀门；2—消气器；3、5、8—压力表；4—过滤器；6—温度计；7—流量计

过滤器装在紧靠流量计的入口端。它可以阻挡铁锈、焊渣、泥沙等杂质进入流量计，保护仪表测量一次元件不受损坏，延长仪表使用寿命，减少维护工作，保证计量精度。

消气器一般装在过滤器前，它可以将油品中的气体从油中除掉，以保证流量计的计量精度。消气器有立式和卧式两种。卧式效果好，但占地大。生产上一般多用浮球液面控制立式消气器。

为了保证仪表计量准确、可靠，流量计应定期进行标定。流量计的标定有在线检定法和离线检定法两种。生产上普遍采用后一种方法，即每年装置检修时，都要把经检修的流量计送往仪表计量检定中心，经检定合格并给出校正系数和检定合格证书，方准继续使用。未经检定合格的流量计，所测数据不能作为交接计量依据，只供生产与管理参考。

二、椭圆齿轮流量计

测量精度较高，使用较方便，适宜测量黏度较大(0.2Pa.s 以下)的液体。它的流量测量范围很宽，从 0.2L/h 到 $1000m^3/h$，直径从 10mm 到 300mm，精度很高，普通计量用±0.5%，出口计量或用于计量标定的为±0.2%。允许使用压力有 1.6MPa、2.5MPa、4.0MPa、6.4MPa4 个等级，被测介质温度从-20～350℃有 5 个等级。

1. 椭圆齿轮流量计工作原理

椭圆齿轮流量计又称为奥巴尔流量计，它的测量部分是由壳体和两个相互啮合的椭圆形齿轮3个部分组成。流体流过仪表时，因克服阻力而在仪表的入口和出口之间形成压力差，在此压差的作用下推动椭圆齿轮旋转，不断地将充满在齿轮与壳体之间所形成的半月形计量室中的流体排出，由齿轮的转数表示流体的体积总量，其动作过程如图5-19所示。

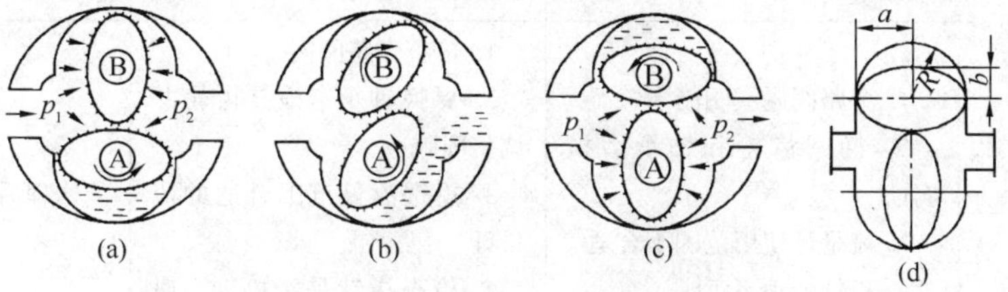

图5-19　椭圆齿轮流量计动作过程

由于流体在仪表的入、出口的压力 $P_1>P_2$，当两个椭圆齿轮处于图5-19(a)位置时，在 P_1、P_2 作用下所产生的合力矩推动轮A向逆时针方向转动，将计量室内的流体排至出口，并同时带动轮B做顺时针方向转动。这时轮A为主动轮，轮B为从动轮。同样可以看出：在图5-19(b)位置时，A，B轮均为主动轮；在图5-19(c)位置时，B为主动轮，A为从动轮。由于轮A和轮B交替为主动轮或者均为主动轮保持两个椭圆齿轮不断地旋转，以致把流体连续地排至出口。椭圆齿轮每循环一次(转动一周)，就排出四个半月形体积的流体，如图5-19(d)，因而从齿轮的转数便可以求出排出流体的总量：

$$V = NV_0 = 4Nv_0 = 2\pi N(R^2 - ab)\delta \tag{5-5}$$

式中　N——椭圆齿轮的旋转转数，r/min；

a、b——椭圆齿轮的长、短半轴的长度，m；

R——计量室的半径，m；

δ——椭圆齿轮的厚度，m；

V_0——椭圆齿轮每循环一次排出的流体体积，m^3；

v_0——半月形容积[$v_0 = (R^2 - ab)\delta$]，m^3。

2. 椭圆齿轮流量计的特点

椭圆齿轮流量计适用于石油及各种燃料油的流量计量，因为测量元件是齿轮的啮合转动，被测介质必须清洁。其测量准确度较高，一般为1~0.2级。椭圆齿轮流量计的故障及排除预案见表5-5。

表5-5　椭圆齿轮流量计的故障及排除预案

故障现象	原因分析	排除预案	备注
椭圆齿轮不转	1. 管道中有杂物 2. 过滤器损坏，杂质进入表内，齿轮卡住	1. 清洗流量计及管道 2. 修理过滤器	新安装的刚开车时易发生
椭圆齿轮转动，但指针不动	1. 某紧固件松动或损坏 2. 磁钢的滑动	1. 重新紧固 2. 更换磁性减弱的磁钢 3. 防止装配不妥产生故障	

续表

故障现象	原因分析	排除预案	备注
指针转动不稳定，时走时停	1. 转动部分不灵活或松动 2. 齿轮组件卡住 3. 磁钢打滑	1. 重新紧固，清除不灵活之处 2. 排除齿轮卡住故障 3. 检查磁钢	
流量计负误差大	1. 旁路阀漏或阀门未关严 2. 椭圆齿轮和轴承磨损腐蚀 3. 流量计使用范围不合适 4. 指针转动不正常	1. 检查旁路阀门 2. 更换轴承，检查齿轮并调整间隙 3. 重选流量范围合适的流量计 4. 检查指针是否松动，磁钢是否滑动	修理后，重新调整校验
轴承磨损引起卡住	由于流量过大，轴承材料不良引起轴承磨损，引起齿轮碰撞内膛，发生卡住现象	更换轴承，保证间隙符合要求	流量不能太大
流量计误差过大	流量有大的脉动或含有气体	减小脉动或增加气体分离器	
二次表指示值大于一次表	发讯叶片振动	适当调整阻尼片对叶轮的压力	
二次表报示位小于一次表	1. 固定螺钉松动 2. 发讯器掉步	1. 紧固螺钉 2. 调整发讯器叶片及间隙	
二次表不指示	1. 开路或短路 2. 发讯器损坏	1. 查线路 2. 更换发讯器	

三、腰轮流量计

1. 腰轮流量计的结构及工作原理

腰轮流量计又称为罗茨流量计，其测量原理、动作过程与椭圆齿轮流量计基本相同，只是作为转子的腰轮形状不同，如图 5-20、图5-21，腰轮上也没有齿，且腰轮是靠套在伸出壳体的两根轴上的转动齿轮啮合传动的。腰轮流量计有立式和卧式两种。根据腰轮的数目不同又可分为只有一对腰轮的普通腰轮流量计和具有两对腰轮的双转子组合式腰轮流量计。

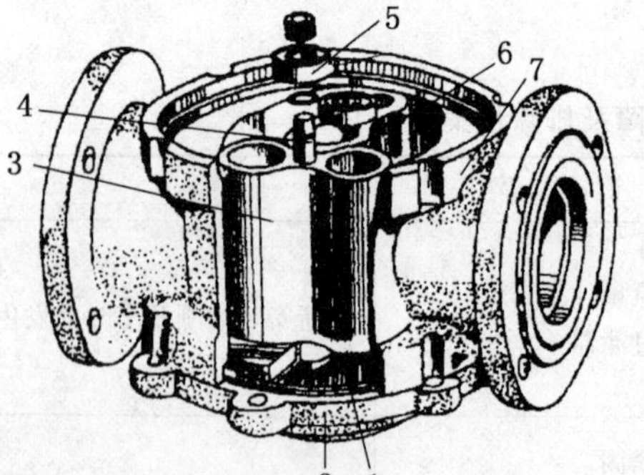

图 5-20 腰轮流量计结构图

1—驱动器；2—下盖；3、5—腰轮；4—输出轴；6—轴承；7—壳体

图 5-20 是普通腰轮流量计的结构图。腰轮由流体推动而旋转时经驱动齿轮而互相驱动，然后通过输出轴带动联轴器而使表头部分的齿轮系统转动。

腰轮的组成有两种：一种是只有一对腰轮；另一种是由两对互呈 45°角的组合腰轮构成，称为 45°

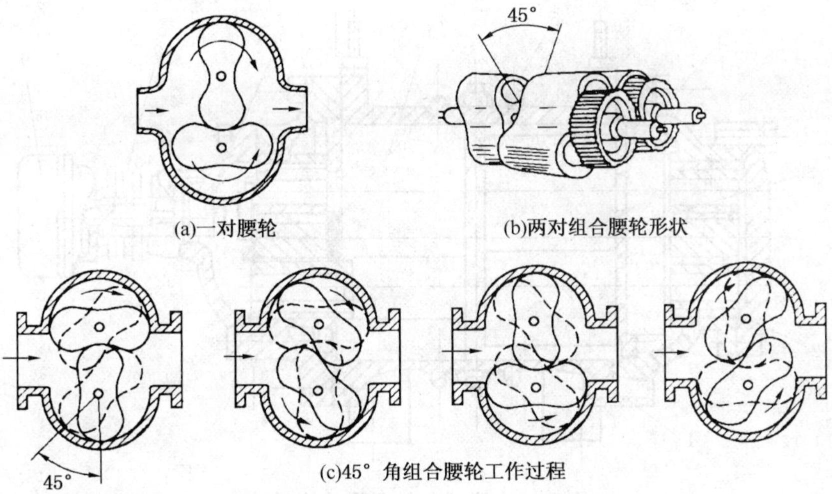

图 5-21　腰轮流量计工作原理图

角组合式腰轮流量计。普通腰轮流量计运行时产生的振动较大，组合式腰轮流量计振动小，适用于大流量测量。

2. 立式双转子腰轮流量计

图 5-22 是典型的立式双转子腰轮流量计。主轴是按垂直工作状态设计的，其下端有硬质合金制成的平面滑动止推轴承，可承受轴向载荷，保持一定的轴向间隙。两对石墨径向轴承则可使腰轮相互间以及它们和壳体之间保持一定间隙。中间隔板将壳体的计量腔室分成两段。若止推轴承磨损时，可利用止推轴承座调整腰轮的轴向间隙。

3. 卧式双转子腰轮流量计

图 5-23 是卧式双转子腰轮流量计。主轴按水平工作状态设计，不用止推轴承，但占地面积较立式的大。

腰轮流量计可用于各种清洁液体的流量测量，也可制成测量气体的流量计。计量准确度高，可达 0.5~0.1 级，主要缺点是体积大、笨重、进行周期检定比较困难、压损较大、运行中有振动等。

4. 腰轮流量计的特性

(1) 计量准确度高，可以达到 0.2 级，作为贸易交接计量用。

(2) 黏度变化时，泄漏量也会变化，黏度越低，泄漏量越大。

(3) 腰轮靠转子外的齿轮相互驱动，所以噪声远比椭圆齿轮流量计小。

(4) 对流体的清洁度要求较高，当被测介质内夹有固体异物时，会卡死而不工作，必须在流量计上游安装过滤器。

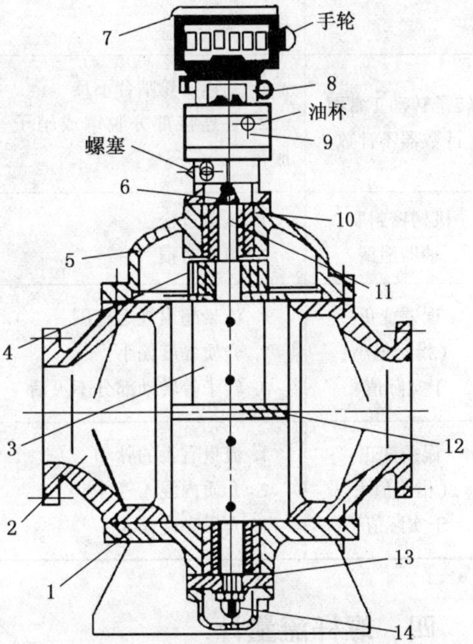

图 5-22　立式双转子腰轮流量计

1—下盖；2—壳体；3—腰轮；4—驱动齿轮；5—上盖；6—连轴；7—表头计数器；8—精度调整；9—联轴器；10—径向轴承；11—腰轮轴；12—隔板；13—止推轴承；14—止推轴承座

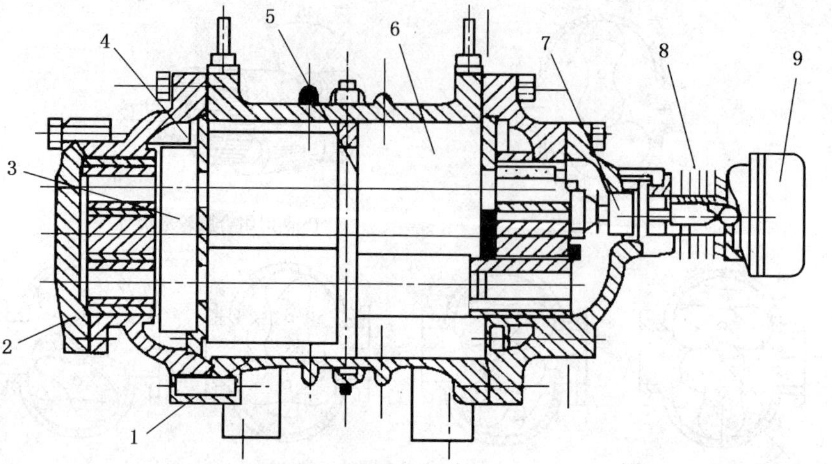

图 5-23　卧式双转子腰轮流量计

1—壳体；2—主轴轴承；3—驱动齿轮；4—盖板；
5—隔板；6—腰轮；7—磁性联轴器；8—散热器；9—表头计数器

（5）在超负荷工作时仪表的寿命将明显缩短。腰轮流量计的故障及排除预案见表 5-6。

表 5-6　腰轮流量计的故障及排除预案

故障现象	原因分析	排 除 预 案
转子不转动	1. 过滤器被堵 2. 杂质进入流量计，使转子卡死	1. 清洗过滤器 2. 检查过滤器网有无损坏和清洗流量计内部
转子转动正常而计数器不计数	1. 变速齿轮啮合不良 2. 各连接部分脱铆或销子脱落	1. 卸下计数器，检查各级变速器和计数器 2. 检查磁性联轴器或机构密封联轴器转动情况（注意：不要使磁性联轴器承受过大的转矩，否则，会因产生错极而去磁）
机构密封联轴器泄漏	1. 压盖过松 2. 填料磨损	1. 拧紧压盖 2. 更换密封填料，加填密封油
误差变负（指示值小于实际值）	1. 流量超出规定范围 2. 介质黏度偏小 3. 转子等转动部分不灵活	1. 使流量在规定的范围内运行或换流量计规格 2. 黏度偏小，可重新标定，更换调整齿轮对进行修正 3. 检查转子、轴承、驱动齿轮等，更换磨损零件
误差变正（指示值大于实际值）	1. 流量有大的脉动 2. 介质内混入气体 3. 介质黏度偏大	1. 减小管路中流量的脉动 2. 加装除气器 3. 重新标定，更换调整齿轮对进行修正

四、螺杆流量计

螺杆流量计与其他容积流量计一样，其优点是测量准确度一般都比较高，对上游的流态不太敏感，因而在工业生产和商品交换中得到了广泛应用，油品计量中应用得非常普遍，各类油库内比比皆是。其缺点是一般都比较笨重，尤其是用于检测大流量的流量计更是如此。

螺杆流量计是由一对螺旋转子与壳体之间构成计量室，在液体压力差的作用下产生转动力矩，使螺旋转子以匀速旋转。其特点是对被测介质的黏度变化不敏感，适用于黏度较高(可达 200mPa·s)介质的流量测量，准确度等级有 0.2 级、0.5 级。

五、刮板式容积流量计

刮板式容积流量计主要由可旋转的转子、刮板及流量计的壳体组成。在流体的压力作用下使转子、刮板旋转，将流体连续不断地切割成单元体积，并排至出口，由转子的转数计算出流量。刮板流量计有凸轮式、凹线式和弹性刮板等形式。

1. 凸轮式刮板流量计

该流量计壳体的内腔是圆筒形的空筒(图 5-24)。转子也是一个空心的圆筒形物体，在筒边开有 4 个槽并相互垂直，以便刮板在槽内作径向伸出或收缩。4 个刮板由两根连杆连接成两对，也互为 90°角，在空间交叉互不干扰。每个刮板的一端装有小滚柱，在流体推动刮板旋转时 4 个小滚柱分别围绕着固定的凸轮作滚动，从而使刮板时而伸出，时而缩进。当相邻的两个刮板都伸出到壳体内壁时，便形成一个计量空间(计量室)。刮板在计量室内运行期间，只随转子旋转而不作伸、缩运动。当前面的刮板离开计量室后，就慢慢缩进旋转的圆筒内，流体排至出口，同时，相应的刮板伸出并与后边的刮板形成新的计量空间，继续旋转，周而复始，转子每旋转一周，便有 4 个计量空间的流体排出。

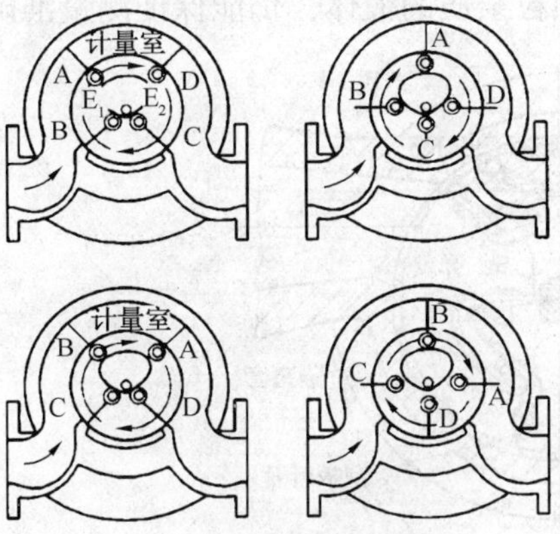

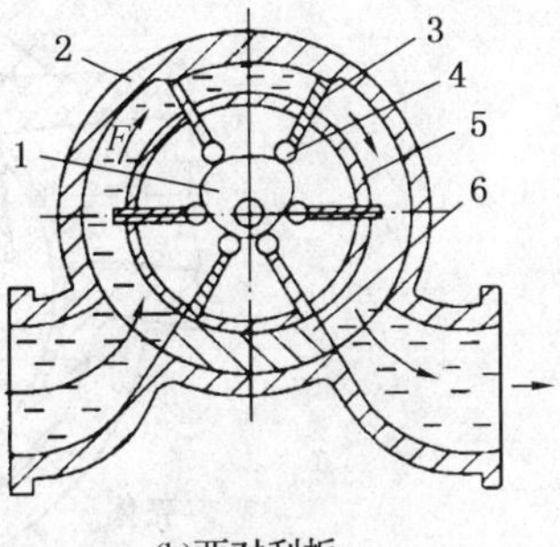

图 5-24　凸轮式刮板流量计

1—凸轮；2—壳体；3—刮板；4—滚子；5—转子；6—挡块

2. 凹线式刮板流量计

凹线式刮板流量计壳体的内腔是曲线形的，由大、小两个圆及两条对称的凹线所组成。转子是实心的，中间有槽，刮板在槽中随着内腔的曲率不同伸出或缩进，如图 5-25 所示。

凹线式刮板流量计的动作过程与凸轮式刮板流量计基本相同，只是凸轮式刮板的滑动是靠凸轮控制转子按顺时针方向旋转，凹线式刮板的滑动是靠内腔形线来实现转子按逆时针方向旋转。

刮板流量计适用于液体流量计量，准确度较高，可达 0.2 级。振动和噪音小。

3. 弹性刮板流量计的结构与工作原理

为适应含有颗粒杂质的脏污流体的流量测量，有一种弹性刮板流量计，如图 5-26 所示。它是由壳体、弹性刮板、叶片形成计量室。

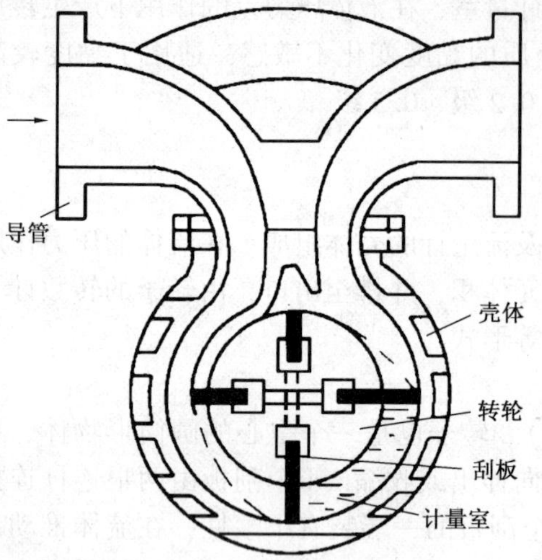

图 5-25　凹线式刮板流量计

其转子为三叶状，并与轴结成一体，刮板叶片通过扭矩弹簧与转子连接。当被测流体经入口进入流量计时，液体遇挡块后，使之倾斜向下流动，推动第一片刮板使转子转动，转子又带动第二片刮板同时转动。当刮板遇到挡块时，刮板上缘沿着挡块滑动，由于弹簧作用，刮板弹出，在继续旋转中，刮板与壳体间形成计量室，被计量的液体由出口排出。由于转子与挡块间有橡胶条密封，则刮板滑动时无漏失。由于刮板与壳体间是弹性密封的，所以被测介质中含有少量的颗粒或污物，也不会损坏仪表。

弹性刮板流量计的准确度等级有 1 级、1.5 级。被测介质黏度范围为 5~250mPa · s。

4. 刮板流量计的特点

由于刮板流量计的特殊结构形式，使其与其他容积式流量计相比具有以下特点：

（1）计量准确度高，性能稳定可靠。

（2）适应性强。对于不同黏度及带有细颗粒杂质的液体，仍能保证测量准确度。

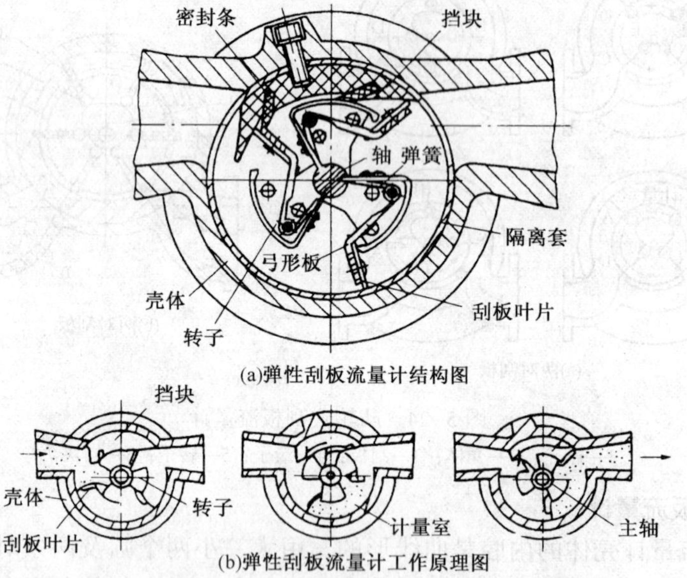

图 5-26　弹性刮板流量计

（3）结构合理，摩擦小，故压力损失小，最大流量下的压力损失一般在 0.03MPa 以下。

（4）对流场无特殊要求，安装简便，振动和噪音小。

5. 刮板式容积流量计的保养及维修

（1）每天检查流量表的损坏和渗漏迹象，一旦发现后应立即排除或将流量表卸下修理。

（2）使用 6 个月之后，要用标准流量表或用类似的实验方法检查流量表的精度，若超差则调整到所需精度。

（3）每年清洗或检查润滑计数器机构。

（4）流量表维修：动密封圈每年更换一次，静密封圈每两年更换一次。

（5）流量表存放：所有的密封每两年更换一次。

6. 刮板流量计的维修

（1）由于流量表的设计是简单健全的，在大部分情况下，故障的发现限于渗漏的位置和调整，表5-7列出了故障可能发生的原因和解决方法。

（2）在怀疑流量表的精度情况下，应进行检定和校正，如果检定、校正是无效的，那么应卸下进行维修。

（3）表5-7中所列故障仅是一个提示，并不是对所有的故障而言，正确的操作和保养将会使故障降到最低。

表5-7　刮板流量计常见故障的原因及处理预案

故　障	原因分析	处理预案
无流量	1. 管线压力为零 2. 控制阀关闭 3. 转子轧住	1. 检查系统并矫正 2. 打开控制阀 3. 拆除、清洗、检查和更新部件，重新组装和试验
流量减少、反常	1. 管线压力波动 2. 控制阀未打开 3. 转子有时轧住	1. 查系统和矫正 2. 打开控制阀 3. 拆除、清洗、检查和更新部件，重新组装和试验
过　滤	系统中的空气或蒸气未排出	如果上游装有空气分离器存在故障，则进行系统放气
外部渗漏		进行维护
支管、管线、法兰	1. 法兰螺母松动 2. 垫圈的缺陷	1. 检查紧固螺母 2. 更新垫圈，检查法兰端面
表体、支管密封	1. 螺母松动 2. 密封圈的缺陷	1. 检查紧固螺母 2. 更新密封圈，检查其密封情况
前盖、表体	1. 螺母松动 2. 密封圈的缺陷	1. 紧固螺母 2. 更新前盖垫圈
前盖、校正机构	1. 轴密封固有缺陷 2. 驱动轴不同心	1. 更新轴密封圈 2. 检查同心度是否在0.0076mm范围内
后盖、表体	1. 螺母松动 2. 密封圈有缺陷	1. 检查紧固螺母 2. 返回生产厂家，不要试图打开后盖
后盖轴密封	1. 密封圈有缺陷 2. 轴不同心	见维修手册
密封圈渗漏	密封圈和产品不配套	确认密封圈使之配套
校正机构在极限范围内的故障	流量表或校正机构的内部磨损	拆除、清洗、检查和更新流量表校正机构有缺陷的部件，并组装试验
计数器读数反常或不能读数	1. 校正机构驱动或齿轮传动故障 2. 缺少或无润滑油 3. 计数器故障	1. 拆除、清洗、检查和更新流量表校正机构有缺陷的部件，并组装试验 2. 检查润滑 3. 更新计数器
测量有问题	1. 转子轴承调节器设备不正确 2. 流量表没有检定	1. 重新安装调节器 2. 用标准流量表进行检定

六、质量流量计

1. 工作原理

质量流量计能直接显示被测流体的质量，不需要考虑温度、压力、黏度、密度等参数的影响而进行修正或换算，大大提高了质量计量的准确度，因此受到用户的欢迎。

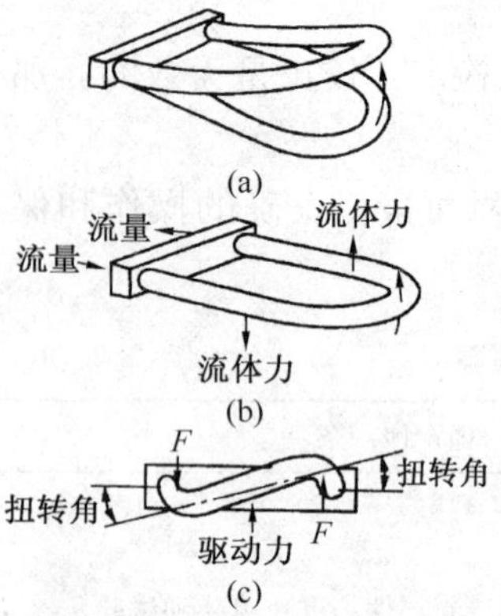

图 5-27　质量流量计

质量流量计可分为直接式质量流量计和推导式质量流量计两大类，目前直接式质量流量计测量管的形状有直管、S 形管、U 形管、螺旋管等，但其工作原理都是依据牛顿第二运动定律：力=质量×加速度（$F=ma$）制成的。仪表的测量管在电磁驱动系统的驱动下，以它固有的频率振动，如图 5-27(a)所示。液体流过测量系统时，流体被强制接受管子的垂直动量，与流体的加速度 a 产生一个复合向心力 F，使振动管发生扭曲，即在管子向上振动的半周期，流入仪表的流体向下压，抵抗管子向上的力，如图 5-27(b)所示，流出仪表的流体则向上推，两个反作用力引起测量管扭曲，如图 5-27(c)所示，这就是"科里奥利(Coriolis)效应"。测量管扭曲的程度与流体的质量流量成正比，位于测量管两侧的电磁感应器用于测量上、下两个力的作用点上管子的振动速度，管子扭曲引起两个速度信号之间出现时间差，感应器把这个信号传送到变送器，变送器对信号进行处理并直接将信号转换成与质量流量成正比的输出信号。

2. 特性

(1) 考虑被测介质的温度和压力对质量流量计的准确测量的影响。

(2) 仪表的压力降随流量的增大而增大，在仪表选型时应给予充分的考虑。

(3) 安装时要注意克服应力和振动对仪表的影响，要留有一定的安装直管段。

第六节　其他形式的流量计

一、涡轮流量计

在炼油厂的生产装置、装油栈桥、油库及加油站中速度式流量计又称涡轮流量计的应用，仅次于容积式流量计。

涡轮流量计是利用悬置于流体中带叶片的转子或叶轮感受流体的平均流速而推导出被测流体的瞬时流量和累积流量，从而实现流量测量的目的。

1. 工作原理

当流体流经安装在管道里的涡轮，即流经涡轮叶片与管道之间的间隙时，由于流体的冲击作用，将使涡轮发生旋转。涡轮旋转的转数与流体的体积流量呈近似线性关系，再将涡轮的旋转通过磁电转换，成为电脉冲，此脉冲信号经前置放大后送往显示仪表进行流量显示。

由此可知，在测量范围内，涡轮的转速与流量成正比，而信号的脉冲数则与涡轮的转速成正比。所以，当测得信号脉冲总数 N 后，除以仪表常数 q（次/升），便可求得该段时间内的流体总量 $V(L)$ 即：

$$V = N/q \tag{5-6}$$

2. 特点

涡轮流量计的主要特点是体积小、重量轻、精度高、反应快、量程比大(10∶1)、压力损失小、耐压高，工作温度一般为-20～+100℃，输出为频率信号，故不易受干扰，可远传，并便于数据处理；宜测量黏度不高的轻质油类和腐蚀性不大的酸、碱溶液的流量，并且有线性刻度，还可同时显示累积流量与瞬时流量；测量管的口径范围可从6mm变化到500mm，可测流量范围为0.01～$7\times10^3 m^3/h$，当仪表发生故障时，也不影响介质的输送。其缺点是介质不能含有机械杂质；轴承较易磨损，制造较困难，成本较高等。

3. 结构

涡轮流量计通常由涡轮流量传感器和显示仪表组成，如图5-28所示。

(1) 涡轮流量计结构如图5-29所示，主要由壳体、导流器、涡轮、感应线圈等组成。

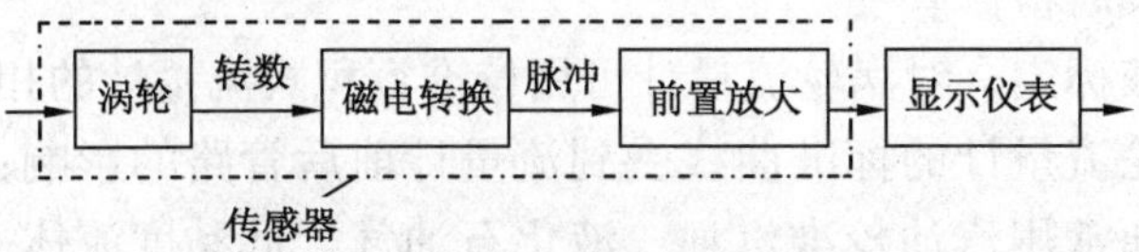

图5-28　涡轮流量计原理方框图

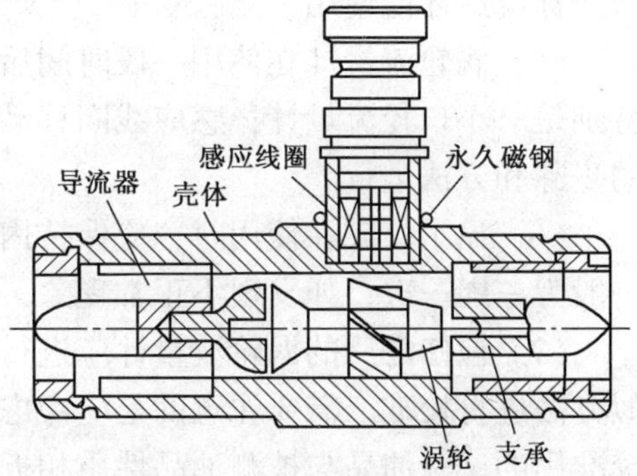

图5-29　涡轮流量计结构图

(2) 壳体：用非磁性材料制成，用以固定与保护流量计其他部件并与管道连接，壳体应具有耐腐蚀性和足够的机械强度。

(3) 导流器：由前后导向件构成。

(4) 叶轮：由导磁系数较高的材料制成。

(5) 轴与轴承：轴与轴承组成一对高速旋转的运动对，要求间隙具有尽可能小的摩擦和足够高的耐磨性和耐腐蚀性。

(6) 磁电感应式信号检出器：它用于把涡轮的转数转换成对应的电脉冲信号，主要由永久磁铁和感应线圈组成。

(7) 前置放大器：由磁电感应式信号检出器，得到的脉动信号较微弱，需经前置放大后才可作为变送器的输出送给显示仪表，以显示被测流量增值的大小。

4. 涡轮流量计的使用

涡轮流量计在使用中的精度和出厂检定时的精度可能相同，也可能不同。首先，涡轮流量计的计量精度受流态的影响。使用时，其上游的整流器(或直管段)和下游的直管段在严格要求同心的条件下组装好，成一整体，不得随意拆卸。如果流量计要卸下来去标定站检定，应将该整体一起拆下，一起检查，否则检定结果会因使用条件发生变化而产生较大的误差。据此，涡轮流量计订货时，都应要求是这样一个整体，而不是单一的流量计(变送器)。

5. 涡轮流量计的维护

(1) 流量计运行前应清洗所装配管，清洗时为了不损坏涡轮和轴承，可采用让洗液通过旁路或用短管替换流量计的方法进行。为防止涡轮流量计的轴承冻住不转和直片损坏，应除去管道和流量计内的水分。要确定配管和流量计的流向是否一致。否则，稍有差错就会出现故障。

（2）在运转前要检查流量计的电气系统。通电前要检查有无布线错误和电源电压是否正常，若能用必要的测试设备检查显示仪表更好；不可能的话，最低限度要检查仪表常数的设定值是否正确。特别是很多涡轮流量计在同一场所使用时，往往容易将仪表常数相互用错。

（3）接通电源而油品尚未流动时，要确认前置放大器无脉冲信号输出。调节流量时应当缓慢，用流量计下游侧的阀门，而上游侧的阀门全开，这样一方面保证避免水击，另一方面也能保证油品充满流量计的壳体内腔，否则无法测准。

（4）由于流量计在工作时，叶轮要高速旋转，因而在润滑情况良好时也仍有磨损产生。这样，在使用过一定时间之后，因磨损致使流量计不能正常工作，就应更换轴承或轴，并经重新标定后才能使用。

（5）涡轮流量计在使用一段时间后，需要进行清洗。在清洗时，应尽量不动感应线圈，特别是对小口径流量计，感应线圈移动后，对仪表常数影响很大。清洗时，应按制造厂规定的步骤和方法进行。

（6）显示仪表在使用时，应保持内部清洁，电磁计数器应定期加油，对仪表的工作校验一般为一周一次，如发现不正常现象，应及时检修。

（7）检修之后的涡轮流量计应进行实液标定。对涡轮流量计可用校准容积式流量计的相似方法进行校准。需要注意的是应考虑涡轮流量计的标准曲线受到流量计前后管路的影响；校准用的试验油品与被测油品性质相近，通常用汽油校准汽油、液化石油气等低黏度流体。对于黏度处于汽油和轻油之间的流体，也可用轻油、汽油校准，将两个校准数据合成而得。

（8）建立定期检查维护制度。

（9）涡轮传感器常见故障与排除预案见表 5-8。

表 5-8　涡轮流量传感器常见故障与排除预案表

故障现象	原因分析	排除预案
显示仪表不工作	1. 号检测器、前置放大器、显示仪表间断路或短路 2. 信号检测器断线，无脉冲输出 3. 传感器叶轮不旋转	1. 检查线路，使之正常 2. 更换信号检测器（或信号检测放大器） 3. 检修传感器
显示仪表工作不稳，计量不准确	1. 实际流量超出仪表的计算范围 2. 有较强的外磁场干扰 3. 叶轮上挂有脏物，或信号检测器下方壳体内壁处有铁磁物体等 4. 液体内含有气体 5. 轴承严重磨损，叶轮与壳体内壁相碰	1. 调整流体流量 2. 采取屏蔽措施 3. 检修传感器、清洗干净 4. 消除气泡 5. 更换轴和轴承

二、涡街流量计

1. 工作原理

涡街流量计是一种旋涡式流量计，故亦称为旋涡流量计。其输出信号是与流量成正比的脉冲频率或标准电流信号，可远距离传输，并且输出信号仅与流量有关，不受流体的温度、压力、组成、黏度及密度的影响。

涡街流量计的工作原理是：在流动的流体中插入一根其轴线与流向垂直的非流线型断面的柱体时，其下游就会产生两排内旋的、相互交错的漩涡列，如图 5-30 所示。

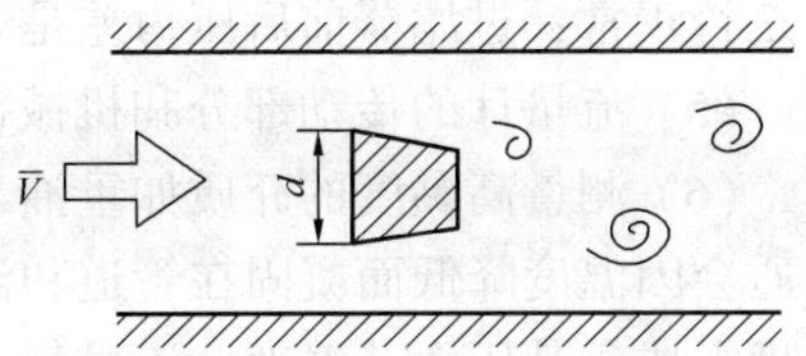

图 5-30　漩涡发生原理图

若交错的漩涡列满足一定的条件时(雷诺数在 $2\times10^4\sim7\times10^6$ 范围内)，漩涡的分离是规则而且稳定的，这就是所谓“卡门涡街”。

由于在一定条件下漩涡分离的频率 f 与柱侧平均流速 V 及柱宽 d 有固定关系，即：

$$f = S_r V/d \tag{5-7}$$

式中　S_r——斯特劳哈尔数。

因此，在柱宽和柱形已知时，可以测量漩涡的分离频率以求出管内的平均流速(因为雷诺数在 $2\times10^4\sim7\times10^6$ 范围内，S_r 值基本上保持不变)。

漩涡在柱体两侧交替发生时，有一个与流向垂直的交变升力产生。它通过漩涡发生体两侧的引压孔作用在探头上，使探头内部产生交变应力，其频率与一侧漩涡频率相同，并利用在探头内部的压电晶体产生与漩涡分离频率相同的电信号。电信号经转换器处理后，便转换成与流量成正比的脉冲信号，送入流量计算仪进行显示和计算。

2. 特性

(1) 涡街流量计没有转动部件，当流量计的结构确定后，流体振荡(漩涡)就服从一定的规律，振荡频率只随雷诺数变化，与介质的种类及其参数如压力、温度、密度等无关，所以对于不同的测量介质，其仪表常数是相同的。

(2) 对上、下游直管段长度有严格的要求，安装仪表的管道不能有激烈的机械振动。

(3) 为了保证漩涡列有规律性，必须在允许的流量测量范围内使用，即雷诺数的范围。

(4) 量程比大，可达 30:1~100:1，耐受温度也较高，可达 400℃。

三、流量计的检定

流量计同其他油品测量器具一样属于列入《中华人民共和国强制检定的工作计量器具目录》的计量器具。

四、流量计的使用和维护

(1) 流量计应该按照规定的流量范围、工作压力和工作温度使用，不得任意超出使用范围，以保证测量准确度及使用寿命。

(2) 对于新安装的流量计或管路检修后开始运转的流量计，应先打开旁路管和阀门，将管路内的杂质冲洗干净后，然后打开流量计上游阀门，再打开流量计下游阀门，最后逐步关闭旁路阀门，并检查流量计的运转情况是否正常。调节流量计下游阀门，使其达到预期的流量值。

(3) 正常使用时，要先打开流量计的上游阀门，再打开流量计的下游阀门；停止运行时，要先关闭流量计的下游阀门，再关闭流量计的上游阀门。

(4) 对于运行中的流量计，应定期检查：转动部分声音是否正常；指针动作或计数器跳数是否正常；过滤器前后压力差是否小于 0.1 MPa（接近 0.1 MPa 时就要考虑清洗过滤器）。

（5）流量计的传动部分和机械计数器要定期进行润滑，可延长使用寿命。

（6）测量高黏度的介质如重油、原油等的流量计，由于各种原因停止使用一段时间后，介质会因温度降低而凝固在管道和流量计内。如发现这种情况应及时处理，但无论采取哪种处理方式，其压力、温度、流量都不得超过流量计允许的范围。绝对禁止扫管路的蒸汽通过流量计，否则会使流量计损坏。蒸汽只能从旁路管道经过，流量计内残余凝结的介质，只能采用流量计外部加温的办法使之融化。

（7）过滤器必须定期清洗、检查。

（8）流量计使用一段时间后，要进行周期检定。

第七节　衡 器 计 量

衡器是利用被称物的重力（f）来确定该物体的质量（m）。

一、衡器的分类

衡器的分类都是依据衡器的某一特征而进行的。依据的特征不同，分类的方法也不同。按照结构原理可分为三类：

（1）机械秤。包括杠杆秤、弹簧秤等；

（2）电子秤。包括电子计价秤、电子吊秤、电子汽车衡、电子皮带秤等；

（3）机电秤。包括机电两用秤、光栅秤等。按用途分类，可分为商用秤、工业秤。按操作方式分类，可分为自动秤和非自动秤。

二、称量原理

在衡器上被称物体的重力与已知质量的标准法码的重力进行比较的过程称为称重。称重的原理一般分为四种：杠杆原理、传感原理、弹性原理及液压原理。

1. 杠杆原理

杠杆是一种在外力作用下，绕固定轴转动的机械装置。平衡时，作用在杠杆上的所有外力力矩之和为零。秤就是根据该原理制成的计量器具。

2. 传感原理

以电阻应变式称重传感器为例，它由电阻应变计、弹性体和某些附件组成。当被称量物体或标准法码在质量作用的传感器上时，弹性体产生形变，应变计的电阻就发生变化，并通过电桥产生一定的输出信号，从而可以进行比较和衡量。这种用称重传感器制成的质量比较仪，其计量不确定度已达（2~5）×10^{-7}，而且操作方便，具有很多优于常规的功能。

3. 弹性原理

在重力作用下，有可能将弹簧拉长变形。按照弹簧变形的大小，就可以判定出作用力、重力的大小。各种扭力天平和弹簧秤都是按照这个原理制造的。

4. 液压原理

根据帕斯卡原理，加在容器液体上的压强，能够按照原来的大小由液体向各个方向传递。液压秤就是根据这一原则制成的。

三、衡器的计量性能和准确度等级划分

1. 衡器的计量性能

衡器必须具备以下四种计量的性能：

（1）稳定性

衡器的稳定性是指衡器的平衡状态被扰动后，能自动恢复或保持原来平衡位置的性能。衡器的稳定性可用稳定度来表示。稳定度是指在规定的工作条件内，衡器的平衡位置(示值)及某些性能随时间保持不变的能力。

（2）灵敏性

衡器的灵敏性是指衡器的示值对被测质量微小变化的特征。衡器的灵敏性可用灵敏度来表示。灵敏度表示衡器对被测质量变化的反应能力。

（3）正确性

衡器的正确性指衡器对力的传递与转换系统准确可靠的特征。

（4）重复性

衡器的重复性是指衡器在相同条件下，以一致的方式对同一被测质量进行连续多次称量时，其称量结果的一致性。

2. 非自动衡器准确度等级划分

秤的准确度等级划分原则主要基于两个参数，即分度数和分度值，分度值越小，分度数越多，则秤的准确度也越高。

非自动秤划分为三个等级即高准确度等级、中准确度等级、普通准确度等级。高准确度等级秤用来称量贵重物品和作标准用；中准确等级秤一般用于贸易结算；普通准确度等级适用于称量低值物品。

划分秤准确度级别的基础之一是分度值 d，因此允许误差以分度值 d 的倍数给出。

四、炼油厂常用的衡器

原油进厂、化工原料等要用地衡或轨道衡计量，生产所需催化剂、添加剂加入量，原材料发放数量，某些石油产品，如袋装化肥屯硫磺、石蜡、瓶装液化气、桶装液体产品等，也都需用磅秤计量。而出厂的大宗石油产品，如沥青、石油焦、液化石油气、丙烯等也要经地衡或轨道衡计量。

石化企业常用的衡器有案秤、台秤、地衡、轨道衡、电子吊钩秤、电子皮带秤等。衡器称量的规格多在 10kgf、20kgf、50kgf、100kgf、200kgf、500kgf、1000kgf 和 10t、20t、30t、50t、100t 等范围。

1. 地衡

地衡是安装在固定基坑里的一种较大型台秤，也叫地中衡。新一代地衡已经不需要基坑，安装于地上的无基坑式电子汽车衡已经得到广泛应用。

地衡可分为机械杠杆秤、机械杠杆-电子秤和电子秤 3 种。

（1）机械杠杆秤

由计量箱、承重台、杠杆系统和基础组成。

DZH 类地衡规格有 3t、5t、15t、20t、30t 五种。有效使用范围为称量 1/20 至最大称量。标尺最小分度为称量的 1/3000，最大允差为实际称量的 0.1%。

(2) 机械杠杆-电子秤

是把电子技术、光电技术和机械称重方式结合起来，通过机械杠杆传力、摆锤机构平衡、光电模拟转换、仪表数字显示的一种自动秤。这种形式的地衡，既保留了机械地衡的优点，又发挥了现代技术优势。因此，它精度高，性能稳定，计量速度快，读数直观，使用方便，易于和其他仪表配套，实现数据打印累计远传，便于自动化。

(3) 电子式汽车衡

电子汽车衡称重管理系统的工作原理如图 5-31 所示。

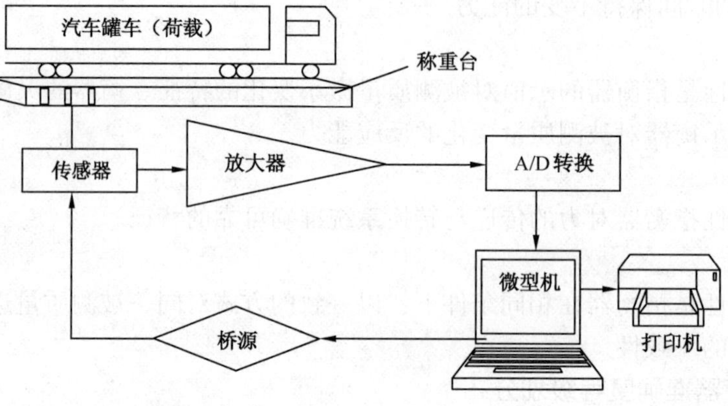

图 5-31　电子汽车衡工作原理示意图

它可以利用原有机械地中衡位置和基础，很方便地改造成为无基坑式或埋入式电子汽车衡。因此，它的兴起正有逐步取代机械杠杆地衡的趋势。

电子汽车衡由承重台、称重传感器和显示器或微机控制称重系统等部件组成。

电子汽车衡是利用应变电测原理来称重的，当汽车开到称重台面上，承重台将其所受的力作用在称重传感器上，当传感器受力时，粘贴在弹性体上的电阻应变片发生阻值变化，由应变电桥输出电信号，进行线性放大，A/D 转换成脉冲数，经与主机通讯、数据处理、储存、控制，然后由数码管显示称重数，打印机打出单据报表。

一般来说，显示器可显示单重、总重、次数累计、车号、单价、总价、日期等，打印机可打印日期、货名、毛重、皮重、净重、累计、编号并制表，打印汉字标题等。称重方式有二种，一次称重方式是将皮重事先存储或用键盘输入，二次称重方式是空车和重车分别称重，数值自动储存并计算。

2. 铁路油罐车电子轨道衡计量

铁路油罐车电子轨道衡工作原理，如图 5-32 所示。按其使用角度要求可分为静态或动态两种。

(1) 静态轨道衡是铁路装载车辆在轨道衡台面上静止状态下的计量(车辆需逐台车摘钩单台称重)。这类轨道衡的下部结构采用混合杠杆系统，读数装置多为标尺游铊式。

这种衡器计量速度慢，功能差，手动操作，对车辆周转、调运有一定影响。但结构简单，精度可高达 0.1%，基建投资少，一般只是作为计重设备，有待逐年更新。

(2) 动态电子轨道衡一般由台面、传感器和测量控制系统三部分组成。台面设置在基坑中，铺台面轨，和铁路轨道位于同一水平上，供车列通行，承受罐车质量。台面四周配置有四个感器，作用于台面上的车轮压力，由传感器转换成与车轮压力成比例的电压信号输入测量控制系统。通过转换、运算、显示并打印出罐车油量。动态轨道衡的特点是列车不停、不

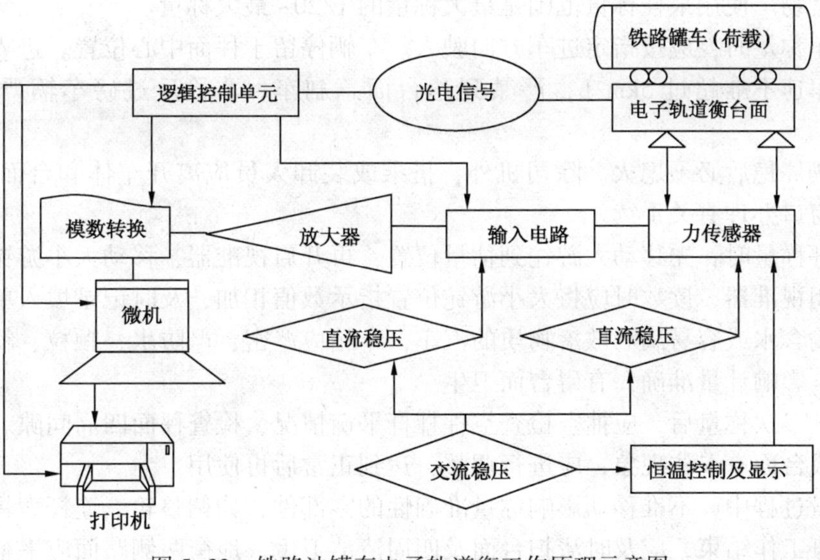

图 5-32　铁路油罐车电子轨道衡工作原理示意图

摘钩、低速行驶，罐车按辆自动称重。从而减少车列在厂停留时间，提高了车辆周转率。

五、炼油厂衡器的使用与管理

1. 台秤与案秤

（1）案秤放在工作台面上，台秤放在坚实、平整地面上，四角切实落地。称重板与四个承重刀均应接触好，承重板保持水平。

（2）使用前，检查游铊是否对准零线，游铊螺丝是否脱落，增铊有无缺少，铅封是否完整。调整空秤平衡后，检查计量杠杆上下摆动幅度是否正常、均匀。发现问题未调好前，不得使用。

（3）被称物体应在称的量程范围内。案秤应在最大称量的 1/20~最大称量，台秤应在最大称量 5%~最大称量。不准称量过小或超重，否则都会计量不准，甚至破坏衡器。

（4）加减重物时，应轻拿轻放，不准摔、扔。正确方法是先关闭杠杆制动器，以免放物过猛而损坏杠杆，产生不应有的误差。

（5）秤上游铊、增铊、平衡调整铊等零部件不准随意拆卸。不同臂比的游铊不能互相串用，以免产生错量。

（6）若秤经连续多次使用，应检查空秤零点，检查杠杆摆幅是否初始一致。发现有问题及时调整，调好方准使用。

（7）秤应经常保持清洁。用前应清除灰尘与脏物，用后及时擦拭干净。遇标尺生锈发黑可用细纱纸擦光然后打蜡或涂清漆。除平衡调整杆上螺丝可加防锈油外，秤的其他部位不准加油。

（8）秤使用完必须关住杠杆制动器，取下增铊，将游铊移至零位。

2. 地衡

（1）每班使用前应先调整秤的零点，检查杠杆上下摆幅是否均匀。如大小游铊回零后，杠杆摆幅不对称，则调整平衡，调整游铊位置，达到合格后方准使用。

（2）被称物体重量应在秤的最大量程范围以内，不准超量，以免损坏秤的机件，但也不能称量过轻货物。使用最佳称量范围是最大称量的1/20~最大称量。

(3) 汽车称量时，应按指定进车方向驶入。车辆停留于秤面中心位置。进入秤面车辆应缓慢驶入，车速不准超过5km/h，严禁到达台面急刹车。非检斤过磅车辆严禁穿行衡器台面。

(4) 车辆停稳后必须熄火。除司机外，搭乘或装卸人员应离开车体和台面，提(运)货人员在指定窗口办理有关手续。

(5) 过秤称量时，先移动大游铊到估量位置，再开启视准器，移动大小游铊达到杠杆平衡，然后关闭视准器，读数时应将大小游铊位置指示数值相加，及时记录填入单据。

(6) 运输含水或容易滴洒散落物质的汽车，车箱应严密，严防水、颗粒、粉末杂质或污油滴洒台面，影响计量准确，有碍台面卫生。

(7) 连续多次称量后，应抽空检查空秤杠杆平衡情况，检查秤面四周间隙。如空秤杠杆摆幅不平衡或台面有卡住现象，应进行调整，达到正常后再使用。

(8) 称量过程中，不准移动影响称量准确性的零部件，如调整轮、连杆索具、重锤等。

(9) 每班工作结束，应及时清扫台面及四周清洁卫生。地衡两侧路面应平整，不准有污泥、积水或杂物。衡器不用时，游铊位置回零点并关闭视准器。地衡两侧设障碍栏杆，严防夜晚或公休时，车辆随意通过。

(10) 地衡属强制检定器具，平时由单位自行定期检定，每年由县(区)级计量检定部门检定一次。检定合格发给检定合格证书，不合格的不准继续使用。

3. 轨道衡

(1) 每班使用前，在无负载情况下，应先检查秤的零点，调整平衡到零位，不能调到零位的不能使用。轨道衡不用时，应将游铊移回零位并关闭止动器，电子秤应停电关机。

(2) 电子轨道衡操作室严禁闲杂人员进入，非衡器操作人员严禁操作。

(3) 车辆过磅不准超过秤的最大检测范围，最少不低于称量的20%。

(4) 列车计量通过台面车速在5~7km/h，不准车辆在台面上紧急制动。

(5) 每批列车在连续计量后，应在无负荷情况下检查秤的零点是否正常。如空秤平稳状态或零位有变，应及时做调整。对检测过的数据有怀疑时，应重新复测。

(6) 称量过程中，不准移动读数装置的调整铊、平衡铊、零点调整钮及其他有碍计量准确的零部件。

(7) 严禁非过磅列车通过轨道衡，必须通过时应限速行驶。在轨道衡两侧不准停留车辆装卸货物。

(8) 轨道衡台面、地坑和计量仪表操作室应保持清洁卫生，做到窗明、地净、设备清洁。

(9) 轨道衡属强制检定计量器具，除平时由单位定期自行检定外，每年由国家轨道衡计量站或其授权的地区铁路局计量站检定一次，检定合格发给检定合格证书，方准继续使用。

第六章　油品调合技术

第一节　概　述

一、油品调合的概念

在本书绪论中曾经指出：由于生产装置的局限性，原油经过装置蒸馏、二次加工生产出各种石油馏分，除极少数馏分油可直接作为商品出厂外，绝大多数是要经过调合或添加相应的添加剂而成的调制品，以生产出各种牌号的合格产品。因此，油品调合是油品储运系统的重要组成部分，也是炼油厂的最后一道生产工序。

分析馏分油的现状、性质与特点，究竟是有哪些具体的馏分油及它们的哪些具体的性能、哪些具体的指标达不到产品质量标准的要求；需要采取哪些具体技术措施予以完善、补充，使馏分油达到商品油的标准是本章要解决的问题。

表 6-1　炼油厂各生产装置汽油馏出口(空白)组分油辛烷值表

装置馏出口 辛烷值	直馏汽油	烷基化汽油	催化汽油	宽馏分重整汽油
MON	56.2	92.4	77.6	84.3
RON	56.0	93.4	88.3	95.4

表 6-1 为炼油厂各生产装置汽油馏出口组分油辛烷值表，由表中可知：空白(未经调合及未添加添加剂的)组分油，其辛烷值(ROM)为 56.0~95.4，与商品油辛烷值 93 或 97 的要求均有正或负偏差。通过油品调合消除这些偏差，使组分油成为合格产品。油品调合技术是将性质相近的两种或两种以上的空白馏分油按一定的比例，通过一定的方法及设备，达到混合均匀，有时还需加入某种添加剂以赋予或改善油品的某些物理化学性质和使用性能，经过细化的调合加工处理才能满足不断提高的需求，这种油品均匀混合而形成一种新产品的过程就叫做油品调合。

目前，油品调合主要包括液体石油燃料调合(轻质油调合、重质油调合及原油调合)和润滑油调合两大类。液体石油燃料调合主要包括车用汽油调合、柴油调合、喷气燃料调合、船舶用燃料调合、锅炉用燃料调合、车用乙醇汽油调合等；润滑油调合类型很多，主要是根据各自的特殊要求而进行；随着我国原油用量的剧增及进口原油的多样化，原油调合也越来越受人们的重视，本章也将给以适当介绍。

要想调合过程速度快、能耗少、效益高、一次成功，掌握正确操作十分重要，而熟练的操作、经验的积累和总结，掌握基本理论是前提和根本。

二、油品调合传质扩散机理

油品调合大部分为液-液相系互相溶解的均相混合；个别情况下也有非互溶的液-液相系，混合后形成液-液分散体。当添加剂是固体时，则为液-固相系的非均相混合或溶解。

固态的添加剂为数并不多，一般要求互溶而形成均相。所以下面主要讨论液-液相的均相混合，也简要说明非互溶的液-液相系的混合。

1. 扩散的概念

经研究认为液-液相系均相混合是以下三种扩散机理的综合作用。

(1) 分子扩散

由分子的相对运动引起的物质传递。这是在分子级(尺度)的空间内进行的。物质在液相中的扩散与在气相中的扩散同样具有重要的意义。一般说来，液相中的扩散速度远远小于气相中的扩散速度，即液体中发生扩散时分子定向运动的平均速度更缓慢。

就数量级而论，物质在气相中的扩散系数较在液相中的扩散系数约大 10^5 倍。但是，液体的密度往往比气体大得多，因而液相中的物质浓度以及浓度梯度远远高于气相中的物质浓度及浓度梯度，所以在一定条件下，气、液两相中仍可达到相同的扩散通量。

对于液体的分子运动规律远不及对于气体研究得充分，因此只能仿效气相中的扩散速率关系式写出液相中的相应关系式。

(2) 涡流扩散

当机械能传递给液体物料时，处于高速流体和低速流体分界面上的流体，受到强烈的剪切作用，产生大量旋涡，造成对流扩散。这是在局部范围的旋涡级(尺度)空间内进行的。

混合物质在湍流流体中的传递，主要是依靠流体质点的无规则运动。湍流中发生的旋涡，引起各部流体间的剧烈混合，在有浓度差存在的条件下，混合物质便自动向其浓度差减少(熵增加)的方向进行传递。这种凭借流体质点的湍动和旋涡来传递物质的现象，称为涡流扩散。

诚然，在湍流流体中，分子扩散与涡流扩散同时发挥着传递作用，但质点是大量分子的集群，在湍流主体中质点传递的规模和速度远远大于单个分子的，因此涡流扩散的效果应占主要的地位。

(3) 对流扩散

包括一切不属于分子运动或蜗旋运动而使大范围的全部液体循环流动所引起的物质传递。这种混合传质过程是在“团块”级(超大尺度)空间内进行的。主体对流扩散只能把不同物料成较大“团块”地混合起来，通过大“团块”界面间的涡流扩散，把不均匀程度迅速降低到旋流本身的大小。此时虽没有达到均质混合，但是“团块”已经变得很小，而数量很多，使“团块”间的接触面积大大增加，为分子扩散的加速创造了条件，进而再通过分子扩散使全部油料达到完全均匀的分布状态，只有达到分子扩散的平衡状态，产品质量才能稳定。

2. 分子扩散系数与涡流扩散系数的区别

分子扩散系数的物理意义是：单位浓度梯度下该物质的扩散通量，表示该物质在介质中扩散的数值，是物质的一种传递属性。同一物质的扩散系数是介质的性质、温度、压强及浓度的函数。同一种物质在不同的混合物中其扩散系数也不一样，对于气体中的扩散浓度的影响可以忽略不计；对于液体中的扩散，浓度的影响不可以忽略，而压强的影响不显著。

分子扩散系数是物质的特性常数之一，同一物质的扩散系数随介质的性质、温度、压强及浓度的不同而变化。

而涡流扩散系数不是物性常数，它与湍动程度有关，且随几何形状而不同，由于涡流扩散系数难于测定和计算，因而常将分子扩散与涡流扩散两种传质作用结合起来予以考虑。

物质的扩散系数可由实验测得，或从有关的资料中查得，有时也可由物质本身的基础物性数据及状态参数估算。实验测定是求得物质扩散系数的根本途径。

物质在液体中的扩散理论及实验还不成熟，因此计算液体中的扩散系数的半经验公式也不如气体中的可靠，但作为定性分析指导操作是成熟可靠的。

但是，在许多情况下，对于面临的物系既找不到相应的扩散系数数据，又缺乏进行实验测定的条件，此时可借助某些经验的或半经验、半理论的公式进行估算，以便确定调合速率与调合比。

3. 扩散速率

扩散速率也称扩散通量，是指单位时间内通过单位面积物质的量($kmol/m^2 \cdot s$)，它是扩散过程设计与生产操作的重要依据，用式 6-1 表示：

$$N = \frac{\Delta V}{\frac{1}{\beta}} \qquad (6-1)$$

式中 N——扩散速率，$kmol/m^2 \cdot s$；

ΔV——扩散物质浓度梯度，$kmol/m^3$；

β——扩散系数，m^2/s。

4. 扩散的阻力

扩散的阻力方程可由扩散速率方程式(6-1)写成：

$$N = \frac{\Delta V}{\frac{1}{\beta_{分子扩散系数}} + \frac{1}{\beta_{涡流扩散系数}} + \frac{1}{\beta_{对流扩散系数}}} \qquad (6-2)$$

由于油品调合是上述三种扩散过程的综合体现，但是这里总有一个阻力是控制性阻力。轻质油品(如汽油)、重质油品(如润滑油)的黏度差别很大，在实际调合时哪种扩散过程起主导作用是不尽相同的。例如，对高黏度的重质润滑油和重质燃料油的调合，在机械能传递给物料时，是对流扩散在起控制性作用，是在剪切力作用下把被调合的物料撕拉成很薄的薄层，再通过分子扩散达到均匀混合。对于低黏度的轻质润滑油调合，则是蜗旋扩散起控制作用，但最终还是要由分子扩散达到完全均匀的混合目的。

非互溶的液-液相系的混合，比互溶的液-液相系的混合机理更为复杂，经典说法是：其中的一相(分散相)分散到另一相(连续相)中，使连续相内液滴不断地分散和不断聚结形成液-液分散体。当液滴的分散速率与聚结速率相等时，体系达到了动平衡状态，此时形成了稳定的分散体。如润滑油调合中硅油类添加剂调入润滑油时，为非互溶的液-液相系的混合。硅油和润滑油基础油非互溶，调合时需先向硅油中加入约 9 倍的煤油，制成“母液”——煤油为连续相、硅油为分散相的液-液分散体，由于煤油的“稀释”，在调入基础油中则可以较快的均匀分散，形成新的稳定的分散体即润滑油产品。

三、油品调合的目的

(1) 使组分油达到商品油的要求，质量合格、产品稳定。

(2) 改善油品性能，提高产品质量等级，增加企业和社会效益。

(3) 充分利用原料，合理使用组分，增加产品品种和数量，满足市场需求。

(4) 通过油品调合满足不断发展的社会需求，由于技术水平的提高，机械设备对石油产品的质量和使用性能的要求也越来越高，如各类高、精、巨型、微型机械不断出现，高温、低温、高压、低压、高速、低速、高负荷、低负荷等使用条件范围很宽，对润滑油的使用性能提出更高的要求。

(5) 石油加工由于受装置局限性及其天然组分的限制，单靠提高加工工艺是难以满足使用要求的。而且油品经过多种加工工艺后，仍有不足，况且深度加工，成本太高。为了提高油品质量、改善油品的使用性能，常常还需要加入少量一些物质，这是改善油品性能的经济合理的主要方法之一。这些可以改善油品一种或多种性能的物质，称为石油添加剂。石油添加剂按应用场合不同可分为燃料添加剂、润滑剂添加剂、复合添加剂和其他添加剂四类。

四、油品调合步骤

石油产品都有互溶的性能，因此根据需要可以将其按不同比例进行调合。调合后的成品油性质只与各组分油性质及它们之间的调合比例有关。通常，要调合出一种新产品，大多经过以下步骤：

(1) 油品调合作业应严格执行油品调合工艺卡片(或称调合方案)。若因原料性质改变，或其他原因而变更生产方案，致使调合组分油控制指标与工艺卡片不相符，需改变调合方案时，必须经厂质量管理机构和相关部门确认。

(2) 根据欲调合出的成品油性质，选取合适的油品组分油，并计算出调合组分油相互比例和用量。油罐检前尺，记好在线流量表累计数，以保证按调合比例控制进油量。根据质量和数量，选定调合方法，制定调合方案，准备调合组分油，以组分油的质量分析结果为依据。

(3) 新产品试制，应由研究部门、质量管理部门和相关单位共同商定，制定调合工艺和调合方案，标明组分油质量、控制标准、调合比例、调合方法、产品标准和调合注意事项。必要时先做调合小试，产品合格后再进行正式调油生产。在化验室(或石油炼制研究中心)先进行调合小样试验，不断改变调合配比和用量，直至产品的各项质量指标合格为止。

根据积累的小批量调合成功经验，制定油品调合工艺卡片，作为技术规范正式用于生产新产品。

(4) 按照小试确定的调合比例，先在生产上进行小批量调合，不断摸索经验，通过化验分析，依据调合油质量变化情况进行调合，并达到产品质量完全合格。

(5) 油品调合指令(亦称调合作业计划)，由生产运行中心向油品罐区下达。罐区各岗位操作人员，包括油槽员、计量员、司泵员，各司其职，应严格执行指令，分头准备、联合作业。用于调合的各组分油、添加剂要保证其质量合格，其中添加剂加入量不准超过单耗规定指标，以保证调合质量和一次调成率。

(6) 油品调合时，原则先进重组分油，后进轻组分油，以利混合均匀。油品的收入量以调合罐计量为准；

(7) 油品调合后，经沉降脱水，取样化验，产品合格后直接装车出厂。如调合主项质量不合格，应根据情况重新补量，直至调油合格。

(8) 调合的油品全分析合格后，应及时要回分析数据，并取回化验分析合格单，认真填写调合记录。资料应齐全准确，保持完好整洁。

调合记录包括：

① 罐底油质量，油位高度，比例和组分油量；

② 罐号和组分半成品质量记录，记录人签字；

③ 组分进入时间，进入量；

④ 计算组分总量，调合比例，调合油循环时间；

⑤ 添加剂名称，质量，计算加入量和实际加入量，添加人签字；

⑥ 空白油取样分析质量，成品油取样分析质量。

五、油品调合优化条件控制

20 世纪 70 年代，在油品管道调合方式上已开始用电子计算机、高精度质量流量计和在线质量分析仪表，最终实现油品优化调合条件控制，如图 6-1 所示。

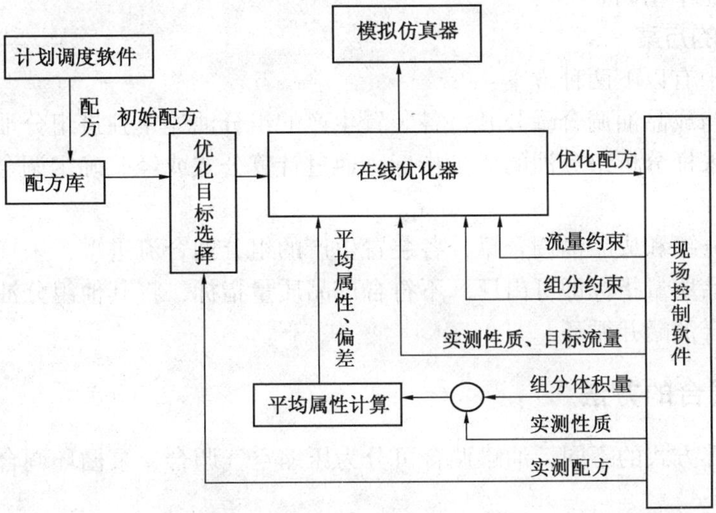

图 6-1　油品调合优化条件控制框图

所谓优化调合条件控制，就是使整个油品调合过程控制在优化操作条件下进行，以使调合达到所期望的最好目标。在生产上，要调合一种或两种以上产品，根据油品调合机理，往往有几种组分油可供选择，可以采用不同比例的调合方案，但所需成本及其效益是很不一样的，而其中必有一种最佳方案，既能满足新产品质量和不同标号要求，又能使生产物料得以平衡。在对劣质组分油进行充分利用的情况下，优质组分油用量既不少用，但调出的产品质量指标也不过剩(过头)，从而取得最佳经济效益，这种调合方法称优化调合，各组分油的量称为优化调合量，各组分油的调合比称优化调合比。

寻找优化调合条件是实现优化调合控制的基本问题，目前主要采用数学模型法，而比较成熟的方法是线性规划。有关油品调合的理论和实践目前仍在进一步探讨，这里不再赘述。

第二节　油品调合工艺

目前，常用的油品调合工艺可分为两种方式：油罐调合和管道调合。油罐调合也称为间歇调合、离线调合、批量的罐式调合；管道调合又称为连续调合、在线调合、连续在线调合。这两种不同的调合工艺由于都有各自独有的特点和不同的适用场合，所以目前两种调合工艺共存。有时也将油品调合工艺分为三种方式：罐式调合、罐式-管道调合(部分在线调合)、管道自动调合。罐式-管道调合是根据生产需要介于两者之间的一种复合型工艺(过渡型工艺)。

一、油罐调合

1. 油罐调合的特点

油罐调合是把待调合的组分油、添加剂等，按所规定的调合比例，分别送入调合罐内，再用泵循环、电动搅拌等方法将它们均匀混合成为一种产品。这种调合方法操作简单，不受装置馏出口组分油质量波动影响，目前大部分炼油厂采用此调合方法。缺点是需要数量较多的组分罐，调合时间长、易氧化、调合过程复杂，油品损耗大，能源消耗多，调合作业必须分批进行，调合比不精确。

2. 油罐调合的方案

在具体操作中有以下两种方案：

(1) 组分罐与成品油调合罐分开，各装置生产的组分油先单独进组分油罐，确定调合的目的产品，然后采样分析组分油的质量指标，通过计算公式或经验确定调合量，进成品调合油罐。

(2) 不分组分罐和成品油调合罐，各装置生产的组分油合流进罐，采样分析罐中油品质量指标，符合产品质量指标即可出厂，不符合产品质量指标，将其他组分油通过计算或经验确定调合量进调合油罐并循环。

二、油罐调合的方法

根据罐内搅拌方式的不同，油罐调合可分为压缩空气调合、泵循环调合和机械搅拌调合三种。

1. 压缩空气调合法

压缩空气调合是一种传统调合工艺，是将两种不同的组分油按事先计算好的调合比例，先后送入罐内，然后用压缩空气搅拌使之混合均匀。由于该方法存在油品氧化等诸多弊端已经不再使用。

2. 泵循环调合法

先将各种组分油和所有的添加剂送入罐内，用泵不断地将罐内物料从罐底部抽出，再循环回调合罐，在泵的作用下形成主体对流扩散和涡流扩散，从而逐渐使油品调合均匀。为了提高调合效率，降低能耗，在生产实践中不断对泵循环调合的方法进行了改进。主要有以下两种方法。

(1) 泵循环喷嘴搅拌调合

该工艺就是在调合油罐内增设喷嘴，如图 6-2 所示。被调合物料通过装在罐内的喷嘴射流混合。高速射流穿过罐内静止的物料时，一方面可以推动其前方的液体流动形成主体对流运动；另一方面在高速射流作用下，在射流边界上存在的高剪切速率造成大量旋涡把周围液体卷入射流中，这样把动量传给低速流体，同时使两部分流体很好混合。这一方法适用于调合比例变化范围较大、批量较大和中、低黏度油品的调合，设备简单，效率高，管理方便。但该工艺在用于调合润滑油时有添加剂被剪切的危险或加入添加剂时油量不足添加剂易于沉降，所以一般认为该项工艺不适于调润滑油。

喷嘴有单喷嘴和多喷嘴两种，单喷嘴本身是一个流线型锥形体，安装在罐内靠近罐底的罐壁上，倾斜向上(其结构及安装见第二章油罐图 2-37、图 2-38 所示)。多喷嘴一般由 5 个或 7 个喷嘴组合而成，整套喷嘴安装在罐底部中心，并垂直向上，四周喷嘴围绕中心喷嘴略

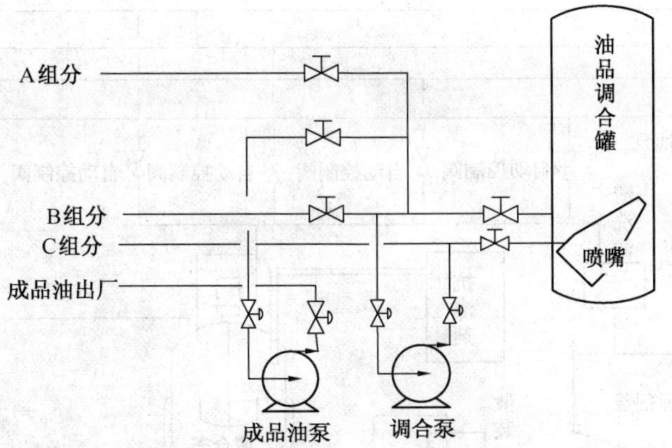

图 6-2 泵循环调合(无中间罐)流程示意图

显倾斜。

(2) 静态混合器调合

该工艺就是在循环泵出口、物料进调合罐之前增加一个合适的静态混合器，其结构如图6-3 所示。用静态混合器强化混合，可大大提高调合效率，据文献报道，可比机械搅拌缩短一半以上的调合时间，而调合的油品质量也优于机械搅拌。该设备用于润滑油调合非常好。

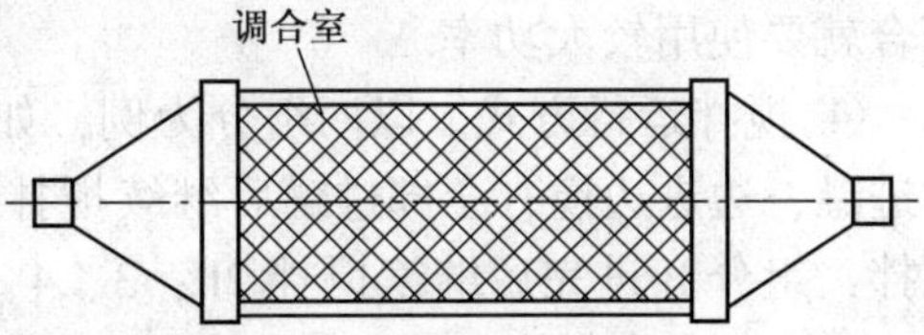

图 6-3 静态混合器结构

3. 机械搅拌调合

使用机械搅拌也是油罐调合的常用方法，适用于批量不大的成品油的调合，特别是润滑油。被调合物料在搅拌器的作用下，形成主体对流和涡流扩散传质、分子扩散传质，使全部物料性质达到均匀。润滑油罐式调合装置简图如图 6-4 所示，罐内物料在搅拌器转动时产生两个方向的运动：一是沿搅拌器的轴线方向的向前运动，当受到罐壁或罐底的阻挡时，改变其方向，经多次变向后，最终形成近似圆周的循环流动；二是沿搅拌器桨叶的旋转方向形成的圆周运动，使物料翻滚，最终达到混合均匀的目的。搅拌调合的效率，取决于搅拌器的设计及其安装。搅拌器主要有罐壁侧向伸入式及罐顶中央伸入式两类。

(1)搅拌器罐壁侧向伸入式搅拌调合

搅拌器由罐壁侧向伸入罐内，其结构及安装见本书第二章油罐图 2-41A、B 所示。每个罐可装一个或几个，搅拌器的叶轮是船用推进式螺旋桨型。

(2) 影响搅拌调合所需功率的因素：

① 罐的容积与高径比。一般认为搅拌器叶轮排出的油品体积等于罐内油品容量的 2~3 倍，即罐内油品全部被搅拌循环 2~3 次时，调合即达均匀。因此，罐容积是选择搅拌器功率最重要的依据，容积越大，所需总功率越大。罐的形状系数是指高度与直径之比(H/D)，比值越大，静压头就越大，所需总功率也越大，比值等于或小于 0.8 时，即可不考虑对所需功率的额外影响。

② 介质黏度。油品黏度越高，则流动阻力越大，搅拌功率就相应增大。在黏度小即流体的雷诺数值大于 10000 时，可不特殊考虑黏度对功率的影响。

③ 搅拌时间。连续搅拌时间长，则所需搅拌器功率就较小，反之，要求短时间内完成

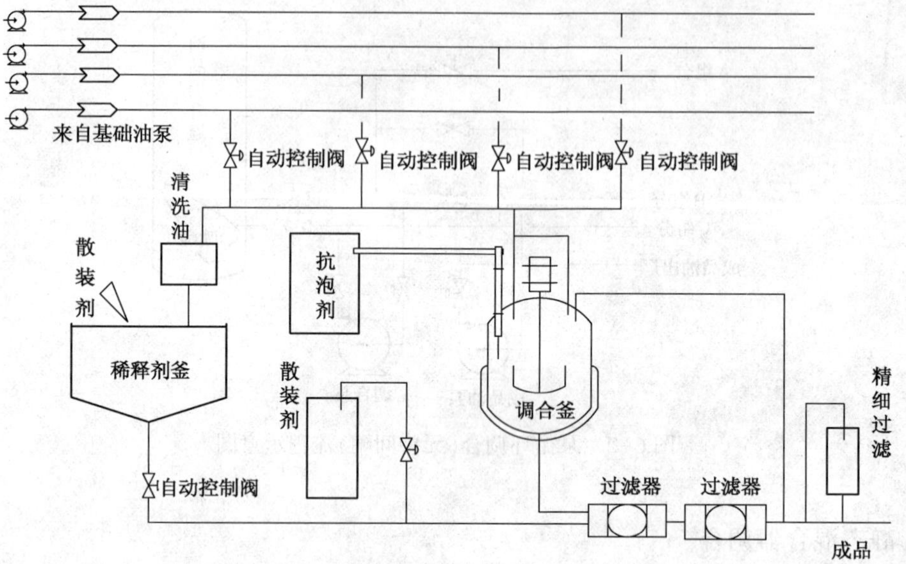

图 6-4　润滑油罐式调合装置简图

调合就要使用较大功率。

④ 搅拌运行方式。以两组分为例，如图 6-5 所示，可有三种运行方式：1 为两组分同时进罐，边进边搅，全部进罐后继续搅拌 2h；2 为组分 A 先进罐，组分 B 开始进入时启动搅拌，组分 B 进完后继续搅拌 2h；3、4、5 为两组分全进罐后才启动搅拌，可要求在 8h、2h 以至 1h 内达到均匀的目的。实测结果表明第一种方式每单位容积所需动力最小。

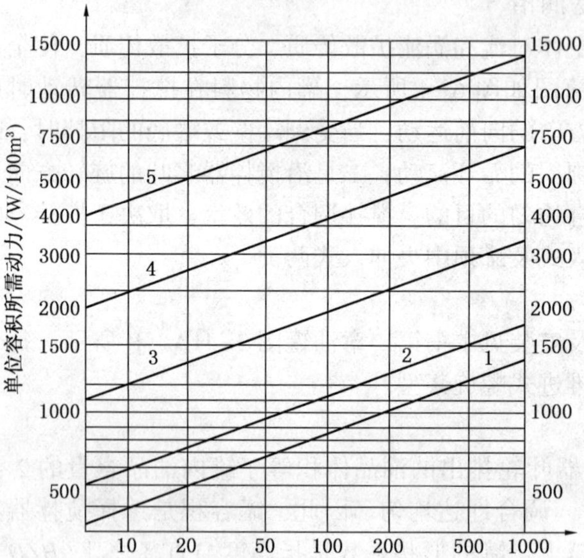

图 6-5　油罐调合搅拌总功率图

1—两组分同时进罐，边进边搅拌，装满后再继续搅拌 2h；2—组分 A 先进罐，组分 B 开始进罐时启动搅拌，装满后再继续搅拌 2h；3、4、5—两组分全部进罐后启动搅拌分别于 8h、2h、1h 内达到均匀

按目前使用情况，搅拌器布置可归纳如下：不论使用几台搅拌器（一般最多不超过 4 台），应集中布置在罐壁圆周 1/4 的范围内；如组分进罐时不启动搅拌器，则油罐出、入管线的位置对搅拌器布置无影响；如在油品进、出过程中需要开动搅拌器，则出、入口离搅拌器宜有 30°的夹角；可将搅拌器轴心线对油罐中心线偏离一定角度（一般偏7°~12°，小罐取小值，大罐取大值）；搅拌器轴心线离罐底的距离，取桨叶直径的 1.5 倍。

(3) 搅拌器罐顶中央伸入式搅拌调合

其结构如图 6-4 所示，只使用在小型立式调合罐上（容积约 $20m^3$ 以下），适用于小批量而质量、配比等要求严格的特种油品的调合，如特种润滑油的调合，便于小包装灌桶作业以及稀释添加剂的基础液等。搅拌器有桨式与推进式两种。

① 桨式搅拌器。是一种低速搅拌器，油品的流动状态保持层流，可不另设挡板，罐内径与桨叶外径之比为1.25~2.0。由于低速搅拌需要较长的调合时间，但优点是所需功率小。

② 推进式搅拌器。转速较高，桨叶有单层或双层。调合油品液层较浅，黏度低(小于100mm²/s)的可用直径较大的单层桨叶，反之可用双层。罐内还应增设挡板，使流型保持在湍流状态。

表6-2为几种罐式调合应用工艺比较，从表中可以看出以静态混合器循环调合为最好。

表6-2 几种主要罐式批量调合工艺的比较表

性能	压缩空气搅拌	泵循环	喷嘴循环	机械搅拌		静态混合循环
				侧向伸入式	罐顶中央进入式	
设备布局	紧凑	简单	简单	复杂	复杂	简单
操作难易程度	易操作	极易操作	极易操作	易操作	易操作	极易操作
对环境影响	有油气、有突沸可能	无	无	有杂音、有泄漏可能	有杂音、有泄漏可能	无
设备投资	较高	最低	较低	高	高	低
能耗	大	大	大	大	大	小
操作费用	较小	较大	较大	大	大	小
油品质量						
添加剂分散均匀度	较好	较差	较好	一般	较好	最好
添加剂作用效果	较好	较差	较好	一般	较好	最好
增黏剂被剪切可能性	无	无	有	无	无	无
油品氧化危险性	有	小	小	小	小	最小
油品综合质量	差	一般	一般	一般	较好	最好

三、管道调合

管道调合就是将两种或两种以上组分油或添加剂，按规定比例同时送入总管和管道混合器，达到混合均匀的调合方法。经管道调合后的油品一般先进入成品罐，经化验分析合格后装运出厂。

1. 管道调合工艺

管道调合(包括油罐-管道调合)是利用自动化仪表控制各个被调合组分流量，并将各组分油与添加剂等按预定比例送入总管和管道混合器，使各组分油在其中混流均匀，调合为附合质量指标的商品油；或采用先进的在线组分分析仪表连续控制调合成品油的质量指标，各组分油在管线中经管道混合器混流均匀达到自动调合目的。经过均匀混合的油品从管道另一端出来，其理化指标和使用性能达到预定要求，油品可直接灌装或进入成品油罐储存。管道混合器(常用的是静态混合器)的作用在于流体逐次流过混合器每一混合元件前缘时，即被分割一次并交替变换，最后由分子扩散达到均匀混合状态。

调合系统需要保持两种或两种以上物料的一定比值关系。在设计调合系统时要选择某一种物料作为主要物料。这种物料称之为主物料，表征该物料的参数称为主动量。而其他物料则按主物料来进行配比，在调节过程中跟随主物料而变化，因此称它们为从物料，表征它们特征的参数称为从动量。在炼油厂中，被调合的物料往往是不同组分的油品，人们常把主物料称为主组分油品，而从物料则称为分组分油品。与此相应把表征其特征参数的“主动量”和“从动量”分别称为“主流量”和“从流量”或“分组分流量”。

2. 主流量选择原则

在设计调合系统时，究竟选择哪个流量作为主流量，一般来讲，应遵循下述原则：

（1）选择调合油品中的主要油品。

（2）选择可测量而不可控的物料，如装置馏出口外送的油品。

（3）选择调合物料中最大的组分流量为主流量，而把流量较小的油品或添加剂则作为从动量。其优点是调节阀可用得小一些，同时调节灵敏度也较高。

（4）若工艺有特殊要求时，则应服从安全操作的要求。

3. 管道调合操作方式

（1）在调合过程中，各组分的比例和质量标准完全由自动化仪表和计算机检测、控制和自动操作的称管道自动调合。

（2）使用常规自控仪表、人工给定调合比例的手动操作管道调合。

（3）用微机监测、监控的半自动调合系统。

这三种管道调合方式我国都有实际使用。

4. 管道调合组成

管道调合一般由下列部分组成：

（1）组分油(基础油)、添加剂组分罐和成品油罐。

（2）组分通道。

（3）总管、混合器和脱水器。

（4）在线质量仪表，主要是黏度表、倾点表、闪点表和比色表，尤其在采用质量闭环控制或优化控制调合时，必须设置在线质量仪表。

（5）自动控制和管理系统，根据控制管理水平的要求，可选用不同的计算机及辅助设备。

（6）球扫线装置及清洗控制。

5. 管道调合工艺流程

图 6-6 为汽油管道调合系统流程示意图。

管道调合工艺流程有以下 4 种：

（1）罐式在线调合

将组分油从罐内抽出，经在线分析仪及控制系统确定不同比例的组分油进成品调合油罐。

（2）罐式调合直接出厂

把调合和装油出厂两种作业结合在一起，将组分油从罐内抽出，经在线分析仪及控制系统确定不同的比例组分油调合直接出厂。

（3）馏出物在线调合进油罐

装置馏出口组分油，经在线分析仪及控制系统确定不同的比例组分油调合进罐。

（4）馏出口组分油直接调合出厂

把装置馏出口馏出物与组分油直接在管道内调合直接出厂，多余部分送入成品罐储存。

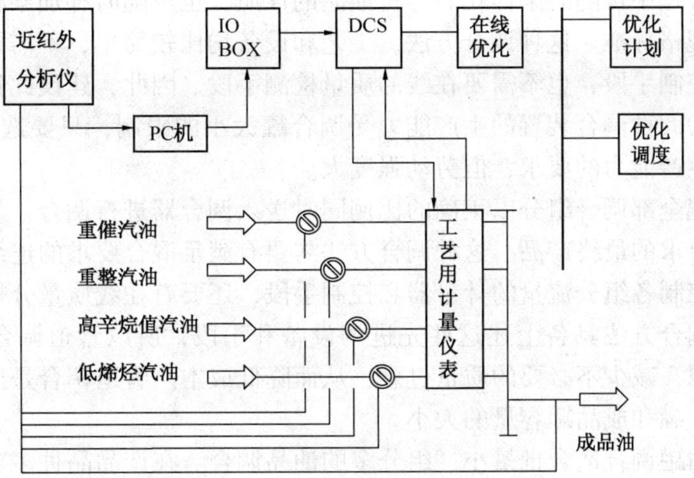

图 6-6 汽油管道调合系统流程示意图

6. 管道调合发展概况及特点

从调合工艺流程上看，调合方法由批量的罐式调合，逐步发展为调合与装油联合作业的直接调合、馏出口馏分油与其他组分油直接调合出厂等方式。

从调合系统应用仪表控制方面来看，应用电子计算机、智能软件、高精度流量计、快速稳定性能高的在线质量分析仪表等实现了闭环的最优化控制。目前已有多种以微处理机为核心、智能软件为基础的专用调合成套设备在石化、石油企业中应用。

在调合产品质量指标方面，已由幅值控制发展到目标控制，以及在最佳调合系统中由控制一两个主要目标质量发展为控制产品全部目标质量的所谓闭环的高级控制系统。

管道调合是油品调合的发展方向，尤其是管道自动调合。和罐式调合相比，管道调合的特点是：

① 调合连续进行，可取消调合罐，减少组分油储罐。

② 调合比精确，组分合理利用，避免浪费优质原料，质量“过头”。

③ 调合时间短，动力消耗少，调合一次合格率高，质量达标有可靠保证。

④ 减少油品周转次数，节省人力，减少中间分析，调油速度提高。

⑤ 全部调合密闭操作，防止了油品氧化，降低了油品损耗。

因此，管道调合特别适合大批量产品生产。但是，管道调合要求有质量可靠的自动化控制仪表为前提，一次性投资较大，技术复杂，维修管理要求严格。目前，我国只有少数技术先进、自动化管理水平高的炼油厂，在某些产品上实行了管道自动调合。

由于我国在线质量检测仪表品种少，分析精度和可靠性尚不够稳定，因此管道自动调合还不够普及。即使有些炼油厂已采用管道调合，但至今仍保留成品罐，以供人工采样做成品化验分析，确保产品出厂质量。

四、调合工艺的比较

至于油罐调合法中，压缩空气法调合工艺存在诸多弊端，已被淘汰。

油罐调合是把定量的各调合组分依次或同时加入到调合罐中，加料过程中不需要计量或控制组分的流量，只需确定最后的数量。当所有的组分配齐后，调合罐便可开始搅拌，使其混合均匀。调合过程中可随时采样化验分析油品的性质，也可随时补加某种不足的组分，直至产品完全符合规格标准。这种调合方法、工艺和设备均比较简单，不需要精密的流量计和高度可靠的自动控制手段，也不需要在线的质量检测手段。因此，建设此种调合装置所需投资少，易于实现。此种调合装置的生产能力受调合罐大小的限制，只要选择合适的调合罐，就可以满足一定生产能力的要求，但劳动强度大。

管道调合是把全部调合组分以正确的比例同时送入调合器进行调合，从管道的出口即得到质量符合规格要求的最终产品。这种调合方法需要有满足混合要求的连续混合器，需要有能够精确计量、控制各组分流量的计量器和控制手段，还要有在线质量分析仪表和计算机控制系统。由于该调合方法具备上述这些先进的设备和手段，所以管道调合可以实现优化控制，合理利用资源，减少不必要的质量过剩，从而降低成本。管道调合是连续进行的，其生产能力取决于组分罐和成品罐容量的大小。

综上所述，油罐调合适合批量小、组分多的油品调合。在产品品种多、缺少计算机技术装备的条件下更能发挥其作用。而生产规模大、品种和组分数较少，又有足够的吞吐储罐容量和资金能力时，管道调合则更有优势。油罐批量调合一般情况下，设备简单，投资较少；管道连续调合相对投资较大。具体调合厂的建设取何种调合方法，需作具体的可行性研究，进行技术经济分析再最后确定。

五、影响调合质量的因素

影响油品调合质量的因素很多，调合设备的调合效率、调合组分的质量等都直接影响着调合后的油品质量。这里主要分析工艺和操作因素对调合后油品质量的影响。

1. 组分的精确计量

无论是油罐间歇调合还是管道连续调合，精确的计量都是非常重要的。精确的计量是各组分投料时正确比例的保证。批量调合虽然不要求投料时流量的精确计量，但要保证投料最终的精确数量。组分流量的精确计量对连续调合是至关重要的，流量计量不准，将导致组分比例的失调，进而影响调合产品的质量。连续调合设备的优劣，除混合器外，就在于该系统的计量及其控制的可靠性和精确的程度，它应该确保在调合总管的任何部位取样，其物料的配比是正确的。

2. 组分中的水含量

组分中含水会直接影响调合产品的浑浊度和油品的外观，有时还会引起某些添加剂的水解，而降低添加剂的使用效果，因此应该防止组分中混入水分。但在实际生产中系统有水是难免的，为了保证油品质量，管道调合器负压操作，以脱除水分，或采用在线脱水器。

3. 调合过程中的空气

组分中和系统内混有空气是不可避免的，对调合也非常有害。空气的存在不仅可能促进添加剂的反应和油品的变质，而且也会因气泡的存在导致组分计量的不准确，影响组分的正确配比，因为计量器一般使用容积式的。为了消除空气的不良影响，在管道连续调合装置中不仅混合器负压操作，还在辅助泵和配料泵之间安装自动空气分离罐，当组分通道内有气体时配料泵自动停机，直到气体从排气罐排完，配料泵才自动开启，从而保证计量的准确。

4. 调合组分的温度

要选择适宜的调合温度，温度过高可能引起油品和添加剂的氧化或热变质，温度偏低使组分的流动性能变差而影响调合效果，要根据各组分油及产品油的物性来确定，一般以30~55℃为宜。

5. 添加剂的稀释

有些添加剂非常黏稠，使用前必须熔融、稀释，调制成合适浓度的添加剂母液，否则既可能影响调合的均匀程度，又可能影响计量的精确度。但添加剂母液不应加入太多的稀释剂，以免影响润滑油产品的质量。

6. 调合系统的洁净度

调合系统内存在的固体杂质和非调合组分的基础油和添加剂等，都是对系统的污染，都可能造成调合产品质量的不合格，因此润滑油调合系统要保持清洁。从经济性考虑，无论是油罐调合还是管道调合，一个系统只调一个产品的可能性是极小的，因此非调合组分对系统的污染不可避免，管道连续调合采用空气(氮气)反吹处理系统，油罐间歇调合在必要时则必须彻底清扫。实际生产中一方面尽量清理污染物，另一方面则应尽量安排质量、品种相近的油在一个系统调合，以保证调合产品质量。

六、调合注意事项

1. 调合前注意事项

罐式调合是目前仍广泛采用的调合工艺。组分油(或基础油)和添加剂在收入调合装置前，主要应注意以下事项：

(1) 确定储罐，检查储罐原装油品品种及清洁状况；

(2) 对即将进行调合的组分油(或基础油)，保持在稍高于调合温度下存放；

(3) 罐装的大量添加剂需要维持较高的温度(达70℃)，因此，罐通常是保温的。添加剂对温度比较敏感，最好用热水或油等低温介质加热。桶装添加剂要求仓库保持一定温度，以便于倾倒。

2. 调合过程注意事项

(1) 调合温度

考虑到提高搅拌效率，尽可能防止调合产品氧化和热变质，保持最佳调合温度。总原则是在保证调合均匀的条件下，加热温度尽可能低一些。

(2) 调合顺序(润滑油)

一般是先用基础油或增黏剂(黏度指数改进剂)调整黏度，再用降凝剂调整凝点，二者合格后，加入抗泡剂及其他添加剂。添加剂与基础油调合时，一定要避免添加剂之间以浓稠状态接触。特别是酸性添加剂与碱性添加剂在同一基础油中调合时，要首先混合少量的添加剂，然后再以稀释状态混入第二种添加剂。

(3) 添加剂加入方式

根据各种添加剂质量要求，化验其关键指标，合格后方能使用。对一部分固体或难溶油的添加剂如T501、T406、T901等一般应配成母液。由于添加剂密度较大，应从罐顶加入。

(4) 防止混入水分

在调合过程中，如果基础油和添加剂中含有水分，一方面会促进添加剂之间反应和添加剂的分解，另一方面会促进产品变质并使产品透明度变坏。

(5) 防止混入固体杂质

为使调合产品的杂质含量符合规格，除要求各调合组分不得混入固体杂质外，在调合过程中各组分进入回路后首先经过过滤器。调合产品灌装之前，要经过 10~30μm 过滤器，不使有害润滑的固体杂质混入产品。

3. 硅油的分散

为了降低或消除润滑油的发泡性，提高硅油的使用效果，有以下三种加入方法：

(1) 使用高效抗泡剂二甲基硅油。如采用机械的或溶剂稀释的方法，将硅油以极小的颗粒(粒径<10μm)均匀地分散于油中，或者将硅油与各种分散剂制成乳剂再加入润滑油中。

(2) 将硅油与低分子极性化合物(如醇、胺、醛、酸等)复合使用。

(3) 使用结构不同的硅油，但具有高效抗泡性的丙烯酸醋或甲基丙烯酸聚合物或共聚物。

第三节　油品调合指标计算

涉及油品质量指标的项目有几十个，而生产上实际需要调合的油品质量项目常见的主要是辛烷值、蒸气压、十六烷值、黏度、闪点、凝点和馏程等。在油品质量指标项目中，有些项目在调合过程中是呈可加和关系的叫加和性参数。如：胶质、残炭、酸值、含硫，灰分、馏程(初馏点、干点除外)、密度等。有些项目不呈加和关系叫不可加和性参数。如：黏度、闪点、辛烷值、十六烷值、初馏点、干点、凝点、饱和蒸气压等。前者计算较简单，后者计算较复杂。实际生产中，计算是必要的，尤其对计算机控制的管道自动调合及油品最佳调合控制；但对于间歇罐式调合过程，若油品调合工作做得熟练了，经验也占相当大的地位。

一、具有可加和性指标的调合指标计算

油品调合技术其本质是两种或两种以上组分油按一定的配比相混合，有时需要辅以相应的、一定量的添加剂，换言之也就是参与调合的物系合理相加，油品调合的实践表明，有些物系的性质之间具有加和性。

油品的酸度、碘值、残炭、灰分、馏程、硫含量、胶质、相对密度等是具有可加和性的质量指标。在计算此类性质的调合比时，计算简单，可按式(6-3)计算。

$$V_A = \frac{X - X_B}{X_B - X_A} \times 100\% \tag{6-3}$$

中式　V_A——混合油中 A 种油的体积含量，%；

X——混合油的有关规格指标数值；

X_A——A 种油的有关规格指标数值；

X_B——B 种油的有关规格指标数值；

V_B——混合油中 B 种油的体积含量，%，$V_B = 100 - V_A$。

例 6-1　今有一批车用汽油 A，其 10%馏出温度为 85℃，而标准规定 80℃，比标准偏差 5℃。拟用一批 10%馏出温度为 68℃的汽油 B 来调整。经测定汽油 A 在 80℃的馏出量为 7%，而汽油 B 在 80℃的馏出量为 26%，求调合比 V_A=?

解：由已知条件调合后的油品在 80℃的馏出量应为 10%。

由式(6-3)得：

$$V_A = \frac{10 - 26}{7 - 26} \times 100\% = 84.2\%$$

即调合时汽油 A 的用量为 84.2%，实际调合时应使汽油 A 的用量稍小于 84.2%，以保证调合后汽油的 10%馏出温度略低于 80℃。

二、非加和性性质指标的调合指标计算

下列指标不呈简单的加和关系，没有加和性，需找出某些规律性进行计算。

1. 辛烷值调合计算

辛烷值在调合时无固定的通用公式计算。文献所介绍的调合汽油辛烷值估算法为数甚多，这些方法大致分为两类：一类是以经验数据为基础，用统计方法找出规律进行估算；另一类是以烃类组成及性质（相对密度、馏出温度等）与调合辛烷值相关联进行估算。下面介绍几种常用的估算法。

（1）调合因素法

$$N = \frac{V_1(C + N_1) + V_2 + N_2}{100} \tag{6-4}$$

式中 N——调合油的辛烷值；

N_1——高辛烷值组分油的辛烷值；

N_2——低辛烷值组分油的辛烷值；

V_1——高辛烷值组分油的体积分数；

V_2——低辛烷值组分油的体积分数；

C——高辛烷值组分油的调合因素，可从图6-7、表6-3 查得。

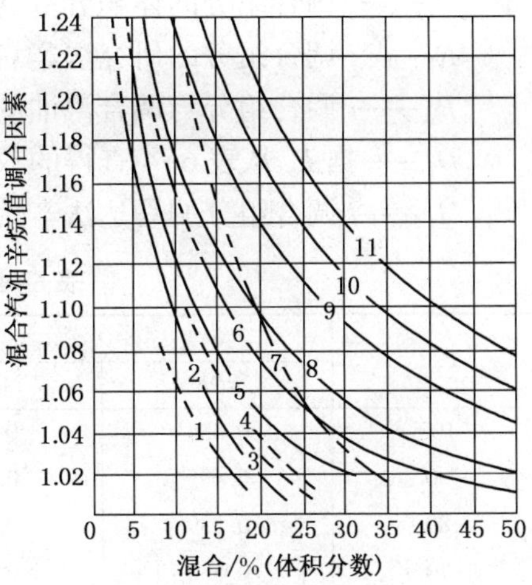

图 6-7 高辛烷值组分混合汽油辛烷值调合因素 C 图

注：

曲线号	混合油	基础油
1	烷基化油	催化裂化汽油
2	烷基化油	直馏汽油
3	聚合汽油	铂重整汽油
4	热裂化汽油	铂重整汽油
5	聚合汽油	催化、热裂化汽油
6	重整汽油	直馏汽油
7	聚合汽油	聚合汽油
8	热裂化汽油	热裂化汽油
9	催化、聚合汽油	热裂化汽油
10	催化裂化汽油	直馏汽油
11	热裂化汽油	直馏汽油

表 6-3 高辛烷值组分油调合因素（参数）C

组分油名称	高辛烷值组分/%（体积分数）	调合因素 C	组分油名称	高辛烷值组分/%（体积分数）	调合因素 C
催化裂化汽油	15	1.23	焦化汽油	20	1.21
	30	1.12		40	1.10
	45	1.07		50	1.08
叠合汽油化汽油	10	1.18	非芳香烃	5	1.18
	20	1.10		10	1.10
	40	1.02		20	1.02

（2）斯图尔特（Stewart）法

此法是以调合组分的辛烷值及不饱和烃含量为基点，应用表 6-4 数据及式（6-5）、式（6-6）来计算调合汽油的辛烷值 RON 或 MON。

$$RON = \frac{\Sigma V_i D_i (R_i + 0.13P_i)}{\Sigma V_i D_i} \tag{6-5}$$

$$MON = \frac{\Sigma V_i D_i (M_i + 0.097P_i)}{\Sigma V_i D_i} \tag{6-6}$$

式中　V_i——i 调合组分的体积分数，%；

R_i——i 调合组分的研究法辛烷值；

P_i——i 调合组分与调合汽油的不饱和烃含量差(体积分数)，%；

D_i——据 P_i 从表 6-4 查得的权重指数；

M_i——i 调合组分的马达法辛烷值。

表 6-4　P_i 与权重指数 D_i 的关系

P_i	D_i		P_i	D_i	
	RON	MON		RON	MON
-100	0.454	0.314	10	1.072	1.103
-90	0.495	0.358	20	1.148	1.213
-80	0.539	0.406	30	1.227	1.329
-70	0.585	0.454	40	1.309	1.451
-60	0.635	0.518	50	1.395	1.580
-50	0.688	0.583	60	1.483	1.715
-40	0.744	0.653	70	1.575	1.855
-30	0.803	0.731	80	1.670	2.001
-20	0.865	0.814	90	1.768	2.152
-10	0.931	0.904	100	1.868	2.308
0	1.000	1.00			

2. 蒸气压

(1) 相对分子质量法

相对分子质量法是按式(6-7)进行计算：

$$M_t(PVP)_t = \sum_{i=1}^{n} M_i(RVP)_i \tag{6-7}$$

式中　M_t——混合产品的总摩尔数，mol；

$(RVP)_i$——要求产品规格蒸气压，kg/m²；

M_i——混合组分的摩尔数，mol；

$(RVP)_t$——混合组分的蒸气压，kg/m²。

(2) 雪夫隆法

雪夫隆法是广为采用的简便的经验方法，把各调合组分蒸气压 RVP 的 1.25 次幂和其体积分数之积相加起来，由式(6-8)确定：

$$(RVP)^{1.25} = \sum_{i=1}^{n} RVPV_i^{1.25} V_i \tag{6-8}$$

式中　RVP——调合料的雷德蒸气压；

RVP_i——组分 i 的雷德蒸气压；

V_i——组分 i 的体积分数。

很明显，使用这种方法的前提是假设所有组分表现出类似的行为，而不管其组成的不同。

3. 闪点的计算

调合油品闪点的计算相对复杂一些要借助相关的图表进行，汽油闪点炼油厂一般用重量法，润滑油及重质混合油用查图法。

(1) 重量法

$$t_{混} = \frac{At_a + Bt_b - f(t_a - t_b)}{100} \quad (6-9)$$

式中　$t_{混}$——调合油的闪点,℃。

A、B——混合油中 a、b 两组分的质量分数；

t_a、t_b——混合油中 a、b 两组分油的闪点，且 $t_a > t_b$℃；

f——系数，由表 6-5 查出。

表 6-5　汽油闪点调合系数(f)表

A 组分油/%	5	10	15	20	25	30	35	40	45	50	55	60	65	70	75	80	85	90	95
常数 f	3. 3	6. 5	9. 2	11. 9	14. 5	17	19. 4	21. 7	23. 9	25. 9	27. 6	29	30	30. 3	30. 4	29. 2	26	21	12

例 6-2　已知 A 组分油闪点为 214℃，B 组分油的闪点为 186℃。其调合比为 A∶B=8∶2，求调合油闪点?

解：从表中查的常数 f 为 29.2，带入公式得：

$$t_{混} = \frac{214 \times 80 + 186 \times 20 - 29.2 \times (214 - 186)}{100} = 200.2℃$$

如果知道甲、乙两组分油闪点和调合后的成品油的闪点，也可按上述计算 A、B 两组分油调合比。

(2) 调合指数计算法

① 混合油的闪点可按式(6-10)估算，闪点的调合指数和调合计算适于开口杯法或闭口杯法的各种闪点测定装置测得的数据。但必须用同样装置测定的数据来计算同样开闭口闪点的数值。

$$I_{混} = \sum I_i V_i \quad (6-10)$$

式中　$I_{混}$——混合油的闪点指数；

I_i——i 混合组分的闪点指数；

V_i——i 混合组分的体积分数。

闪点指数可通过下式定义并计算：

$$\lg I = -6.1188 + \frac{4345.2}{T + 383} \quad (6-11)$$

式中　I——油品的闪点指数；

T——油品的闪点，℉。

② 对于多组分油的调合，其闪点还可用下式估算：

$$0.929^{t} = 0.929^{t_1} V_1 + 0.929^{t_2} V_2 + \cdots\cdots 0.929^{t_n} V_n \quad (6-12)$$

式中　t——调合油的闪点,℃；

t_1、t_2…，t_n——组分油 1、2……n 的闪点,℃；

V_1、V_2…，V_n——组分油 1、2……n 的体积分数,%。

(3) 轻质油闪点查图法

混合油品的闪点还可以通过查图法获得，如图 6-8 最适于轻质混合油品闪点的确定。例如查定闪点 24.4℃的油 30%(mol)和闪点 49.3℃的油 70%(mol)的混合油的闪点时，由图

6-8 左侧 0% 线的 24.4℃点和图 6-8 右侧 100% 线的 49.3℃点连接成直线，则此线与 30%(mol)线相交点处沿闪点温度线平行引向左侧竖线，则与之相交点的 29.2℃，即推定为该混合油的闪点。开口杯法闪点或闭口杯法闪点均可使用，但每一查定必须用相同方法的两个闪点。

(4) 润滑油、重油闪点查图法

润滑油及重油闪点可以通过查图 6-9 确定。

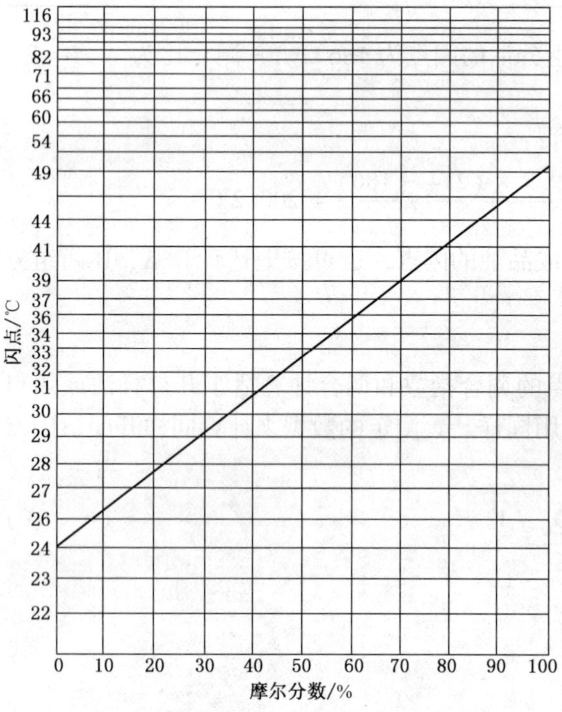

图 6-8　混合轻质油闪点查定图

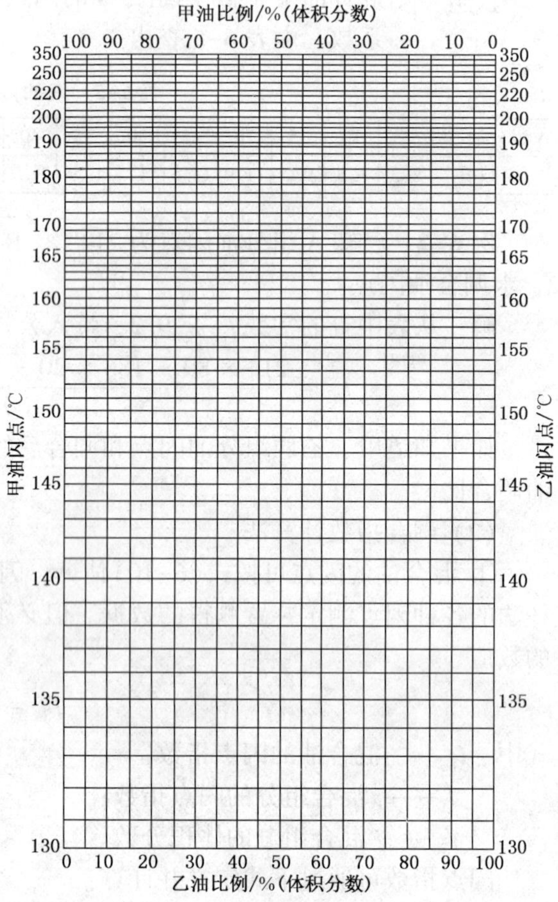

图 6-9　润滑油、重质混合油闪点查定图

4. 十六烷值的计算方法

十六烷值代表柴油在柴油发动机中着火性能的一个约定量值。是在规定条件下的标准发动机试验中，通过和标准燃料进行比较来测定，采用和被测定燃料具有相同着火延迟期的标准燃料中十六烷的体积分数来表示，柴油调合的十六烷值计算可以先计算柴油调合的苯胺点，再用式(6-13)计算。

$$CN = 16.419 - 1.133\left(\frac{AP}{100}\right) + 12.9676\left(\frac{AP}{100}\right)^2 - 0.2050\left(\frac{AP}{100}\right)^3 + 1.1723\left(\frac{AP}{100}\right)^4 \tag{6-13}$$

式中　CN——十六烷值；

　　　AP——苯胺点。

5. 黏度的计算

黏度是润滑油最主要的特性之一，是划分油品牌号的重要依据。基础油调合时其黏度呈非线性变化。通过实践已总结整理出多个用来描述这种变化规律的数学模型，并且应用于预测基础油调合时的黏度，经常使用的如下。

（1）通用黏度调合计算

$$\lg\mu_{混} = \sum V_i \lg\mu_i \tag{6-14}$$

式中 $\mu_{混}$——调合油品同温度下的黏度；

μ_i——i组分同温度下的黏度；

V_i——i组分在调合油中的体积分率。

在实际使用中有人将上式中的体积分率 v_i 改为质量分率也取得了满意的结果，其计算值与实测值误差在±0.1mm²/s以内。

（2）美国标准局的黏度调合计算模型

$$\lg\lg\mu_{混} = \sum V_i \lg\lg(\mu_i + K) \tag{6-15}$$

式中 $\mu_{混}$——调合油品的运动黏度；

μ_i——i组分的运动黏度；

V_i——i组分的体积分率；

K——常数，37.8℃润滑油的$K=0.60$。

（3）线图查找法

通过图6-10可以查得目标油品的黏度下混合油品的体积分数，例如高黏度组分油A与低黏度组分油B在图上联线，就可以求得目标油品黏度下，A、B两组分油相混合的体积分数。

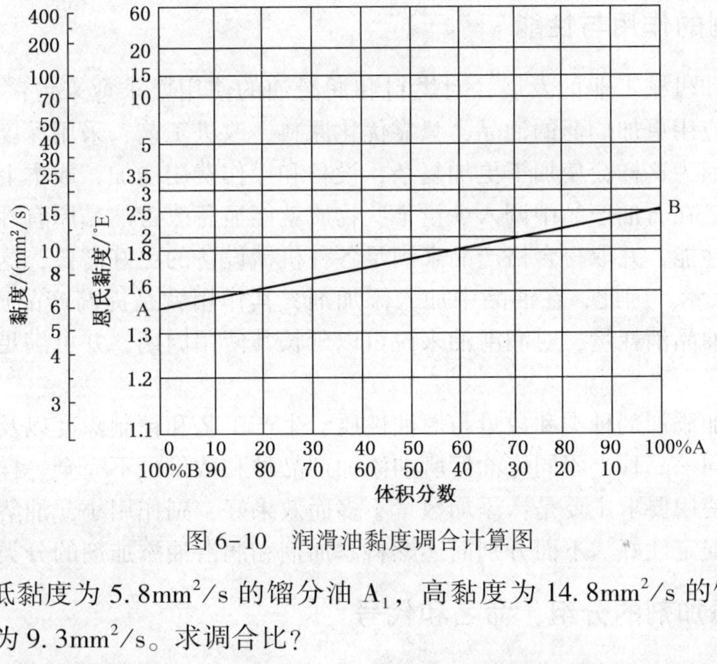

图6-10　润滑油黏度调合计算图

例6-3　有低黏度为5.8mm²/s的馏分油A_1，高黏度为14.8mm²/s的馏分油B_1，目标油品的黏度要求为9.3mm²/s。求调合比？

解：由已知条件分别在图6-10上找出A、B两点并联线，然后在黏度轴上找出目标油品的黏度值，作体积分数轴的平行线与AB交点，再作与黏度轴的平行线与体积百分数轴的

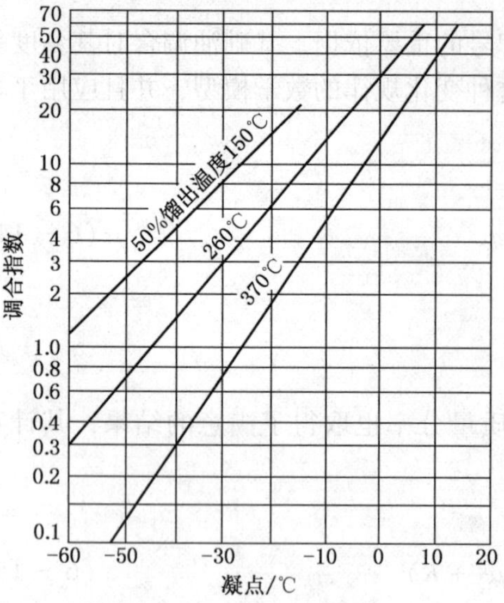

图 6-11 调合油凝点计算图

交点得出：调合比为 A=650%，B=35%。

6. 凝点计算

石油产品的凝点、倾点与含蜡量有密切关系。当两个调合组分油的凝点和倾点相差不大时，可按加和法估算，相差大时，可按计算图求得，见图 6-11。

例 6-4 已知条件：各组分油的调合比(质量)、凝点和 50%馏出温度。求调合油凝点?

解：计算步骤：

① 根据各调合组分油的凝点和馏程的 50%馏出温度，查图 6-10 求出各组分油的凝点调合指数。

② 将各组分油调合指数乘以各组分油调合百分比(质量)，然后将各乘积相加，即得到调合油的调合指数。

③ 将各组分油的调合百分比(质量)乘以各组分油的 50%馏出温度，然后将各乘积相加，即得调合油 50%馏出温度。

④ 根据调合油的调合指数和 50%馏出温度，查图 6-10 即可求得调合油凝点。

由于凝点和倾点相差不多，近似计算时，两者计算方法和图表可以互相通用。

第四节 油品调合用添加剂

一、添加剂的作用与性能

随着发动机和机械工业的发展，对燃料和润滑油的使用要求愈来愈高。要取得质量更高、性能更好、应用更加广泛的油品，只靠优化原料、改进工艺、采用深度加工等，已不能满足市场需求，因为这样会使加工更加复杂，设备和操作费用增加，成本上升。

石油添加剂是在石油产品中调入少量某些物质就能显著改善油品原有性能或使其得到它们原来没有的新性能，并取得合格产品来满足各种机械设备的更好需要，这种物质就是添加剂，用符号“T”表示。因此，在油品中加入添加剂，其作用就是提高产品质量，增加品种、降低成本、减少油品消耗量，对润滑油来说可以延长其使用周期，并可满足依靠石油加工无法达到的要求。

每种油品所加添加剂种类和数量与原油性质、生产工艺和精制深度以及加入目的等多种因素有关。即使同一品种，不同炼油厂所加添加剂品种和数量也不完全一样。

对添加剂的使用要求主要是：添加数量不多而效果好，副作用小，油溶性好，对水不溶解，不乳化，热安定性好。下面分别简述燃料添加剂和润滑油添加剂的分类、品种及性能。

二、石油添加剂的分组、命名和代号

石油添加剂一般为油溶性有机化合物。根据添加的油品种类，一般分为燃料油添加剂、润滑油添加剂和复合添加剂 3 类。

石油添加剂的代号，也由3部分组成，即：

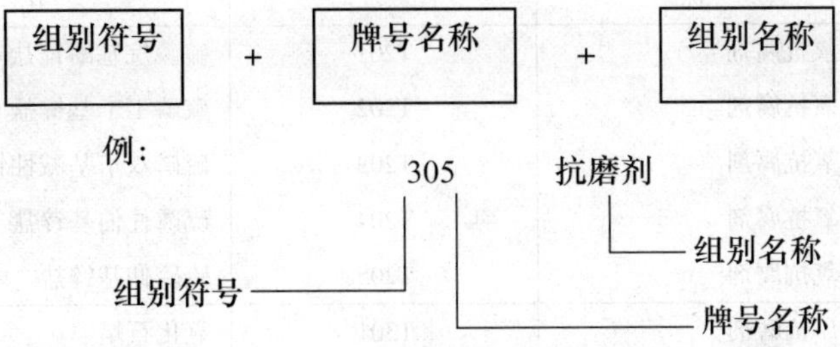

图6-12 石油添加剂组别、牌号、代号说明图

我国石油添加剂的标准分组及代号见表6-6，我国石油添加剂的分类及产品见表6-7。

表6-6 石油产品添加剂的分组及代号

	组别	代号		组别	代号
润滑油添加剂	清净分散剂	T1××	燃料油添加剂	抗爆剂	T11××
	抗氧分散剂	T2××		金属钝化剂	T12××
	抗磨剂	T3××		防冰剂	T13××
	油性剂	T4××		缓蚀剂	T14××
	抗氧剂	T5××		抗静电剂	T15××
	增黏剂	T6××		抗磨剂	T16××
	防锈剂	T7××		抗烧蚀剂	T17××
	降凝剂	T8××		流动改进剂	T18××
	抗泡沫剂	T9××		防腐蚀剂	T19××
				消烟剂	T20××
				十六烷值改进剂	T22××

表6-7 我国石油添加剂的分类及产品

组号	组别	名 称	代 号	化 学 名 称
1	清净剂和分散剂	101 清净剂	T101	低碱值石油磺酸钙
		102 清净剂	T102	中碱值石油磺酸钙
		103 清净剂	T103	高碱值石油磺酸钙
		104 清净剂	T104	低碱值合成磺酸钙
		105 清净剂	T105	中碱值合成磺酸钙
		106 清净剂	T106	高碱值合成磺酸钙
		108 清净剂	T108	硫化聚异丁烯钡盐
		108A 清净剂	T108A	
		109 清净剂	T109	烷基水杨酸钙
		111 清净剂	T111	环烷酸镁
		115 清净剂	T115	硫化烷基酚钙
		114 清净剂	T114	高碱值环烷酸钙
		151 分散剂	T151	单烯基丁二酰亚胺
		152 分散剂	T152	双烯基丁二酰亚胺
		153 分散剂	T153	多烯基丁二酰亚胺
		154 分散剂	T154	丁二酰亚胺
		155 分散剂	T155	丁二酰亚胺

续表

组号	组别	名　称	代　号	化学名称
2	抗氧抗腐剂	201 抗氧抗腐剂	T201	硫磷烷基酚锌盐
		202 抗氧抗腐剂	T202	硫磷丁辛基锌盐
		203 抗氧抗腐剂	T203	硫磷双辛基碱性锌盐
		204 抗氧抗腐剂	T204	硫磷仲伯基锌盐
		205 抗氧抗腐剂	T205	硫磷仲基锌盐
3	极压抗磨剂	301 极压抗磨剂	T301	氧化石蜡
		304 极压抗磨剂	T394	酸性亚磷酸二丁酯
		305 极压抗磨剂	T305	硫磷酸含氮衍生物
		306 极压抗磨剂	T306	磷酸三甲酚酯
		307 极压抗磨剂	T307	硫代磷酸胺盐
		308 极压抗磨剂	T308	酸性磷酸酯胺盐
		309 极压抗磨剂	T309	硫代磷酸苯酯
		321 极压抗磨剂	T321	硫化异丁酯
		322 极压抗磨剂	T322	二苯甲基二硫
		323 极压抗磨剂	T323	氨基硫代酯
		311 极压抗磨剂	T311	单硫代正丁基磷酸酯
		341 极压抗磨剂	T341	环烷酸铅
		351 极压抗磨剂	T351	二丁基二硫代氨基甲酸氧硫化钼
		352 极压抗磨剂	T352	二丁基二硫代氨基甲酸锑
		353 极压抗磨剂	T353	二丁基硫代氨基甲酸铅
		361 极压抗磨剂	T361	硼酸盐
4	油性剂和摩擦改进剂	401 油性剂	T401	硫化琼鱼油
		402 油性剂	T402	二聚酸
		403 油性剂	T403	油酸乙二醇酯
		404 油性剂	T404	硫化棉籽油
		405 油性剂	T405	硫化烯烃棉籽油-1(用于润滑油)
		405A 油性剂	T405A	硫化烯烃棉籽油-2(用于润滑油)
		406 油性剂	T406	苯三唑脂肪酸氨盐
		451 摩擦改进剂	T451	磷酸酯
		461 摩擦改进剂	T461	硫磷酸钼
5	抗氧剂和金属减活剂	501 抗氧剂	T501	2，6-二叔丁基对甲酚
		502 抗氧剂	T502	2，6-二叔丁基混合酚
		511 抗氧剂	T511	4，4-亚甲基双(2，6-二叔丁基酚)
		521 抗氧剂	T521	2，6-二叔丁基-α-二甲胺基对甲酚
		531 抗氧剂	T531	N-苯基-α-萘胺
		532 抗氧剂	T532	含苯三唑衍生物复合剂
		551 金属减活剂	T551	苯三唑衍生物
		561 金属减活剂	T561	噻二唑衍生物

续表

组号	组别	名 称	代 号	化 学 名 称
6	黏度指数改进剂	601 黏度指数改进剂	T601	聚乙烯基正丁基醚
		602 黏度指数改进剂	T602	聚甲基丙烯酸酯
		603 黏度指数改进剂	T603	聚异丁烯(用于内燃机油)
		603A 黏度指数改进剂	T603A	聚异丁烯(用于液压油)
		603B 黏度指数改进剂	T603B	聚异丁烯(用作密封剂)
		603C 黏度指数改进剂	T603C	聚异丁烯(用于齿轮油)
		603D 黏度指数改进剂	T603D	聚异丁烯(用于拉拨油)
		611 黏度指数改进剂	T611	乙丙共聚物
		611 黏度指数改进剂	T611	乙丙共聚物(热降解)
		612A 黏度指数改进剂	T612A	乙丙共聚物(6.5%浓度)
		612A 黏度指数改进剂	T612A	乙丙共聚物(8.5%浓度)
		613 黏度指数改进剂	T613	乙丙共聚物(11.5%浓度)
		614 黏度指数改进剂	T614	乙丙共聚物(13%%度)
		631 黏度指数改进剂	T631	聚丙烯酸酯
7	防锈剂	701 防锈剂	T701	石油磺酸钡
		702 防锈剂	T702	石油磺酸钠
		703 防锈剂	T703	十七烯基咪唑啉烯基丁二酸盐
		704 防锈剂	T704	环烷酸锌
		705 防锈剂	T705	二壬基萘磺酸钡
		706 防锈剂	T706	苯并三氮唑
		708 防锈剂	T708	烷基磷酸咪唑啉盐
		711 防锈剂	T711	N-油酰肌氨酸十八胺盐
		743 防锈剂	T743	氧化石油酯钡皂
		746 防锈剂	T746	烯基丁二酸
8	降凝剂	801 降凝剂	T801	烷基萘
		803 降凝剂	T803	聚 α-1-烯烃(用于浅度脱蜡油)
		803A 降凝剂	T803A	聚 α-2-烯烃(用于深度脱蜡油)
		805 降凝剂	T805	聚 α-3-烯烃(用于重质油)
		806 降凝剂	T806	聚 α-4-烯烃(用于重质油)
		814 降凝剂	T814	聚丙烯酸酯
9	抗泡沫剂	901 抗泡剂	T901	甲基硅油
		902 抗泡剂	T902	丙烯酸酯与醚共聚物
		911 抗泡剂	T911	丙烯酸酯与醚共聚物
		912 抗泡剂	T912	丙烯酸酯与醚共聚物

三、燃料油添加剂

使用添加剂是改善燃料油品性能经济而又有效的重要手段。许多燃料油加入添加剂，不仅改善了储存安定性，而且也改善了燃烧性，达到节约能源、防止污染环境的目的。加入百分之几到千分之几，甚至 10^{-6} 级的添加剂，就可大大改善某些质量指标，增强有益的性能，抑制不利的因素。选择添加剂的关键问题是用量要少而效果要大，获得容易而价格低廉，同时还要考虑防止致癌性物质的混入，当前实际使用的物质有许多是有毒害的，必须大力并重视防毒和防止污染环境。

燃料油用添加剂中，主要有汽油抗爆剂、防早燃剂、抗氧化剂、金属减活(钝化)剂、柴油十六烷值改进剂、降凝(倾)剂、防腐蚀剂、表面活性剂、防水剂、防腐杀菌剂、航空燃料防静电剂、润滑性改善剂、助燃剂和染色剂等。

1. 抗爆剂

(1) 锰系抗爆剂

甲基环戊二烯三羰基锰(MMT)产品。经研究及实际应用表明，这种抗爆剂对汽油提高抗爆性能很有效，是目前取代铅系列抗爆剂的产品，被国内炼油厂广泛应用。但也有尚需解决的问题(具体技术要求见表6-8)。

(2) 二茂铁

二茂铁($C_{10}H_{10}Fe$)，相对分子质量186，系单斜晶系结晶，熔点172~173℃，溶于石油、醇、醚、苯等有机溶剂，不溶于水，是比较安定的化合物，使用时先溶于溴乙烷和石脑油、甲醇或烷基苯制成母液而后加入汽油中，在辛烷值60的汽油中加0.1~0.5g/kg时可提高辛烷值7~15个单位。

对二茂铁作为抗爆剂进行过较多的研究，但因燃烧后的氧化铁留在燃烧室里无法引出，而增加发动机的磨损及二茂铁的生产成本高等因素，使用远远不如MMT广泛。

(3) 胺系抗爆剂

苯胺、二甲代苯胺、三乙苯胺等苯胺类抗爆剂，向研究法辛烷值85的汽油基础油中加5%时，则辛烷值上升到100左右。

胺系抗爆剂的优点是：

① 不像金属系抗爆剂那样燃烧后的灰分积炭中有金属成分，造成发动机的磨损和排气污染；

② 不像烷基铅那样受汽油中硫化物的影响，对提高辛烷值没有妨碍；

③ 同时起抗氧化剂的作用；

④ 不论高温或低温情况下，几乎不发生腐蚀作用。

缺点是：

① 添加量大，需2%~5%；

② 由于胺使汽油颜色、安定性变坏、色度变深，而不利于商品化；

③ 胺类对某些塑性材料或橡胶等弹性材料有浸润，不利于密封；

④ 添加量大而致使发动机排气中NO_x增多，加5%时排气中的NO_x增加40%。

胺类抗爆剂对低辛烷值汽油提高辛烷值效果大，对研究法辛烷值的提高作用大，对马达法辛烷值的提高作用最小，因而使用受到限制。

2. 抗氧剂

燃料中的烯烃、双烯烃在光、温度、空气中氧的影响下，会生成胶状物质而沉淀，胶质本身具有氧化催化作用，会加速燃料的氧化。为了延缓燃料的氧化，一般要加入抗氧剂和金属钝化剂。

抗氧剂是一种有机化合物，它能减少由于燃料自动氧化而产生的胶质量，延缓燃料的氧化。其最早的商品抗氧剂出现在20世纪30年代。胶质产生的过程是链锁反应，抗氧剂中的活泼氢原子可以中断链锁反应。例如：2,6-二叔丁基对甲酚(T501)、2,6-二甲酰基-4-叔丁基苯酚等酚类化合物具有抗氧防胶性能。

把两种或几种抗氧性能作用不同的抗氧剂复合在一起使用时更为有效，称为复合抗氧化剂。

对航空喷气燃料，规定单独或复合抗氧化剂的加入量最多为24mg/L，而且必须在生产后，胺型抗氧剂应立即加入，同时加入金属减活剂。

现在常用的抗氧化剂有 亚苯基二胺系、烷基酚系。

3. 金属钝化剂

燃料油输送过程中接触多种金属，如Cu、Fe、Pb等，这些金属会加快燃料的氧化速度，致使燃料中的烯烃氧化、聚合、最后生成胶质。汽油中含有的Cu离子也具有加速胶质生成的催化作用。金属钝化剂本身不起氧化作用，要与抗氧防胶剂一起使用。金属钝化剂与金属作用形成螯合物。

4. 防冰剂

在低温下，发动机燃料系统中的水分结冰往往会引起故障。在汽油发动机中，低温及高温时汽化器内吸入的空气中的水分，因汽油的汽化热而冷凝、结冰，从而堵塞空气通道，常常导致发动机停车。此外，燃气涡轮发动机在高空飞行时，由于燃料油本身的温度降到0℃以下，其中的水分结成冰，因而有使燃料系统中的过滤器堵塞的危险。防冰剂就是为了防止因水分结冰造成这类故障而使用的添加剂。

防冰剂有两种类型：其一是冰点降低型，即添加剂溶于水中后使冰点降低；另一是表面活性剂型，即添加剂在金属表面形成憎水性的吸附膜，阻止水滴和冰结晶附着在金属表面。具有上述功能的添加剂有以下一些化合物。

(1) 冰点降低型

① 低碳醇、乙醇、异丙醇等。

② 乙二醇和酰胺、一缩二丙二醇、乙二醇、乙二醇-甲醚、二甲基甲酰胺等。

(2) 表面活性剂型

酸式磷酸酯胺盐、烷基胺、脂肪酰胺、有机酸酯、链烯基琥珀酰亚胺等。

5. 抗静电剂

由流体力学可知：油品在流动(管道输送、过滤、混合、灌装)过程中，不管流体的湍动程度有多大，液体和固体交界面上总有层流边界层存在，它不仅影响到传热、传质过程，而且边界层还会形成双电层相当于板状电容器，液相流动时带走一种电荷，在固体表面吸附着一种相反的电荷。当油品流动时，可造成电荷分离，由此在油罐内壁等处产生静电。当油中电荷聚集到一定程度，一旦放电，就会造成火灾及爆炸事故。抗静电添加剂的研究与应用就是为了使油品在流动过程中避免产生静电荷，提高电荷分散的速度，防止电荷聚集。特别是喷气式飞机，它需要在短时间内补充大量燃料油，而且使用微孔过滤器，其危险性就更大。因此，要提高航空涡轮发动机燃料的电导率，防止发生危险，就要使用防静电剂。达到安全使用油品的目的。

国内外主要抗静电剂有阴离子表面活性剂型、阳离子表面活性剂型、两性表面活性剂型、非离子表面活性剂型及其他形式抗静电剂，特别是烷基水杨酸铬，被公认为出色的防静电剂。

6. 抗磨防锈剂

深度精制的燃料，随着其不安定组分的脱除，也脱除了天然的微量极性物质，从而使燃料的抗磨性能变坏，当使用这种燃料时会引起燃油泵柱塞头的磨损，影响其使用寿命。同时燃料在储运和使用过程中，因环境温度的变化，油中的溶解水全析离成游离水，引起金属生锈腐蚀，因此发展了抗磨防锈添加剂。

抗磨防锈添加剂T1601由二聚亚油酸、酸性磷酸酯、酚型抗氧剂、稀释剂组成。

7. 抗烧蚀剂

喷气燃料在燃烧过程中，燃烧产物在高温下会对发动机火焰筒、涡轮和喷管有气相腐蚀作用。在燃料油中加入抗烧蚀剂，就能起到防止烧蚀现象发生。

我国常用的抗烧蚀剂为T1733，亦称33号添加剂(化学名称：二硫化碳 CS_2)，它是一种无色透明液体，密度为 $\rho_{20}=1.26\sim1.27g/cm^3$，易挥发，易燃烧，有极难闻的腐烂萝卜味，其蒸气比空气重1.6倍，对人体有刺激性，所以应严密储存，注意防火通风，谨防人体中毒，(见本书第十章职业健康、安全生产与环境保护)。

在航空煤油中添加量一般为0.09%~0.15%。

8. 柴油流动性改进剂(低温流动改进剂)

燃料油(柴油)经冷却后，油中蜡随温度下降而析出，温度越低，析出蜡越多，致使油全部失去流动性。我国石蜡基原油较多而柴油含蜡(C_{16}以上正烷烃)量较高，产品的倾点、冷滤点和浊点很难达标，深加工脱蜡或裂解加氢成本高而产量收率低，故采用低温流动改进剂是最理想的途径。

柴油流动性改进剂主要有：乙烯/乙酸乙烯共聚物、乙烯/烷基丙烯酸酯共聚物、氯乙烯聚合物、聚丙烯酸高碳醇酯类等。

我国生产的产品为T1804，加入量一般为0.01%~0.1%。其使用效果不仅决定于添加剂本身的结构，也取决于柴油的馏分和烃类组成。在我国柴油中的使用情况表明，环烷基油较中间基油感受性好，石蜡基油较差；不同加工工艺的柴油感受性不同，尤以催化裂化柴油、分子筛脱蜡、尿素脱蜡和临氢降凝柴油感受性较好。直馏柴油、加氢精制柴油感受性较差；从馏程来看，馏程越宽感受性越好。实际使用时，应采用合理的组分调配。

9. 十六烷值改进剂

原油经蒸馏得到的直馏柴油，一般由于其十六烷值高，即使在高速柴油机中使用也无问题。但是，催化裂化等二次加工装置生产的柴油的十六烷值低，必须加以改进。特别是我国现在为了生产高辛烷值无铅汽油，要大幅度增加催化裂化、重油催化及延迟焦化装置等二次加工装置的加工量，则出现催化裂化柴油的利用问题，十六烷值改进剂的必要性随之出现。

具有十六烷值改进效果的化合物已有许多报道。一般认为，其中的硝酸烷基酯、硝基化合物(例如：2,2-二硝基丙烷)、过氧化物(例如丁基过氧化物)等效果特别显著。其中，由于过氧化物有爆炸性，所以没有实用价值。作为十六烷值改进剂，硝酸烷基酯的应用最广泛。

十六烷值改进剂的作用机理是：在喷射燃料油时，添加剂生成的热裂解产物促进了燃料油的氧化，缩短了着火延迟期。现已证明，硝酸烷基酯具有降低燃料油着火温度的效果。

直馏柴油的十六烷值一般都比较高(大于40以上)，随着重油深度加工的发展，在柴油中调入了更多的催化裂化馏出油(小于40)，使轻柴油的平均十六烷值下降。为了生产出标号合格的柴油，炼油厂大多将十六烷值高、低不同的柴油按一定比例进行调合。也可在十六烷值低于40的二次加工柴油中加入少量十六烷值改进剂，亦可达到所需柴油标号。

十六烷值改进剂一般加0.3%就可以提高十六烷值约10个单位，而最高添加量不超过1%。直馏柴油对十六烷值上升剂的感受性好，一般加0.1%可提高十六烷值5~6个单位；

催化裂化柴油的感受性差，一般加 0.1%时只能提高十六烷值 3~6 个单位。

10. 清净剂、清净分散剂

在汽油发动机中，如果沉积物附着在汽化器内，则吸入的空气量减小，一旦空燃比偏离适宜范围，则排出气体中的烃和一氧化碳的浓度增高，使燃耗增加。清净剂或清净分散剂越来越受到人们的重视，清净性为目的的添加剂已经商品化了。

这种添加剂的作用原理与表面化学有关，所以一般使用表面活性剂作清净剂和清净分散剂。它除了能保持吸入系统的清净性外，多数品种还可有效地防止汽化器结冰和防止燃料系统腐蚀，因而，这类添加剂有时也叫多功能添加剂或多效添加剂。

(1) 清净剂

分子量较低的表面活性剂。

① 磷化物：酸式磷酸酯胺盐等。

② 氮化物：烷基胺、有机酸胺盐、脂肪酰胺、脂肪酸胺-酰胺盐、有取代基的咪唑啉、烷基脲等。

(2) 清净分散剂

分子量较高的表面活性剂。如聚丁烯基琥珀酰亚胺、聚丁烯基多胺、聚氧代烷撑胺衍生物等。

使用含清净剂的汽油，汽化器的寿命可延长一倍以上，并保持汽化器的清洁，减少对大气的污染，如果在汽油中加入$(10\sim50)\times10^{-6}$的清净分散剂，就可防止沉积或除去沉积物。

清净分散剂中其非极性基团延伸到燃料油中，增加燃料油的油溶性，防止沉积。其极性基团整齐排列在金属表面上，增加其表面活性。但不可用有机金属盐类的清净分散剂。

(3) 清净分散剂的作用效果

① 降低对大气的污染；

② 节省燃料油消耗；

③ 改善发动机性能；

④ 具有除掉汽化器和曲轴箱系统的油泥积炭的效果，减少对大气的污染，还有减少油泵、喷嘴的磨损，防止火花塞结焦，提高发动机的功率，从而节约能源，增加经济效益。

汽油清净剂已使汽车清洁行驶由 80000km 延长到 160000km。

11. 多效添加剂

为充分发挥燃料的燃烧性能，燃料在使用过程中需满足多种性能要求，诸如：清净、防冰、防腐、防沉积、保持储存稳定、喷嘴清洁、排放中颗粒污染物控制等。为此开发出多效添加剂。

(1) 汽油用多效复合添加剂

汽油多效添加剂化学组成主要有氨基烷基磷酸酯的煤油溶液或甲醇溶液、咪唑琳类、丁二酰亚胺、胺类等，另外在防冰性能上需加入甲醇、异丙醇、乙二醇、二丙二醇醚、二甲基甲酸胺等以及一定的表面活性剂。

这种添加剂同时具有以下作用。

① 防冰作用。防止汽化器结冰是冬季的重要性能，由于汽油蒸发汽化需要大量的热量(汽油蒸发热约 300kJ/kg)，甲醇汽油汽化需蒸发热更高(约 1100kJ/kg)，在外界气温较低的条件下则使汽化器结冰，致使油路(汽油喷出喉口)堵塞，发动机停止，因而必须加入有防冰作用的添加剂。

② 防腐蚀作用。一般汽油含溶解水分200mg/kg左右，有的还含游离水分，这些水分成为与汽油接触的容器、管线等金属发生腐蚀甚至损坏的根源。因腐蚀而生成的锈渣，可致发动机的汽油滤清器闭塞，或汽化器的喉口堵死，而发生各种故障。同时因为金属离子特别是铜离子对汽油氧化生胶起促进作用，因生成的有机酸发生二次腐蚀的问题严重。

防止金属腐蚀有效的表面活性剂，如石油磺酸胺、脂肪族胺、环烷酸胺、烷基氨基磷酸酯等，同时也具有一些防锈作用。汽油中一般最适宜的加入量为5~30mg/kg。

③ 清净作用。汽油清净剂主要是为使汽化器、进气阀及曲轴箱系统等免除结焦积炭或油泥沉积，怠速时汽化器的节流阀上下空气流动角度激变，而致吸入混合气中的固体物粘附在节流阀下部，汽化器结胶会影响汽化效率和破坏汽油空气混合气的协调；进气阀结焦积炭而影响进气均匀和进气阀开闭失调及关闭不严，而破坏发动机工作，造成功率下降，甚至烧坏，曲轴箱系统结焦积炭，以致开闭动作失灵，关闭不严，影响串缸混合气的返回燃烧室以致曲轴箱系统的效率下降，造成大气污染和汽油的浪费。为解决发动机怠速时失速和运转失调，防止或减少上述现象，急需汽油具有清净性能，特别为减少排气对大气的污染而装有曲轴箱系统的发动机用汽油必须具备一定的清净作用，当然把串缸混合气返回燃烧室燃烧后，不仅减少对大气的污染，也有利于节省汽油。

(2) 柴油、重油多效添加剂

柴油、重油多效添加剂中常要加入抗氧剂、分散剂、金属钝化剂、性能改进剂，从而保证柴油的性能。

近年柴油需求量大增，不但所用馏分加重，而且多直接混用催化裂化柴油，因而胶质多且安定性及燃烧性能变差，储运中易生油泥沉淀，使用中结焦积炭，并可能发生腐蚀，因而需要加有清净作用、抗氧化作用、防腐蚀作用的添加剂。目的似乎与汽油的要求相同，但在对燃料燃烧的作用上要求则完全相反，对汽油要求多效剂无助燃(促燃)作用，可有阻燃作用；对柴油则要求多效剂无阻燃作用，而可有助燃(促燃)作用。因而在柴油中不宜用磷化物、胺基化合物等有阻燃作用的化合物，可用烷基磺酸钡、羧酸钡等既有清净作用，又有促燃作用的添加剂。

重油用多效剂需对油中沥青质等高分子芳烃有吸附力并形成胶束分散在油中，形成稳定的胶体化合物，如烷基磺酸钡和环烷酸铜的混合物、十二烷基苯磺酸钡和油酸铜的混合物、十二烷基苯磺酸钡和树脂酸铜等。这些都是具备分散油泥沉积和清洗结焦积炭，并有促燃作用的复合添加剂，如附加少量二或三乙醇胺、琥珀酸亚胺等，则可赋予防冰性能和杀菌防腐作用。

12. 助燃剂

燃料燃烧时，产生大量的副产物使得燃烧不完全。使用助然剂的目的是改善并提高燃料油的燃烧性能。目前国内使用的助燃剂大都由国外进口。

轻质燃料助燃剂的主要成分是$(SiCH_2CH_2COOH)_2CO_3$，将其配成甲醇溶液或煤油溶液，以0.001%的加入量加至燃油中效果明显。

重质燃料助燃剂的主要成分是钙、镁、钡等碱土金属磺酸盐、天然含水硅酸镁等混合物、环烷酸等吸附处理金属氧化物或氢氧化物、超微粉氧化铁水浆。以极少的量加入至重油中，燃烧的效果很好。

13. 染色剂

染色剂主要用于汽油，以示区别该汽油是否加入了烷基铅抗爆剂。为宣传的目的和检查泄漏，润滑油中也有加入某种染料进行着色。

染料是一些油溶性的有机化合物，大多是偶氮化合物的衍生物。为便于各种石油产品的识别和管理，防止中毒和避免错用，以及改善油品色调，减少光化反应，并有利石油商品化，而向某些石油产品中加入各种油溶性染料，加入量为10mg/kg以下。汽油染色的主要目的是表明含有四乙基铅抗爆剂，而要求人们在管理和使用中注意防止中毒，同时也根据不同的染色区分不同的汽油标号，以便于使用，同时某些色调也有减弱光化学反应的作用。

煤油染色主要为美化商品，同时也减弱光化学作用，多采用蓝色。

润滑油染色主要是便于识别和区分品种牌号，以防错用或误用，便于发现漏油或混油和污染，及达到宣传的目的。润滑油加入量为10～100mg/kg。为便于发现漏油而要用荧光染料。使用染料时要求注意，特别是黄色染料对二甲基胺偶氮苯有致癌性而禁止使用。

润滑油也用和燃料油同样的染色剂。

四、炼油厂常用的燃料添加剂

以上13种燃料油添加剂中各炼油厂使用不尽相同，而是针对具体的原料油及装置而定。一般地说，对于加工规模大、原料油稳定、生产装置操作平稳，有3种添加剂经常使用，如表6-8所示，这3种添加剂性质稳定、可靠，应作为重点加以掌握；其他种类的添加剂，则用于因原料油不稳定、生产调整幅度大(如装置开工)、补救调合、科研项目、新产品开发及特殊要求的油品调合等场合。

表6-8 炼油厂常用的燃料油添加剂规格及技术要求

用剂名称	规格型号	技术指标	
汽油抗爆剂MMT	3062（进口）	锰含量/%	≥15.1
		密度/(g/cm^3)(20℃)	1.11
		凝固点/℃	≤-22
		闪点/℃	≥42
		纯度(MMT含量)	≥62
	KT9262（山东）	锰含量/%	≥15.1
		密度/(g/cm^3)(20℃)	1.10～1.13
		凝固点/℃	≤-22
		闪点/℃	≥30
		纯度(MMT含量)	≥62
		水分/(mg/kg)	≤200
	Q504（海南）	锰含量%	10±0.5
		密度/(g/cm^3)(20℃)	1.05±0.1
		凝固点/℃	-25
		闪点/℃	40±1.5
		纯度(MMT含量)/%	40
		元素锰含量/(g/kg)	100±2

续表

用剂名称	规格型号	技术指标		
汽油安定性改进剂	OSA-1	外　观	深褐色液体	目　测
		密度(20℃)/(kg/m^3)	880~920	GB 2540
		灰分/% ≤	0.08	GB/T 508
		运动黏度(20℃)/(mm^2/s)	实测	GB/T 265
		凝点/℃ ≤	-15	GB/T 510
		机械杂质/% ≤	0.08	GB/T 511
喷气燃料抗静电剂	T1502	外　观	琥珀色透明液体	目　测
		密度(20℃)/(g/cm^3)	880~930	GB/T 1884
		电导率(20℃)/(Ps/m)	>400	GB/T 6539
		红外光谱分析	实测	
		水分离指数	≥70	

五、润滑油添加剂

经过分馏、精制、脱蜡和补充精制得到的是组分油，经第一次调合叫基础油(或叫半成品油)，是满足不了各种设备的润滑要求的。因此，为了使润滑油具有设备所需要的性能，人们研制或选用多种具有特殊性能的化合物，并添加到基础油中去。这些化合物就是本节所介绍的润滑油添加剂。润滑油品质量的优劣决定于基础油的精制水平和添加剂的品种、质量。润滑油添加剂大多是各种有机化合物，为了达到应有的效能，添加剂必须能很好地溶于(或分散于)油中，在储存及使用时稳定，不易发生变化，并且不损坏润滑油的其他性能。

1. 清净分散剂

清净分散剂亦可分为清净剂、分散剂，它是润滑油添加剂中最主要的添加剂之一，更是发动机油必需的添加剂。

发动机在工作过程中，其内部总会出现一些污垢。这些污垢主要是燃料(甚至包括部分进入燃料室的发动机油)的不完全燃烧产物以窜气形式通过活塞环及缸壁的间隙，进入轴箱和发动机箱；另一部分则是润滑油在发动机内苛刻的工作条件下生成的氧化产物。它们以漆膜、积炭和油泥的形式吸附于活塞上，并黏附、沉积于曲轴箱和机油箱。

2. 抗氧化添加剂

抗氧剂按其作用机理，可分为自由基中止型和过氧化物分解型；按其使用温度，可分为一般抗氧剂和高温抗氧剂；按其应用，可分为抗氧防胶剂(用于防止油品在厚油层条件下的氧化)、抗氧防腐剂(用于防止油品在薄层条件下的氧化)。我国的抗氧剂就是按后一种方法分类的。

(1) 抗氧防胶剂

广泛用于变压器油、汽轮机油、液压油、通用机床油和某些工艺用油等。这种抗氧化剂能提高润滑油的氧化安定性，延长油品的使用寿命和防止胶状沉淀物的生成。

（2）抗氧防腐剂

主要用于内燃机油等高温与氧接触的润滑油。作用是提高润滑油的热氧化安定性，防止金属摩擦面的腐蚀，延长润滑油和机油的使用寿命。

3. 降凝剂

为了得到低凝点的润滑油，通常采用两种方法：一是进行深冷脱蜡；另一种方法就是采用降凝剂来降低油品的凝固温度。

降凝剂实际上也是一些和蜡结构很相似的烃类。其作用是吸附于油中蜡的表面上，从而改变蜡结晶的增长方向，阻止其网状结构的增长，破坏结晶的结构，使之成为微小的、不影响油品流动的结晶。

4. 黏度指数改进剂（黏度添加剂）

黏度指数改进剂加进油品中后，可以增加油品的黏度，也可以改善油品的黏温性能。因此，人们通常称黏度指数改进剂为增黏剂，但更准确的名称应该是黏度指数改进剂。

黏度指数改进剂都是一些油溶性适度的链状高分子聚合物。目前常用的黏度添加剂有：聚异丁烯、乙烯丙烯共聚物、聚甲基丙烯酸酯、聚乙烯基正丁基醚和苯乙烯共聚物等。

5. 油性添加剂

通常认为“油性”是由于润滑油中极性化合物的吸附而产生的一种减少摩擦和磨损的效果。油性剂一般只能在载荷和冲击振动不很大、温度不很高的条件下有效果。而当摩擦部件的温度达到150℃、载荷接近25MPa时会脱附而失去油性作用，因此应采用极压抗磨剂解决问题。

油性剂多是一些长链脂肪酸，如油酸、硬脂酸，或是油醇等高级醇、胺、硫化油脂、卤化油脂等。

6. 极压抗磨剂

极压抗磨剂是一种能在油性剂已失效的苛刻条件下起作用的添加剂。一般该添加剂在高温、高载荷或低速、高载荷、冲击载荷时，能放出活性元素与金属表面起化学反应，形成低熔点、高塑性的反应膜。反应膜使金属表面凸起部分变软，减少碰撞时的阻力。同时，由于塑性变形和磨屑填平了金属表面的凹坑，增大了接触面积，降低了接触面的单位负荷，减少了摩擦和磨损。化学反应膜有较高的强度，能承受较重的载荷，可减少磨损，防止胶合、烧结等。

目前常用的极压抗磨剂主要是硫、磷、氯等的极性化合物，例如：

（1）硫型极压剂。主要适用于高速、冲击载荷，有良好的抗擦伤、抗烧结的极压性能。

（2）磷型极压抗磨剂。具有良好的抗磨抗擦伤性能，尤为适用于低速高载荷的条件。

（3）氯型极压抗磨剂。具有较强的物理吸附性能，能在较高温度下与金属反应生成化学反应膜。它的油膜强度比硫化物高，比磷化物低；其极压性能比磷化物好，但比硫化物差。

除了上述添加剂外，还有一些有机金属系的极压抗磨添加剂，如铝皂、二烷基二硫代磷酸锌和二硫化钼等。

7. 防锈剂

防锈剂是一种带有极性基的表面活性剂。其作用是：

① 防锈剂能在一定温度下（如100℃以下）优先于其他物质（包括水及其他添加剂）与金属表面牢固吸附，形成隔膜，以防止水分及空气的侵入。

② 油相中的水滴，能被防锈剂中的乳化剂形成的乳化层或吸附层溶解，从而防止水分

与金属表面接触。

③ 使已在金属表面上吸附的水分，受防锈剂的作用而被防锈油(剂)所置换。

一般润滑油采用的防锈剂主要有以下几种：

(1) 磺酸盐类，如磺酸钡、钠、钙等。

(2) 羧酸及其盐类和酯类，如烯基丁二酸及环烷酸、环烷酸锌等。

(3) 磷酸及磷酸胺盐。

(4) 胺类。

8. 防腐蚀剂

防腐蚀剂的主要作用，一是钝化酸性物，如一些含氮的化合物或胺类、酚化合物，它们能与油中能生成腐蚀性物质的活性基团发生反应，从而阻止腐蚀性物质的形成，以防止腐蚀。二是形成金属表面的防腐蚀覆膜，如一些有机硫化物和磷化物，它们能在金属表面形成硫、磷化的金属化合物薄膜，从而起到防止腐蚀的作用。常有一些加有此类防腐蚀剂的油会使金属变色，这是因为防腐蚀覆膜形成的缘故，而非金属被腐蚀。事实上，上述所提到的防锈剂，在广义上也是防腐剂。

9. 抗泡沫剂

液压油、齿轮油和发动机油等由于循环系统的搅拌而较容易产生泡沫。抗泡沫剂的作用就是破坏泡沫，缩短泡沫存在的时间。

目前最常用和有效的抗泡沫剂是二甲基硅油，但此剂有一个缺点：会恶化油品的空气释放能力。在液压油类中使用该剂要慎重，或使用另外一些对油品空气释放性影响较小的非硅型抗泡沫剂，如丙烯酸酯与醚的共聚物。

除了上述介绍的九种类型的添加剂外，还有其他的用于润滑油的添加剂，如破乳化剂、钝化剂、摩擦改进剂等。

第五节　燃料油的调合方法

一、车用无铅汽油调合

我国车用无铅汽油以催化裂化汽油为主，并按一定比例加入重整汽油、烷基化汽油或甲基叔丁基醚(MTBE)等，必要时加入适量的添加剂。

汽油调合以调辛烷值、10%馏出温度和诱导期为主。如果靠各组分油经调合能达到汽油产品标号，则可不必加入添加剂。生产航空汽油或低辛烷值汽油，除用各组分油调合外，还应加入甲基叔丁基醚(MTBE)以提高其品度值和辛烷值，加入抗氧剂以提高其诱导期值。

1. 产品的质量要求及性能

车用无铅汽油为易燃、易爆、易挥发液体，主要由 C_5 ~ C_{12} 的烃类组成。该产品具有辛烷值高、稳定性能好、抗爆及蒸发性能好、含硫低的特点。车用无铅汽油爆炸极限为1.4%~7.6%。

2. 常用的汽油调合的适宜组分油

(1) 催化裂化汽油

我国催化裂化汽油是商品汽油的主要组分，其在商品汽油中的含量达70%以上。但是催化裂化装置所生产的汽油烯烃含量、硫含量达不到指标要求，辛烷值不够高(*RON* 约 90,

MON 约 79)，为达到规定的车用汽油指标，就需要添加其他组分油调合。

(2) 重整汽油

要提高汽油的辛烷值，实现汽油无铅化，利用重整汽油是一条很好的途径。但新颁布的清洁汽油标准中，对汽油中的芳烃含量也作了限制，所以重整汽油的加入量要控制好。另外，重整汽油中的苯是有害的，要设法降低。

(3) 烷基化汽油

利用烷基化工艺可制取汽油的调合组分。烷基化工艺是异构烷烃和烯烃气体在浓硫酸或氟氢酸的接触作用下进行异烷基化反应，也是利用轻质烃类生产高辛烷值汽油组分的主要方法之一。烷基化油是异构烷烃的混合物，其辛烷值相当高(*RON* 为 92.9~95，*MON* 为91.5~93)，敏感性小，而且具有理想的挥发性和清洁的燃烧性，是一种理想的汽油调合组分。利用烷基化油调合汽油有许多优点：

① 能够稀释 FCC 汽油中的硫、氮等有害杂质，使汽油更加符合所要求的标准。

② 对重整汽油组分中的芳烃(包括苯)也有稀释作用，从而可以掺入更多的重整汽油组分，以达到提高汽油辛烷值的目的。

(4) 异构化汽油

利用异构化工艺也可制取汽油的调合组分。异构化工艺是提高整体汽油辛烷值最便宜的方法之一。正构烷烃在异构化后，可提高汽油的辛烷值。汽油无铅化以及新法规对车用燃料组成的限制，使得炼油厂对异构化油的需求十分强劲。例如，正戊烷的空白(无铅)辛烷值为研究法 61.7，而异戊烷则为 92.30。异戊烷是高级汽油的主要组分。

我国的异构化技术无论是生产高辛烷值汽油，还是异构化生产润滑油馏分油都有很大进展，尤其是异构化生产润滑油技术的出现，满足了润滑油多侧链的要求，特别是异构化的催化剂在我国已研发成功，无需进口。

(5) 汽油调合组分油——甲基叔丁基醚(MTBE)

甲基叔丁基醚(MTBE)主要用作提高汽油的辛烷值，减少能耗提高功率，它具有工艺简单、成本低廉、效果突出的优势，所以一直是效率最高的辛烷值添加组分。

20 世纪 90 年代以后，随着汽车废气排放控制及保护环境的需要，国内外均已限制或取缔向汽油中加入烷基铅，并逐步实现汽油无铅化。烷基铅抗爆剂的限制使用，促进了非铅抗爆剂的开发。

甲基叔丁基醚(MTBE)是效果较好的添加组分油，已为各国所采用。它是一种无色、透明、有特殊异味的轻质液体，纯度为 97.5%，密度 0.7394g/cm^3，沸点 52.5~58.5℃。

甲基叔丁基醚(MTBE)的许多物理、化学特性与其特有的分子结构有关。在 MTBE 的分子结构中，氧原子不与氢原子直接相连，而与碳原子相连。C—O 键的键能大于 C—C 键的键能，且 MTBE 的分子中又存在叔碳原子上的空间效应，难于使分支自断裂形成自由基。因而，作为汽油调合组分，MTBE 具有十分良好的抗爆性能和较好的化学稳定性。

雷德蒸气压 55kPa(396mmHg)，研究法辛烷值为 118，马达法辛烷值为 102。为生产高标号汽油，在汽油中加入 MTBE 量一般都较高，才能产生与加入四乙基铅的同样效果，一般加入量为 3%~20%(体积分数)。不同的汽油馏分加入量各不相同，提高的辛烷值幅度也不相同。

MTBE 不但具有很高的辛烷值，而且在催化裂化汽油中有很好的调合效应，其调合辛烷值高于其净辛烷值。汽油中 MTBE 的最大加入量各国并不统一，一般最大加入量为 15%~

20%。表 6-9 为不同组分的汽油加入 MTBE 后效果。

表 6-9　不同组分的汽油加入 MTBE 后效果

基础油样		MTBE 加入量/%(体积分数)				
		0	5	10	15	20
直馏汽油	*MON*	56.2	58.7	61.6	64.6	67.9
	RON	56.0	60.0	64.7	68.0	71.3
烷基化汽油	*MON*	92.4	93.4	94.0	94.9	95.5
	RON	93.4	94.7	97.1	98.9	100.9
催化汽油	*MON*	77.6	79.0	80.0	81.3	82.6
	RON	88.3	90.8	91.6	93.3	94.4
宽馏分重整汽油	*MON*	84.3	85.0	86.0	86.9	87.8
	RON	95.4	97.5	98.6	99.6	100.9

利用炼厂催化裂化的烯烃可合成很多辛烷值组分，如甲基叔戊基醚(TAME)是由异戊烯和甲醇反应合成的，性能和 MTBE 相近，辛烷值也大体相同，TAME 的蒸气压低可能是优点。此外还有由甲醇合成的二甲醚也是良好的高辛烷值适宜组分油。

3. 汽油调合比的计算方法

可按由重量法计算闪点的公式演变而来的十字交叉法计算。

例 6-5　已知 A 组分油为直馏汽油，含胶质 2mg/100mL，B 组分为重催汽油，含胶质 14mg/100mL，调合成胶质为 5mg/100mL 的汽油，求 A、B 组分的调合比?

解：将已知数写在十字交叉法图中相应位置，按图中要求相减，即 A、B 组分油的调合比为 9∶3。

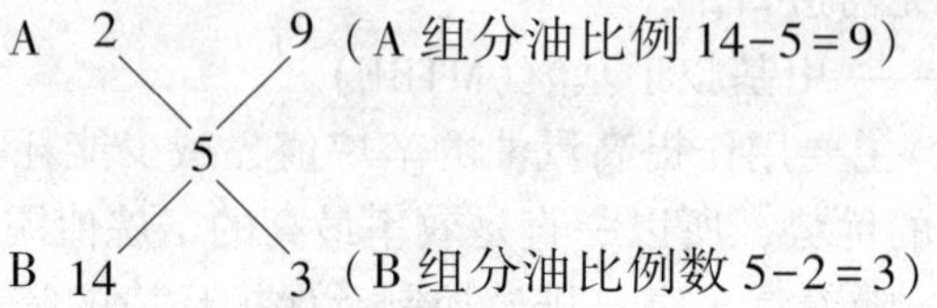

A、B 组分油调合比为 9∶3，即 A 组分油为 75%(体)，B 组分油为 25%(体)，便可调成胶质为 5mg/100mL 的汽油。

二、轻柴油调合

1. 产品质量要求及性能

轻柴油为淡黄色液体，主要由 C_{15} ~ C_{24} 的烃类组成，燃烧性能好。轻柴油具有足够的黏度，能保证在柴油发动机内雾化良好，燃烧平衡；杂质少，尤其是钒、钠、镍、硅等化合物含量极微，燃烧后在发动机燃烧室内不产生明显的结焦和积炭，不磨损高压油泵和喷嘴，不损伤发动机；含硫量低，有机酸少，基本不含无机酸或碱，因此对机件和储油设施无腐蚀性。

2. 适宜组分油

成品轻柴油是用原油经常减压蒸馏所得的直馏柴油(常二线、常三线、常四线)与焦化或催化、重油催化后经加氢精制的柴油等按一定比例调合而成。需要时可加入少量的流动改性剂。

3. 柴油调合计算

柴油调合主要是凝固点的调合，所以调合计算也主要是调合油凝点的计算，调合油凝点的计算方法很多，目前国内普遍使用的方法是：一种是掺合指数法；另一种是加成计算法以及由其演变来的十字交叉法。其中掺合指数法要根据各掺合组分的凝点和恩氏蒸馏50%的馏出温度查出各组分的掺合指数，计算混合油的掺合指数，再进行其他计算，比较麻烦，在实际操作中很少应用，因此在这里不做详细介绍。用加成法计算调合油的凝点，准确性较差，但比较简单。

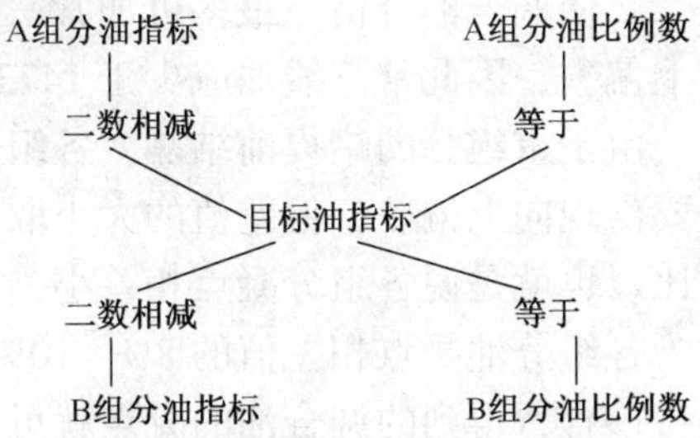

图6-13　十字交叉法计算图

（1）十字交叉法

现将由加成法演变来的十字交叉法介绍如下：见图6-13，若已知A、B两组分的指标以及调合油要求的指标，用交叉法可计算出调合比。

例6-6　已知A组分为加氢精制柴油，凝点为-2℃，B组分油是常压三线油，凝点为+15℃，调合成凝点为+1℃的出口轻柴油，求A、B组分油的调合比。

解：计算调合比，将已知数写上图中的位置，按图中要求相减，即得A、B组分油调合比为13∶4。

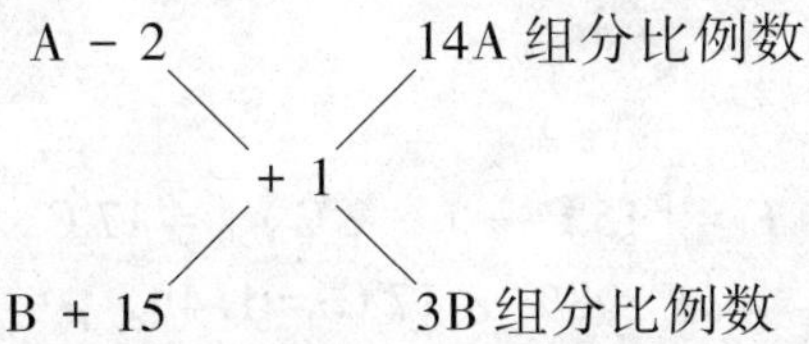

答：加氢精制油柴油和常三线油的调合比为14∶3，即加氢精制柴油82.35%，常三线油17.65%。

十字交叉法不仅可计算两组分调合油，还可以把任何多组分油都看成是一系列两组分油的调合进行计算。

例6-7　已知某罐有加氢精制柴油900m³，凝点-3℃；催化轻柴油2900m³，凝点为-8℃，现用凝点+14℃的常三线油与之掺合，要得到凝点为-1℃的零号柴油，问要使调合油合格，最多可加多少常三线油？

解：设将加氢精制柴油调合成凝点为-1℃的轻柴油，最多可加常三线油为X_1，将催化轻柴油调合成凝点为-1℃的轻柴油最多可加常三线油为X_2，要使调合油合格，最多可加常三线油为X。计算调合比：将已知数写在图中的相应位置，按图中要求相减。

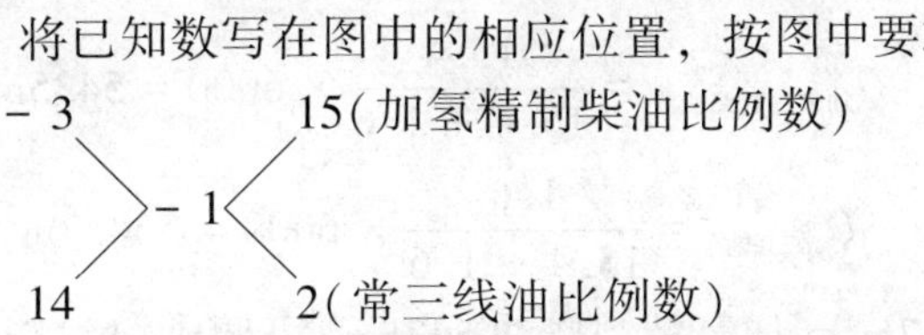

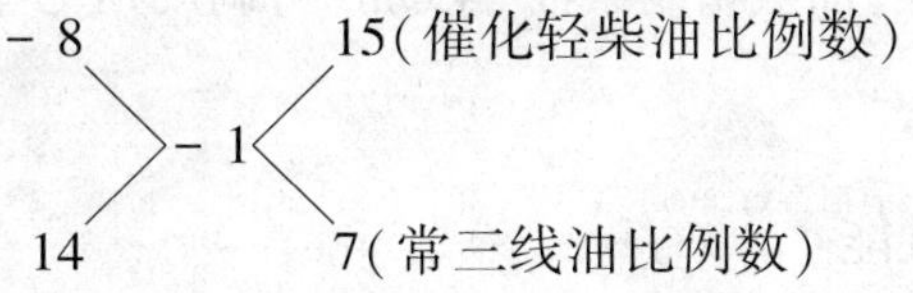

加氢精制柴油：常三线油＝15∶2

催化轻柴油：常三线油＝15∶7

计算调合量：$X_1=2/15\times900m^3=120m^3$

$X_2=7/15\times2900m^3=1353m^3$

$X=X_1+X_2=120+1353=1473m^3$

要使调合油合格，最多可加常三线油 $1473m^3$，实际调合时，由于调合油的凝点要出现向上偏差，因此常三线油应少于 $1473m^3$。

由于重组分的蜡提前结晶，各组分油掺合后的凝点比用十字交叉法计算出的凝点要高，即要出现向上偏差，偏差值的大小取决于各组分凝点相差值，并与各组分油的凝点相差值成正比。也就是说各组分凝点相差小，偏差值就小，反之偏差值就大。通过实践总结出偏差值约为各组分油凝点相差值的8%～10%。因此在调合作业时，若用十字交叉法计算出调合比进行掺合，得到的调合油的凝点就可能会不符合调合油的质量指标要求。

（2）修正值法

在十字交叉法的基础上进行了修正，根据各组分油的凝点相差值(E)，决定偏差值 F，$F=E\times(8\%\sim10\%)$。对调合油的指标值(G)进行修正，因为掺合后的凝点向上偏，所以计算时向下修正确定调合比，将修正后的调合油指标值(A)代入十字交叉法计算图中的相应位置进行计算，就可以直接得到调合比例。按此比例，将各组分油掺合均匀，就可得到凝点合格的柴油。

例 6-8　现在调一罐 $6000m^3$ 凝点为+1℃的出口柴油，需要-2℃的加氢精制柴油和+15℃的常三线油各多少？

解：①决定偏差值(F)：

$$E=[15℃-(-2℃)]=17℃$$

$$F=8\%\times17℃=1.4℃$$

② 对调合油指标(G)进行修正：

$$A=G-F=+1℃-1.4℃=-0.4℃$$

③ 确定调合比：将已知数写在十字交叉图中相应位置按图中要求相减。

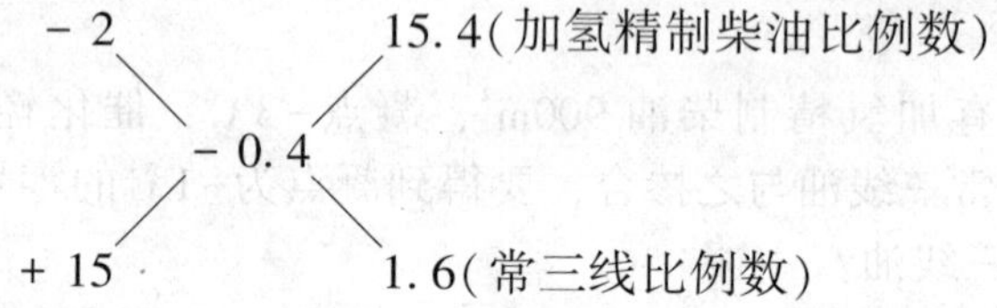

$$Q_{加氢精制柴油量}:Q_{常三线}=15.4:1.6$$

④ 计算调合量：

$$Q_{加氢精制柴油量}=\frac{15.4}{15.4+1.6}\times6000=5435m^3$$

$$Q_{常三线量}=\frac{1.6}{15.4+1.6}\times6000=564.7m^3$$

需要常三线油 $564.7m^3$、加氢精制柴油 $5435m^3$ 可调成+1℃柴油。

三、喷气燃料油调合

1. 产品的质量要求及性能

喷气燃料为无色透明液体。该产品馏分均匀，芳烃含量低，密度、黏度适宜，烟点高，有良好的燃烧性能，胶质及烯烃含量低，安定性好，硫和硫醇含量低，无腐蚀性，高空燃烧性能好，抗烧蚀性强。

2. 适宜组分油

喷气燃料是以某些原油经常减压蒸馏所得的直馏分，经加氢精制后，再加入各种添加剂而成。

四、商品重油调合

1. 产品和质量要求及性能

重油为黑褐色黏稠状可燃性液体，黏度适中，发热量高，燃烧性能较好。重油常用做锅炉燃料，雾化良好，燃烧完全，产生的积炭少；钒等金属杂质含量极少，燃烧后产生的灰分极少，能保证锅炉炉管有良好的传热效率；含硫量较低，在燃烧过程中不腐蚀设备，而用于冶金和金属件热处理时，不会产生加硫现象等不良影响；闪点高，蒸气压低，储存和使用较安全，大气污染程度低。

2. 适宜组分油

商品重油以原油经常减压蒸馏所得的渣油，经减黏或适当调入其他馏分油而制得。

① 重质油品的调合主要是燃料油和铺路重油等的调合，以调黏度、凝点为主。重质油多用喷嘴-罐式调合，一般情况下不再经泵循环，也有的炼油厂根据油品性质采用压缩空气搅拌调合。

② 燃料油多以减压塔底渣油为基础油，调入其他重质油品，如蜡油等。铺路用重油不准调入蜡油。

③ 减压塔底渣油进罐温度一般不得超过120℃，调合燃料油所用蜡油含水必须在0.5%以下。

④ 为防止调油突沸，调油罐底不得有沉积水，否则必须先加温脱水，采样分析含水在0.5%以下方可调油。

调油中如发现冷凝水带油，说明加热器漏汽，应停止使用油罐，清罐后修理。

⑤ 调油后的重质油管线如用蒸汽吹扫过，下次调油时应放净管内存水或用管线容量3~5倍的合格油品置换管线，将冷凝水顶入扫线罐或污油罐。严防冷凝水进入调合罐遇高温引起油罐突沸。

五、船用燃料油调合

1. 产品的质量要求及性能

船用燃料油为黑褐色黏稠状可燃性液体，流动性能好热值高，含硫低，腐蚀性小。

2. 适宜组分油

船用燃料油以原油经常减压蒸馏所得的渣油，经减黏或与其他馏分油按一定比例调合而成。

六、车用乙醇汽油调合

车用乙醇汽油的调合就是在组分汽油中加入一定比例的变性燃料乙醇的过程。我国规定加入体积比例为9%~10.5%。

车用乙醇汽油具有吸水性，如含10%(体积分数)变性燃料乙醇的车用乙醇汽油与普通汽油相比，其吸水性显著增加。实验表明，装有车用乙醇汽油的容器无密闭防水措施，48h

后其含水量增加约一倍。因此，为减少乙醇汽油的周转次数，保证质量，乙醇汽油的调合通常是在油库或调合中心进行，且宜采用管道调合工艺进行调合，而不推荐使用调合罐调合。

车用乙醇汽油采用管道调合工艺时，具体应根据生产操作的实际状况，通过经济分析来决定是采用双泵多鹤管还是采用双泵单鹤管流程。变性燃料乙醇和组分汽油通过一组多段数字式电动流量比值调节阀，经计算机在线控制以及单组分定量功能，实现车用乙醇汽油的在线调合。调合后的成品汽油直接通过鹤管装入汽车罐车外运至加油站。油库或油品调合中心内不宜再专门设置车用乙醇汽油储罐。由于乙醇在其中的体积比例为30%以下时，乙醇和汽油互溶性较好，因此采用管道调合时不需要静态混合器。

在制订车用乙醇汽油调合工艺时，必须尽量简化过程，减少不必要的周转次数，以保证成品质量。

七、原油调合

我国的炼油工业，是在大庆油田发现和开发之后迅速发展起来的，大庆油是优质的低硫原油。过去大多数炼油装置是一套蒸馏装置，只炼一种油，混炼技术虽然并不陌生，炼混合油的装置却很少，既是炼混合油也是两种油固定不变(例如，过去的大连石油七厂西蒸馏装置是大庆油与盘锦油混炼，常年不变，甚至十几年不变)。但这已成为历史了，现在不仅国内原油的性质、产地在变，而且变化的幅度还很大。还要加工国外的原油，这就是说油品调合工作多了一项原油调合。可以说原油加工越来越难，但产品的质量要求却越来越高，对炼油无论从设备、技术还是人员素质都提出了更高的要求。

特别是从1993年开始，我国成为原油净进口国。我国原油进口中东、印度尼西亚原油比较多，中东原油储量大、产量大，但大部分为高硫原油。随着我国用油量的剧增，不同产地的原油混炼已是大势所趋。同时，一个燃料-润滑油型综合性炼油厂，在原油品种的选择上，既要兼顾喷气燃料、润滑油和石蜡的生产，又要兼顾重整原料和清洁燃料的生产，还要受到设备现状的限制，为此合理选用不同的原油是十分必要的。不同产地的原油，不仅是指国内不同油田的原油，也包括国外不同地区采购的原油，这些原油有些物性相近，有些物性相差较大，特别是硫含量差别较大。

1. 采购国外原油的原则

根据生产实际情况和装置设备现状，采购国外原油品种的原则(约束条件)主要有以下几点：

(1) 在原油的诸多性质中，硫含量是影响原油加工及设备的重要因素之一，在采购时应予以特别关注，如阿曼(OMAN)原油为含硫含酸原油。

(2) 同样酸含量也会导致原油的一次加工、二次加工(包括润滑油生产)和重油加工装置出现腐蚀问题，如扎费罗原油和辛塔原油为含酸原油。

(3) 含硫原油和含酸原油不能同时引进，也不能同时加工炼制。

(4) 如果采购含硫原油，其含硫量以不大于1.2%为宜，如阿曼原油。在采购混合硫原油时，布伦特(BRENT)、马希拉(MASILA)、阿曼(OMAN)原油等三种原油不宜同时购进。

(5) 如果采购含酸原油，酸值以小于1.0mgKOH/g为宜，如扎费罗原油之类。在引进含酸原油时，宾恰玛斯(BENCHAMAS)、辛塔(CINTA)、扎费罗(ZAFIRO)、特罗尔(TELOR)原油四种原油不宜同时购进。

2. 混炼原油调合比的确定

科学研究和生产实践表明，混炼原油的调合比(或称之为混炼比)有两个主要方法。

(1) 按照原油的理化参数确定调合比

两种或两种以上的原油混合时，由于其分散状态的改变会反映在一些理化参数的变化上，因此可以从混合前后原油理化参数的变化，预测原油一次加工的常减压总拔出率和二次加工原料的主要性质，然后取其总拔出率最高时的混炼比作为优化的调合比。

(2) 按照约束条件确定原油调合比

根据炼油厂的实际状况和要求，混炼两种或两种以上的原油时，通过原油评价数据，制定一些目标值(或称之为约束条件)，诸如*API*度、混合原油的硫含量和酸值之类来确定调合比。

第六节　润滑油调合

一、炼油厂润滑油调合的分类

炼油厂的油品调合分三部分，即：燃料油调合、基础油调合(二者俗称大调合，其特点是数量大、种类少)、以基础油作为组分油的润滑油成品调合(俗称小调合，其特点是种类多、数量小)。

1. 基础油调合

基础油调合的主要目的是为了调整黏度、黏度指数和颜色等质量指标；添加剂是为了提高油品的抗氧化安定性、防锈性和抗磨性等油品使用性能指标。由于炼油厂的润滑油调合规模有限，经调合后的基础油可作为商品出厂供小型润滑油调合厂作为原料使用。

2. 润滑油调合

润滑油调合是将已脱沥青和脱蜡、经精制的不同黏度的一种或多种基础油作为组分油，与各种添加剂进行调合，生产出不同规格、满足不同需要的各种牌号的润滑油产品的过程。

两种调合在工艺技术及所使用的设备方面没有原则上的区别，只不过基础油调合量大，使用添加剂品种少；润滑油调合是在基础油的基础上进行的再调合，属于深层次加工，目标品种多，添加剂种类多，要求相对高，自动化水平相对高。

二、润滑油调合技术

1. 油品调合因素关系式

通过以上燃料油的调合可以得出这样的结论：油品调合就是各组分油按一定的配比并辅以相应添加剂，而形成目标产品的技术。依据目标产品的要求找出参与调合的各组分油及添加剂之间的数量关系，这就是所谓油品调合因素(各组分油性质、添加剂性能及作用、设备因素)+(目标产品的要求)关系式(还有其他形象说法，如“油品调合三加一关系式”、“三线归一”等)，即：

$$D_{目标产品}=f(\text{各组分油性质、添加剂的性能及作用、设备因素、目标产品要求})$$

$D_{目标产品}$有以下特点：

(1) 有严格的数量的要求，具体操作时必须通过各组分油的量、添加剂的用量来实现。

(2) 在诸多影响因素中，各组分油的性质是关键。

(3) 是一个在一定范围内变化的量，其中有一个因素变化，其他因素也要随之变化，才能达到 $D_{目标产品}$ 的要求值，所谓“配方”不是一个固定值。

2. 黏度的调整

在润滑油的性质中黏度是主要的，其牌号就是依据黏度来划分的。

(1) 用不同黏度组分进行调整黏度，一般采用相邻组分原则，在黏度调整时，油品混合黏度可以用式(6-14)或式(6-15)计算，也可以用查图法计算，见图 6-10，以确定各组分的比例。

(2) 用黏度指数改进剂调整黏度，对黏度指数不够的基础油，加入的主要目的是提高黏度指数，同时也增加了黏度；对黏度不够的基础油，加入黏度指数改进剂的主要目的是提高黏度；对多级油、低凝油类，必须用低凝轻组分，凝点或倾点或低温黏度才能达到标准，也必须用黏度指数改进剂使黏度和黏度指数增加。

(3) 调整黏度时，请注意各种添加剂对黏度的影响，由于添加剂大多是高分子化合物，能增加基础油的黏度，特别是较低黏度油的黏度，故在调整黏度时要预留这部分黏度，以免调后黏度超标和节约重组分油。

3. 凝点或倾点的调整

(1) 几种降凝剂的应用范围，对单级油或凝点降低至 -16℃ 左右的油品一般用 T801，并注意其加入量一般≯1.0%，超过后作用甚微，甚至适得其反；对需要深度降凝的油类，但本身系深度脱蜡产品，采用 T803A 更佳；对既需降凝、又需增黏的油，可采用 T602。

(2) 用复合剂，油品用 T801 降不下来时，可采用 T803、T803A 对其再降凝。

(3) 用低凝油品调整凝点或倾点，可用低凝油品调整高凝油凝点，或调其一部分凝点再加入降凝剂。

4. 加入消泡剂(T901)

T901 仍然是目前使用最广的消泡剂，但由于其油溶性和析气性问题，一直困扰着 T901 的使用，先加入 T901 有利于发挥其效果，故加入黏度指数改进剂(VI)和降凝剂后即应加入 T901。

5. 加入其他功能添加剂

注意功能添加剂的作用，一般仍以稀释加入为宜；对部分添加剂要根据要求进行处理，如有的剂要先把它们合在一起反应后加入，有的剂则不能一起加，而分别加入油中。

6. 注意添加剂的两种计量法

计算添加剂加入油品中时，有两种计量方法；

(1) 外加法。系我国传统计量法，将基础油视为 100%，计量。如基础油 100%，加剂 5%，总油品量为 105%。

(2) 内加法。系欧美通用的计量法，基础油和剂量总量为 100%。如加剂 5%，则基础油为 95%，总油品量为 100%。

7. 注意总结经验，找出规律性

调合技术是理论性和实践性都很强的一门技术，特别要注意掌握基础油，加添加剂对油品各种质量指标和互相干扰的经验，掌握不同添加剂、同品种但不同批号添加剂影响的经验。

8. 油品的分析

分析其主要控制指标，如黏度、凝点、水分、杂质；对部分油品还需分析颜色、苛性钠抽出、抗乳化度等。

(1) 油品调前分析

分析油品主要控制指标，一般分析黏度、凝点、水分、对特种油品增加项目。

(2) 油品成品分析

按调合工艺指标下达的化验分析指标进行成品全分析，直至合格，在此应有厂内控制指标，一般比国家或行业标准要严格。

(3) 成品油出厂前分析

成品油罐若调合完成后，作全分析合格，不超过一定时间，可不再做出厂分析而出厂；若经过一定时间，需作底部化验分析，一般作水分、杂质，合格后才能出厂；化验采样后油罐不允许加热，否则重作底部水分。

(4) 油品出厂分析

油品出厂后要对认为合格的首桶、首车或其他接受容器油品进行分析或抽样分析，一般只分析关键项目。

严格质量台账的建立和检查，保证油品质量出厂产品100%合格率。

三、润滑油调合的设备要求

(1) 一般来说，基础油的调合属于普通调合，可用压缩空气调合装置，成品润滑油多用泵循环调嘴调合或喷嘴-罐式调合，最好是用循环泵静态混合器调合，见表 6-2。

(2) 润滑油调合应设置调合罐、专用添加剂稀释罐和污油罐。对于特种油品或小批量的调合常选择容量小的锥底调合罐，并配有小型过滤机，以保油品调合质量。

(3) 润滑油凋合实行专罐、专泵、专线、一般不能互用。尤其是军用油、特种油、变压器油、透平油、航空润滑油等。

(4) 某些理化性质相近的组分油可以分类，同类油品则设备可以互用。

① 组分油可分轻组分和重组分两大类。

② 不加添加剂而黏度、凝点相似的油品可算为同类油品。

③ 添加剂相同而黏度、凝点相似的油品也可算为同类油品。

(5) 同类油品互用油罐或管线时，由较重油品改装较轻油品时，油罐应清洗，管线要扫线；由较轻油品换装较重油品时，一般可不做处理。

第七章　油品的运输、装卸及设备

炼油厂原油进厂与油品的装车出厂，基本上由铁路、公路、水路及道管运输完成。

运输设备包括：铁路黏油罐车、铁路轻油罐车、铁路液化石油气罐车；公路油罐车、公路液化石油气罐车；水路运输设备及管道运输等设备及其所属附件。

本章针对这四种运输、装卸方式所使用设备的特点、结构、原理及使用方法进行讨论。

油品管道运输是油品运输的发展方向。

第一节　油品的铁路运输、装卸及设备

一、铁路运输的特点

铁路运输承担着装运原油进厂，把石油产品运往各级油库、石油站或码头的任务。目前，全国绝大部分成品油，部分原油靠铁路运输，是内陆大型炼油装置的主要运输方式。

铁路运输有以下特点：

① 受季节限制小，一年四季均可运输；

② 计划性强、作业要求严格，装卸时间准确；

③ 运输量大，适宜“成龙”编组，定向发运，以利返回；

④ 发运灵活，地点广泛，同向编组可发至不同用户，不同产品；

⑤ 铁路运输需要车辆编组、装车、卸车等一系列作业，环节多，占用人力多，费用较高，且重车去，空车回，运力浪费一半；

⑥ 我国铁路运输将要实行客货运输分线建设，货运将建立新平衡，因此，铁路运力将有大幅度提高。

但目前，铁路运输结构处于调整转型时期，各地接卸能力有限，铁路车辆周转、调运有时不畅，特别是冬季，铁路运输一直十分紧张，因此，铁路运输是以铁路接运原油为主的炼油厂在均衡生产时要考虑的重要因素之一。

二、铁路油罐车的分类及结构

铁路油罐车(也称槽车)是铁路运输散装油料的专用车辆。按其装载油料的性质，可分为轻油罐车(如图 7-1 所示)、黏油罐车(如图 7-5 所示)及液化石油气罐车。其载重量为 30t、50t、60t、80t 多种类型，目前国内使用的大多数是 50t、60t 的。各种油罐车的基本类型尺寸见表 7-1。

铁路油罐车由罐体、油罐附件、底架及行走部分组成，罐体是两端为准球形头盖，是典型卧式圆筒形油罐。它是由厚度为 4~13mm 的钢板焊接制成。

罐顶上的空气包是用来容纳因油料温度升高而膨胀的油料，空气包上设一带盖人孔。罐底部略有坡度，并坡向集油窝以便抽净罐底油。在空气包处设有平台，罐内外皆有扶梯供操作人员登车及进入罐车内清洗等作业。

表 7-1　各种铁路罐车基本类型尺寸表

罐车类型		重量参数		容积参数			最大尺寸				罐体尺寸			结构特点
车型	类别(用途)	自重	标记载重	总容积	有效容积	容量计表	罐车长度(罐车两端车钩内侧距离)	罐车高度	罐车宽度	车底架长×宽	长度	直径	罐体中心线距轨面高度	
		t		m^3			mm				mm			
G12	黏油	23.3	50	52.5	51	604	11608	4638	2892	10700×2830	10028	2600	2463	下卸式 φ100mm 排油阀、下半部夹层加温套
G12B	黏油	23.8	50	52.5	51	604	11608	4838	2892	10700/2830	10026	2600	2463	无气包，其他同上
G17	黏油	22.2	52	62.1	60	662	11992	4477	2950	11050×2880	10410	2800	2565	无气包，其他同上
G18	轻油	24	50	61.5	60	604	11832	4650	3130	10800×2830	10000	2800	2673	1973 年改为上卸式
G50	轻油	22	50	51.5	50	604	11708	4633	3020	10800×2830	9800	2600	2468	上卸式、抽油管式
G50	轻油	21.5	50	52.5	51	604	11408	4612	3020	10500×2600	10020	2600	2437	上卸式、抽油管式
G50	轻油	19.8	50	52.5	50	604	11542	4528	2890	10634×2830	10160	2600	2445	无气包、上卸式、φ3″抽油管
G50	轻油	20.8	50	52.5	50	604	11608	4638	2892	10700×2830	10026	2600	2463	有气包、其他同上
G63	轻油	20.6	52	60.8	58.39	660	11865	4676	3220	—	9810	2800		无底架、上卸式、φ3″抽油管
G60	轻油	20	52	62.1	60	660	11992	4477	2912	11050×2880	10410	2800		上卸式、φ4″抽油管
G60	轻油	21	52	62.1	60	662	11958	4747	3100	11050×2880	10410	2800	2567	无气包、上卸式、φ3″抽油管
G60A	轻油	18.53	52	62.1	60	662	11992	4442	2910	—	10410	2800	2530	无底架、无气包、上卸式、φ3″抽油管

三、铁路轻油罐车的结构及附件

1. 铁路轻油罐车的结构

轻油罐车是运输轻质油料用的，罐体外一般涂成银白色。图 7-1 为国产 G50 型 $50m^3$ 轻油罐车。这种油罐车的总容积为 $52.5m^3$，有效容积为 $50m^3$。

2. 轻油罐车的附件

(1) 进出气阀的结构

轻油罐车在罐体上(或空气包上)装有一个进气阀、两个出气阀，其结构如图 7-2、图 7-3 所示，以减少运输过程中的呼吸损耗并保证安全。

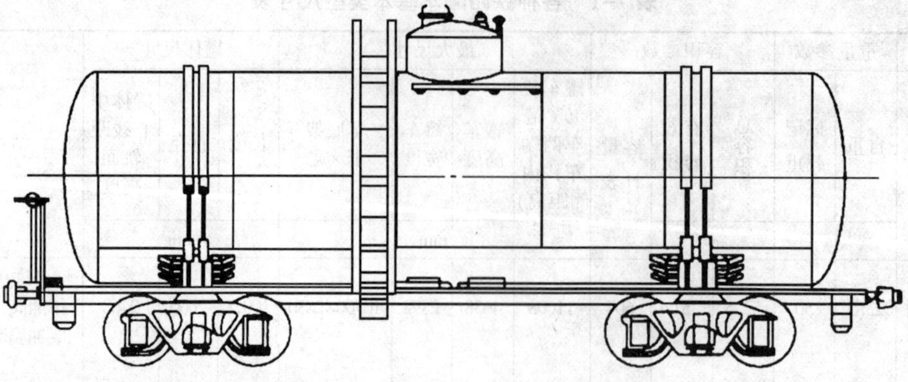

图 7-1 G50 型 $50m^3$ 铁路轻油罐车

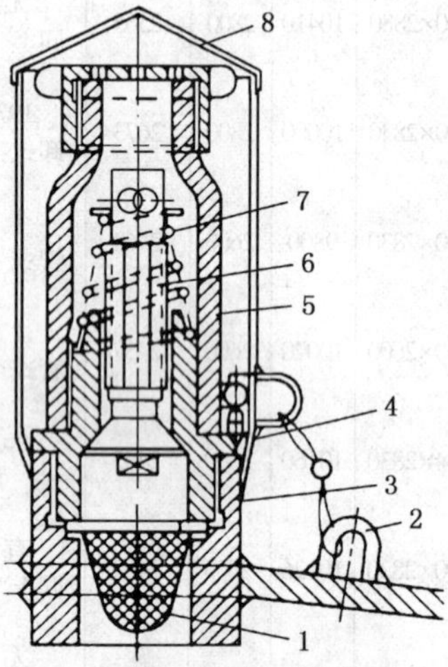

图 7-2 罐车进气阀

1—过滤器；2—铅封环；3—连接短管；4—阀座；5—阀体；6—阀芯；7—弹簧；8—阀罩

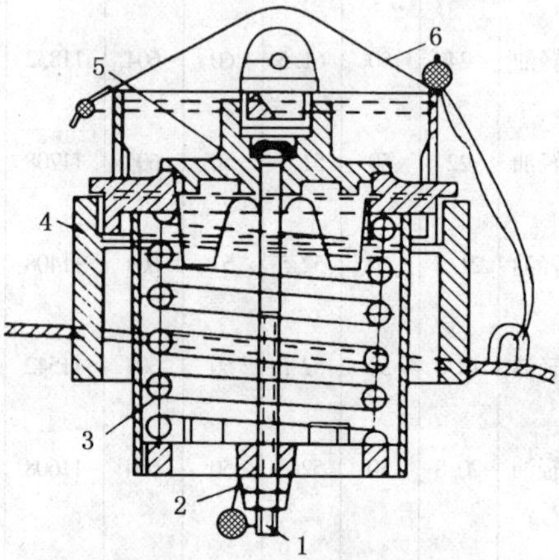

图 7-3 罐车出气阀

1—螺杆；2—螺帽；3—弹簧；4—连接短管；5—阀座；6—阀罩

(2) 进出气阀的工作原理

其控制压力为 0.15MPa，真空度为 0.02MPa。当罐内真空度超过 0.02MPa 时(说明罐内残压低于额定值)，罐内外压差迫使进气阀阀芯与阀座离开，空气经阀罩和阀体上的孔，并通过阀芯与阀座间的空隙和过滤网进入罐内；当罐内真空度小于 0.02MPa 时(说明罐内残压高于额定值)，阀芯借弹簧张力与阀座贴合，切断空气通路。弹簧张力的大小可借助旋转螺帽来调整。当罐内正压超过 0.15MPa 时，出气阀打开，排出油气混合气体。当压力小于 0.15MPa 时，在弹簧张力的作用下，阀芯与阀座压紧。弹簧张力的大小同样可用旋转螺帽来调整。

(3) 呼吸式全安阀

呼吸式安全阀如图 7-4 所示，由于它结构简单，因而取代了进气阀和出气阀。呼吸式安全阀的作用原理和进气阀和出气阀一样。当罐内压力大于 0.15MPa 时，作用在吸入阀(11)上的压力克服弹簧(7)的阻力，压缩弹簧，使吸入阀(11)及呼出阀(4)一同上升，排出气体。反之，借弹簧的弹力使阀(11)及阀(4)一同恢复原位。当罐内真空度大于 0.02MPa 时(说明罐内的残压低，也就是实际压强低于额定值)，作用在吸入阀(11)上方的大气压力克服了弹簧(6)的弹力，使吸入阀(11)下降，空气进入罐内。反之借弹簧的弹力使吸入阀(11)恢复原位。

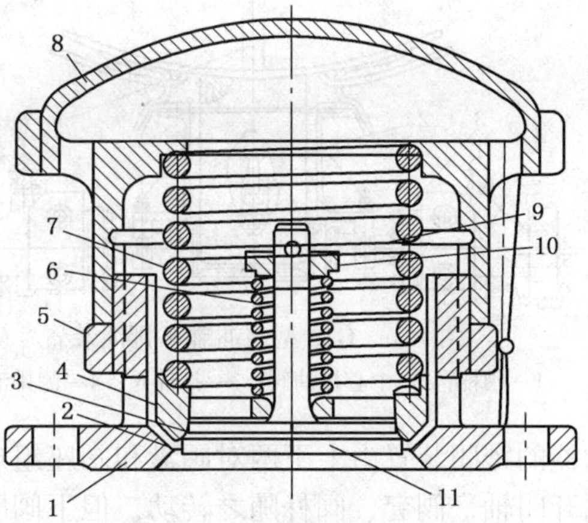

图 7-4　罐车呼吸式安全阀

1—阀体；2、3—O 形垫圈；4—呼出阀；5—锁紧螺母；6—吸入阀弹簧；7—呼出阀弹簧；8—阀盖；9—开口销；10—上弹簧座；11—吸入阀

四、铁路黏油罐车的结构及其附件

1. 黏油罐车的结构

黏油罐车大多数设有加热装置和下卸排油装置，是与轻油罐结构的区别之处。运输原油的罐车外表涂成黑色，运输成品黏油的罐车涂成黄色。图 7-5 为 G12 型 $50m^3$ 黏油罐车。

2. 加热装置的结构及特点

罐车加热套为夹层式，呈半圆筒形，焊接在罐体的下部。它的外壳由 5mm 厚的钢板制成，内壳即罐体钢板，夹层的间距为 35mm。罐体总表面积为 $37.5m^2$ 时，四周用 35mm × 35mm 的角钢作为纵向及环向支铁。环向支铁设有通气槽，以便蒸汽通过和凝结水排出。这种带加热套黏油罐车的加热效果好，加热速度比内部有蒸汽加热管的黏油罐车快 4~6 倍，缩短了黏油的卸车时间，此外，它的蒸汽损耗量少，操作方便，并且因为蒸汽不与油料直接接触，保证了油料的质量，所以得到广泛的应用。

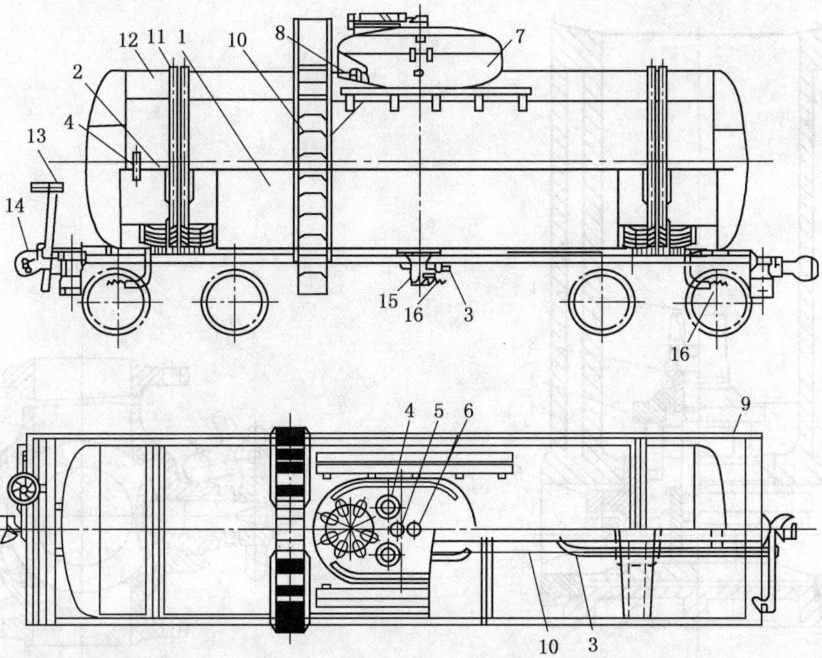

图 7-5　G12 型 $50m^3$ 黏油罐车

1—加热套板；2—支架；3—蒸汽管；4—出气阀；5—阀杆插入口；6—进气阀；7—罐颈；8—内梯；9—底架；10—梯；11—卡带；12—罐体；13—手制动装置；14—车钩；15—卸油器；16—排水阀

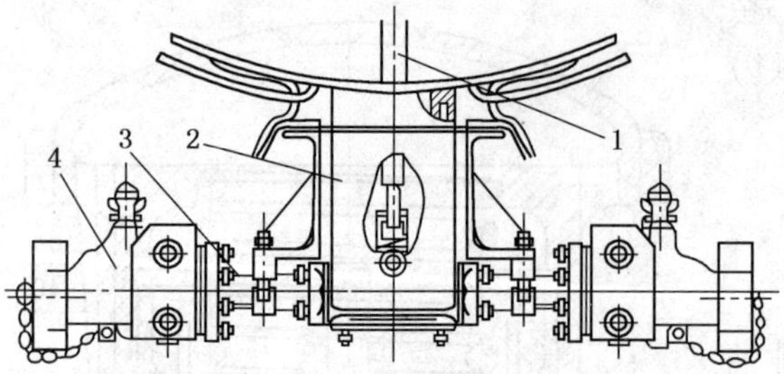

图 7-6 G12 型黏油罐车排油装置

1—阀杆；2—中心排油阀；3—排油阀；4—侧排油阀

3. 黏油罐车的排油装置

G12 型黏油罐车的排油装置如图 7-6 所示。罐体中央设有上阀、下阀双作用式的中心排油阀。侧排油阀设在中心阀两侧。

4. 中心排油阀

中心排油阀(图 7-7)的阀体由铸钢制造，夹层为中心排油阀的加热套，设有进气孔和排水孔。阀体直接焊在罐体上。卸油器的密闭装置由上下两对阀盘和阀座组成。卸油时，转动空气包上与开闭轴联接的手轮，则开闭轴、阀套、阀杆随之转动，但下阀因受导向肋的限制，作垂直下移，使下阀与阀座离开，直至下阀与阀盖凸台接触。当再旋转阀杆时，下阀不动，但借下阀丝扣的作用，阀杆开始上升，带动上阀阀套，开闭轴也随之上升，上阀与阀座脱离，罐内液体经阀门流向侧排油阀。关闭中心阀时与上述过程相反。

但这种双作用式的排油装置结构复杂，通路小，卸油速度慢。

5. 球形中心控制阀

近几年来，在 G17 型油罐车上安装了一种球阀排油装置(图 7-8)。这种阀的零件少、重量轻、通道大、卸油快、操作简便。开启时，只需将带通道的球形阀芯转 90°，液体即可流出。

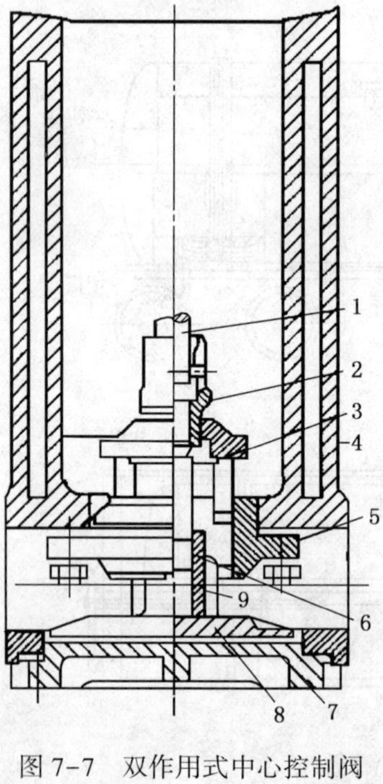

图 7-7 双作用式中心控制阀

1—开闭轴；2—阀套；3—上阀；4—阀体；5—阀座；6—阀杆；7—阀盖；8—下阀；9—导向肋

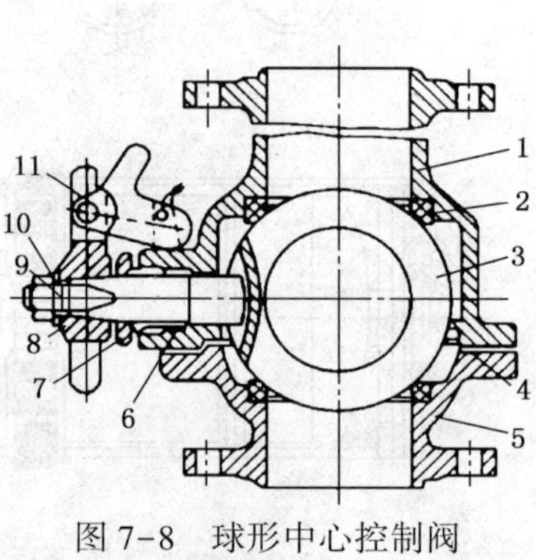

图 7-8 球形中心控制阀

1—阀体；2—密封圈；3—阀芯；4—耐油橡胶石棉垫片；5—阀盖；6—轴封填料；7—压盖；8—开闭轴扳手；9—开闭轴；10—压紧螺母；11—铁锁

五、铁路液化石油气罐车的结构及其附件

1. 铁路液化石油气罐车的结构

铁路液化石油气罐车是专门供长途运输液化石油气的特种车辆。其特点是运输量大，运费较低，对于有铁路专线和卸车能力的大中型液化石油气库或化工厂来说，灵活方便，生产有保证。常见的液化石油气铁路罐车车型有：DLH9、HG100/20、HG60（G60）、G17、HG60-2、HYG_2 型等，见图 7-9、图 7-10、图 7-11 所示。

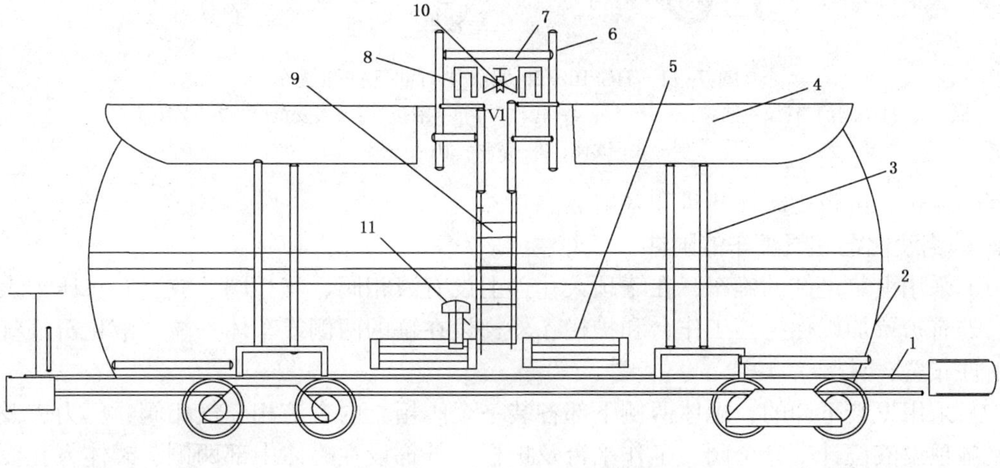

图 7-9　HG60-2 型液化石油气铁路罐车

1—底架；2—罐体；3—拉紧带；4—遮阳罩；5—中间托板；6—操作台；7—阀门箱；8—安全阀；9—外梯；10—拉阀；11—拉阀手柄

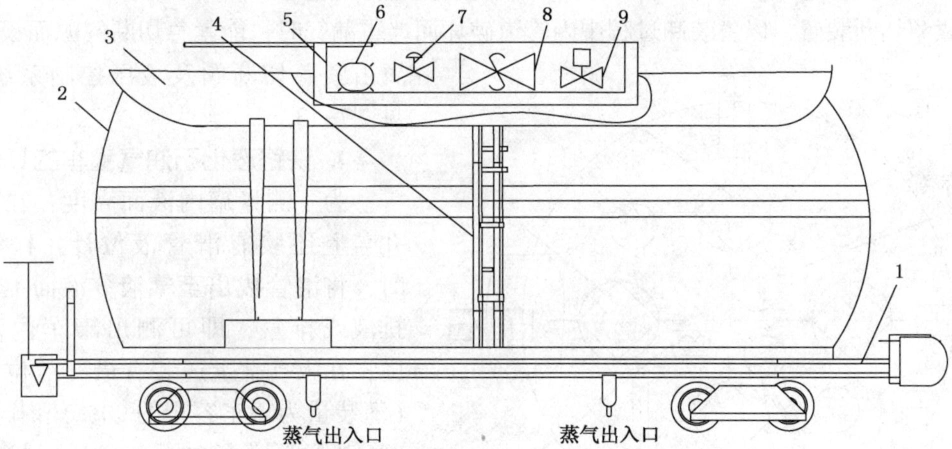

图 7-10　HG50/20 型液化石油气铁路罐车

1—底架；2—罐体；3—遮阳罩；4—外梯；5—操作台；6—压力表；7—阀门；8—安全阀；9—阀门

罐体总容积有 $110m^3$、$100m^3$、$74m^3$、$60m^3$、$57m^3$、$50m^3$、$36m^3$、$25m^3$、$5m^3$ 多种。罐车主体用 16Mn 钢板，板厚 18～24mm；15MnVNi 钢板，板厚 16～18mm。

老型罐车罐体外壁多设隔热层，新型罐车在罐顶部装有遮阳罩，以避免阳光对罐体直接辐射，从而防止罐内液化石油气升温。遮阳罩包角为 120°或 170°，罩与罐间距为 60mm，空

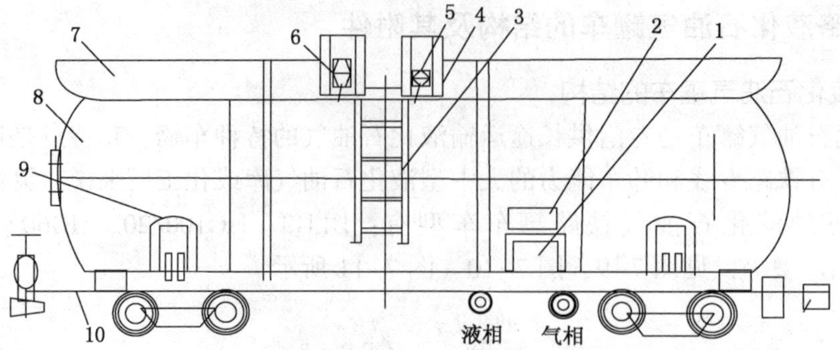

图 7-11　HG 100/20 型液化石油气铁路罐车

1—阀门箱；2—铭牌；3—外梯；4—操作台；5—液位计；6—安全阀；7—遮阳罩；8—罐体；9—鞍座；10—底架

气从其间流过，可带走罐体热量和辐射热。

2. 铁路液化石油气罐车的附件

（1）采用上装上卸的罐车，在罐顶人孔盖上设有液相阀、气相阀、放空阀、压力表和液面计，外有护罩加以保护。工作台和护栏、外梯设在罐的两侧或车体一端。液化石油气铁路罐车附件布置，见图 7-12。

（2）采用下装下卸的，罐体两侧下部各装一个阀箱，内有液相、气相阀，压力表及其控制阀，罐顶设液位计、安全阀、工作平台及护栏，外梯设在罐体中部两侧，罐体人孔设在二位端板中央。液相直管径 50mm，气相阀直径 40mm 或 50mm，阀门承受压力为 2.5MPa（$25kg/cm^2$），液相、气相阀门均为球形阀。

3. 铁路液化石油气罐车的紧急切断装置

HG60-2 型液化石油气铁路罐车是在 HG60 型基础上改进的一种车型。该车在罐车顶部中央设有紧急切断装置，以备装卸过程中因管道破坏而严重漏气时，能紧急切断气源而设。该装置由紧急切断阀及液压控制系统组成，见图7-13。

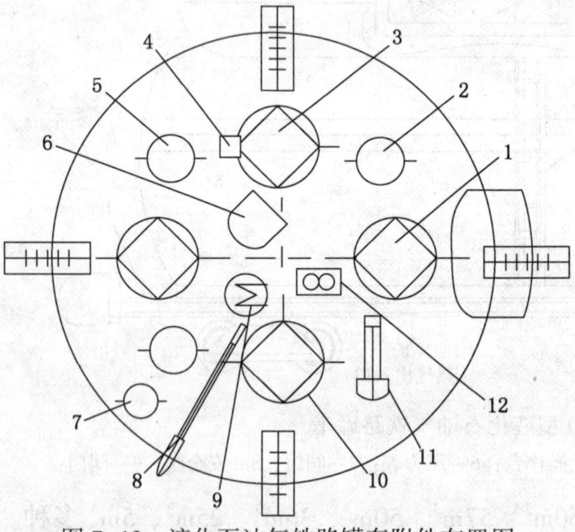

图 7-12　液化石油气铁路罐车附件布置图

1—液相阀；2—排净检查阀；3—气相阀；4—工作油缸；5—最高液面阀；6—皮囊蓄能器；7—压力表；8—拉阀；9—温度计，10—滑管液面计，11—手摇泵；12—控制阀

4. 铁路液化石油气罐车的其他附件

为了测量罐内液面高度，在顶部人孔盖上还装有滑管液位计，检测液面时，将滑管拔出至气液分液面上，通过排液或排气，即可测出罐车内液面高度；在人孔盖上还装有最高液位控制阀（灌装量为罐车容积的 90%）和排净检查阀（滑管距罐底 30mm），用以检查最大罐装量和卸车残余量，（铁路液化石油气罐车的附件结构、原理与公路液化石油气罐车附件结构基本相同，详见公路液化石油气罐车附件结构、原理）。

液化石油气铁路罐车的设计压力由其装载气体性质而定，一般来说，丙烯

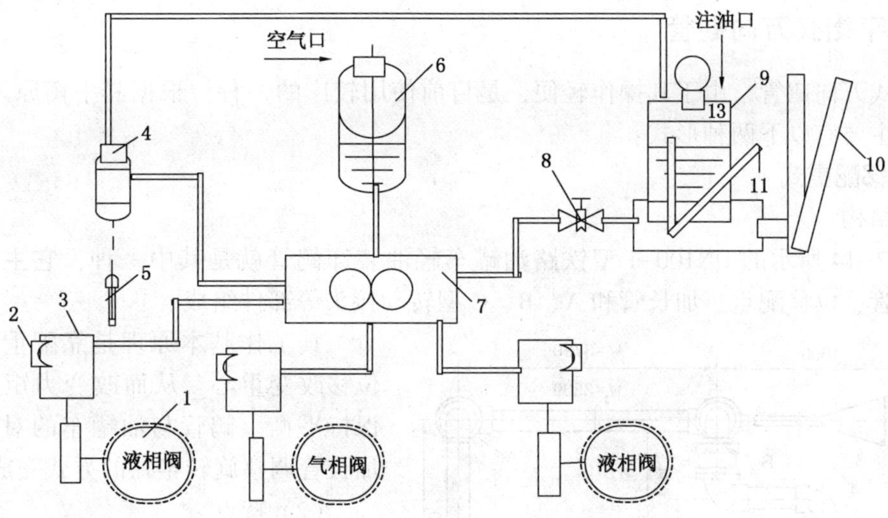

图 7-13　液化石油气铁路罐车紧急切断装置

1—液相阀；2—易熔塞；3—工作油缸；4—拉阀；5—拉阀手柄；6—皮囊蓄能器；7—分配缸；8—阀门；9—手摇泵；10—加压手柄；11—卸压手柄

为 2.2MPa；丙烷为 1.8MPa；丙烯-丙烷或丙烷-C_4 混合物为 2.2MPa；正丁烷、异丁烷、丁烯、异丁烯、丁二烯等为 0.8MPa。工作温度为-40~50℃。

液化石油气铁路罐车外壁涂刷银灰色漆，在罐体中部水平一圈，用红漆涂有色带，色带宽度为 300mm，在中间断开一处，有用红漆喷写的“液化石油气”字样。

铁路液化石油气罐车发展很快，主要集中在一些大中城市液化石油气公司，另外还有若干化工厂拥有自己的自备罐车。

第二节　铁路罐车的鹤管及卸油臂

鹤管是铁路油罐车上部装卸油料的专用设备，而卸油臂则是下部卸油的专用设备。

一、鹤管的主要技术要求

(1) 流动阻力损失小，结构合理，不易产生汽阻；

(2) 密封性能好，不易出现漏气漏油等现象；

(3) 操作轻便，安全可靠，维护维修方便；

(4) 适应性强，调节距离大，便于对鹤位；

(5) 造价低；

(6) 固定部分应当符合《标准轨距铁路接近限界》的有关规定，并能适应不同类型罐车混合编组，做到不脱钩装卸。

二、鹤管的分类

鹤管的形式较多，从旋转能力分，大多为万向式，即能旋转 360°，适用于栈桥两边装卸油，少量为单向式；从结构形式可分为平衡式、升降式、拆卸式、气动式等多种。

三、平衡式万向鹤管

平衡式万向鹤管，由于其操作轻便，是目前使用较广的一种，根据其平衡原理的不同，目前国内主要有以下两种形式：

1. 位移配重式

(1) 结构

如图 7-14 所示的 DN100-I 型铁路油罐车轻油装卸鹤管就是其中一种，它主要由吸油管、半长管、位移配重、加长管和 A、B、C 型转动接头等部件组成。

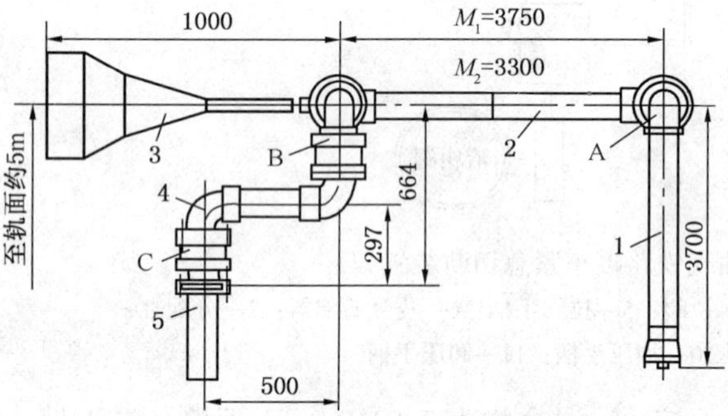

图 7-14 位移配重式万向鹤管

1—吸油管；2—半长管；3—位移配重；4—加长管；5—预埋竖管；A、B、C 一转动接头

其工作基本原理是靠配重里的滚珠位移改变重心，从而改变力矩与另一端保持平衡。鹤管与油罐车的对位，采用加长管调整旋转半径的方式完成。

(2) 特点

这种鹤管的特点是密封结构合理，操作方便灵活，一人可单独完成操作，安全可靠。

2. 自重力矩式

结构如图 7-15 所示，这种鹤管采用压缩弹簧平衡器与鹤管自重力矩平衡。平衡器力矩与鹤管自重力矩在各个角度及部位均能达到平衡，故能上下自如，操纵轻便灵活。为了使鹤管通过油罐车口上下运动，配有升降器，其俯仰角范围为 0°~80°；为了便于鹤管对准油罐车货位，配有水平活节及垂直活节，另外还配有调节对位距离的小臂。小臂完全收拢时，工作距离为 3.25m，小臂完全展开时，工作距离为 5.15m。

这种鹤管操作方便，劳动强度小，适用于收发频繁而且收发量大的场所。

四、升降式万向鹤管

如图 7-16 所示，它是由厚为 1.5mm 以下的薄钢板制成，使用时可以任意调整位置，以

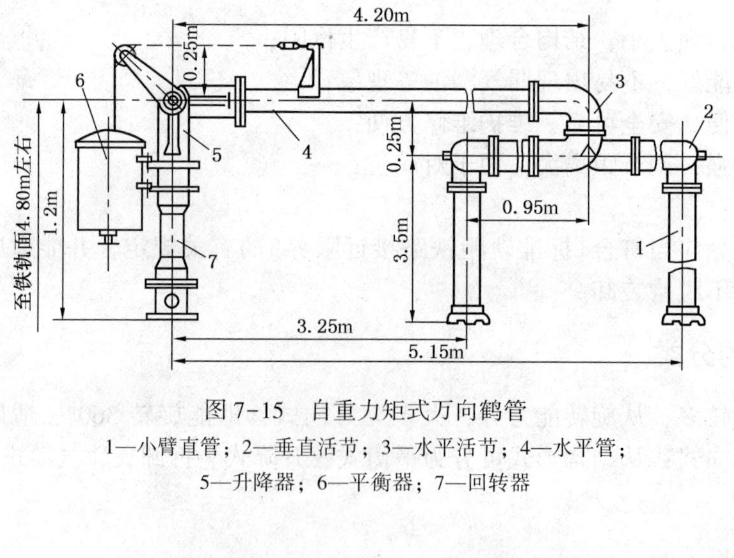

图 7-15 自重力矩式万向鹤管

1—小臂直管；2—垂直活节；3—水平活节；4—水平管；5—升降器；6—平衡器；7—回转器

对准油罐车装卸油口，手摇绞索装置可以适当抬高或降低装卸油短管位置。这种鹤管操作轻便、灵活，但调节范围不太大。

五、可拆卸式万向鹤管

如图 7-17 所示，这种万向鹤管的装卸油短管在不用时与上悬臂分离，使用时以快速接头与上悬臂连接。这种鹤管调节范围大，但操作不便，劳动强度较大，密封性欠佳。

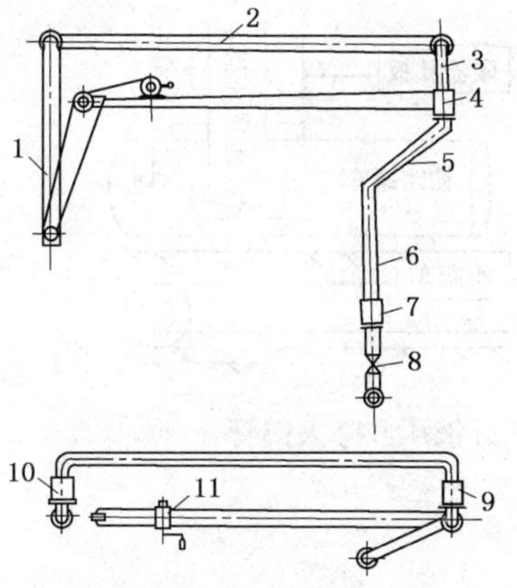

图 7-16　升降式万向鹤管

1—装卸油短管；2—上悬管；3—竖悬臂；5—斜悬臂；6—主管；8—闸阀；4、7、9、10—转动接头；11—手摇绞索装置

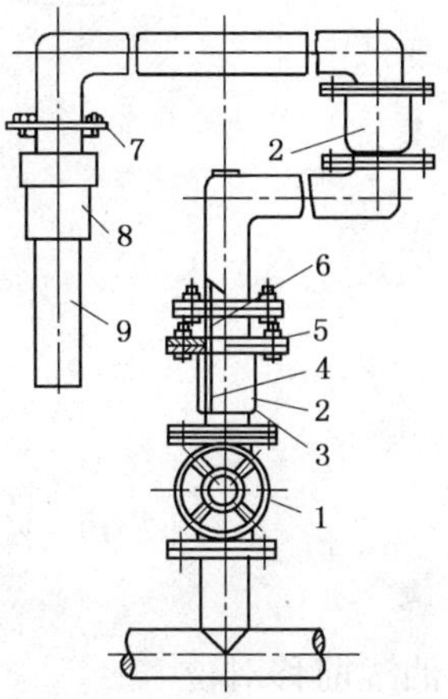

图 7-17　可拆卸式万向鹤管

1—阀门；2—回转接头；3—转向器；4—石棉填料；5—填料压盖；6—转动接头；7、8—快速接头；9—白铁皮管

六、气动鹤管

如图 7-18 所示，它以压缩空气为动力驱动鹤管起落。当需要鹤管提起时先向汽缸通入压缩空气，汽缸活塞向下移动，并使与活塞杆铰接的活动臂围绕旋转轴转动，从而带动鹤管升起。当装卸油品时，放掉汽缸里的空气，鹤管在自身重力作用下垂直进入罐车。这种鹤管操作简便，劳动强度小，由于没有转动接头，因而密封性好，适用于收发频繁且收发量大的场所。

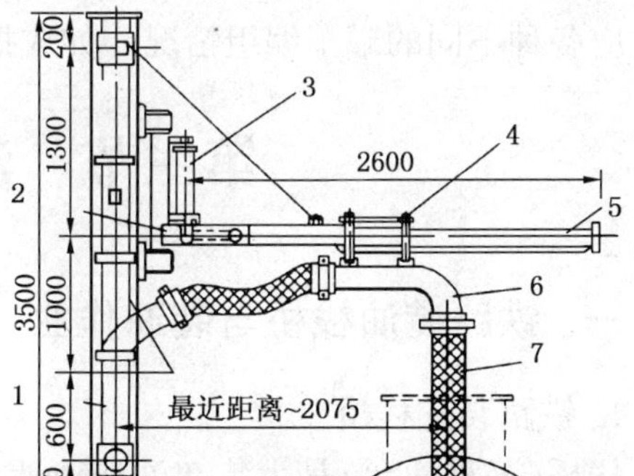

图 7-18　气动升降装油鹤管

1—鹤管立架；2—旋转立柱；3—升降汽缸；4—滚轮小车；5—升降杆；6—活动弯管；7—软管

七、轻质油铁路密闭浸没式外液压升降大鹤管

这是目前炼油厂普遍采用的鹤管，其结构如图7-19所示。固定臂、装油管为密闭浸没式外液压（也有内液压）可升降的钢管（鹤管）。

牵引设备由传动装置、驱动车（俗称小爬车）、主动链轮、支撑链轮滑轮和链条等组成。

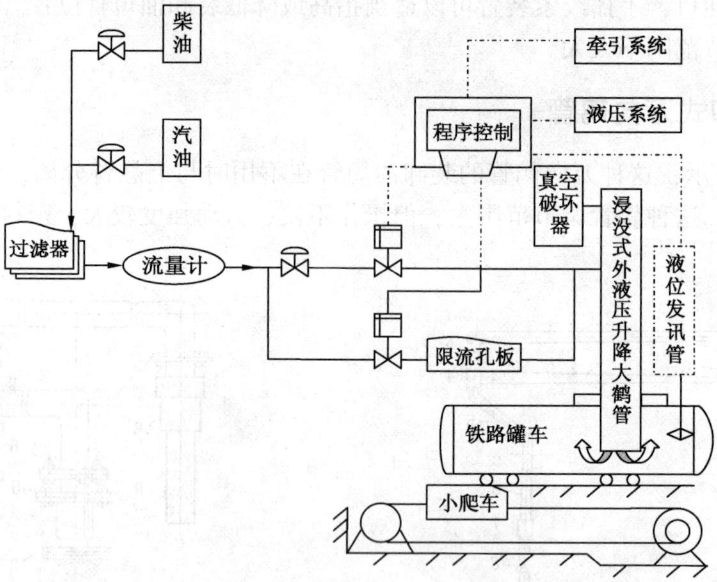

图 7-19　轻质油铁路密闭浸没式外液压升降大鹤管
WD-200B 装油示意图

作用是驱动油罐前移对位。

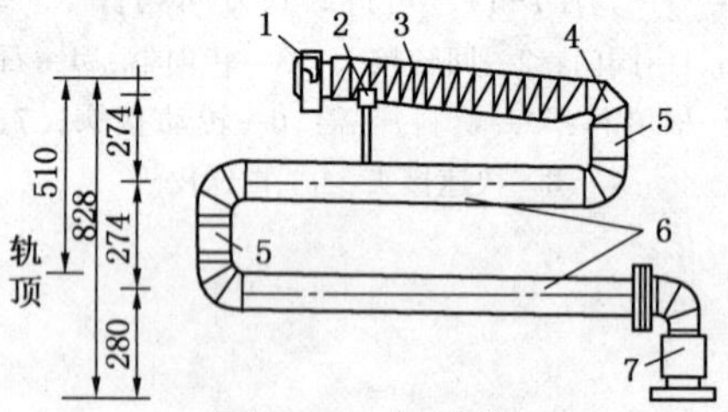

图 7-20　卸油臂
1—卡口快速接头；2—托架；3—耐油胶管；
4—胶管接头；5、7—旋转接头；6—钢管

控制系统由程序控制(继电器)线路、射流液面控制仪等组成。由 PC 组成联锁动作。同样是没有转动接头密封性能好、自动计量等特点。

八、卸油臂

如图 7-20 所示，这是一种用于下部卸油的连接管，其作用与上部装卸油鹤管相同。这种卸油臂的优点是位置调节可达 4m，能适应各种不同的罐车编组情况。如成批或单车卸黏油，都可采用这种类型鹤管。

第三节　油品铁路装卸系统

一、铁路装油栈桥与装油作业

1. 铁路装油栈桥

栈桥(又称栈台)是为装卸油作业所设的操作台，铁路装卸油基本上通过栈桥进行，栈桥一般与鹤管建在一起，其构成如图 7-21 所示，由铁路专用线、栈桥、集油管、装卸油鹤管等组成。由栈桥到罐车之间设有吊梯(其倾斜角不大于60°)，操作人员可由此上到油罐车进行操作。

炼油厂的铁路装油栈桥，一般来说可分为轻油台、重油台、润滑油台、化工产品台、液体沥青台和石油气体台等。按照产品性能、品种、出厂量多少，每座栈桥可装 1~2 种

产品，也可装 3～4 种产品，有的只能装专用(特种)油品。

2. 原油或黏油的卸车

根据油品性质，炼油厂的铁路装卸系统可分为原油卸车系统、轻油装、卸系统和黏油(包括重油或润滑油)装车系统。另外厂内还有化工原料(如硫酸、液碱和液氨等)专用装卸系统。

铁路运输方式是以铁路油罐车、敞车、棚车运送油品的方式。它是通过铁路装油栈桥上的装油鹤管、桥式吊车、皮带运输机等专用设施进行气体、液体或固体产品装卸作业的。

按油品装卸作业的位置可分上装、上卸和下卸 3 种方法。

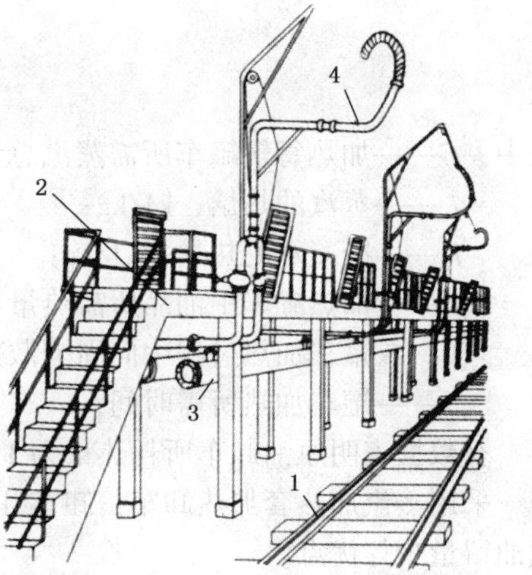

图 7-21 铁路栈桥示意图

1—铁路专用线；2—栈桥；3—集油管；4—装卸油鹤管

(1) 原油的下部卸油

原油铁路罐车一般均成列运行，罐车设有下卸接口，所以均采用密闭自流下卸工艺。下卸系统主要由卸油臂、汇油管、粗过滤器、导油管、零位罐和转油泵组成，如图 7-22 所示。从零位罐向储油罐输转用的转油泵，现大多采用电机设于零位罐罐顶的立式潜油泵。

下部卸油，即由油罐车下部卸油器通过吸入系统管路直接与泵连接。其最大的优点是取消了鹤管，解决了夏天卸轻油时鹤管易产生气阻的问题，同时不需要抽真空灌泵和专设抽底油装置。因而设备简单，操作方便。黏油罐车的下卸系统与原油下卸系统相似。

(2) 上部卸油

原油或黏油罐车的上部卸油法如图 7-23 所示。不过这是一种传统的卸油技术，现在很少有炼油厂采用。

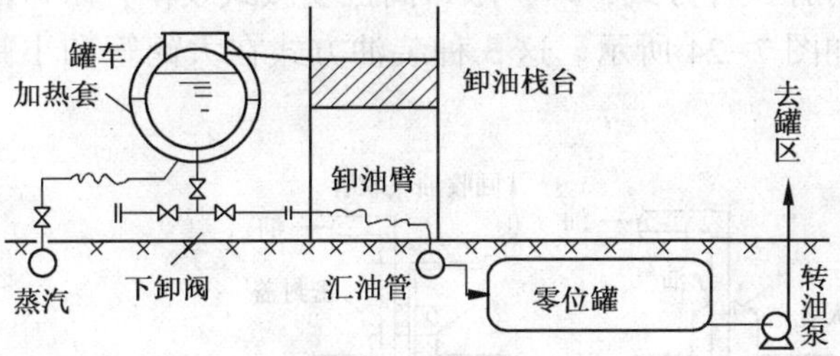

图 7-22 原油、黏油的下部卸油

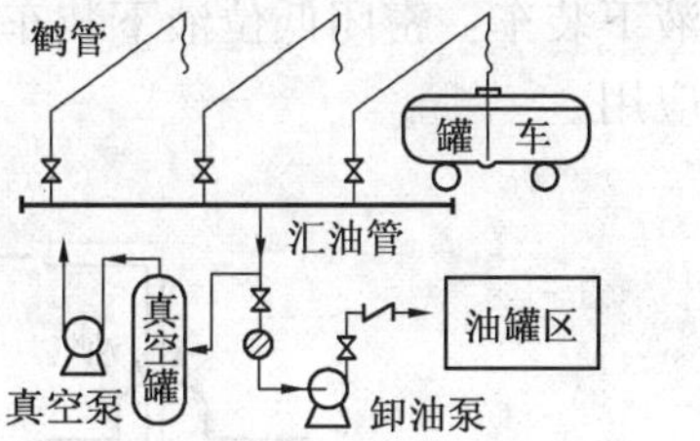

图 7-23 上卸工艺流程示意图

3. 铁路黏油罐车的加热卸车

原油卸车时，需用蒸汽压力一般为 0.3MPa，蒸汽耗量与原油性质、地区、气候和蒸汽压力有关。

运输原油或重质油品的铁路黏油罐车都带有蒸汽加热套(如 G12、G14 和 G17 型黏罐车)。这种罐车到达卸油栈桥(台)，对位后接上蒸汽胶管，通过罐车加热套给罐车加热，蒸汽压力一般不高于 0.3MPa。蒸汽通入后，靠近罐壁的油层开始受热，黏度降低，沿罐壁向下滑动，流向罐车下卸口，经集合总管流入零位油罐。

加热每辆罐车所需蒸汽总量计算公式为：

$$G = \frac{Q_1 + Q_2}{(i_z - i_n)\tau} \tag{7-1}$$

式中　G——加热每辆罐车所需蒸汽总量，kg/s；

i_z——蒸汽的热焓，kJ/kg；

i_n——冷凝水的热焓，kJ/kg；

Q_1——加热罐车中油品所需热量，J；

Q_2——罐车加热过程中向周围散失的热量，J；

τ——罐车加热所需时间，s。

有数据表明原油卸车所耗热量为11.7kJ/t。

采用蒸汽加热套加热卸车，卸车开始和结束前的两头加热方法，具有卸车速度快、罐内残油留量少等优点。

不同油品、不同地区，卸车加热温度也不相同，一般来说，含蜡原油为50~60℃，20号农用柴油和重柴油为30~40℃，200号燃料油为70℃，渣油为70~95℃，各种润滑油为10~55℃不等。

4. 轻油卸车系统

炼油厂主要是出厂石油产品，只是建有化工装置的石化厂在原料不足或开工特殊情况下才有部分化工轻油原料进厂需要卸车。该系统包括卸油鹤管、集油管、输油管、输油泵、真空泵、真空罐、真空管和零位油罐等组成。上部卸油时，将鹤管顶部的橡胶软管或可拆卸的铝管从油罐车口插入车内，先利用真空泵抽取管线内空气，然后利用虹吸或油泵将车内油品卸入缓冲罐或中间罐，罐满后用中间泵送往罐区。

建立了大鹤管装油台，装油品种多为汽油、柴油或重油，装油已完全按程序控制实现了装油自动化。

5. 成品油装车

液体石油产品向铁路罐车装油目前有3种方式，即：敞口高位喷溅式装车；敞口低位浸没式液下装车；密闭低位液下装车。如图7-24所示。这3种装油方式在大鹤管和小鹤管上都有应用。

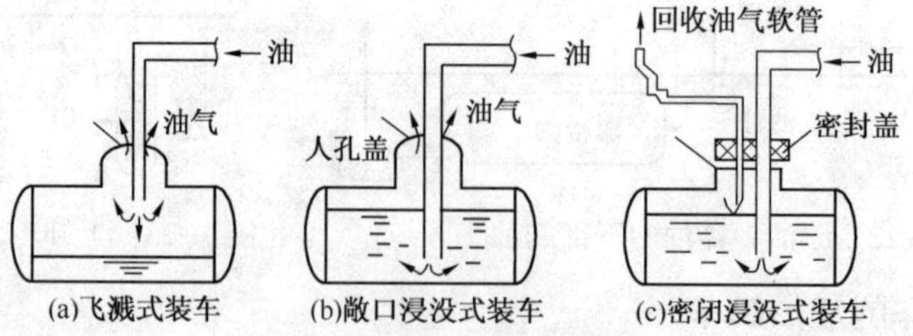

图7-24　装车不同形式示意图

装油方式不同是由鹤管插入车内深浅程度而定的。鹤管口伸入罐车内，只停于罐内上部即不到罐径高度的1/2~1/3，油出口不被液面浸没的叫敞口高位飞溅式装车；鹤管伸入车底，鹤管出口一般距车底100~125mm，出口在装油过程中被油面所浸没的叫敞口低位浸没式液下装车；鹤管插入罐车底部，罐车人孔由专门密封盖封闭的叫密闭式低位液下装车。

密闭低位液下大鹤管装车是现在炼油厂普遍采用的技术。该项装车技术具有对环境影响小、油品的损耗小等特点。

二、铁路罐车装油操作指南

向铁路罐车装油是在铁路装油栈桥通过鹤管，由罐区开泵或自压来完成的。现在装油操作基本上是电力拖动系统自动完成，过去那种繁重的劳动已成为历史，装油操作方法发生了根本性变化，需人工手动的环节越来越少，但对操作人员的要求却越来越高。

1. 装车前准备工作

（1）接调度进车通知后，检查控制连锁系统，车对位后应接静电接地线。

（2）联系罐区明确管线和罐号，掌握扣车情况，及时核对车号、表号。写清留样瓶的车号、时间，标明首车尾车字样、采样人姓名。

（3）装车前将车号抄回和质检员报车号相符，严格执行“三对一看一检查”制度。启动空压机。

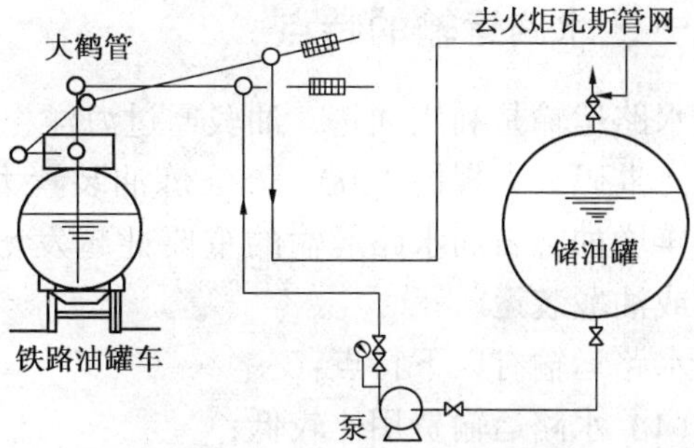

图 7-25　铁路装车流程示意图

（4）上栈桥，打开电源预热 30min 左右，启动爬车进行粗对位，对位时必须有计量员在现场看守指挥，移动鹤管进行精对位。根据车型设定装车量，将鹤管下到罐车底部，开启过滤器前阀，开启三层平台阀，通知计量中心人员抽查。

2. 装车过程中

（1）联系罐区开泵，当付油量接近设定值时，开启另一道进油阀，两车同时装。装车流量：≯6.7t/min。记好装完车的付油量。

（2）装满此车后按“泵开”键提升鹤管至车人孔上方半米处，按“泵停”键，控油 10～40s，再按“阀开”键，继续提升鹤管，收油斗自动收回。记录首车、换罐车量手尺及油温，记录每车装车量。随时掌握空压机压力情况，如低于 0.2MPa 停泵，联系修理。装车后及时关闭阀门电源。

3. 装下一车

启动爬车牵车，完成下一车的粗对位，5s 后按“爬车后退”键，爬车到位后移动鹤管进行精对位，准备装下一车。

4. 装车结束

（1）所有车装完后停泵，并告知罐区。关过滤器前阀，关三层平台阀，放压 2min。

（2）提升鹤管，按“收油斗收回”。关闭操作台电源，摘除静电接地线，检查爬车是否正常。操作员检查计量单是否填写完全。

（3）报车号、表号。

（4）将计量单传送到大罐计量。负责把计算后的质量报给罐区。如传真机有故障，需在报车号、表号时必须复读一次，报量后必须由微机员复读一次。

5. 异常处理

见表 7-2。

表 7-2 装车异常处理

引起异常的原因	异常处理方法
装车过程中停风	立即停泵，关阀。通知罐区，联系钳工修理空压机
批控器乱数	计量员看车，操作员通知仪表维修。手工检尺
装车过程中停电	立即停泵，并通知罐区。重新来电时必须通知供电人员到现场重新启动小爬车

第四节 油品的水路运输装卸及设备

一、水路运输的特点

水路运输是利用油轮、油驳通过海洋、江河运输石油及产品的方式。我国新建的紧靠江河或海港码头大规模 1000 万 t/a 炼油装置大多采用水路运输，随着我国对原油进口的依赖和逐年增加，石油水路运输的重要性越发增强。这些炼油厂 90%左右的成品出厂，主要靠油轮或油驳装运。

水路运输有以下特点：

(1) 水路运输费用比较低；

(2) 油品在水面以下船舱储存，不受气温影响，油品蒸发损耗少；

(3) 运输能力一般不受航线通过能力限制；

(4) 装载能力大，特别是海洋运输。

(5) 采用这种运输方式有时要受季节限制，如冬季严寒水面结冰。

(6) 大风恶劣天气要停航。

采用油船运输油品，成本低，经济性好，而且成本是随油船吨位增大而降低。

二、油轮与油驳

油船是油轮和油驳的统称，是海运与河运原油及其成品的装载工具。

根据油船有无自航能力，油船可分为油轮和油驳两类。

油轮自带动力设备，除能航运外，还有依靠自身动力进行油品装卸作业的功能。油轮按其使用可分海运和内河油轮两种。海运油轮多在万吨以上，大的几十万吨，用于原油及成品油的海上运输。

1. 油轮

油轮自带动力设备(见图 7- 26)，除能航运外，还有依靠自身动力进行油品装卸作业的功能。油轮按其使用可分海运和内河油轮两种。海运油轮多在万吨以上，大的几十万吨，主要用于原油海上运输。成品油的海上和内河运输油轮多在 3000~50000t。我国原油油轮主要为 5 万~7 万吨级，成品油油轮均在 3.5 万吨级以下。由于油轮装载的是放装液体油品，因此其货油舱不同于其他货舱，从安全考虑，油轮的货油舱与其他部分隔舱相隔离而形成一个整体。油轮上的其他隔舱还有：机舱、锅炉舱、货油泵舱、专用压载水舱、隔离空舱和干货舱。

油轮为单甲板、尾机型，多为双层底、纵舱壁和双层壳的结构形式，提高油轮的坚固性和安全性。

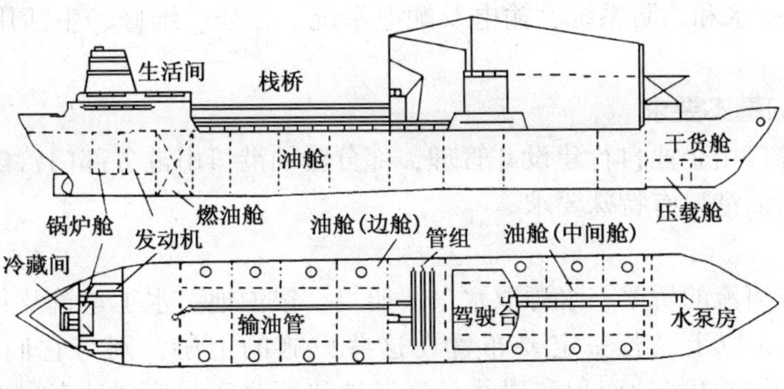

图 7-26 油轮结构示意图

(1) 油轮的技术指标

① 排水量。油船满载时排开水的重量，它等于油船自重和载重量之和，单位 t。

② 载重量。承运的油品重量与油船本身自带的消耗物品(如：燃料、用水、生活储备用品等)重量之和，单位 t。

③ 载货量。承运的油品重量，单位 t。

④ 吃水深度。满载时船体浸入水中深度，单位 m。

⑤ 航速满载时船的行驶速度，单位 km/h。

⑥ 油轮的效率。载重量与排水量之比称为油轮的效率，它表示油轮构造的完善程度。一般在 0.70~0.85 之间。

(2) 油轮的管路系统

根据油轮装载油品的闪点、黏度和密度等不同，油轮上配备的管路有：输油管、清舱管、蒸汽加热管、通气管、消防及惰性气体管、洒水系统。每一油舱尾端的隔舱壁附近设有垂直的量油口，供测量舱内油深。

3. 油驳

油驳是指不带动力设备，不能自航的油船。它的航行须靠拖船牵引或顶推，船上油品要依靠油库或码头上的加热设备和油泵来装卸，载重量也只有几千吨。载重量有 50t、100t、300t、350t、400t、500t、600t、900t、1000t、1500t、3000t、3500t、5000t 等多种。油驳有 6~15个油舱，并有一套可以相互连通或隔离的管组。因此，可装载一种油品，有时也可装载两种以上油品。油驳受载后都要编成船队，一般由 4 艘油驳组成，最多可拖 7~8 艘。

油驳按使用来分有海上和内河两类。江河采用油驳装运油品，不受航道和吃水深度限制，能适应水位变化，一般可常年满载航行，因而运费低，经济性好。

4. 液化石油气(LPG)船

LPG 船与油轮总体设计相似，呈尾机型。由于 LPG 很轻，货舱不能用作压载舱，所以船的干舷都很高。

全压式 LPG 船容量小，钢材耗量、造价和营运成本都高。但其装卸系统要求较低，装卸转储方便。因此，我国的 LPG 船均为全压式运输船。

三、港口和码头

港口包括水域和陆域两部分。水域主要包括船舶回旋水域、锚泊地等，供船舶进出、运输、锚泊和装卸作业等。陆域包括码头、护岸、泊位、道路、仓储区、装卸设施和辅助生产设施(包括给水、排水和消防系统、输电及配电系统、办公、维修、生活用建筑物、工作船基地等)。

1. 输油港口的基本要求

大多数输油港口由企业自行建设并管理，部分输油港口由港务部门营建和管理。由于石油的特殊性，对输油港口有特殊要求。

(1) 陆域

码头应布置在河流的桥梁、水源取水口、船坞、锚泊地、水工建筑及其他主要码头的下游，距离应在 300m 以上。若一定要布置在这些设施的上游，则与它们的距离不应小于 3000m。陆域要有足够的场地面积和岸线长度。地势要高于最高洪水位，还要免受内涝水、水库回水威胁，岸线要稳定，不受冲淤和严重冲刷。还要考虑油船压舱河水的处理设施，不能污染江河。

(2) 水域

要能满足船舶停靠作业的回旋而不占主航道。水深要能满足前来提油的最大油船的吃水深度要求，码头前沿水流速度要小，风浪不大，保证船舶安全离靠。强风风向不能垂直冲击码头，码头附近要有良好的锚泊地。

2. 石油码头型式

港口中供船舶停靠的水工建筑物称为码头，油码头是油船停泊和装卸油品的场所。码头上停靠船舶的位置称为泊位(船位)。一个泊位可供一艘船停泊，一个码头一般有多个泊位。泊位的长度应与船舶的长度相适应。在同一条线上的两个泊位间还要留出两船之间的距离，以便船舶系解缆绳。

码头按平面布置形状，可分为顺岸码头、近岸式码头、突堤码头、栈桥岛式码头、岛式码头等。我国常用的码头大致有三种类型：栈桥式固定码头、近岸式固定码头和具有活引桥的浮动码头(如图 7-27)。

如果油船只停泊不靠码头，而是抛锚或者系在浮筒上停泊，则统称“锚泊”。锚泊的水域称为“锚地”。锚地可供等待泊位的船只临时停泊，也可以就在锚地上傍靠，另用船只转载油料，叫做“过驳”也称“捣载”。内河驳船队的排队或解队也在锚地进行。

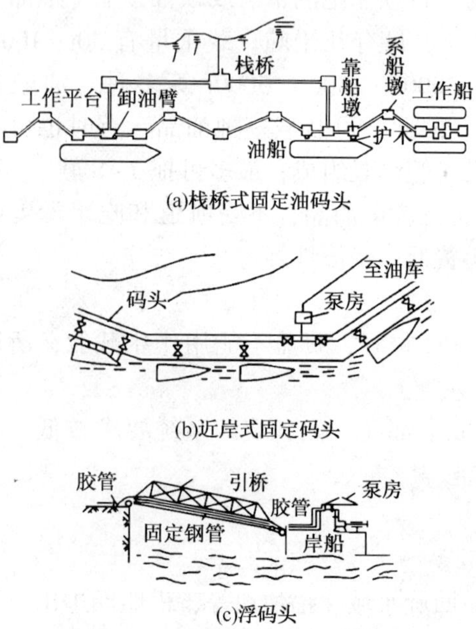

图 7-27　近岸式码头主要类型

3. 外海油轮系泊码头

石油与海运事业的发展，使油轮的吨位已从几万吨发展到(10~30)万吨级，目前 60 万吨级巨型油轮已下海投用。

四、水路运输的装卸设备

1. 装卸油导管

装卸油导管是油船在装卸油过程中与码头管路相连接的管路。装卸油导管应能适应油船的浮动和水深的变化。军用油库均采用耐油橡胶软管。

2. 拉索式金属输油臂

输油臂是目前国内外大型油库广泛采用的金

属装卸油导管之一。它可以克服橡胶软管普遍存在的装卸效率低、寿命短、易泄漏和劳动强度大等缺点。

输油臂一般由立柱、内臂、外臂、回转接头以及与油船接油口连接的接管器等组成。

如图7-28所示，其中立柱为双层套管，内层套管用以输送液体，外层套管用作支撑。立柱底部有一弯管，其法兰与岸上输油管相连，立柱的头部与一竖直回转接头相连。在液压缸的作用下，回转接头的上部结构可作水平方向转动。内臂为一钢管，输送的油料从中通过，同时也起支撑作用。在液压缸的作用下，内臂可绕垂直立柱的水平轴作回转运动，以满足工作需要。外臂也是一钢管，油料从中通过，其一端(顶部)通过一回转接头由驱动油缸带动大绳轮作上下旋转运动，另一端的静电绝缘法兰与三向回转接头相接。三向回转接头是外臂端部与船舶接油口法兰连接部分。接头由三段弯管分别与3个互相垂直的回转接头组装而成，可在3个方向自由回转，以满足船舶运动的需要。接管器是与船舶接油口法兰连接的部分，接管器的形式很多，最简单的为法兰盘式，用螺栓和油轮接油口的法兰紧固，此外还有全液压驱动型接管器，依靠液体压力达到快速接合释放的目的。平衡配用来达到外臂与整体平衡的目的。

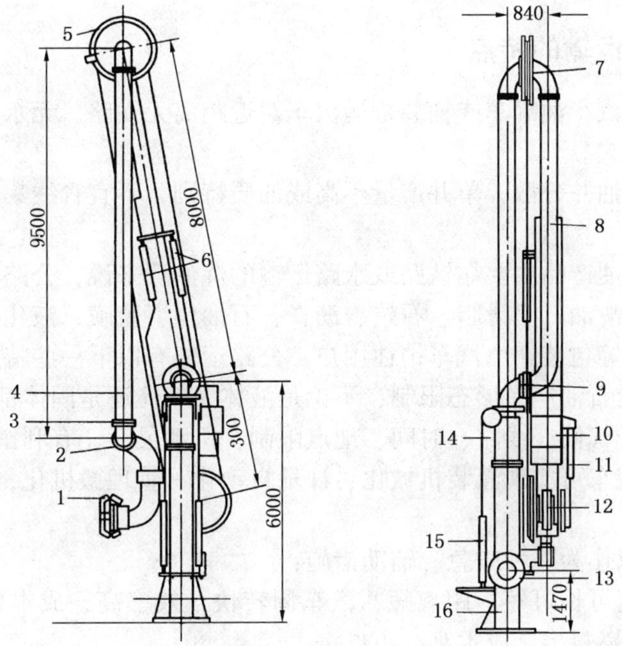

图7-28　输油臂结构图

1—快速接管器；2—三向回转接头；3—静电绝缘法兰；4—外臂；5—头部大绳轮；6—内臂驱动油缸；7—头部回转接头；8—内臂；9—中间回转接头；10—旋转配重；11—外臂驱动油缸；12—固定配重；13—输油臂连接法兰；14—竖向回转接头；15—旋转驱动油缸；16—立柱

当油轮停靠码头进行装卸时，输油臂液压系统开始动作，驱动内、外臂迅速达到需要的位置。当快速接管器与油船上集油管法兰连接妥善后，即可将液压系统断开，使输油臂随船自由运动。输油臂可用来装油，也可用来卸油或接卸压舱水。

3. 油罐

在装卸油码头及其附近应根据需要设置一定容量的放空罐、沉淀罐和缓冲罐。放空罐用于放空管线中存油；沉淀罐用来沉淀油船的扫舱油；黏油放空罐及沉淀罐内一般应设置加热器；缓冲罐起中继作用。

此外，装卸油码头上还应有向油船供水、供油、供蒸汽的水管、油管和蒸汽管，还应当有通讯设备及消防设备。

五、装卸工艺

装船流程：油罐→泵→流量计→输油臂→油船。

卸船流程：油船→泵→输油臂→流量计→油罐。

由于大型油码头和油船的造价高，为了提高它们的利用率、降低使用成本，对船舶的装卸作业时间均有严格要求。我国港口工程规范对 10 万吨级以下原油轮装卸时间作了规定。为了解决与最大流速限制、输油臂台数不宜过多等矛盾，对于吨级大的泊位宜选用口径大的输油臂。

第五节　油品的公路运输、装卸及设备

一、油品公路运输的特点

公路运输是采用汽车油罐车或桶装货运汽车对近距离无铁路、无水路运输条件的地区运输石油及其产品的方式。

全国有些油田，油井分散，单井产量不高或油质特别，不宜管线集输，往往采取汽车运输直送炼油厂。

对于那些大宗石油产品主要靠铁路或水路运输的炼油厂来说，公路运输则可以运一些短线、小批产品，如润滑油、润滑脂、石蜡、沥青、石油焦、硫磺、液化石油气等产品，多靠油桶、气瓶、编织袋等包装，由汽车销往用户。公路运输有以下一些特点：

① 汽车运输不受石油产品形态限制，不论是液体、气体还是固体都可用汽车运输；

② 汽车运输不受气候、线路、时间、地点限制，机动灵活、有利销售，方便客户；

③ 汽车运输，装车可实现灌装机械化、计量自动化、管理微机化，有利提高运输效率，保证产品及时外运；

④ 公路运输可以作为一种应急、辅助措施；

⑤ 汽车运输距离可长可短。距离短，汽车周转快，效率高，成本低。长距离运输，虽然能解决急需，但耗燃料多，成本高，不经济。

二、汽车罐车的分类及结构

汽车罐车是散装油品公路运输的专用工具。可分为轻质油罐车(运输汽油、柴油)、重油罐车、润滑油罐车、液化石油气罐车等。各类型罐车结构、附件、材质、要求不同，不能混用。

汽车轻质油罐车的结构如图 7-29 所示。汽车轻质油罐车的设计、制造、安装和使用均应符合易燃易爆石油化工产品的有关安全规定。

三、汽车油罐车的附件

(1) 罐顶：量油孔(连有伸进罐底的量油导管)、人孔、呼吸阀。

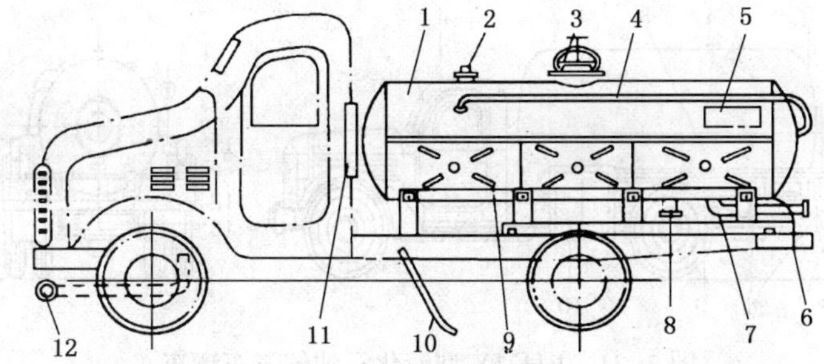

图 7-29 汽车油罐车

1—罐体；2—量油孔；3—罐口；4—扶手；5—手摇泵位置；6—曲梯子；7—排油管；8—水管；9—工具箱；10—拖地带；11—灭火器；12—排气管

（2）罐底：排水阀、排油阀。

（3）车身：扶梯、工具箱、灭火器、拖地铁链。

（4）黏油车还有加热、保温设施。

四、汽车液化石油气罐车的结构

汽车液化石油气罐车的结构如图 7-30、图 7-31 所示。由于汽车液化石油气罐车属于带压容器，结构相对复杂，附件也比较多。

五、汽车液化石油气罐车附件

1. 安全阀作用

安全阀是设置在汽车罐车罐体上最重要的安全附件。其作用是当罐体内介质超压时，安全阀能自动起跳，使液化石油气体迅速逸出，罐体内压力下降；当降至安全压力以下，便自动回座关闭，以此来排除罐体异常超压带来的危险，从而使罐车运行安全可靠。

2. 安全阀的基本结构

按《液化石油气汽车罐车安全监察规程》规定，汽车罐车上必须装设内置全启式弹簧安全阀，安全阀的排气方向应为罐体上方。其基本结构形式大致分为两类。

（1）上导向式

上导内装式安全阀如图 7-32 和图 7-33所示。上导向式内装全启式弹簧安全阀，其特点是安全阀阀瓣以外的各元件均设置在阀瓣密封件以上，使得阀杆、弹簧和调整元件都与介质分隔开，避免了介质对元件的腐蚀作用，延长了使用寿命。但是上导向式安全阀要有一个圆筒形阀体，它使安全阀元件的数量增加，结构也较复杂，而且阀体和导向件的加工精度要求较高，从而增加了工艺加工的难度。最主要的问题是导向件

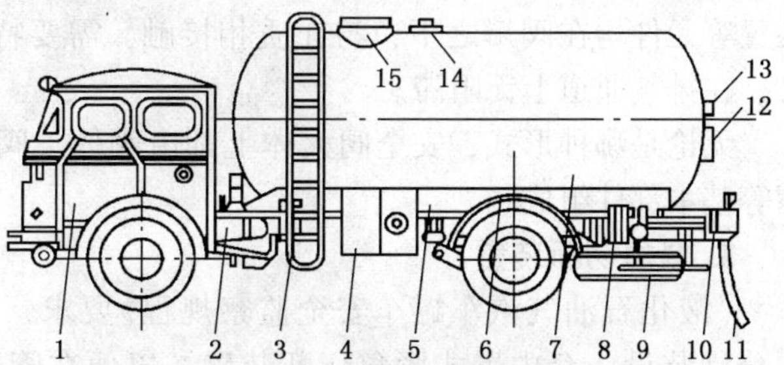

图 7-30 SD450Y 型液化石油气汽车罐车

1—驾驶室；2—气路系统；3—梯子；4—阀门箱；5—支架；6—挡泥板；7—罐体；8—固定架；9—围栏；10—后保险杠尾灯；11—接地带；12—旋转式液面计；13—铭牌；14—内装式安全阀；15—人孔

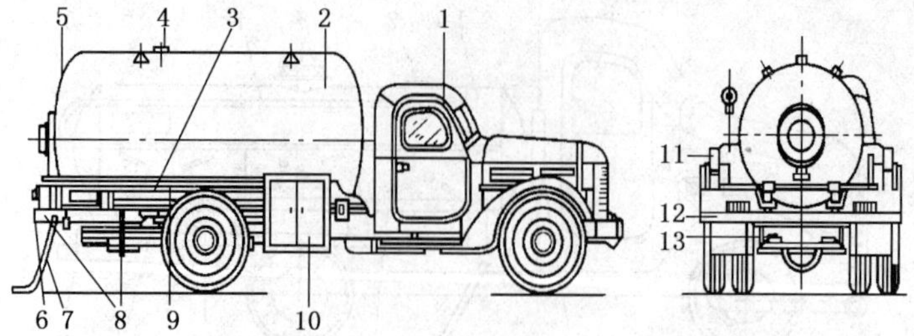

图 7-31　BJ431Y 型液化石油气汽车罐车

1—驾驶室；2—罐体；3—挡泥板；4—安全阀；5—人孔、液面计；6—后保险杠；7—接地带；8—尾灯；9—走台；10—阀门箱；11—干粉灭火器；12—后保险杠；13—备用胎

所在位置对安全阀的排气会形成阻滞。在使用中上面的阀帽应随时扣紧。如不小心进入雨水等，在冬季很容易结冰而使安全阀弹簧失效。

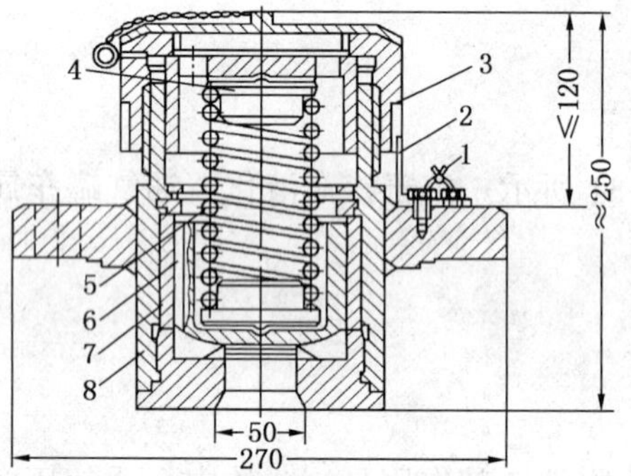

图 7-32　上导向内装式安全阀(一)

1—铅封；2—固定支座；3—调节螺帽；4—弹簧座；5—弹簧；6—阀瓣；7—衬套；8—阀体

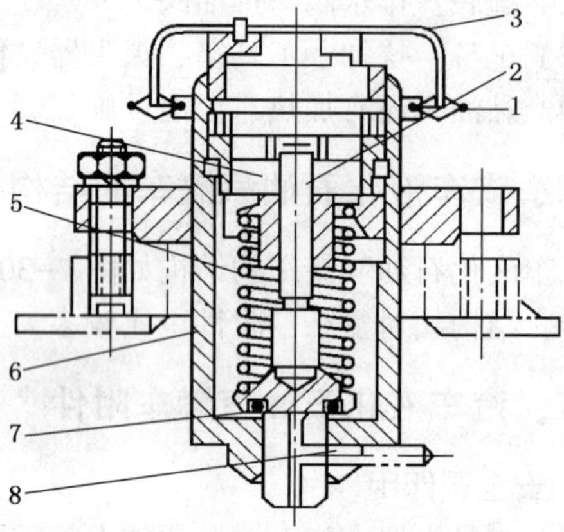

图 7-33　上导向内装式安全阀(二)

1—铅封；2—阀杆；3—阀帽；4—调节盖；5—弹簧；6—阀体；7—密封圈；8—止转柱

（2）下导向式

下导向内置全启式安全阀如图 7-34 所示。下导向式安全阀的特点是阀杆、弹簧、调整装置等元件均在阀瓣之下，与介质相接触，需要特殊的防腐措施。但其结构简单、加工容易，在排气通道上无阻滞。

无论是哪种形式，安全阀大体上都由阀体、阀瓣、导向杆(套)、弹簧、锁紧装置和阀帽等基本部件组成。

3. 紧急切断装置

《液化石油气汽车罐车安全监察规程》要求，在罐车罐体与液相管、气相管接口处必须分别装设一套内置式紧急切断装置，以便在管道发生大量泄漏时进行紧急止漏。紧急切断装置按规定包括内置式紧急切断阀、远控操纵系统和易熔金属自动切断装置三个部分。

（1）紧急切断系统的作用

① 当罐车的装卸球阀发生故障，泄漏已无法控制时，可用紧急切断阀关闭止漏。

② 装卸作业过程中，如发生火灾或管道破裂等意外事故，操作人员已无法靠近阀门箱去关闭装卸阀门时，可以通过远控操作系统关闭紧急切断阀，制止继续泄漏。

③ 紧急切断系统内有易熔金属熔断关闭装置。装置作业时如爆裂发生大面积火灾，操作人员已无法靠近罐车关闭阀门时，熔断关闭装置中的易熔合金会因火焰烘烤而熔化，自动关闭紧急切断阀而制止泄漏。

④ 罐车使用过程中，如果发生管路和阀门的严重破坏，瞬间大量液化石油气体外流，操作人员来不及或无法控制时，紧急切断阀内的过流切断装置，在高速液流的作用下，能自动关闭通路止泄。

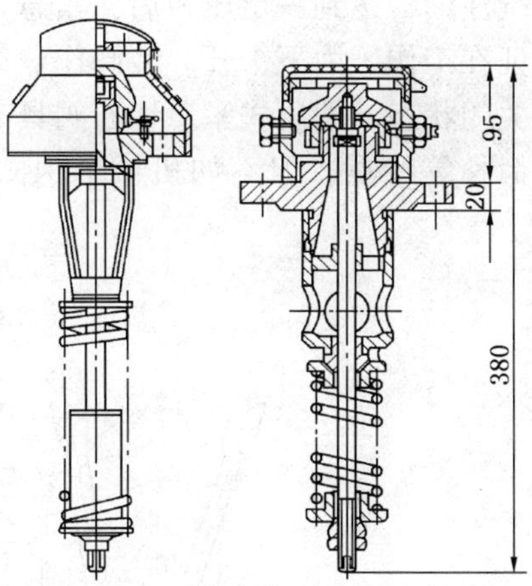

图 7-34　下导向内置全启式安全阀

(2) 紧急切断阀的结构类型

根据紧急切断阀的结构和功能可分为有过流关闭功能的紧急切断阀(见图 7-35)和无过流关闭功能的紧急切断阀(见图 7-36)两种。

根据操作系统牵引方式的不同，紧急切断阀又可分为机械牵引式(见图 7-35)和油压操纵式(见图 7-36)。

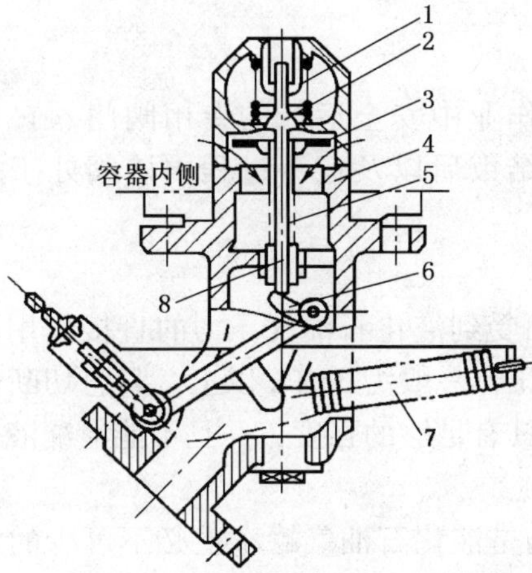

图 7-35　有过流关闭功能的机械牵引式紧急切断阀

1—主弹簧；2—先导阀；3—主阀瓣；4—阀体；5—过流弹簧；6—凸轮；7—拉簧；8—阀杆

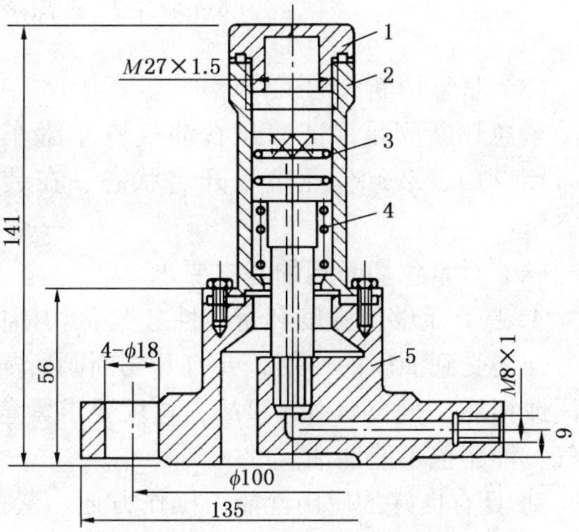

图 7-36　无过流关闭功能的油压式紧急切断阀

1—压圈；2—阀体；3—活塞；4—弹簧；5—接盘

机械牵引式靠机械转动或钢索拉动所产生的机械牵引力来平衡阀内弹簧的作用力，以驱动阀瓣的开闭动作。它具有结构简单、操作方便、传动迅速、制造修理方便等特点。但操作系统(如钢索)易受损伤，且操纵距离较近。

油压操纵式是靠安装在阀门箱内的小型手摇油泵所给出的油压来平衡阀内弹簧的作用力，驱动阀瓣移动而使阀门开、闭的。

装置在阀门箱内的手摇油泵(见图 7-37)是紧急切断阀开启的动力来源，摇动手柄向油路系统注油，达到一定压力后，紧急切断阀开启，罐车的装卸作业开始。油压式紧急切断阀应保证在工作压力下全开。装卸作业结束，转动泄压阀或泄压手柄使油路泄压，紧急切断阀恢复关闭状态。油压式紧急切断阀具有结构比较牢固、紧凑、操作方便、动作稳定可靠、使用寿命长等特点，但不如机械牵引式动作迅速。油泵和油压系统加工制造复杂，维修较困难。

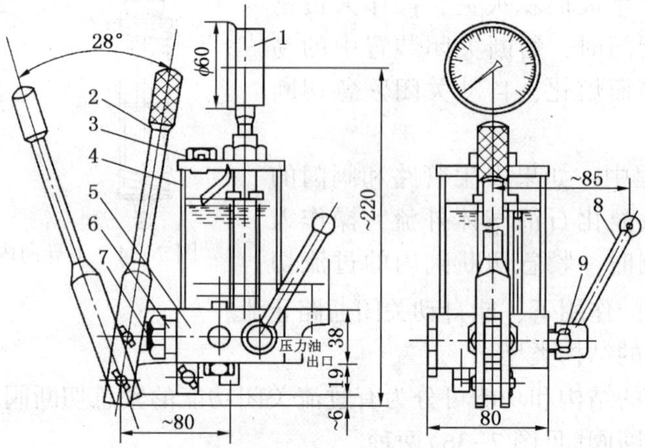

图 7-37　手摇油泵

1—压力表；2—扳手；3—注油塞；4—油杯；5—泵体；6—油缸；7—活塞；8—卸压手柄；9—易熔塞

（3）紧急切断阀的工作原理

紧急切断阀是保证液化石油气汽车罐车在装卸作业中安全运行的专用阀门。它是一种常闭阀门，装卸作业中呈开启状态，在装卸作业结束后以及运行过程中该阀处于关闭状态。

（4）对紧急切断阀的基本要求

① 具有足够的强度和密封性。紧急切断阀一方面受到液化石油气压力的直接作用，另一方面还受到油压的作用，要打开切断阀所需要的油压，一般为 3MPa 以上。紧急切断阀的泄漏或损坏，很容易引起事故，这就要求紧急切断阀具有足够的强度，并且不能泄漏液化石油气，油路也不能漏油。

② 具有良好的使用性能，操作方便。紧急切断阀是液化石油气罐车上必不可少的安全附件，在每一次的装卸作业中都要进行操作，这就要求它具有良好的操作性能，从给出关闭指令起，在 10s 内确实闭止。紧急切断阀在工作压力下全开，应持续放置 48h 不致引起自然闭止。

③ 具有良好的抗震性能。液化石油气罐车在运输过程中，路况比较复杂，经常在高低不平的道路上行驶，这就要求紧急切断阀应具有良好的抗震性能。

④ 具有足够的使用寿命。

4. 液面计

液面计是汽车罐车上除安全阀以外的又一重要安全装置。它的作用主要是用来观测和控制罐车的充装量（容积或液面高度），以保证罐车不致超装和超载，另一方面避免亏量给用户造成经济损失。

罐体是一个钢制焊接密封容器，不通过液面指示装置仅凭目测是不可能观察到罐内液体的充装数量及其变化的。而确定罐内充装液化石油气的数量，不仅仅是使用单位计量上的需要，更重要的是罐车安全使用的监督保证。

《液化石油气体汽车罐车安全监察规程》要求，罐车罐体上至少必须设有一套液面测量装置。

(1) 罐车对液面计的基本要求

① 灵敏、准确、观测方便。罐车几乎每天都在进行装卸作业，操作频繁。

② 耐压和密封性能良好，安全可靠。液化石油气的压力随温度的变化波动较大，对一些密封材料的溶胀性能也影响较强。

③ 结构牢固，经得起振动和撞击。罐车在运输过程中，行驶速度的变化和路面状况的复杂性不可避免地给罐车带来激烈的振动、颠簸和冲击，甚至有时会受到机械碰撞。

④ 耐介质腐蚀纯净的液化石油气，对碳钢等一般材料是不腐蚀的，但介质中的硫化物和水分对碳钢、黄铜等有腐蚀作用。

(2) 液面计的结构形式

① 滑管式液面计。滑管式液面计如图 7-38 所示。其工作原理是通过滑动管在罐体内作上下滑移，管子下端与罐内气相或液相接触，接触气相时由管子顶端的小孔向外喷出气态的液化石油气(无色、有味的气体)，接触液相时由管子顶端的小孔向外喷出液态的液化石油气(白色雾状物)，以此来测量液面的高低。

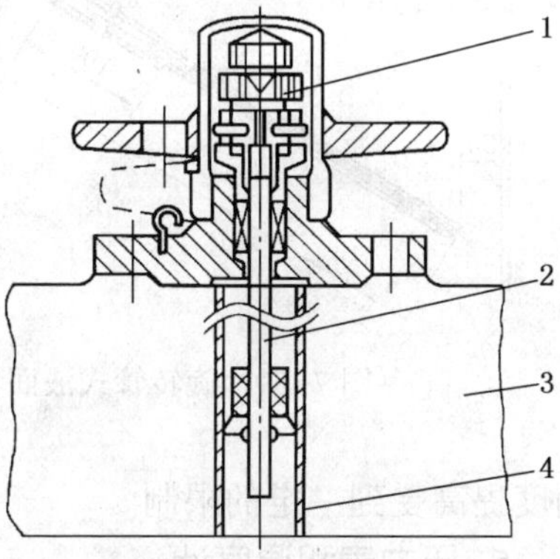

图 7-38　滑管式液面计

1—活门；2—滑动管；3—罐体；4—套管

液面高度通过固定在管子上的指示标尺来确定。滑管式液面计一般都安装在罐体上方，滑管与液面计主体之间采用填料密封。使用时先松开填料盖的压母，以减小滑管滑动时的摩擦阻力。一般把滑管先向上拔起，之后下压至从喷射小孔喷出液体，此时指示标尺所示高度即为液面高度。为了准确可重复测几次。

滑管式液面计的优点是结构简单、紧凑，显示准确、直观，结构牢固，耐振动，不怕颠簸冲击。缺点是必须安装在罐车顶部，因此罐车上需备有梯子、平台。每次操作、观测都要爬到车顶，不太方便，且测量精度受滑管移动速度和喷出时间的影响。另外对水分较多的液化石油气，在严寒的冬季使用时极易冻结滑管。

② 旋转管式液面计。旋转管式液面计如图 7-39 所示。其工作原理与滑管式液面计相同。它是由一个弯曲形的旋转管上的小孔向外喷出气相或液相介质来测量液面位置的。所不同的是以管子的旋转动作来代替滑管的上下滑动，这样可以通过表盘指针来指示液面高度。旋转管式液面计一般安装在罐车罐体后封头中部，以方便操作观测。

旋转管式液面计使用方法：使用时转动手柄并转下阀芯，观察排放孔的排放介质是排液还是排气，即可从刻度盘上读出液体的高度或容积值。

旋转管液面计具有结构牢固，显示准确、直观，操作、观测方便等优点。但具有动作过快和喷出时间存在误差的缺点。

以上两种形式的液面计使用时，注意事项如下：

a. 液面计安装后经气密试验合格，连接部位不准随意拆卸，以免液体流出造成事故。

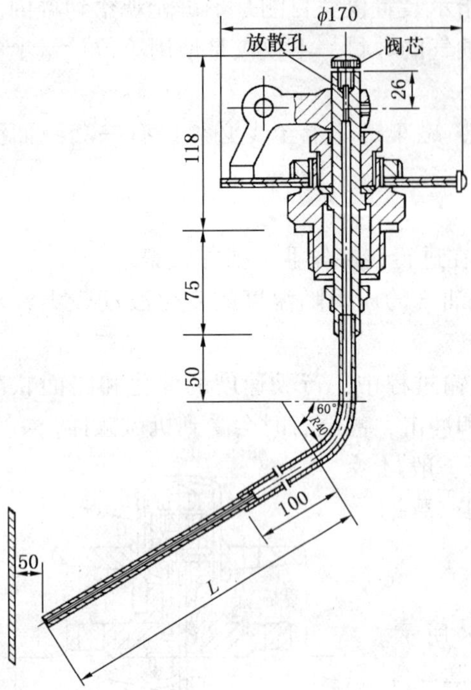

图 7-39 旋转管式液面计

b. 操作时不要面对排放管，以免伤人。

c. 为确保安全，罐车不准超装，罐车的充装量以过磅为准。

d. 装卸完毕将阀芯拧紧，以不漏气为宜。

③ 浮筒(球)磁力式液面计。浮筒(球)磁力式液面计结构，如图 7-40 所示。

浮筒(球)磁力液面计工作原理是利用液体对浮筒(球)的浮力作用，当罐内液位变化时，浮筒(球)也随之上下运动，浮筒(球)作为传感元件，通过机械传动机构带动一块永久性磁铁旋转，在磁铁对应的罐体外部装有另一块磁铁或磁化材料制成的指针，内外磁铁间用非磁性材料(如不锈钢)制成的盲板隔开，当内部磁铁由于浮筒(球)运动而旋转时，也吸引外部磁铁(或磁针)旋转，指针便可以在表盘上指示液面位置。

磁力式液面计具有密封、安全、牢固和示值直观等优点。缺点是结构比较复杂，精确度提高受到一定的限制。

5. 压力表和温度计

为了监测罐车罐体内介质的温度和压力，汽车罐车上必须装设压力表和温度计，压力表和温度计基本上都装设在阀门箱内。

(1) 压力表

《液化石油气体汽车罐车安全监察规程》规定，罐体上必须装设至少一套压力测量装置，其精度不低于 1.5 级。表盘的极限刻度值应为罐体设计压力的 2 倍左右。在刻度盘上对应于介质温度为 50℃时的饱和蒸气压或最高工作压力处涂以红色标记。

压力表应定期到计量部门进行校验，校验周期为至少 6 个月一次，失灵或损坏的不得使用。

(2) 温度计

罐车上必须设置一套温度测量装置，以测量介质的液相温度，其测量范围应为 -40 ~ 60℃，并应在 40℃ 和 50℃ 处涂以红色警戒标记。

温度计应定期到计量部门校验，失灵和损坏的不得继续使用。

6. 消除静电装置和消防装置

(1) 消除静电装置

在装卸作业时，高速运动的液化石油气由于摩擦作用或者是汽车在运行过程中将会产生

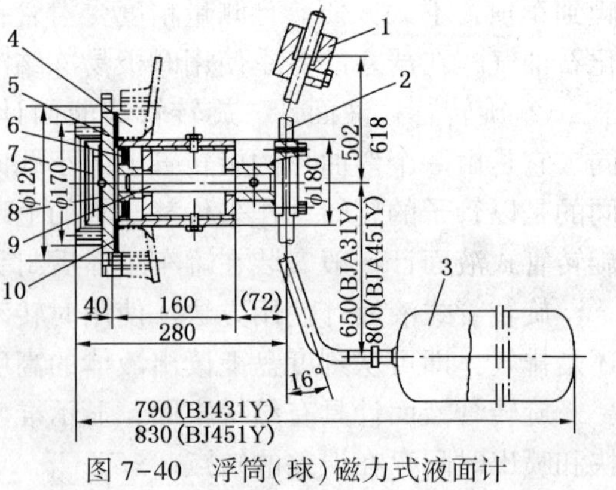

图 7-40 浮筒(球)磁力式液面计

1—配重；2—传动杆；3—浮筒；4—凸缘；5—盲板；6—磁铁；7—指针；8—表盘；9—转动轴；10—密封垫

数千伏甚至上万伏的静电电压。如果不及时消除，有可能引起火灾酿成大祸。

《液化石油气体汽车罐车安全监察规程》规定，装运易燃、易爆介质的罐车，必须装设可靠的导静电接地装置，罐体、管路、阀门和车辆底盘之间连接处的电阻不应超过 10mΩ，在停车和装卸作业时，必须接地良好。严禁使用接地铁链。装卸操作时，连接罐体和地面设置的接地导线的截面积应不小于 5.5mm²。

(2) 消防装置

《液化石油气体汽车罐车安全监察规程》规定，运输易燃、易爆介质的汽车罐车，每侧应有一只 5kg 以上的干粉灭火器或 4kg 以上的 1211 灭火器。此外还要求在汽车罐车发动机的排气管出口处必须带有灭火装置。

六、汽车罐车的装卸

1. 汽车罐车的装卸油台

汽车罐车装卸油台是为操作工人登上罐车起闭人孔开关、检尺、取样和操作鹤管而设置。装卸油台有通过式和旁靠式，选用何种形式应根据车位多少、场地大小、自动化程度、装卸油品种类等因素来确定。

2. 鹤管(输油臂)

鹤管(输油壁)是罐车装卸油品的专用设备，一端与地面油罐相连的汇油管固定连接，另一端与罐车活动连接或直接由罐顶人孔插入罐车内。鹤管的特点是灵活可调，可手动操作或气动操作，以达到固定油罐与罐车的连接。有敞口喷溅式、敞口浸没式、密闭式等多种形式。图 7-41 是其中一种鹤管的结构示意图。

3. 灌油栓

灌油栓用来向油桶灌油。灌油栓有固定式、移动式手动灌油栓及鹤管式多种。固定式多用于灌桶间，其开闭用转心阀控制，以求快速。移动式手动灌油栓如图 7-42 所示，是一个用软管连接的灌油嘴，其上装有弹簧阀和手柄，压下手柄就可灌油，当松开手柄时，弹簧使阀处于关闭状态。少量轻油灌桶时，也可用加油枪代替。

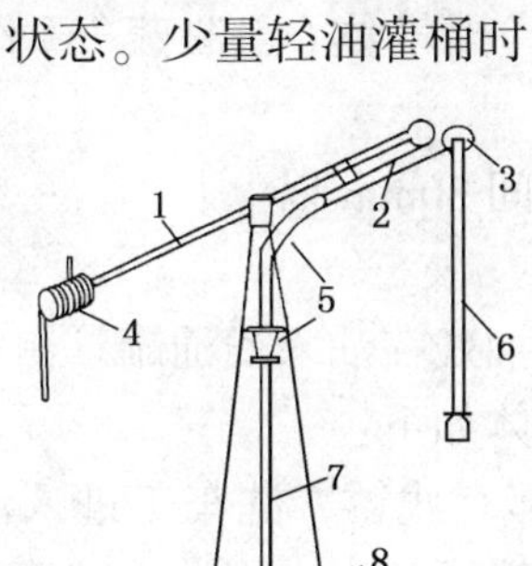

图 7-41　固定式万向鹤管结构示意图

1—活动杠杆；2—横管；3、5—旋转接头；4—平衡重；6—短管；7—立管；8—集油管

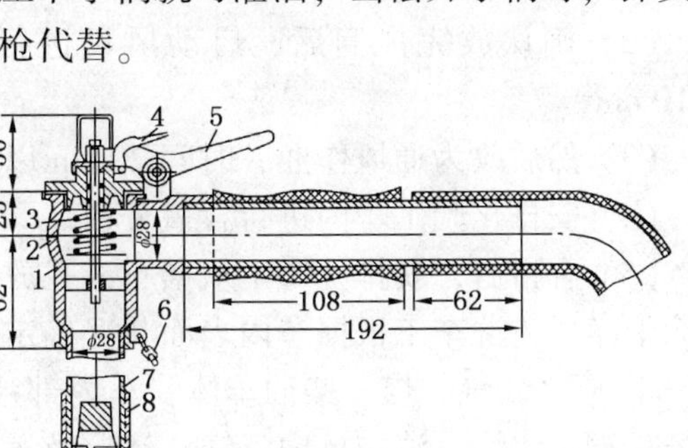

图 7-42　移动式手动灌油栓

1—阀；2—枪体；3—弹簧；4—掣子；5—手柄；6—链条；7—灌油管；8—防尘帽

汽车油罐车装油时推荐采用定量装车控制方式，作为一种先进的装车工艺，它可防止装车溢流、保障装车安全。在有自动计量装置的条件下，使用移动式手动灌油栓，可在火车棚车和卡车上直接向空桶灌油，避免了搬运重桶的繁重劳动。

第六节 装油容器的清洗

一、容器清洗的目的

承担液体石油产品运输的包装容器是铁路油罐车、汽车油罐车、油船、油驳和油桶。盛装石油产品的容器是否清洁，是否符合规定要求，是非常重要的。虽然来炼油厂拉运油品的车辆或容器绝大多数是装过油的，但由于长期使用，再加上运输、保管等诸多原因，容器内难免积存有水、锈渣砂粒和罐底残油。有时装过某种油品的容器需换装另一种性质差异较大、质量要求更高的产品时，如果容器未做处理继续使用，就会造成油品污染，质量变坏。即便用从未装过油的新容器，其内部也会有铁锈、焊渣、灰尘。因此，为了保证石油产品质量，首要一点是装油前，必须对装油罐车、油船、油驳、油桶等容器先进行检查，并按规定标准进行清洗(亦称刷洗)。

在炼油厂，承担铁路罐车清洗任务的叫洗槽站，承担油桶清洗的叫洗桶间。

二、洗槽站

洗槽站是清洗铁路油罐车的场所。大多数炼油厂都建有普洗台和特洗台。普洗台承担着盛装一般石油产品的罐车刷洗，如溶剂油、汽油、煤油、轻柴油、农用柴油、苯类和普通润滑油等。特洗台承担着喷气燃料、航空汽油、军用柴油、特种润滑油及出口高级石油产品的罐车刷洗。为非连续操作、半机械、半人工型生产，可根据待装油品的质量要求，分为普洗、特洗两种质量标准的洗车方法，适用于不同油品质量的洗车需求。

1. 普洗质量标准洗车方法

(1) 打开油罐车人孔盖，把排风筒放入油罐内，对于能及时确认的不能洗的车体，汇报确认后扣掉并禁止通风，列为不洗之列。

(2) 确认放完风筒后，启动风机进行排风，先进行排气体(汽油蒸气)作业，时间为10min。

(3) 然后改为通风作业，时间20min以上，总通风时间30min以上。

(4) 安排化验工车内进行含氧分析。

(5) 合格后，安排洗罐工从槽车人孔放入真空软管，抽残存油入残油罐。槽车内残存油清除干净后，洗车工根据车内表面状况确定洗车方法，具体如下：

① 原来装汽、煤、柴油车体，车内部浮锈较轻或局部有残锈，洗车工进入油罐内，用笤帚、铜铲清除、清扫罐内浮锈、锈皮及车内杂物并用铜撮子清出，用抽油胶管收底，达到清洗质量标准。

② 原来装重柴油车体，车内壁表层油渍及污物多，接热水管用洗罐器水洗10~15min，冲洗掉罐壁残油及污物并用橡胶软管抽出污油和污水，通风后10min后人工进入车内清除污物、杂质，用工具送出车外，并用笤帚扫净车内表的水和存油，放入通风筒通风干燥，车体达到清洗质量标准。

③ 重油及车内有冰的车体，洗车工进入车内用铜镐、铜锹清除残油块或冰块，用橡胶桶取出，残留在车内的油或冰从人孔用胶管通入1.0MPa蒸汽加热15~20min，再用洗罐器接热水洗15~20min，冲掉罐壁残油及污物并用橡胶软管抽出污油和污水，通风后进入车内

清除污物、杂质，并用笤帚扫净水和存油，通风干燥车体达到清洗质量标准。

2. 特洗质量标准洗车方法

（1）打开油罐车人孔盖，把排风筒放入油罐内，对于能及时确认的不能洗车体，汇报确认后扣掉并禁止通风，列为不洗之列。

（2）确认放完风筒后，启动风机进行排风，先进行排气体（汽油蒸气）作业，时间为10min。

（3）改为通风作业，时间20min以上，总通风时间30min以上。

（4）对车内进行含氧分析。

（5）合格后，将真空软管从人孔放入，抽残存油入残油罐。槽车内残存油清除干净后，经清洗使罐车达到“五无”（无油迹，无纤维，无水，无杂质，无锈；用白布擦拭呈不显著黑色），保证特种油品的质量要求，根据车内表面状况确定洗车方法，具体如下：

① 原来装汽油的车体车内壁残锈少，浮锈轻或有少量锈斑，洗车工进入车内用铜铲清除残锈皮和用笤帚清扫车内壁浮锈，油迹处用布擦净残油和油泥，车内锈及杂物用橡胶桶取出，再用笤帚全面清扫车内表面并清出清扫物，用腻子粘净车底残留物，放入风筒通风干燥车体，达到洗车标准。

② 原来装喷气燃料或轻柴油的车体，如果车内壁油污多、车体黑，安放好洗罐器热水进行冲洗（按工艺卡片指标操作），将车内污水用真空管抽入污水罐内，罐车冲洗10~20min，车内温度很高，用排风软筒排风降温后，车内温度接近常温时，洗车工进罐内抽净污水，进行除锈，用扫帚扫干水珠及油迹，清扫干净车内表面，用布擦净水痕、油迹，用腻子粘净残留物，用抽油胶管收清扫净车体，通风或送入热风干燥车体，达到洗车标准。

③ 原来装喷气燃料或轻柴油的车体，如果车内壁油污少、车体干净，洗车工进入车内用铜铲清除残锈和用布擦净车体，用笤帚清扫净车体表面，用腻子粘净车底残留物，用抽油管收底，放入风筒通风或热风干燥车体，达到质量合格。

④ 原来装重柴油的车体，安放好洗罐器接热水进行冲洗（按工艺卡片指标操作），将车内污水由真空管抽入污水罐，罐内污水满后放入下水井内，罐车冲洗后，车内温度很高，用排风软筒排风降温，车内温度接近常温时，进罐进行排污抽净污水，用铜铲除锈，用布擦干水珠及油迹，再用笤帚清扫干净车内表面，用腻子粘净车底残留物，用抽油胶管收清扫净车体，通风或热风干燥车体，达到洗车标准。

洗槽站的主要设备是真空泵、鼓风机、空气加热器、水泵、真空罐、热水罐、回收油罐、洗罐器和胶管等。特洗用介质是水、蒸汽和7501洗净剂。

送入洗槽站的罐车，事前都在进厂前铁路编组站，按装油品种、到站、发运方向编好组，由调度编制货运计划，下达调车作业单，交自备铁路运输系统去车站取车并送往洗槽站。如果炼油厂没有自备铁路运输系统的，则罐车的取送、编组、调运全由铁路车站负责。

三、洗桶间

凡是生产润滑油的炼油厂，润滑油大宗产品批量出厂，主要是铁路专用润滑油罐车，而品种少、质量高、数量小的产品，则要用油桶灌装发运。过去用的最多的是200L铁制大桶，目前正向小型化多样化方向发展，如润滑油小包装容器有1L、4L、5L、20L等多种。包装的小型化为用户提供了适用方便的容器，为企业扩大了销路，增加了经济效益。

在炼油厂或商品油库的油品桶装系统与之配套的洗桶间，承担着新桶、回收油桶和重复灌装油桶的刷洗和维修工作。

单纯用大桶灌装汽油、煤油、柴油和润滑油的多是各级石油站，一般每月桶装灌发量超过500t的油库，都应考虑设置油桶整修和洗桶设备。而对炼油厂来说，用油桶来装运汽油、煤油、柴油的多为零星客户，容器由用户自备，装油前只需做些一般检查，不需专门刷洗即可灌装。

洗桶间按照洗桶工序，配有试漏、蒸桶、除锈、冲洗、烘干、修焊、整形、刷漆等专用设施。不同级别的油桶或重复使用的油桶，按其灌装洗刷要求，通过不同洗刷工序。

洗桶间配置的设备主要有空气压缩机、链条除锈机、油桶整形机、轧边机、气焊设备、鼓风机、冲洗、喷漆设备等。清洗合格的油桶经烘干和喷漆后即可装油。

四、工艺控制理论

1. 产品质量与操作参数的关系

洗车合格率与洗车水压力的关系：洗车水压力高，冲洗罐车内壁效果好，残存液清洗干净，洗车合格率高。但压力过高对洗车设备、人员带来危害，一般控制在0.8~1.0 MPa。

2. 洗车合格率与洗车水温度的关系

洗车水温度高，罐壁升温快，罐车内壁残油溶解脱离效果好，车体清洗干净，但过高温度会使洗罐器作业时水柱产生汽化，降低冲洗作用，工艺上控制在85~95℃。

第七节　加　油　站

加油站是炼油厂批发与零售的载体，是石油商品油输转的小型集散地。因此，加油站是成品油的储存和经营场所。由于成品油易燃易爆、易蒸发、易产生和积聚静电、易渗漏，并具有一定的毒性，存在化学危险品泄漏和火灾、爆炸的危险性，所以对加油站的设计、布置、运营都有特殊要求。

1. 加油站的主要设备

加油站的主要设备包括加油机、控制微机、油泵等设备，控制油品的输出及记录油品输出的数量、价格与金额；还包括加油IC卡系统，一种基于CPU技术的卡机联动加油系统。

2. 加油机

加油机在各石油库、加油站、飞机场及企业内部汽车队等场所，应用十分广泛。它既是供油动力设备，也是发(售)油计量器具。加油机大多用来直接给各种车辆油箱加油，少量的也可用来给大桶装油。

加油机由油泵、过滤器、消气器、流量表、计数器、防爆电机、加油枪等设备组成。

我国目前生产的加油机品种很多，结构大同小异，区别在于：输油泵有叶片泵、齿轮泵和活塞泵3种；采用的流量计有活塞式和腰轮式两种；计数器有机械式、电子数码显式、液晶显示和大屏幕磁翻板显示等多种；使用的油枪有普通型单油枪、双油枪及自封油枪；在加油操作上有手动、自控和电脑全自动3种。

电动计量加油机的工作原理是：泵由电机带动，将油罐中的油料吸入泵内，增压后输进油气分离器，油气被排出机外，油料进入流量计，通过转轴带动计数器工作，显示每次累计油量，经计量的油料通过输油胶管和加油枪注入机动车辆油箱或其他盛油容器。

表7-3为加油机的常见故障及排除预案。

表 7-3　加油机常见故障与排除预案

故障现象	原　因	排 除 预 案
整机不排油、不吸油或出油量显著减少	1. 吸油管不严 2. 吸油阀漏油 3. 吸油管太长或安装高度超过规定 4. 电机发生故障，电机不能启动 5. 电机皮带过松或有油污 6. 泵与分离器接合面不严 7. 泵内零件脱落或断裂，流量计活塞卡死 8. 泵或分离器低压腔漏进大量空气 9. 油泵主轴橡胶油封损坏或泵磨损严重，间隙增大，漏进空气 10. 单向阀不严或滤网堵塞	1. 拧紧各部连接螺丝，更换密封垫 2. 研磨吸油阀或更换 3. 降低高度或更换吸油管 4. 检查与修理电机 5. 调整皮带张紧轮，清洗皮带或轮槽 6. 拧紧螺丝或更换密封垫 7. 检查泵与流量计并修理 8. 检修泵并排除空气 9. 轴向间隙用减小垫片厚度来调整，更换密封 10. 检修单向阀，清洗毡套或滤网
出油量偏多，调节无效	1. 连接块磨损使活塞行程增大 2. 流量计内零件磨损，漏油过多	1. 更换连接块 2. 检修流量计
排气管喷油	1. 分离器内滤网堵塞 2. 回油浮标卡死 3. 大浮子不灵活，漂不起来 4. 单向阀弹簧太硬，阀口不能自启回油 5. 出气阀关不严	1. 清洗滤网 2. 校正浮标导杆，清除脏物 3. 检修大浮子轴 4. 调整或更换弹簧 5. 研磨阀门
出油含有气泡	1. 分离低压腔漏气 2. 分离器内阻尼缝或小孔堵塞	1. 检修有关盖及法兰 2. 检修出气阀
取下油枪计数器不归零	1. 计数轮内的归零键不灵活 2. 复位机构小钩或小铜轮磨损	1. 油枪再放、取一次 2. 修理或更换磨损件
自封加油枪不能自封	1. 膜片压盖连接不严漏气 2. 密封圈损坏，漏气串油 3. 膜片与膜片轴的连接不严，漏气 4. 连通管的两端接头松脱或连接管损坏	1. 拧紧螺钉或更换垫片 2. 更换密封圈 3. 拧紧螺母 4. 卸下枪管，紧固或更换连通管，或枪附件
自封加油枪漏油	1. 主阀关不严，从枪管内偏油 2. 密封圈损坏，从连通管小孔漏油 3. 顶盖密封圈失效，漏油	1. 适当拧紧主阀的压母，或更换垫圈 2. 更换垫圈 3. 更换密封圈
计数轮整体不归零（计数器）	1. 摇臂钩板预定位置偏低或偏高，不能拨动控制板离位 2. 钩板上的扭簧失效，扭力不足，造成钩板在控制板的轴销上打滑 3. 控制板拉簧失效，拉力不足 4. 归零机构的传动轴销子剪断或脱落 5. 钩板钩子不够深	1. 调整钓板接头的偏转角或拉杆距离，使钩板位置预停在控制板的轴销上方，保持约 0.5~1mm 的间隙 2. 更换扭簧 3. 更换弹簧 4. 配销子 5. 用圆锉刀修正
加油机计量误差增大，经调节无效	1. 连接块的轴孔磨损，使活塞行程增大 2. 活塞连杆两端的压紧螺钉松动，影响活塞行程 3. 活塞和缸套磨损，间隙增大 4. 计数器发生故障	1. 更换连接块 2. 拧紧螺钉或更换弹簧垫圈 3. 更换缸套 4. 检修计数器

2. 加油机与地下油罐

该系统主要由油罐及其附件(包括卸油管、输油管、排气管等)组成。加油站储存油品的油罐通常埋在地下(如图 7-43),位置在加油平台外,应离加油机小于 30m,油罐上方做高出地面 0.2~0.5m 的钢筋混泥土结构小平台,以阻止汽车驶过油罐上面。平台内充填沙子,人们通常能够看到的只是卸油管和排气管。

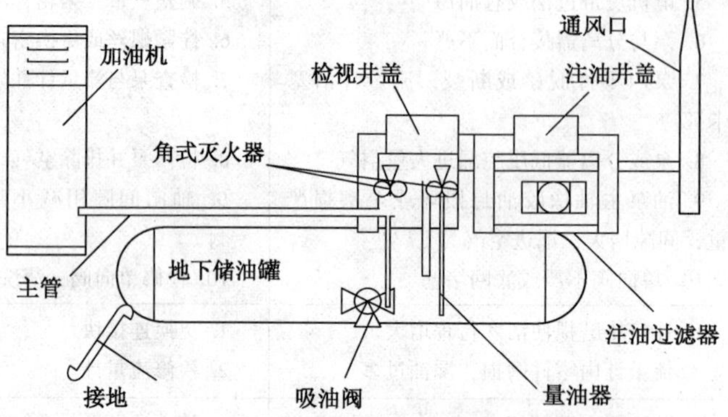

图 7-43　加油站地下油罐与加油机示意图

第八节　油品的管道运输

一、管道运输的特点

管道运输是利用专门输油管线来输送石油及产品的方式。从运输方式的视角看,相对于铁路、公路、水路等传统运输方式,油气管道运输方式具有占用土地少、建设速度快、运力大、运输效率高、运输成本低、环保效果好、额外支出少等一系列优点。

一般来说,靠近油田的炼油厂或靠近炼油厂的化工厂、热电厂等,都是靠铺设输油专线来获取原料或燃料。采用油品顺序输送新工艺,能够输送汽油、柴油、喷气燃料和灯油四个品种;从炼油厂向附近化工厂、热电厂、化肥厂、液化石油气库输送原料或燃料的短程管线运输。

管道运输有以下一些特点:

① 输送数量按合同和计划,输送时间较灵活,既可连续也可间断,且不受气候和季节限制;

② 管内油品是密闭、连续输送;油品损耗少,经济效益高。安装在线计量仪表,易于实现自动化计量;

③ 一条管线采用顺序输送工艺,可输送多种石油产品,管道利用率高,节省投资,只是管理和技术要求比较复杂;

④ 重质输油管线要加热保温和伴热,不连续输送时要扫线或循环活线,以防冻凝;

⑤ 管道输送和铁路相比,建设周期短、投资省、占地少,而且无空载返程,省去装车卸车等中间环节,因此也节省人力。建设 1km 管线投资只是同长度铁路投资的 20%,运输成本也比铁路运输低 50%。

二、油品管道顺序运输

在同一条管道内，按一定顺序连续地交替输送两种或两种以上的轻质油品，称为顺序输送。在长距离顺序输送管道中，往往有若干个中间泵站，由于各种油品黏度和密度的不同，为适应输油管的流量，各泵站进出口压力随交替油料向前推进的变化，在各泵站应相应地采取调节控制手段，以保证全线稳定地顺序输送。

顺序输送中不同油料直接接触，不可避免会产生一定的混合，这一段混合的油料通常称为“混油”，其数量以管道内混油段的长度表示。目前，采用超声波油品界面检测仪可直接测出混油的位置和各部位的对应浓度。混油段的处理可以有两种方法：一是把混油段按某一浓度界面割成两部分，前半部随前行油、后半部随后油分别各自进入前行和后行油罐。二是把混油段分成三部分：头、尾部分仍按前一办法分别进入前行和后行油罐处理，仅中间一段切入专设油罐，单独处理。

第八章　炼厂气体的管理

第一节　炼　厂　气

一、炼厂气来源

在这之前讨论的油品，如汽油、煤油、柴油及润滑油等，在常温、常压下均为液态，一般只考虑温度对其特性的影响就可以了，但气体则有很大的不同，在考虑温度对其特性的影响外，还必须考虑压力变化对其特性的影响，这就是液体油品与气体油品的区别之一。

在石油加工过程中均有一定量的气体产品（包括 H_2、$C_1 \sim C_4$ 的烷烃和烯烃以及 C_5 烃类），这些气体产品总称为炼厂气。

产生炼厂气的石油加工过程主要有原油常压蒸馏、催化裂化、催化重整、加氢裂化以及焦化等热加工过程，如图 8-1 所示。

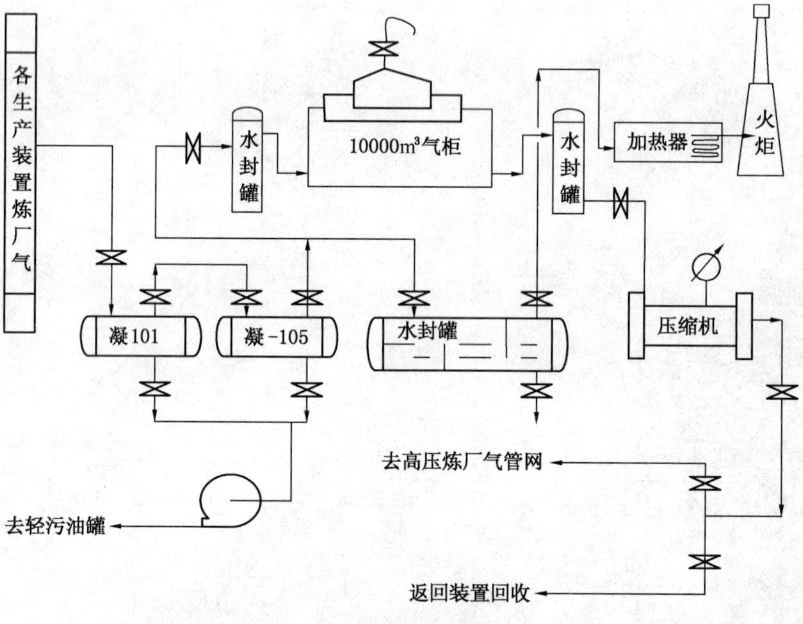

图 8-1　炼厂气系统原则流程图

由于加工方案的不同，所产生的炼厂气量也不尽相同：燃料—润滑油型炼油厂，其气体产量为加工量的 4%～5%；燃料型炼油厂的产量是加工量的 6%～9%。在石油加工装置中催化裂化装置的产气率最高，为 8%～15%。

二、炼厂气的组成

由炼厂气可获得大量的丙烯、丙烷、丁烯和丁烷，此外尚可获得少量的乙烯和 C_5 烃类。由此回收而得的烯烃和烷烃是石油化工基础原料的重要来源之一。

炼厂气经脱硫工艺加压制成液化石油气，是市售液化石油气的 3 种来源之一；其他来源还有天然气(或油田伴生气，也称干气)，其主要成分是 C_1、C_2 和极少量的丙烷、丁烷等组分；三是石油化工装置的产品，如丙烷、丁烷等石油气体制取液化石油气，这些石油气体较单纯。

炼厂气体的典型组成如表 8-1 所示。

表 8-1　典型炼厂气组成　%

项　目	常减压蒸馏	催化裂化	催化重整	加氢裂化	加氢精制	焦　化	减黏裂化
H_2	—	0.6	1.5	1.4	3.0	0.6	0.3
甲烷	8.5	7.9	6.0	21.8	24.0	23.3	8.1
乙烷	15.4	11.5	17.5	4.4	70.0	15.8	6.8
乙烯	—	3.6	—	—	—	2.7	1.5
丙烷	30.2	14.5	31.5	15.3	3.0	18.1	8.6
丙烯	—	16.4	—	—	—	6.9	4.8
丁烷	45.9	21.3	43.5	57.1	—	18.8	36.4
丁烯	—	24.2	—		—	13.8	33.5
合计	100	100	100	100	100	100	100

三、炼厂气系统的操作

1. 炼厂气系统的开停工检修及投用程序

炼油厂的开停工过程是炼油生产中的极端状态，其总要求是开停要平稳、扫得净(指扫线)、盲得住(指加盲板)。按扫线、水封、检查、确认、起步等过程绘制成路线图，然后在开停工过程中逐个消项。

(1) 扫线：原则是先主线后支线，由近至远逐段推进，应先用蒸汽吹扫打通全线流程，然后用氮气将其工艺管线、容器和设备中的冷凝水、空气排净并置换。扫净的标准是各段(点)取样分析，含氧量不大于 1%为合格。

(2) 水封：关闭各点放空阀，将气柜和火炬按规定上好水封待用。水封高度根据生产工艺需要而定，一般，火炬水封可定 3.9～13.7kPa(400～1400mmH_2O)，气柜水封可定1.96～9.8kPa(200～1000mmH_2O)。

(3) 检查：气柜高、低液位报警是否灵敏、可靠，各装置紧急放空设施是否好用，自动报警与显示是否灵敏。

(4) 确认：对阀门、压力表、液面计、放空阀、控制阀、各种容器及压缩机等设备做一次全面确认；确认各处盲板已拆除，阀门开关正确，流程已经打通，然后按程序引炼厂气进管网。

(5) 起步：装置开工，炼厂气先放火炬。生产正常后，气柜入口撤掉水封，打开入口阀门，使气柜投用。气柜各塔升到一定高度，开启压缩机、抽气柜，炼厂气进高压管网或打回装置重新回收。

(6) 规定：炼厂气系统 H_2S 含量应不大于 20mg/Nm^3，总硫含量不大于 400mg/Nm^3。

2. 日常维护管理规程

(1) 巡检：每 2h 检查一次，检查内容包括看液面、记压力、脱水排污、压油、查漏等，发现问题应及时汇报并抓紧处理。

（2）液位：各气液分离罐、集液罐液面最高不得超过罐高的2/3，液面到达规定高度及时用高压炼厂气或氮气压至凝缩油专线，以免形成液封，有碍炼厂气系统畅通。通常，低点凝缩油总集液罐，罐满后用泵送往轻污油罐回收。酸性气液体用氮气或泵送往污水处理场处理。

（3）脱水：炼厂气系统的各类容器脱水排污时，操作人员不得离开现场，严防跑炼厂气或带出凝缩油。对于设置在地下室的容器，脱水排污或处理泄漏时，应有2人在场，相互配合与监护，防止人身中毒。

（4）关注操作条件的变化：管网炼厂气压力变化，应按时记录。发现管网超压或自控系统失灵，应及时按规定程序，通知气压机、气柜和火炬岗位调整操作。

（5）定期清洗：炼厂气系统的各类容器应每年打开清洗检查一次。清洗前应抽净残液，排净污水，进出口阀门加盲板。先用蒸汽加热蒸罐，然后用氮气置换，直至取样分析含氧量不大于1%为合格，方准打开人孔进罐作业。

（6）冬季操作法：做好各类容器和工艺管线的防冻保温，加强脱水、排凝次数，防止冻坏阀门或管线。

四、火炬

1. 火炬在炼油生产中的作用

火炬是炼厂储运系统处理异常的重要设备，如图8-1所示。它既是保证装置生产的安全措施，也是回收炼厂气作燃料的节能措施，同时也是减少大气污染、改善周围环境的环保措施。

在正常生产情况下，火炬应该是不点燃的或只点常明灯。只是在开停工阶段或装置出现事故等异常状态，生产不稳定或者炼厂气系统供需难以平衡时，才会点燃。

事实上在炼厂气—火炬气系统设计时必须有的措施，全部燃料气都要回收和充分利用：正常生产时不点火炬，生产不稳定、操作调整不得当、事故放空时、炼厂气系统自动化监测、控制失灵以及炼厂气回收系统设备因腐蚀经常出现故障等异常情况时能及时点燃。

火炬是炼油厂的敏感环节之一，是炼油厂气体管理的综合体现，应加强炼厂气系统管理，杜绝或减少不合理的炼厂气排放。

2. 火炬系统操作

（1）检查：火炬前气液分离罐、集液罐、水封罐上所有阀门、压力表、液面计等附件是否齐全，法兰是否上紧，盲板是否拆除，排空阀是否关闭，各连接部位有无泄漏之处。

（2）水封：给水封罐上水，使水封罐保持一定水封压力（一般在3.92~13.73kPa不等，由调度或车间根据生产需要而定），调整水阀开度，控制溢流水适中，避免浪费，注意防冻。

（3）检查项目：

① 检查电点火系统的空气、炼厂气过滤器所有阀门，活接头、压力表是否齐全，有无泄漏，电气仪表是否校验合格。要求炼厂气压力保持0.2 ~0.3MPa，净化风压力0.35~0.4MPa。

② 检查火花塞是否损坏、受潮或存有积炭，各极间隙放电是否正常。打开通火炬的高压炼厂气阀门，通过控制与调整空气与炼厂气配比（配比随瓦斯成分的变化而相应调整），启动电点火，点燃火炬长明灯。

(4) 关注操作条件的变化:

① 当管网压力超过水封罐压力时，炼厂气冲开水封进入火炬筒，火炬被点燃后，要及时打开蒸汽助燃系统，立即送上消烟、雾化、冷却蒸汽，调整到火炬燃烧正常、不冒黑烟、噪音最小为止。

② 火炬点燃期间，应每 2h 按巡检线路逐站检查一次。注意观察容器液面和压力，各处阀门或接头有无泄漏。发现问题，应及时处理。

③ 通往火炬系统的蒸汽线及各类容器的排水、排凝阀，应定期放水、排污、压油。脱水、排凝时，操作人员不得离岗，防止跑瓦斯引起火灾。

④ 火炬点燃后，要观测火炬头温度，注意火炬燃烧变化情况，控制火炬头温度不得超过 900℃。发现超温或燃烧冒黑烟，要及时调节雾化蒸汽，既要避免火炬头烧坏，又要注意节约蒸汽。

(5) 定期清洗：水封罐每 2 年检修一次。主要工作是清洗、除锈、测厚、堵漏和清除堵塞污物等。冬季做好防冻防凝，定期脱水、排污。

第二节　液化石油气的性质

一、液化石油气的一般性质

一般来说，炼厂气在常压、常温条件下呈气态，为了储存运输方便，经适当加压液化成液体，称为液化石油气(Liquefied Petroleum Gas，英文简称 LPG)(中文简称液化石油气)。

液化石油气无色透明，有特殊刺激气味，在常温、常压下能迅速气化呈气体状态，其气体的密度比空气大 1.5~2.0 倍，容易在地面及低洼处积存。液化石油气的饱和蒸气压随温度升高而急剧增加，其膨胀系数也较大，一般为水的 10 倍以上，汽化后体积膨胀 250~300 倍左右。液化石油气的闪点、沸点很低，均在 0℃以下。它们的爆炸范围较宽，一般在 1.5%~11.7%(体)。

液化石油气的理化常数见表 8-2。

表 8-2　液化石油气各组分的物理化学性质

项　目		甲烷	乙烷	丙烷	正丁烷	异丁烷
分子式		CH_4	C_2H_6	C_3H_8	n-C_4H_{10}	i-C_4H_{10}
分子量		16.04	30.07	44.004	58.12	58.12
蒸气压/MPa	0℃		2.43	0.476	0.104	0.107
	20℃		3.75	0.8104	0.203	0.299
气体密度/(kg/m^3)	0℃	0.7168	1.3562	2.020	2.5985	2.6726
	15.5℃	0.677	1.269	1.860	2.452	2.452
沸点(0.1013MPa)/℃		-161.5	-88.63	-42.07	-0.5	-11.73
汽化潜热(沸点及 0.1013MPa 下)/(kJ/kg)		569.4	489.9	427.1	386.0	367.6
临界压力/MP		4.64	4.88	4.25	3.80	3.66
临界密度/(kg/L)		0.162	0.203	0.236	0.227	0.233

续表

项 目		甲烷	乙烷	丙烷	正丁烷	异丁烷
临界温度		-82.5	32.3	96.8	152.0	134.9
低热值(0.1013MPa，15.6℃/(kJ/kg)	液态	—	—	46099	45458	45375
	气态	34207	60753	88388	115561	115268
气态比热容(0.1013MPa，15.6℃)/[kJ/(kg·K)]	定压比热容	2.21	1.72	1.63	1.66	1.62
	定容比热容	1.68	1.44	1.44	1.52	1.47
爆炸极限(体积分数)/%	下限	5.3	3.2	2.37	1.86	1.80
	上限	14.0	12.5	9.50	8.41	8.44

二、液化石油气的危险性

液化石油气极易着火爆炸，受热膨胀，易使人中毒或冻伤，还易产生静电，使用危险性大。

1. 火灾爆炸危险性

由于液化石油气闪点低，都在0℃以下，液体又极易蒸发，汽化后体积要扩散300倍，而气体密度比空气大1.5~2.0倍，容易停留地面低洼处及地沟、管沟、下水道等处，不易被风吹散，与空气混合易形成爆炸性物质。它的引燃能量小，最小引燃能量仅为0.2~0.3mJ。爆炸范围宽且爆炸下限低，在1.8%左右。因此，液化石油气遇火源极易着火爆炸，其爆炸速度为2000~3000m/s，火焰温度可高达2100℃。1m^3 液化石油气完全燃烧后可产生24MJ热量，1L液化石油气能形成12.5m^3 的爆炸混合物。

2. 热膨胀危险性

液化石油气受热体积膨胀极大，而且容器内压力随温度升高成比例迅速上升。资料表明，温度上升45℃，气体容积增加20%。丙烷达到60℃，其压力将会使安全阀开始喷气。钢瓶过量充装，温度升高1℃，压力可增加1.01~2.03MPa。因此，尽管设计时对最高容许压力和温度都从安全上做了考虑，但如果管理不善，使用不当，充装过满或擅自给容器加热，都容易引起气体体积膨胀，压力增高而使容器发生爆裂，引起火灾。

3. 冻伤危险性

液化石油气沸点范围较低，且蒸发潜热较高，汽化时需吸收大量热量。平时都是带压以液体形式储存于密闭容器中，一旦设备、管线、容器发生泄漏，液体喷出，因急剧变为气体就要从周围环境所遇到的物体上吸收热量造成低温结霜，如果喷溅到人体上，因急剧吸热，很容易造成人体冻伤。

4. 中毒危险性

液化石油气发生泄漏时，在空气中的毒性类似于汽油蒸气或甲烷(沼气)。浓度较小时(如1%左右)，人能嗅到气味，停留时间短对人危害不大；如浓度过高时，空气中含量10%左右，即使停留几分钟，也会使人恶心、呕吐甚至昏迷。因此，液化石油气系统应保证严密不漏，室内通风良好。

5. 静电危险性

液化石油气在输送、运输、灌装中都会产生静电，尤其是发生泄漏带压高速喷射出来，产生高静电位，极易闪火引起着火爆炸。

三、液化石油气的物理特性

表示液化石油气物理特性的项目有密度、相对密度、沸点、熔点、临界参数、比容、蒸气压、露点、蒸发潜热、黏度、溶解度等，现对与油品储运相关的部分项目做一介绍。

1. 密度

由于液化石油气的生产、储存和使用中经常呈现气态和液态两种状态，因此，液化石油气的密度就有气体密度和液体密度之分。

(1) 液化石油气的气体密度

其单位是以 kg/m^3 表示，它随着温度和压力的不同而发生变化。因此，在表示液化石油气气体的密度时，必须规定温度和压力的条件。一些碳氢化合物在不同温度及相应饱和蒸气压下的密度见表 8-3。

表 8-3　液化石油气气体在不同温度及相应饱和蒸气压下的密度　kg/m^3

温度/℃	丙烷	正丁烷	异丁烷
-15	6.4	1.06	2.50
-10	7.57	1.85	3.04
-5	9.05	2.10	3.59
0	10.34	2.82	4.31
5	11.90	3.35	5.07
10	13.60	3.94	5.92
15	15.51	4.65	6.95
20	17.4	5.39	7.94
25	20.15	6.18	9.21
30	22.80	7.19	11.50
35	25.30	8.17	13.00
40	28.60	9.33	14.70
45	34.50	10.57	16.80
50	36.80	12.10	18.94
55	40.22	12.38	20.56
60	44.60	15.40	24.20

从表 8-3 中可以看出，气态液化石油气的密度随着温度及相应饱和蒸气压的升高而增加。

通常以压力为 101.33kPa、温度为 0℃时的数值，作为标准状态下的密度值。液化石油气主要成分气体密度见表 8-4。

表 8-4　液化石油气的气体密度　kg/m^3

名　称	分子式	标准状态下的密度 (0℃，101.3kPa)/(kg/m^3)	参考状态 (15.6℃，101.3kPa)
甲　烷	CH_4	0.7168	0.677
乙　烷	C_2H_6	1.3562	1.269
乙　烯	C_2H_4	1.26036	1.184
丙　烯	C_3H_6	1.9149	1.776

续表

名 称	分子式	标准状态下的密度 (0℃，101.3kPa)/(kg/m³)	参考状态 (15.6℃，101.3kPa)
1-丁烯	C_4H_8	2.503	2.369
顺2-丁烯	C_4H_8	2.503	
反2-丁烯	C_4H_8	2.503	
异丁烯	C_4H_8		2.369
丙 烷	C_3H_8	2.020	1.861
正丁烷	C_4H_{10}	2.5985	2.452
异丁烷	C_4H_{10}	2.6726	2.452
异戊烷	C_5H_{12}		3.044
空 气		1.2928	1.224

由表8-4可以看出：在压力不变的情况下，气态物质的密度随温度的升高而减少。

(2) 液化石油气的液体密度

以单位体积的质量表示，即kg/m^3。它的密度受温度影响较大，温度上升密度变小，同时体积膨胀。由于液体压缩性很小，因此压力对密度的影响也很小，可以忽略不计。由表8-5可以看出，液化石油气液态的密度随温度升高而减少。

表8-5 液化石油气液态的密度 kg/m^3

温度/℃	丙烷	正丁烷	异丁烷	丙烯	丁烯
-15	548	615	600	567	634
-10	542	611	594	561	629
-5	535	605	588	552	624
0	523	600	582	545	619
5	521	596	576	538	612
10	514	591	570	531	606
15	507	583	565	524	600
20	499	578	560		
25	490	573	553		
30	483	568	546		
35	474	562	540		
40	464	556	534		
45	451	549	527		
50	446	542	520		

液体的密度受温度影响较大，温度升高时，体积膨胀，密度减小。但密度受压力影响却很小，可以不予考虑。表8-6列出了丙烷的密度与温度的关系，由表8-6可知液体丙烷受温度影响使其密度和体积变化情况。如在15℃时，丙烷体积为100%，当温度升高30℃时，体积膨胀到105%，即比原来增加了5%。表8-6为丙烷的密度与温度的关系。

表 8-6　丙烷密度与温度的关系

温度/℃		-20	0	10	15	20	30	40	50	80
液体丙烷	相对密度	0.560	0.530	0.517	0.509	0.500	0.486	0.470	0.450	0.430
	体积分数/%	91.4	96.02	98.7	100	101.1	104.9	109.1	113.8	119.3

(3) 相对密度

由于在液化石油气的生产、储存和使用中，同时存在气态和液态两种状态，所以应该了解它的液态相对密度和气态的相对密度。

① 液化石油气的气态相对密度，是指在同一温度和同一压力的条件下，同体积的液化石油气气体与空气的质量比。求液化石油气气体各组分相对密度的简便方法，是用各组分的分子质量与空气平均分子质量之比求得，因为在标准状态下 1mol 气体的体积是相同的。液化石油气气态的相对密度见表 8-7。

表 8-7　液化石油气气态的相对密度(0℃，101.3kPa)

名　称	分子式	分子质量	空气平均分子质量	相对密度
丙　烷	C_3H_8	44	29	1.517
丁　烷	C_4H_{10}	58	29	2.000
丙　烯	C_3H_6	42	29	1.448
丁　烯	C_4H_8	56	29	1.931
戊　烯	C_5H_{12}	72	29	2.483

从表 8-7 中可以看出液化石油气气态比空气重 1.5~2.5 倍。由于液化石油气比空气重，因此，一旦液化石油气从容器或管道中泄漏出来，它不像相对密度小的可燃气体那样容易挥发与扩散，而是像水一样往低处流动和滞存，很容易达到爆炸浓度。因此，用户在安全使用中必须充分注意，厨房不应过于狭窄，通风换气要良好。液化石油气储存场所不应留有井、坑、穴等。对设计的水沟、水井、管沟必须密封，以防聚积，引起火灾。

② 液化石油气的液态相对密度，指在规定温度下液体的密度与规定温度下水的密度的比值。它一般以 20℃或 15℃时的密度与 4℃或 15℃时纯水密度的比值来表示。

液化石油气的液态相对密度，随着温度的上升而变小，见表 8-8。

表 8-8　液化石油气液态各组分相对密度

温度/℃	丙烯	丙烷	正丁烷	异丁烷	1-丁烯
-20	0.573	0.544	0.621	0.603	0.641
-10	0.559	0.541	0.611	0.592	0.630
0	0.545	0.528	0.601	0.581	0.619
10	0.530	0.514	0.590	0.569	0.607
20	0.513	0.500	0.578	0.557	0.595

从表 8-8 中可看出，在常温下(20℃左右)，液化石油气液态各组分的相对密度约为 0.5~0.59 之间，接近为水的一半。当液化石油气中含有水分时，水分就沉积在容器

的底部，并随着液化石油气一起输送到用户，这样，既增加了用户的经济负担，又会引起容器底部腐蚀，缩短容器的使用期限。因此，液化石油气中的水分要经常从储罐底部的排污阀放出。

2. 沸点

液化石油气各组分在 101.3kPa 时的沸点见表 8-9。

表 8-9　液化石油气各组分在 101.3kPa 时的沸点

组　分	丙烷	丙烯	正丁烷	异丁烷	1-丁烯	顺式-2-丁烯	反式-2-丁烯	异丁烯	正戊烷
沸点/℃	-42.1	-47.0	-0.5	-11.7	-6.26	3.75	0.88	-6.9	36.2

由表 8-9 可知，液化石油气的沸点有以下特点：

(1) 分子中碳原子数越多，沸点越高。如：丙烷的沸点为-42.1℃，正丁烷的沸点则为-0.5℃。

(2) 当碳原子数相同时，多数烷烃的沸点比烯烃的沸点高。如：丙烷的沸点为-42.1℃，而丙烯的沸点为-47.0℃。

(3) 正构物的沸点比异构物的沸点高。如：正丁烷的沸点为-0.5℃，而异丁烷的沸点为-11.7℃。

(4) 沸点越低的烃越难于液化。如果要液化它则需要低的温度或者更高的压力。

(5) 沸点越低的烃越容易汽化。如：丙烷的沸点为-42.1℃，在常温下呈气态，即使在严冷的冬季也很容易汽化。正戊烷的沸点为 36.2℃。即使在酷热的夏天也很难汽化。

(6) 压力增大，沸点也升高。如：丙烷在常压下沸点为-42.1℃，而当压力增至 0.82MPa 时，沸点相应提高到 20℃。

3. 比容

液化石油气的比容随压力温度的变化而变化。因此，在表示液化石油气的比容时，必须指明压力和温度条件。液化石油气的气体比容见表 8-10。

表 8-10　液化石油气主要成分气体比容　　m^3/kg

气　体	比容(15.6℃，101.33kPa)	气　体	比容(15.6℃，101.33kPa)
甲　烷	1.478	异丁烷	0.408
乙　烷	0.787	1-丁烯	0.421
乙　烯	0.825	异丁烯	0.353
丙　烷	0.538	正戊烷	0.329
丙　烯	0.505	异戊烷	0.329
正丁烷	0.408	1-戊烯	0.329

4. 蒸气压

液化石油气组分的蒸气压是随温度变化的，温度升高，蒸气压增大。各组分混合物的蒸气压除温度、压力外还和组分的比例有关，液化石油气各组分在不同温度下的蒸气压见表 8-11。

5. 露点

石油气体的露点与其组分有关，如果低沸点组分多，则露点降低；低沸点组分少，则露点升高。此外，露点也和压力有关，压力升高，露点也会升高。石油气体露点与压力关系见表 8-12。

表 8-11 不同温度下液化石油气各种组分的蒸气压 MPa

温度/℃	丙烷	丙烯	正丁烷	异丁烷	1-丁烯	顺式-2-丁烯	反式-2-丁烯	异丁烯
-20	0.232	0.302	0.045	0.069	0.056			0.062
-15	0.253	0.355	0.055	0.086	0.609	0.045	0.051	0.072
-10	0.332	0.415	0.067	0.105	0.084	0.056	0.064	0.087
-5	0.391	0.486	0.082	0.126	0.103	0.070	0.077	0.106
0	0.457	0.564	0.100	0.150	0.125	0.085	0.095	0.128
5	0.533	0.562	0.121	0.179	0.149	0.103	0.115	0.152
10	0.617	0.750	0.143	0.211	0.179	0.124	0.137	0.181
15	0.711	0.857	0.171	0.247	0.211	0.148	0.163	0.213
20	0.817	0.973	0.201	0.288	0.247	0.176	0.193	0.256
25	0.933	1.11	0.235	0.335	0.289	0.207	0.227	0.291
30	1.06	1.26	0.275	0.387	0.336	0.242	0.265	0.338
35	1.20	1.42	0.318	0.433	0.388	0.282	0.307	0.391
40	1.36	1.59	0.367	0.503	0.447	0.327	0.335	0.449
45	1.52	1.78	0.421	0.579	0.512	0.376	0.408	0.514
50	1.71	1.99	0.481	0.656	0.583	0.431	0.466	0.587

表 8-12 石油气体露点与压力的关系

石油气体	露点/℃				
	101.33kPa	202.66kPa	303.99kPa	405.32kPa	506.65kPa
丙 烷	-42	-25	-14	-6	+2
正丁烷	-0.5	+15	+32	+42	
异丁烷	-11.7	+6.1	+20	+29.5	+36

6. 汽化潜热

物质在发生相变化时，液态变成气态时，需要吸收热量，气态变成液态时将放出热量，这些热量只用来改变物质的状态(相变)，而温度不发生变化，因此，称之为潜热。汽化潜热就是在一定温度下，一定数量的液体变为同温度的气体所吸收的热量。

不同的液体有不同的汽化潜热，即使是同一液体，其汽化潜热也随沸点不同而发生变化。当液体的沸点上升时汽化潜热相应减少，在临界温度时汽化潜热为零。一些液化石油气各组分的汽化潜热值如图 8-2A、8-2B 所示。

7. 比热容

对同一气体，恒压比热容比恒容比热容大，对液体两者差别不大。某些石油气体的比热容见表 8-13。

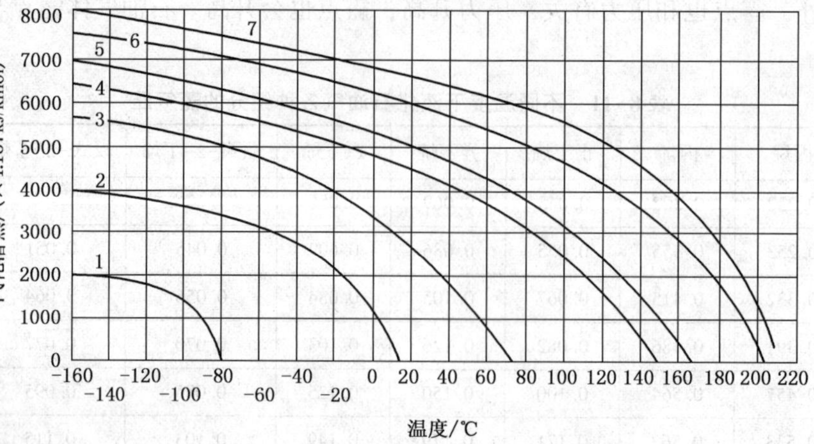

图 8-2A　液化石油气各组分的汽化潜热值

1—甲烷；2—乙烷；3—丙烷；4—异丁烷；5—正丁烷；6—异戊烷；7—正戊烷

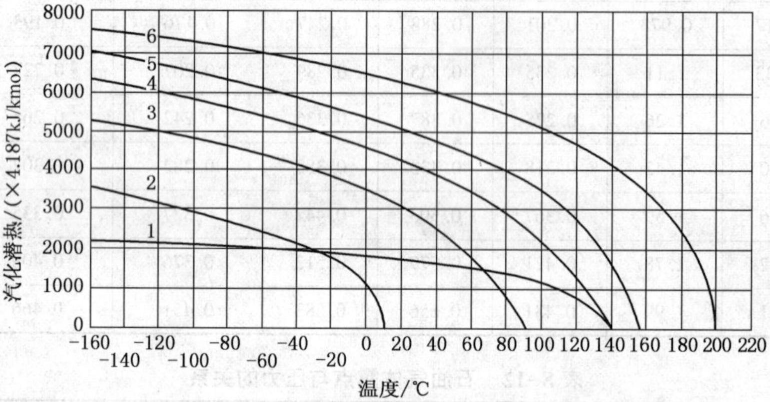

图 8-2B　液化石油气各组分的汽化潜热值

1—异丁烯；2—乙烯；3—丙烯；4—丁烯；5—顺丁烯；6—戊烯

表 8-13　某些石油气体在 25℃时的比热容

比热容 \ 气体名称	丙　烷	正丁烷	异丁烷
恒压比热容 C_p/[kJ/(kg·K)]	1.691	1.704	11.69
恒容比热容 C_v/[kJ/(kg·K)]	1.503	1.562	1.550

8. 膨胀与压缩

液态液化石油气也有热胀冷缩的性能，即在一定条件下，温度(或压力)变化时，其体积也会发生变化。液化石油气的膨胀系数见表 8-14。

一般来说水的膨胀系数与压缩系数之比较小，如装满水的储罐在温度变化 1℃时，压力会从 1MPa 增加至 1.392MPa。而液化石油气的膨胀系数比水大得多。以丙烷为例，在 16℃时，丙烷的体积膨胀系数要比水大 16 倍。因此，储罐内液化石油气的液面随周围气温变化而升降，如装得过满不留膨胀余地就会发生危险。

表 8-14　液化石油气的体积膨胀系数 K

液体名称	体积膨胀系数 K			15℃时的体积膨胀系数的相对值
	在 15℃时	在下列温度范围内 K 的平均值		
		-20～+10℃	+10～+40℃	
水	0.00019			1.0
丁　烯	0.00203	0.00194	0.00210	10.6
丁　烷	0.00212	0.00209	0.00220	11.1
丙　烷	0.00294	0.00280	0.00368	15.5
丙　烯	0.00306	0.00200	0.00372	16.1

液化石油气的灌装与储运必须严格控制环境工作温度(多在 10～20℃之间)，严禁超温、超装，一般允许充装量为储罐容积的 85%。

9. 溶解度

在一定温度下，溶剂能够溶解物质的数量称为溶解度。在液化石油气中，常溶解有少量的水，其溶解的水量随温度升高而增大。

如果液化石油气的水分超过一定含量，在一定温度和压力条件下，水能与液化石油气的组成成分生成结晶水合物，它会缩小管道截面，堵塞管路或阀件，增大机泵输送压力。表 8-15为液态丙烷中水的溶解量与温度的关系。

表 8-15　丙烷中水的溶解量与温度的关系

液态丙烷温度/℃	0	5	10	15	20	25	35	40
水的溶解量/%	0.06	0.09	0.11	0.151	0.21	0.27	0.41	0.52

生产中，通常采用沉淀脱水方法，以减小液化石油气储存与运输中水的含量。

四、液化石油气用途

当前，液化石油气作为一种新型燃料和工业原料已进入人民生活和工业生产各个领域，其开发利用的经济价值及其优越性愈来愈为人们广泛重视。它的最大用途是作为化工生产原料，而人民生活和工业方面作燃料也占有相当大比例。

1. 作为化工原料

甲烷是生产人工合成尿素的原料。石油气经裂解可以生产乙烯、丙烯、丁烯、丁二烯以及苯、甲苯、二甲苯等产品。这些产品又都是生产合成塑料、合成橡胶、合成纤维的主要原料。另外，医药、炸药、染料等多种产品的生产也离不开它们。

2. 作为燃料

炼厂气是各生产装置加热炉的首选优质燃料。不论是民用还是工业用，液化石油气给大家生活带来了极大方便。和其他燃料相比，它有许多优点。

第三节　液化石油气钢瓶

一、液化石油气钢瓶的结构、型号及技术要求

1. 结构

液化石油气钢瓶(以下简称钢瓶)是供用户使用的盛装液化石油气的容器，它由瓶体、

瓶嘴、底座及护罩组成(见图 8-3)。GB 5842《液化石油气钢瓶》规定的液化石油气钢瓶规格参数见表 8-16。

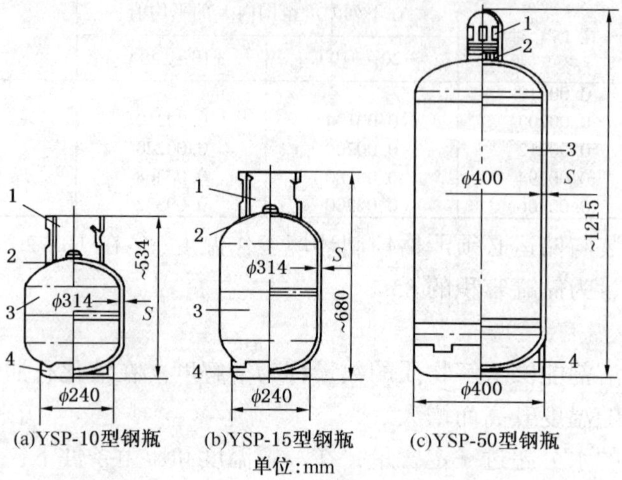

图 8-3　液化石油气钢瓶

1—护罩；2—瓶嘴；3—瓶体；4—底座

底座焊在钢瓶底部，底座上有通气孔，除便于钢瓶放稳妥外，又可通风防潮。护罩装在钢瓶顶部，对瓶嘴和瓶阀起保护作用，并作为搬动时的提手。

钢瓶出厂时瓶嘴上已装上瓶阀(又称角阀)，瓶阀是钢瓶上的进出总开关。

2. 液化石油气钢瓶的型号

YSP-10 和 YSP-15 型钢瓶的允许充装量分别为 10kg 和 15kg，水容积分别为 23.5L 和 35.5L，主要用于家庭用户。它的瓶体是由优质钢板冲压成型后焊接而成，只有一条环焊缝。YSP-50 型钢瓶允许充装量为 50kg，主要是宾馆、饭店及部分工业用户使用，它的瓶体则由两个封头和一个筒体 3 部分组成，有两条环焊缝和一条纵焊缝。钢瓶的主体材质应符合 GB 6653《焊接气瓶用钢板》的规定，钢瓶应漆成灰色，并喷有红色的“液化石油气”字样。

表 8-16　液化石油气钢瓶规格参数

参　　数	型　号		
	YSP-10	YSP-15	YSP-50
筒体内径/mm	314	314	400
几何容积/L	23.5	35.5	118
底座外径/mm	240	240	400
护罩外径/mm	190	190	
高度/mm	534	680	1215
允许充装量/kg	10	15	50

3. 液化石油气钢瓶的技术要求

液化石油气由一定压力灌入钢瓶内储存，在一定温度下其饱和蒸气压是一定的，但随着温度升高液化石油气的饱和蒸气压也相应上升，这就要求钢瓶要耐受一定的压力，GB 5842《液化石油气钢瓶》规定：其公称工作压力为 2.1MPa，试验压力为 3.2MPa，这是考虑到液化石油气组分复杂，按丙烯在60℃时的饱和蒸气压2.1MPa确定的，而实际使用中的环境温度不会到60℃，且混合液化石油气饱和蒸气压在60℃时也不会达到2.1MPa，因此，只要按规定的重量充装，钢瓶是不易超压的。

液化石油气钢瓶的安全使用，牵涉到人民群众的生命财产安全，国家对该产品实行生产许可证和产品监督检验制度。监督检验的内容包括对钢瓶制造过程中涉及产品安全质量的项目进行监检和对受检单位的钢瓶产品质量管理体系运转情况进行检查，以保证出厂的钢瓶符合标准要求。技术监督部门对市场销售的该产品实行不定期抽样检查，确保到达用户手中的钢瓶是合格产品。

二、液化石油气钢瓶的附件

1. 瓶阀(角阀)

瓶阀是钢瓶的进出口控制装置，也是连接减压阀的必要装置，其形式如图8-4所示。阀体材质一般采用59-1铅黄铜制造，坯料的机械性能应保证抗拉强度在362.85MPa以上，伸长率S_{10}在20%以上。

开关瓶阀时，转动手轮，手轮带动阀杆及连接片回转，连接片拨动阀芯沿阀体内部的行程螺丝上下移动，从而开启和关闭瓶阀。

瓶阀在使用中应注意如下几点。

① 每次用气结束时，要及时关闭瓶阀，有的用户不关瓶阀，只用炉具上的开关单一控制，这样容易漏气，是不安全的。

② 当瓶阀出现关闭不严、漏气、气充不进去等故障时，应立即送检验单位修理，切不可自行拆卸修理，以免造成事故。

③ 经常用肥皂水涂抹在瓶阀上，以检查其密封性是否良好，若有漏气会产生气泡。

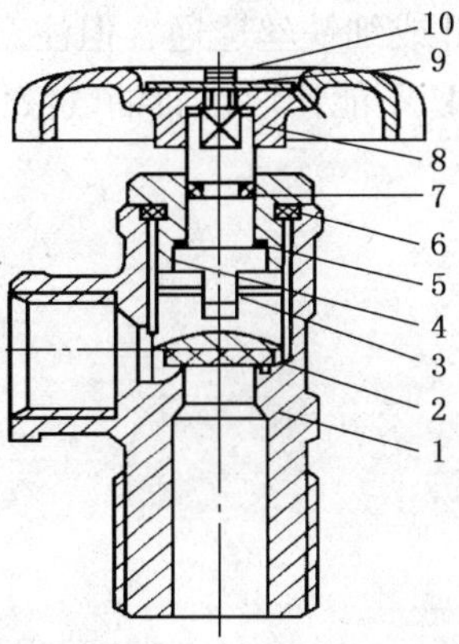

图8-4　YSF-1型瓶阀

1—阀体；2—活门；3—连接片；4—阀杆；5—密封垫；6—压母；7—O形密封；8—手轮；9—弹簧垫圈；10—螺钉

2. 减压阀

减压阀的作用是把液化石油气从高压变成稳定的低压气体，供燃烧器使用。减压阀把气瓶中0.0686～1.00MPa压力的气相液化石油气通过一次降压，降低到0.025～0.034MPa的压力，在这个范围内，无论入口压力如何变化，出口压力都是稳定的，从而保证了灶具的稳定燃烧。

减压阀的壳体是铝制的，内部主要机件有调节螺母、膜片、弹簧及杠杆机构等，图8-5所示为常用的YSJ-1型液化石油气减压阀。高压气经阀门进入减压室，当出口关闭时，进入的液化石油气逐渐增多，使膜片上升，带动杠杆机构将阀门关闭，此时减压室内保持一定的压力，当出口开启(即燃烧器开关打开用气时)液化石油气流出，减压室内压力下降，膜片在弹簧的作用下向下移动，带动杠杆机构将阀门打开，由于弹簧、膜片及杠杆机构的共同作用、减压器内始终保持一定的压力，从而使流向燃烧器的液化石油气压力始终保持稳定。

减压阀使用注意事项如下。

① 减压阀以反丝和瓶阀连接，并通过橡胶密封圈和瓶阀密封，每次换气时，应注意密

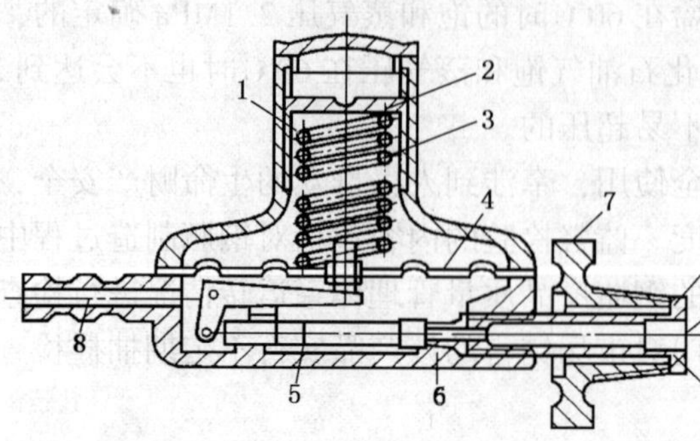

图 8-5　YSJ-1 型液化石油气减压阀

1—壳体；2—调节螺母；3—调节弹簧；4—膜片；5—横轴；6—阀口；

7—手轮；8—出口；9—入口；10—胶圈；11—滤网

封圈是否完好，然后将减压阀与瓶阀接口对准、拿稳，按逆时针方向慢慢旋转手柄，切记不要用力过猛，以不漏气为宜。

② 严禁乱拧、乱拆减压阀。发现问题，要请专业人员进行修理或更换，经检验达到标准后，才能继续使用。

③ 减压阀上阀盖的呼吸孔调节空气量，以保证其降压和稳定作用。若发现呼吸孔堵塞，可用针或细铁丝透通，但注意不要损坏减压阀内的橡胶薄膜。

④ 不能让液化石油气液体进入减压阀内，否则会使减压阀损坏。

第九章　油品的防损耗技术及管理

第一节　概　述

一、油品储运损耗的概念

油品储运损耗是指油品在加工、储运过程中，由于受到设备的局限性及技术发展水平的限制，不可避免会有一部分比较轻的液态组分汽化，逸入大气，脱水时带走油品，各种设备的黏附、浸润及清洗油罐等操作过程中发生的损耗称自然损耗；由于操作人员责任心不强、操作失误、技术不精、生产管理不善或设备检修不及时等原因造成的损耗称事故损耗。

自然损耗(也称操作损耗)的特点是：一般难以回收且不可避免，在一定数量范围内有其自然合理性，可以通过各种油品损耗定额予以确认和管理。

储存油品的常用油罐，既不同于敞口容器，也不同于密闭容器，是一种比较特殊的化工容器。从油罐的结构及其附件看有很大一部分是围绕如何防止油品的自然损耗而设置的，例如呼吸阀、浮顶等。

目前，尽管人们做了大量的工作，采取了一系列的有效措施例如加浮盘等，但还有很多工作要做，还有很多不尽人意的地方，自然损耗尤其是蒸发损耗仍然是理论与实践研究的课题，是开发、创新的平台。

事故损耗的特点是：容易引起重视，而且只要处理方案可行、识别全面、措施完善，这种损耗是不难消除的，因此，不作为本章讨论的重点。

二、油品储运损耗的分类

在炼油厂油品储运发生的油品损耗可分为自然损耗和事故损耗两大类，如图 9-1 所示。

- 油品储运损耗
  - 自然损耗
    - 蒸发损耗
      - 呼吸损耗
        - 自然通风损耗
        - 大呼吸损耗(收发、输转、调合)
        - 小呼吸损耗(储存)
      - 灌装损耗(装车、装船、装桶)
    - 脱水损耗
    - 洒漏损耗
    - 黏附及浸润损耗
    - 清罐损耗
  - 事故损耗
    - 跑油损耗
    - 冒罐溢流损耗
    - 混油(串油)损耗
    - 油罐突沸损耗

图 9-1　油品储运损耗分类图

三、蒸发损耗的发生过程机理

油品蒸发损耗的本质是油品分子运动的结果。它发生于油品的生产、收、发、储存、装卸及运输过程中。

液体中的分子在不断地运动，液面上的某些分子能量较大，其运动速度较快因而足以克服液体分子间的引力时，便逸出液面成为气态，这就是蒸发。

油品在与大气相通的容器中储存时，蒸发将不断地进行下去。如果油品储存在密闭的容器中，到一定程度油品便不再继续蒸发。起初，有一些油品分子逸出液面，进入容器上部的气体空间，称为蒸发。气体空间中的油品分子，有一部分因撞击液面而重新被吸收，称为凝结。由于蒸发速度大于凝结速度，即从油品中蒸发出来的分子数目大于从气体空间中凝结为液体油品的分子数目，气体空间中的油品分子数目在逐渐增多，凝结的速度也逐渐加快。最后将达到一个动平衡状态，蒸发与凝结的速度相等，即从液体中逸出液面的分子数目和从气体空间中返回液面的分子数目相等。此时，实际蒸发量将不再增加。气体空间中的这一状态称为饱和状态，也称气液平衡状态，如图 9-2 所示。

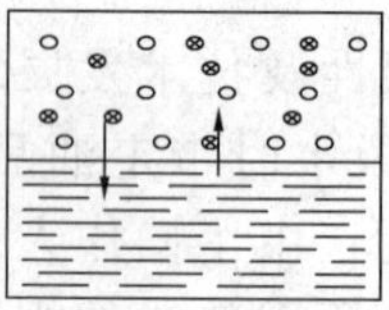

图 9-2 蒸发与凝结机理示意图
○—气体分子；
⊗—液体分子

敞口容器中的油品，其上部气体空间中的油品分子数目永远不可能达到饱和状态，蒸发将不断进行。因此，为了减少蒸发，油品的收、发和输转，应尽量在密闭的系统中进行。

四、影响油品蒸发平衡的主要因素

影响油品蒸发气液两相平衡状态的主要因素有：

1. 液体的温度

温度是物质分子平均平动动能的量度。液体温度越高分子平均平动动能越大，能够克服分子引力而逸出液面的分子数越多；另一方面，温度越高，液体的比容越大，分子间的距离越大，引力越小，为克服分子引力作功所需要的能量越少。因此，液体的温度越高，蒸发速度越大。

2. 液体的自由表面

液体直接接触气体的表面称为液体的自由表面。液体的自由表面越大，液体分子逸入气相的机会越多，单位时间内由液相进入气相的分子数越多，即蒸发速度越大。

3. 气相中液体蒸气的浓度

在混合气中，液体蒸气体积占混合气总体积的百分比称为液体蒸气在混合气中的体积浓度，简称浓度。在两相共存的体系中，同时存在着液体分子逸入气相和液体蒸气分子由气相返回液相这样两种方向相反的现象。当温度一定时，单位时间内由液相进入气相的分子数是一定的，如果气相中液体蒸气浓度增高，则意味着同体积混合气体中的液体蒸气分子数增加，这些液体蒸气分子撞击液面的频率增加，重新被液体“捕获”的机会增多。因而气相中液体蒸气浓度越高，蒸发速度越低。系统达到动平衡状态时，气、液两相所含物质的量不再发生变化。

4. 液面上混合气体的总压强

气体的压强是表征气体分子碰撞器壁（包括气液界面）频率和能量的宏观量度，同时也反映了单位容积内气体的分子数，即气体分子的密度。气体压强增大时，不仅气相中液体蒸气分子撞击液面的频率随之增加，单位时间内已汽化的液体分子返回液相的分子数增加，同时，由于液体受到压缩，液相中液体分子距离减小，引力增加，因而液体分子中只有那些具有更大动能的少数分子才能克服分子引力由液相进入气相。也就是说，在其他条件相同的情况下，液面上混合气的压强越高，蒸发速度越小。

5. 液体的种类

由于液体的种类不同，其内聚力也不同，即使在其他条件完全相同的情况下，它们的蒸发速度也各不相同。一般地说，液体的相对密度越小，其内聚力越低，蒸发速度越大。

五、蒸发损耗的严重性及危害性

蒸发损耗是以缓慢的形式持续发生的，损耗量的大小常常被产品计量误差所掩盖，所以不易引起注意。但是，调查资料表明，油品蒸发损耗的累计数量是十分惊人的。美国、前苏联、日本等国的测试数字显示，油品蒸发损耗的数量约占原油产量的3%，若以此总损耗率估算，全世界每年散失于大气中的油品约有1亿吨，几乎相当于我国20世纪80年代1年的原油产量。这对于当前世界范围内普遍存在的能源危机来说，问题显得愈加严重。

油品蒸发损耗是一种选择性比较强的损耗形式，损耗的物质主要是油品中较轻的组分，因此油品蒸发损耗不仅造成数量损耗，还会造成质量下降。散失于大气中的油蒸气不仅污染大气环境，而且在局部地区还会构成潜在的火灾危险。鉴于油品蒸发损耗的严重性和危害性，有必要去研究它的发生机理和规律，从而采取相应措施来降低这种损耗。对于那些半经验半理论计算油品蒸发损耗的公式，过于依赖是肯定不对的，因为这些公式可信度不大，但一概排斥也是不对的，因为那毕竟是前人的宝贵成果，有待于继续开发，只有把机理探求清楚了，进一步的工作就好做了。

第二节　油品的自然损耗

自然损耗包括油罐的蒸发损耗（“小呼吸”损耗、“大呼吸”损耗、自然通风损耗）、油品的灌装损耗、油品的脱水损耗、洒漏损耗、油品的黏附、浸润损耗。

一、油罐的“小呼吸”损耗

1. 油罐的“小呼吸”损耗的概念

罐内油品静止储存情况下，随着环境气温、气压在一天内的升降周期变化，罐内气体空间温度、油品蒸发速度、油气浓度和蒸气压力也随之变化，这种排出油品蒸气和吸入空气的过程所造成的油品损耗叫“小呼吸”损耗。生产上也叫油罐静止储存损耗。

2. 油罐“小呼吸”损耗的原因

造成油罐“小呼吸”损耗的主要原因是大气温度变化。当气温达到最大值时，罐内油品温度也随之变化，引起蒸发速度加快，蒸气压力提高。当压力超过呼吸阀正压额定值时，罐内油气混合气通过呼吸阀排入大气，这就是油罐的“呼气”过程。当气温降低时，罐内油品温度也随之降低，蒸发速度逐渐减慢，罐内压力也随之降低。当罐内压力低于呼吸阀规定的负压额定值时，外界空气通过开启的真空阀被吸入罐内，这就是油罐的“吸气”过程。

二、油罐的“大呼吸”损耗

1. 油罐的“大呼吸”损耗的概念

油罐在进行包括输转、调合、装车等收付作业时，由于油面的升降变化引起油罐内气体空间变化，进而带来气体压力的升降变化，使混合油气排出或外界空气吸入，这个过程所造成的油品损耗叫油罐“大呼吸”损耗。生产上有时也叫油罐动态损耗。

2. 油罐“大呼吸”损耗的原因

当油罐收油时，罐内油面上升，气体空间体积缩小，油气被压缩，压力逐渐升高。当罐内混合气压力超过呼吸阀额定正压值时，呼吸阀盘自动开启，油气排除罐外。当油罐发油时，罐内油面逐渐降低，气体空间随之增大，油气压力减小，油气浓度降低，油品不断蒸发以保持一定平衡。当罐内气体空间压力低于呼吸阀额定负压时，真空阀盘自动打开，外界空气被吸入罐内。

如果油品是在两个油罐间输转，则发油甲罐液面不断下降，罐空增加，负压值不断增大直至吸入空气，而收油乙罐液面不断上升，罐空减少，压力增大直至油气排出。因此，在油品输转、调合时，“大呼吸”损耗在两个罐间是同时发生的，通常也可用输转损耗来表示。

三、油罐的自然通风损耗

1. 自然通风损耗的概念

油罐的气体空间若与大气相联通，罐内的混合油气便会从联通口排于大气，或者新鲜空气从联通口进入罐内，这两种现象会不间断地交替进行。由此而引起的气体自然对流所造成的损耗叫自然通风损耗。

2. 发生自然通风损耗的原因

多发生在罐顶、罐身腐蚀穿孔或焊缝有砂眼、消防系统泡沫室玻璃损坏、呼吸阀阀盘未盖严、液压阀未装油或油封不足、量油孔、透光孔未盖好等情况下。

油罐的自然通风损耗是很大的，例如，一台 5000m^3 油罐储存汽油由于严重通风，一个月即损耗汽油 53t，损耗率为 1.5%左右。

由于自然通风损耗原因既有设备问题，也有管理问题，因此只要加强管理，及时维修好设备，通风损耗还是可以避免的。

四、油品的灌装损耗

油品由罐区经栈桥(台)或油码头装油鹤管装入罐车(或油船)，经装油管嘴灌入油桶，由于流速高、压力大，油品发生剧烈冲击、喷溅、搅动，都会有大量油气逸出而损耗，这种损耗也属蒸发损耗的一种。按作业性质分，这种损耗通常分为装车(船)损耗和灌桶损耗两种。

油品性质和油温、装油压力大小和装油流速、装油方式及气候条件等都是直接造成灌装损耗的原因。轻质油灌装损耗大，重质油损耗小；油温高，压力大、流速快油品损耗大；高位喷溅灌装损耗大，低位液下灌装损耗少。

五、油品的脱水损耗

原油在开采或加工过程中都离不开水，但油品的质量要求中对含水又有严格的要求，这样在油品罐区，油罐脱水是罐区一项重要操作。原油要脱水，石油半成品和成品也要脱水，这是保证生产装置平稳操作、保证产品质量的重要措施。由于油中含水，乳化或油水界面难于分清，脱水时污水常带走油品造成脱水损耗。尽管经污水处理装置可以回收一部分油品，但脱水损耗还是不可避免的，有时数量也是可观的。某厂资料表明，原油罐区脱水带油，经隔油池回收，年回收原油在15000t左右。

油品脱水损耗可按下式进行计算：

$$G = \alpha B \tag{9-1}$$

式中　G——油品年脱水损耗量，t/a；

α——脱除水中的含油率，按正常脱水时采样分析的平均含水率计算，%；

B——为油品年脱水量，按装置流出口所带出的全部水量计算，t；

$$B = B'\alpha' \tag{9-2}$$

式中　B'——装置中某种油品流出口产量，t；

α'——装置中某种油品平均含水量，10^{-6}或%。

六、洒漏损耗

油品在生产与经营中，由于设备原因，洒漏损耗是经常存在的，尤其是油品生产与经营管理较差的单位。

洒漏损耗产生的原因如下：

(1) 油罐阀门不严，泄漏不断。

(2) 机泵、管线、人孔连接部位螺栓松动，丝口不严而发生滴漏。

(3) 设备运转部位填料压得不紧，偏斜或磨损引起的泄漏。

(4) 油罐、油桶或管线焊口开裂，腐蚀穿孔引起的泄漏。

(5) 油品灌装完，取出鹤管(皮管或装油管嘴)，管内残存油品的滴洒。

七、油品的黏附、浸润损耗

在储存、输转、销售黏度较大的油料或油脂过程中，由于装卸条件差、油温低、黏度大、黏附力强，油品常黏附于车、船与桶的内壁或浸润于容器及工具上，余油不能卸净，容器不能清理干净，这种损耗叫黏附、浸润损耗。

八、跑、冒、串油事故损耗

这种损耗不属于油品的自然损耗，而属于油品的事故损耗，在油品储运过程中，由于工作责任心不强、操作失误、麻痹大意及违章违纪等原因，常常发生跑油、冒罐、突沸、混油事故，这些损耗少则千元，多则数万元。一般来说，损耗数量只能在事故后测算出，因此不能用“损耗定额”加以控制。减少这种损耗的办法，只有提高油品管理水平，做好安全生产工作才能得以避免，这种事故损耗不难消除。

第三节　油品损耗的计算

由于油品的商品属性，必须对其损耗进行定量的计算。通过发生损耗的机理、原因，建立数学解析式计算；通过实际储油容器标定计算；对油品储运发生损耗的各环节的标准定额计算。数学解析式及标定计算油品的损耗是基础，而油品损耗的标准定额是管理工作的依据。

一、油品蒸发损耗的数学解析式

油品蒸发损耗影响因素很多，计算油品蒸发损耗的解析式也很多，常有这方面的报导，只是要把诸多因素都包括进去的计算公式，目前还不完善。这些半理论、半经验公式或纯经验公式，尽管与实际有一定的距离，但这是科研课题，是发展的方向，在一定程度上也能进行数据分析并说明一些问题。

从油品的蒸发损耗机理中可以看出：蒸发损耗发生的过程基本上是在气相空间与液相的交界面上进行，而油品分子的逸出是呈气体状态，又基本上是在常温常压下，可以视为理想气体运动的规律。

1. 油品蒸发损耗数理解析通式

由气体 P、V、T 偏微分方程：

$$\frac{\partial T}{\partial P}\cdot\frac{\partial P}{\partial V}\cdot\frac{\partial V}{\partial T}=\frac{\partial P}{\partial T}\cdot\frac{\partial T}{\partial V}\cdot\frac{\partial V}{\partial P}=-1$$

得：

$$PV=nRT$$

或

$$PV=\frac{G}{M}RT$$

经适当变换，油品蒸发损耗的数理解析式：

$$G=\left[V_1(1-C_1)\frac{P_1}{T_1}-V_2(1-C_2)\frac{P_2}{T_2}\right]\frac{C}{1-C}\cdot\frac{M}{R} \qquad (9-3)$$

式中 G——油罐每进行一次“呼吸”所损耗的油品重量，kg；

V_1、V_2——油罐“呼吸”开始和结束时，油罐的气体空间体积，m^3；

C_1、C_2——油罐“呼吸”开始和结束时，混合气中油品蒸气平衡浓度，%；

P_1、P_2——油罐“呼吸”开始和结束时，油品混合气的操作压力，kg/cm^2；

T_1、T_2——油罐“呼吸”开始和结束时，气体空间的绝对温度，K；

C——油罐呼出混合气平均油气浓度，近似的取 $C=\frac{C_1+C_2}{2}$；

M——油品蒸气的摩尔量，mol；

R——通用气体常数，848kgf · m/(kmol · K)。

因为油品的蒸发损耗是在常温常压下进行的，基本上符合理想气的假定，所以式(9-3)为油品蒸发损耗数理解析通式，不仅适合于“小呼吸”损耗，也适合于“大呼吸”损耗。后面所介绍的解析式，只是在此基础上进行简化而已，但此式解法复杂一些。

2. 油品“小呼吸”损耗计算

由于油品发生“小呼吸”损耗时，油罐气体空间体积不变，即 $V_1=V_2=V$；而且气体空间和大气相通，两者压力相差不大，所以 $P_1=P_2=P$，在昼夜温差变化不大时油罐“小呼吸”损耗计算公式可由式(9-3)简化为：

（1）无呼吸阀常压罐一次损耗量计算公式：

$$G_X \cong \rho \cdot CV\frac{(T_2 - T_1)}{T} \tag{9-4}$$

式中　G_x——油罐“小呼吸”一次损耗量，kg；

ρ——油品的气相密度，kg/m^3（汽油的气相密度，$\rho=3kg/m^3$）；

C——油罐中油品日平均温度下的油气平衡浓度，$p_{压力分数}=\frac{p_{蒸气压}}{P_{系统总压}}$；

V——油罐液面以上空间体积，m^3；

T_1、T_2——罐内气体空间昼夜变化前后绝对温度差，K；

T——绝对温标，273K。

例9-1　某无力矩汽油罐，没安装呼吸阀，昼夜温差为10K，油罐的直径$D=31m$，净空$H=2m$，汽油的蒸气压$P=88kPa$。求：汽油罐“小呼吸”的一次（24h）损耗量$G_x=?$

解：液面以上空间体积，$V=\frac{\pi}{4}D^2H=0.785\times31^2\times2=1508.77m^3$

$C=88/101.3=0.8687$

$G_x=3\times0.8687\times1508.77\times\frac{\Delta T}{T}=3932\times0.0366=143.9kg$

式（9-4）中的V，没有考虑随着蒸发的进行不断变化的情形，对H的变化是要积分的；C值也一样只是平均值，因为这是一个敞开体系，实际损耗量比计算值要大。

（2）装有呼吸阀的油罐一次小呼吸损耗量计算公式：

$$\Delta G=\frac{V_1\beta_1 + V_2\beta_2}{2}C\cdot\rho \tag{9-5}$$

式中　ΔG——装有呼吸阀的油罐一次小呼吸损耗量，kg；

V_1——罐内油品体积，m^3；

V_2——罐内空容量体积，m^3；

β_1、β_2——为液体、气体膨胀系数，/℃；

C——油品的蒸气浓度，可用分压表示$C=\frac{P_1}{P}$，其中P_1为罐内油品蒸气压，P为大气压。

ρ——石油蒸气密度，汽油$\rho=3kg/m^3$。

式（9-5）是将温度因素以膨胀系数的方式出现的理想气体状态方程式。

例9-2　某拱顶罐，装有呼吸阀，罐高$H=17m$，直径$D=32m$，装汽油高度14.5m。求：该油罐的一次呼吸损耗量$\Delta G=?$

解：查液体（汽油）的膨胀系数（20℃），$\beta_1=12.5\times10^{-4}/℃$，气体（空气）膨胀系数，$\beta_2=\frac{1}{273.16}=36.6\times10^{-4}/℃$，$C=88/101.3$

$$V_1=\frac{\pi}{4}D^2H_1=0.785\times32^2\times14.5=11655.68m^3$$

$$V_2=\frac{\pi}{4}D^2H_2=0.785\times32^2\times2.5=2009.6m^3$$

$$G=\frac{V_1\beta_1+V_2\beta_2}{2}C\cdot\rho=\frac{11655.68\times12.5\times10^{-4}+2009.6\times36.6\times10^{-4}}{2}\times\frac{88}{101.3}\times3=28.52\text{kg}$$

由表 9-2 标定数据可知：1000m³ 的汽油储罐，年小呼吸损耗量为 11.7t，而本题目是 10000m³ 油罐，若储存一年，“小呼吸”损耗量为 28.52×365(日历年)= 10409.8kg = 10.409t，计算值与实际标定值有可比性。

计算表明：例 9-1 是没采取任何措施的极端工况，若与例 9-2 比在不考虑油罐形式影响因数的情况下，装呼吸阀与不装呼吸阀，计算结果是：$\frac{143.9-28.52}{143.9}=0.8018$，即安装呼吸阀可以减少 80.18%的损耗，可见是否采取措施大不一样，但拱顶式汽油罐减少呼吸损耗的最佳措施还是安装内浮盘，见表 9-1。

3. 油品“大呼吸”损耗计算

油罐发生“大呼吸”损耗时，仅仅是气体空间体积由发(收)油前 V_1 变成发(收)油后体积 V_2，其他因素如压力(P)、温度(T)和油气浓度(C)可以认为没有较大变化，因此，“大呼吸”损耗计算式可由式(9-3)进一步简化为：

$$G_D=(V_1-V_2)\cdot\rho C \tag{9-6}$$

式中 G_D——油罐一次“大呼吸”损耗量，kg；

V_1、V_2——发油前后气体空间体积变化，m³；

ρ——油气密度，汽油 $\rho=3\text{kg/m}^3$；

C——油蒸气浓度，%。

例 9-3 某汽油拱顶罐，直径 $D=31\text{m}$，高 $H=14.5\text{m}$，安全装油高度为 $H_{安全装油高度}=12.1\text{m}$，发油后的高度为 $H_{发油后的高度}=8.1\text{m}$。求该次发油的“大呼吸”损耗 $G_D=$？

解： $V_1-V_2=\frac{\pi}{4}D^2(H_{安全装油高度}-H_{发油后的油罐高度})$

$=0.785\times31^2\times(12.1-8.1)$

$=3017.5\text{m}^3$

$$G_D=(V_1-V_2)\cdot\rho C=3017.5\times3\times\frac{88}{101.3}=7863.9\text{kg}$$

计算结果对比分析：

① 表 9-1 拱顶罐装汽油时损耗量 8083.8kg/次，比计算值大。

② 与表 9-2 中的数据对比：

$$本次发油量\ Q=\frac{\pi}{4}D^2(H_{安全装油高度}-H_{发油后的油罐高度})\rho_{汽油}$$

$$=0.785\times31^2\times(12.1-8.1)\times750=2263155\text{kg}$$

本次损耗量 $Q_{损耗}=2263.155\text{t}\times2.4\text{kg/t}=5431.5\text{kg}$，比计算值小。

计算蒸发损耗的公式有很多，要么过于繁杂解偏微分方程，要么误差很大，以上所介绍的 3 个计算油品蒸发损耗的公式，都是以理想气体方程式为理论基础，综合实际工况作了若干简化而得出的，虽然与实际值有一定的偏差，但目前还是得到了人们的普遍认可。

4. 浮顶油罐蒸发损耗

浮顶油罐最大优点是油品蒸发损耗明显地减少。在油品静止储存期间，造成油品蒸发损耗的主要因素是外界环境中风的作用，使油罐周围密封圈空间产生强制对流，而罐内温度和浓度变化引起的呼吸损耗降为次要地位，甚至可以不计。表9-1为浮顶式油罐与拱顶式油罐检测标定数据对比表，但也可以和以上例题诸项计算中的结果与拱顶罐栏进行比对分析。

表9-1 内浮顶罐与拱顶罐油品蒸发损耗标定对比表

对比项目	北方地区炼油厂		南方地区炼油厂	
	储存石脑油		储存汽油	
	内浮顶油罐	拱顶罐	内浮顶油罐	拱顶罐
油气平均浓度/(g/m^3)	3.68	215.3	15.0	1254.4
进油量/t	3507	3434	3275.5	3297.4
进油体积/m^3	4369	4512.3	4549	4535
油品损耗量/(kg/次)	16	977.7	68.92	8083.8
油品损耗率/%	0.00046	0.0281	0.0021	0.2
小呼吸损耗量/(t/a)	1.164	29.1	3.84	76.9
大呼吸损耗量/(t/a)	0.8	48.9	3.45	404.2
总损耗量/(t/a)	1.964	78.0	7.29	481.1
总损耗降低率/%	97.5		98.5	

表9-2 呼吸损耗量参考量表

油罐的规格 / 呼吸损耗的方式	$5000m^3$	$1000m^3$	不分罐型
“小呼吸”损耗/(kg/次)	350		
“小呼吸”损耗/(t/a)		11.7	
“大呼吸”损耗/kg/(次·t)			1.08~1.6~2.4

二、油罐油品蒸发损耗的检测标定

衡量油品储罐的蒸发损耗除了用公式计算外，还可以通过实际测量的办法进行标定。从生产管理的角度看，标定可以鉴定降低油品损耗所用措施取得的经济效益，检查油气排放对周围环境污染和影响的程度；从设计、开发研究的角度看，通过标定可检验所用理论及思路是否正确。表9-1是内浮顶罐与未加浮盘的拱顶罐标定对比表。

油品蒸发损耗标定的方法，常用的有以下4种。

1. 检尺计量法(量油法)

油品储存期间，通过对油罐储油前后的油高、油温和油品密度进行检测，并利用油罐容积表计算出油罐静止储存前后油量的差值，即是储存期间油品静止储存蒸发损耗量。

(1) 油罐月损耗量的检尺计量法标定计算公式

$$Q_y = \frac{Q_c - Q_m}{D} \times 30 \qquad (9-7)$$

式中 Q_y——储存期间月损耗量，kg；

Q_c——储存初期罐内存油量，kg；

Q_m——储存末期罐内存油量，kg；

D——储存天数。

(2) 油罐月损耗率的检尺计量法标定计算公式

$$\eta_y = \frac{Q_y}{Q_c} \times 100\% \qquad (9-8)$$

式中　η_y——储存期月损耗率,%;

Q_y——储存期间月损耗量，kg;

Q_c——储存初期罐内存油量，kg。

此法检测简单易行，但要充分考虑检尺、测温和测密度等操作过程中的累积误差(误差可达0.35%~0.5%)。此方法可供设计科研人员参考，但对油品生产与经营中的损耗量统计有一定实用意义。

2. 量(测)气法

用气体流量计或其他仪器测出油罐呼出的气体体积V(或呼气量Q)，再用奥式气体分析仪测出气体中含油量(C)，然后计算出蒸发损耗量。

测气法油品损耗计算公式为：

$$\Delta M_1 = (V_n - V_k)\rho_y \qquad (9-9)$$

式中　ΔM_1——油罐蒸发损耗量，kg;

V_n——油罐排出的混合气体体积，m^3;

V_k——油罐吸入的空气体积，m^3;

ρ_y——油蒸气平均密度，kg/m^3。

这种方法测量损耗精度高，操作简单，测试周期短，相对误差为0.0092%，既能用于现场损耗测定，也可用于损耗理论研究。因此，油品储存、输转、装车、装船损耗均可用此法标定。

3. 体积-浓度法

采用气体流量计和奥式气体分析仪来测试油罐的蒸发损耗量，其计算公式如下：

$$\Delta M_2 = V_n \cdot C_y \cdot \rho_y \qquad (9-10)$$

式中　ΔM_2——油罐的蒸发损耗量，kg;

V_n——排出罐外的混合气体体积，m^3;

ρ_y——油蒸气的平均密度，kg/m^3;

C_y——呼出的混合油蒸气的平均油气浓度,%。

这种测量方法，其精度比量气法稍差，但仍高于量油法，一般为0.0104%。此法适用于各种类型损耗标定，应用较为广泛。

4. 物性法

物性法是根据油品储存前后油品蒸气压、密度、馏程、温度等物性参数变化以及这种变化与损耗率之间的定量关系来测量油品蒸发损耗的。这种方法包括比样法和蒸气压法两种。

蒸气压法是利用油罐储存前后蒸气压变化和蒸发损耗关系来检测油品蒸发损耗率的。

目前，油品蒸发损耗的理论研究在国内外一直进行着，但完整的理论及其精确计算尚未形成系统，从生产实用出发，降低油品蒸发损耗的理论与实践尚需进一步探讨和发展。

三、油品损耗定额管理

油品损耗定额是指油品在储运过程中，由于油品特性、储运技术水平和正常设备技术状态下所造成的油品数量损耗的极限，是硬指标。它不包括任何事故所造成的损耗。

在油品的损耗管理上，按油品储运的作业环节将损耗分为保管损耗、运输损耗和零售损耗三大类。这种分类体现了在各储运作业项目上的损耗情况，使损耗的计算和管理比较方便。在国家标准 GB 11085—89《散装液态石油产品损耗标准》中，对成品油的各项按作业环节分类的损耗大小做出了规定，可操作性强，是进行损耗管理的依据。

1. 保管损耗

保管损耗是指油品从入库到出库整个保管过程中发生的损耗，包括储存、输转、灌桶、装、卸、调合、清罐等损耗。

(1) 储存损耗

储存损耗是指单个油罐在不进行收发作业时，因油罐小呼吸而发生的油品损耗。

① 储存损耗的计算公式：

$$Q_{储存} = Q_{前次} - Q_{本次} \tag{9-11}$$

式中　$Q_{储存}$——储存损耗量，kg；

$Q_{前次}$——前次油罐计量数，kg；

$Q_{本次}$——本次油罐计量数，kg。

② 月储存损耗率的计算公式：

$$\eta_{月储存损耗率} = \frac{Q_{月累计储存损耗量}}{Q_{月平均储存量}} \times 100\% \tag{9-12}$$

公式中的月累计储存损耗量是该月内日储存损耗量的代数和；月平均储存量是该月内每天油品储存量的累计数除以该月的实际储存天数。

储存期内某一个油罐有收发作业时，该罐收发作业时间内发生的损耗不属储存损耗，这部分损耗应从储存损耗中扣除，应按输转损耗计算。

卧式罐储存损耗可以忽略不计。

例 9-4　已知：N105 号油罐某月盘点累计损耗 6000kg，储油量 5000000kg，4 天；900000kg，5 天；2900000kg，3 天；1300000kg，8 天；3500000kg，10 天。两次输转损耗分别为 1400kg 和 1700kg。求储存损耗率 η=？

解：扣除输转损耗后，月累计储存损耗量为：

$$6000-1400-1700=2900\text{kg}$$

月平均储存量为：

$$Q_{月平均储存量} = (5000000 \times 4 + 900000 \times 5 + 2900000 \times 3 + 1300000 \times 8 + (3500000 \times 10) \div (4+5+3+8+10) = 2620000(\text{kg})$$

储存损耗率为：$\eta=(2900\div2620000)\times100\%=0.11\%$

散装储存损耗率的国家标准，见表 9-3。

表 9-3　散装储存损耗率(GB 11085—89)

地区分类	损耗率/%			
	立式金属罐			隐蔽罐、浮顶罐
	汽油		其他油品不分季节	不分油品和季节
	冬春季	夏秋季		
A类	0.11	0.21	0.01	0.01
B类	0.05	0.12	0.01	0.01
C类	0.003	0.09	0.01	0.01

（2）输转损耗

输转损耗是指油品从某一油罐输往另一油罐时，因油罐大呼吸而产生的油品损耗。

$$Q_{输转损耗量} = Q_{付油罐付出量} - Q_{收油罐收入量} \quad (9-13)$$

$$\eta_{输转损耗率} = \frac{Q_{输转损耗量}}{Q_{付油罐付出量}} \times 100\% \quad (9-14)$$

例 9-5 两油罐间输油，N102 号罐付油 1386623kg，N103 号罐收到 1386508kg。求输转损耗率 η=？

解：输转损耗量为：1386623-1386508=115(kg)

输转损耗率为：η=(115÷1386623)×100%=0.00829%

输转损耗率的国家标准见表 9-4。

表 9-4 输转损耗率(GB 11085—89)

地区分类	损耗率/%				
	汽油				其他油品
	冬春季		夏秋季		不分季节和罐型
	浮顶罐	其他罐	浮顶罐	其他罐	
A类	0.01	0.15	0.01	0.22	0.01
B类	0.01	0.12	0.01	0.18	0.01
C类	0.01	0.06	0.01	0.12	0.01

（3）装、卸损耗

装、卸损耗是指油品从油罐装入铁路罐车、油船(驳)、汽车罐车等运输容器内或将油品从运输容器卸入油罐时，因油罐大呼吸及运输容器内油品挥发和黏附而产生的损耗。装、卸损耗实际包括装油损耗和卸油损耗两项损耗，但它们的计算方法是一样的。

$$Q_{装、卸油损耗量} = Q_{付油容器付出量} - Q_{收油容器收入量} \quad (9-15)$$

$$\eta_{装、卸油损耗率} = \frac{Q_{装、卸油损耗量}}{Q_{付油容器付油量}} \times 100\% \quad (9-16)$$

例 9-6 某油罐从油船卸汽油，油船付出 3359612kg，油罐收入 3351798kg，表 9-6 卸车(船)损耗标准规定的损耗率为 0.20%。损耗量是否超出了定额损耗？

解：根据规定的损耗率计算定额损耗，可以利用计算损耗率的公式倒过来计算。

$$Q_{定额损耗量} = Q_{付油容器付出量} \times \eta_{卸油损耗率} = 3359612 \times 0.20\% = 6719\text{kg}$$

$$Q_{卸油损耗量} = 3359612 - 3351798 = 7814\text{kg}$$

损耗量超过了定额损耗。

表 9-5 装车(船)损耗率(GB 11058—89)

汽油	≯1‰
柴油	≯0.8‰
喷气燃料	≯1‰

例 9-7 某油罐向油船装油 1671208kg，表 9-5 装车(船)损耗标准规定损耗率为 0.08%，求损耗量=？

解：当运输容器没有容积表或无法提供装卸量时，可以按定额计算损耗量。

$$Q_{损耗量} = 1671208 \times 0.08\% = 1336.96(\text{kg})$$

表 9-6　卸车(船)损耗率(GB 11085—89)

地区分类	损耗率/%			
	汽油		煤油、柴油	润滑油
	浮顶罐	其他罐	不分罐型	
A类	0.01	0.23	0.05	0.04
B类	0.01	0.20	0.05	0.04
C类	0.01	0.13	0.05	0.04

注：其他罐包括立式金属罐和卧式罐。

(4) 灌桶损耗

灌桶损耗是指灌桶过程中油品的蒸发损耗，从油罐向油桶灌注油料或将油桶油料倒入油罐所发生的油品数量损耗叫灌桶(倒桶)损耗。

$$Q_{灌桶损耗量} = Q_{油罐付出量} - Q_{油桶收入量} \tag{9-17}$$

$$Q_{灌桶损耗率} = \frac{Q_{灌桶损耗量}}{Q_{油罐发出量}} \times 100\% \tag{9-18}$$

表 9-7　灌桶损耗率(GB 11085—89)

油品名称	汽油	其他油品
损耗率/%	0.18	0.01

表 9-8　倒桶损耗率(原中国石化总公司企业标准)

油品名称	汽油	灯油、轻柴油	重柴油	润滑油		润滑脂
				薄	厚	
损耗率/%	0.22	0.21	0.20	0.37	0.45	0.67

(5) 清罐损耗

油罐定期清洗或因油罐改动、改换品种、油罐标定而需清罐处理所发生的损耗叫清罐损耗。

清罐损耗量等于打开人孔前罐底残存油量与罐内清出的实际油量之差。

$$Q_{清罐损耗量} = Q_{清罐前罐内残油量} - Q_{罐内清出的实际油量} \tag{9-19}$$

清罐损耗率计算公式为：

$$\eta_{清罐损耗率} = (Q_{清罐损耗量} \div Q_{清罐前罐内残油量}) \times 100\% \tag{9-20}$$

清罐损耗率见表 9-8。

表 9-9　清罐损耗率

油品名称	汽油	煤油、柴油	重柴油	润滑油
损耗率/%	2.8	2.1	1.4	1.4

2. 运输损耗

石油产品从炼油厂通过车、船运输送到接收单位栈桥(台)或码头过程中，所发生的数量减少叫散装运输损耗。散装运输损耗率，见表 9-10。散装运输损耗量等于起运前和到达后车、船装载量之差。

（1）铁路罐车和公路运输损耗

$$Q_{\text{运输损耗量}} = Q_{\text{起运前罐车计量数}} - Q_{\text{卸前罐车计量数}} \tag{9-21}$$

$$\eta_{\text{运输损耗率}} = \frac{Q_{\text{运输损耗量}}}{Q_{\text{起运前罐车计量数}}} \times 100\% \tag{9-22}$$

公式中的罐车计量数，是指用铁路罐车或油罐汽车作为计量器具交接时，直接在罐车中计量的数据。如果不是用罐车而是用储油罐等计量交接的，那么在计算时必须把定额保管损耗的有关损耗量计算进去。

如发货装车时是用储油罐或流量计计量的：

$$Q_{\text{起运前罐车计量数}} = Q_{\text{油罐(或流量计)计量数}} - Q_{\text{装车定额损耗量}} \tag{9-23}$$

$$Q_{\text{装车定额损耗量}} = Q_{\text{油罐(或流量计)计量数}} \times \eta_{\text{装车定额损耗率}} \tag{9-24}$$

即：

$$Q_{\text{起运前罐车计量数}} = Q_{\text{油罐(或流量计)计量数}} \times (1 - \eta_{\text{装车定额损耗率}}) \tag{9-25}$$

表 9-10 散装运输损耗率（GB 11085—89） %

油品名称	里程/km							
	水运			铁路运输			公路运输	
	500 以下	501~1500	1501 以上	500 以下	501~1500	1501 以上	500 以下	500 以上
汽油	0.24	0.28	0.36	0.16	0.24	0.30	0.01	每增加 50km，增加 0.01，不足时按 50km 计
其他油品	0.15			0.12				

例 9-8 用铁路罐车装运一批柴油，起运前罐车计量为 208672kg，到达后罐车计量数 208446kg，表 9-10 散装运输标准规定的定额损耗率为 0.12%，运输损耗是否超过了定额损耗？

解：

$$Q_{\text{运输损耗量}} = 208672 - 208446 = 226\text{kg}$$

$$\eta_{\text{运输损耗率}} = (226 \div 208672) \times 100\% = 0.108\% < 0.12\%$$

运输损耗未超过定额损耗。

例 9-9 用油罐汽车装运汽油，起运前经储油灌计量装车数为 9875kg，到达后经储油罐计量为 9842kg，装车定额损耗为 0.08%，卸车定额损耗为 0.20%。求运输损耗率。

解：

$$Q_{\text{起运前罐车计量数}} = 9875 \times (1 - 0.08\%) = 9867\text{kg}$$

$$Q_{\text{卸货前罐车计量}} = 9842 \times (1 + 0.20\%) = 9862\text{kg}$$

$$Q_{\text{运输损耗量}} = 9867 - 9862 = 5\text{kg}$$

$$\eta_{\text{运输损耗率}} = (5 \div 9867) \times 100\% = 0.05\%$$

在计算运输损耗时，对同一批、同一种油品来说，计算公式中的罐车计量数指整批油品的总和。如果这批油品由多辆罐车分类装，则每辆罐车单独计量后，一般将计量数相加以计算运输损耗。

（2）水上运输损耗

水上运输损耗是指油品装入油轮、油驳到达卸货点止，整个运输过程中发生的损耗。因为目前船驳计量仍存在一定的困难，所以水上运输在计算装卸数量时，都是以岸罐计量数为准。

因此，计算水上运输损耗量也是通过油罐计量数计算的。

$$Q_{水上运输损耗量} = Q_{发货量} - Q_{收货量} \tag{9-26}$$

$$Q_{发货量} = Q_{发油油罐计量数} - Q_{装船定额损耗量} \tag{9-27}$$

$$Q_{收货量} = Q_{收油罐收入量} + Q_{卸船定额损耗量} \tag{9-28}$$

卸货时如果是通过驳转运入库的，则：

$$Q_{收货量} = Q_{收油罐收入量} + 2 \times Q_{卸船定额损耗量} + Q_{短途运输损耗量}$$

短途运输损耗量指的是用里程 500km 以下的定额水上运输损耗率乘以油罐收入量计算出来的运输损耗量。

$$\eta_{运输损耗率} = [Q_{运输损耗量} \div Q_{发货量}] \times 100\%$$

例 9-10 用油轮装运柴油，装货时油罐计量数为 3761208kg，到达后用油驳转运入库，收到量为 3645412kg，由表(9-5)装船定额损耗率为 0.08%，表(9-6)卸船定额损耗率为 0.05%，表(9-10)水运定额损耗率为 0.15%，求本次运输损耗率。

解： $Q_{发货量} = 3761208\times(1-0.08\%) = 3668271\text{kg}$

$Q_{收货量} = 3645412\times(1+2\times0.05\%+0.15\%) = 3654525\text{kg}$

$Q_{运输损耗量} = 3668271-3654525 = 13746\text{kg}$

$\eta_{运输损耗率} = (13746\div3668271)\times100\% = 0.375\%$

（3）整装运输的损耗

对于桶装（大桶、扁桶、方听等）油料，利用车、船运输过程中所发生的数量减少叫整装运输损耗。整装运输损耗量等于发货和收货过磅数量之差。如果整装油品到站发生渗漏严重，桶装渗漏超过 5%，听装渗漏超过 10%，应按运输事故处理，不计运输损耗率。整装运输损耗率，见表 9-11。

表 9-11 整装运输损耗率（原中国石化总公司企业标准） %

油品名称	里程/km							
	铁路运输			汽车及其他运输工具			水运	
	300 以下	300~1001	1001 以下	10 以下	11~200	201~500	501 以上	不分里程
汽油	0.2				0.22	0.25		
煤油	0.1				0.14	0.17		
轻柴	0.4							
重柴、润滑油	0.2							
润滑油	0.05							
润滑脂	0.03							

3. 零售损耗

零售损耗是指零售商店、加油站在小批量付油过程和保管过程中发生的油品损耗叫零售损耗。企业内加油站的油品损耗也可参照执行。

$$Q_{零售损耗量} = [Q_{月初库存量} + Q_{本月入库量}] - [Q_{本月出库量} + Q_{月末库存量}] \tag{9-29}$$

$$\eta_{零售损耗率} = [Q_{当月零售损耗量}] \div [Q_{当月付出量}] \times 100\% \tag{9-30}$$

表 9-12 零售损耗率

损耗率/%	加油机付油			量提付油	称重付油
	汽油	煤油	柴油	煤油	润滑油
	0.29	0.12	0.08	0.16	0.47

四、油品损耗管理

这部分内容比较多，处理也比较复杂，属于商业行为，涉及经济合同，是一项法规性和技术性很强的工作。要求炼油厂油品储运部门在技术上要做到不超装、不少装、计量准确无误，配合销售部门共同规避商业风险。

油品损耗的处理原则是：一切损耗处理必须实事求是，有依据、有凭证、防止弄虚作假。

(1) 装运出厂的一切油品应不超装、不少装，坚持逐车(桶)检尺计量或过磅计量。装完的罐车人孔和下卸口要加铅封，袋装固体产品要密封好，防止路途洒漏、丢失。

(2) 使用检定合格的计量器具进行油品计量，并严格按照有关计量标准和规范所规定的方法和规程进行操作和计量交接工作。在计量操作中做到认真细致，避免不必要的损耗，并应积极采取各种降低油品损耗的措施，尽量减少油品的损耗数量。

(3) 随车发出的货票、到站运单、计量单据、产品质量合格证书等，都应齐全以备收方核查，及时结算。

(4) 定额以内的实际损耗由货主负担，运输途中的责任损耗由承运单位负担，发生洒品溢余由发货方承担，超过定额部分，查清原因，确定责任。

(5) 处理溢耗与退赔，一般所遵循的规定主要有：

① 发生运输超耗，货主(收货单位)应及时通知销售部门，并在同批油品全部到达十天内(以邮戳为准)，提出索赔资料，主要包括收油凭证、油品运输超耗(溢余)通知书、罐车验收及复检记录或油罐验收计量记录以及铁路站、场证明，寄往炼厂以备核查，逾期未提出的由货主负担。

② 运输损耗按批计算，同批、同品种发运的油品损耗和盈余可以相抵，但单车超耗500kg以上时，应单独核算，不得相抵。

③ 运输损耗在扣除定额损耗后，超耗溢余的互不找补幅度为：油轮、油驳为发货量的0.3%，铁路罐车、汽车罐车为发货量的0.2%。

④ 超过定额损耗，并超过互不找补幅度时，所超耗(溢)量，从1kg起算，作为索赔(退款)数量。

⑤ 经核查确属超耗，且手续齐全、数据资料可信、确系炼油厂责任的，由计量部门复审确认后签字，由运输部门按结算程序，办理红票予以冲量和退款。

⑥ 遇索赔资料不全或资料不可信的，发货单位可不作处理。对超耗量大，又多次反映计算问题的单位，应由运输、计量部门联合组织去收货方实地跟车调查，做好对用户服务工作。

⑦ 凡属车、船铅封卸车前已被破坏、车体技术状况不好而发生途中损耗的或收货方计量人员、计量器具、计量方法不符合有关计量规定的，其超耗部分发货方不予承担。

(6) 处理油品运输损耗与盈余，产、销双方均应本着实事求是、有依据、有凭证、讲信誉、讲团结、公平、合理的原则，按规定予以办理。收货方不得因超耗而拖延或拒付货款，也不能发生盈余而隐瞒不报。

(7) 运输损耗(散装运输或整装运输)计算方法及定额。

(8) 完整、准确地作好各项油品计量的数据记录，及时报告油品计量和交接的情况和数据，及时填报有关单据，并按规定妥善保存必要的油样和其他有关材料。

第四节　减少油品损耗的措施

有关资料表明：炼油厂油品储运系统损耗量约占原油加工量的0.3%~0.5%，其损耗分布大致可归纳为4个方面，即各种储罐蒸发损耗约50%~80%；装车作业损耗15%~25%；油罐清洗损耗10%~15%；油罐脱水及其他损耗10%~15%。

根据油品蒸发损耗发生的规律，不论是“小呼吸”还是“大呼吸”及其他类的蒸发损耗，从加强管理工作、改进操作的角度看可采取选择下列措施以减少油品的蒸发损耗。

一、减少昼夜温差对油罐的影响

罐内气体空间的昼夜温差愈大，“小呼吸”损耗就愈大。减小罐内气体空间的昼夜温差，可以有效地减少“小呼吸”损耗。

1. 在罐顶淋水降温

夏季的晴天，通过安装在罐顶上面的淋水装置，不间断地对罐顶均匀淋水冷却。水从罐顶经罐壁流下，从而降低了罐内气体空间的温度。

2. 正确选择油罐的涂料

涂料不仅起防腐作用，对地面油罐来说，选用能反射光线特别是反射热效应大的红光及红外线的涂料，还能降低罐内温度变化，从而减小损耗。

3. 对油罐采取绝热措施

在罐顶和罐壁安装绝热装置，也能降低罐内温差，从而减少“小呼吸”损耗。

一些老式无力矩油罐及拱顶罐，在梯子外距罐壁900mm处，绕罐壁建50mm厚的与罐等高砖墙，可以减少昼夜温差的影响。

二、减小罐内气体空间

1. 及时调整油品的储存高度

保持所有油罐都在较高液位的情况下储存油品，以减少油罐气体空间的体积。如果及时调整有困难时，分散于几个油罐的同类油品应集中储存，尽量减少中液位储存，因为，中液位储存时呼气量大于高液位储存，呼气浓度高于低液位储存而接近高液位储存，从整个罐组来看，对降低蒸发损耗最不利。

2. 油罐尽量装满

油罐尽量装至规定的安全装油容量，罐内气体空间愈大，混合气达到某一浓度所需蒸发的油料愈多。油料蒸发为油蒸气后，绝大部分在“大、小呼吸”时被排到大气中。

3. 使用具有可变气体空间的油罐

这类油罐主要是用来消除或降低“小呼吸”损耗，同时也可以减少一部分“大呼吸”损耗。当由于温度变化或油面高度变化而使罐内压力升高或降低时，罐顶亦随之升降。从而调节气体空间的容积，使罐内气体空间的压力维持在一定范围内，直至罐顶达到极限位置。此后，气体空间压力如果继续升降，呼吸阀则打开，以保护油罐免遭破坏。

这类油罐有呼吸顶油罐、气囊顶油罐、无力矩顶油罐以及套顶油罐，但这些油罐在使用中都有一定的局限性，因而应用并不广泛，但气柜属于这种可变气体空间的油品储存设备。

三、提高油罐的承压能力

当油罐的承压能力提高到15kPa以上时，地面油罐便可基本上消除“小呼吸”损耗。圆柱形立式钢油罐的承压能力一般不超过2kPa，因而作为地面油罐时，“小呼吸”损耗比较大。

四、采用浮顶油罐

浮顶油罐的浮顶紧贴于油面上，基本上消除了罐内的气体空间，因而能把油罐储油时的蒸发损耗减少到最低限度。

资料表明，内浮顶油罐和拱顶油罐相比，可减少油品蒸发损耗90%~95%，见表9-1，而且拱顶罐改建内浮顶罐，投资回收期短，大多在6~12个月即可回收全部投资。目前，新建汽油罐、原油罐已普遍采用浮顶油罐，老式拱顶油罐也已逐步改造成装配式铝合金内浮顶罐。

五、在油面上形成覆盖层

在油面上形成覆盖层，以阻止油料蒸发是一种比较理想的措施。用作覆盖层的材料必须具备密度小、流动性能好、稳定性好以及不影响油料质量等性能。

六、集气罐

为了防止油品蒸气散失于大气中，可将储存相同油料的油罐气体空间用管线接通。并将一个集气罐与管线相连，构成一个集气系统。作业时可互相交换油蒸气，不致使罐内吸入新鲜空气和排出油气。但是应在连通每个油罐处安装防火器，防止因某个油罐发生火灾而危及所有被连通的油罐。

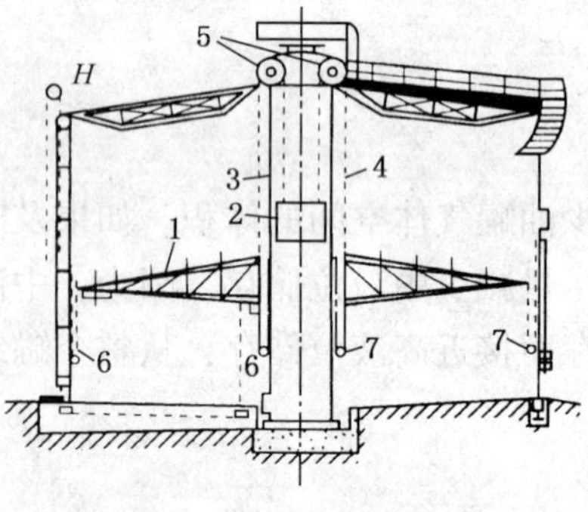

图9-3　活塞式集气罐

1—活塞；2—平衡重块；3—中心柱；4—钢索；5—滑轮；6—密封气挡；7—气挡重锤

图9-3是集气罐的一种形式。活塞式集气罐的内部有空心的中心柱，活塞沿空心柱可以上下移动。活塞是由1.5~2mm的薄钢板圆盘及支承它的桁架所组成，活塞的重量被中心柱内的平衡重块所平衡，这样在上下压差大于60Pa时就可使活塞产生升降运动。活塞和平衡重块是用绕过滑轮的镀锌钢丝绞成的钢索连接的。在罐壁与活塞之间以及中心柱与活塞之间的环形空隙上用耐油橡胶布连接而构成密封气挡。油罐呼出的气体进入集气罐时，活塞下降，气体进到活塞和集气罐顶之间的空间中；当油罐吸气时，活塞上升，气体从集气罐回至油罐。

采用集气罐不仅能消除“小呼吸”损耗，而且体积选择适当也可基本上消除“大呼吸”损耗。

集气还有其他形式，如前所述的气柜就是将炼油厂的低压气体集中的一种形式。当然集气罐还有套顶罐、球形气囊罐等，但它们的结构比较复杂，不如活塞式集气罐应用普遍。

对于洞库和地下隐蔽库，采用集气罐降低“大呼吸”损耗将是有效方法。尤其是收发作业频繁的大型供应油库，在储存区建一个集气罐，投资可以很快被减少的损耗所抵偿。而炼油厂则是以浮顶罐为主要降耗方式。

七、还原吸收器

还原吸收器如图 9-4 所示。还原吸收器系立式圆筒，内装隔板，隔板之间填充活性炭或喷气燃料、润滑油，当油罐呼出的气体进入还原吸收器时，蒸气中的部分油分子被吸收剂吸收，吸收了油蒸气后的混合气排入大气中。当油罐吸气时，大气经还原器携带部分油分子进入油罐，以减少罐内液体再蒸发。根据试验，安装还原吸收器可减少损耗 40%。

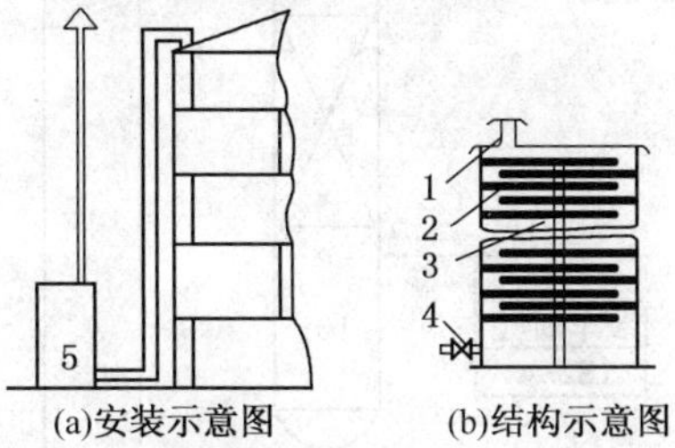

图 9-4　还原吸收器

1—通大气；2—隔板；3—支架；4—通油罐；5—还原吸收器

八、在呼吸阀下安装挡板

在呼吸阀接合管下装设挡板是一种投资少、易安装、不影响生产正常运行的简易降耗措施，其结构见本书第二章，如图 2-35 所示。发油作业或降温过程油罐吸入空气所引起的强制对流是影响气体空间油气转移的重要因素。当油罐处于中液位或高液位储存时，吸入的空气流有可能直接冲击油面上部的大浓度层，从而削弱大浓度层对油品蒸发的抑制作用，加速油品蒸发。装设挡板后，吸入罐内的空气在气体空间的运动方向会发生改变，避免了对油面上大浓度层的直接冲击，使吸入的空气在油罐气体空间顶部沿径向分散，然后平稳地向下运动。这样不仅可以减少发油后的回逆呼出。而且可以降低下次呼气的油气浓度。据测定，在相同的条件下，装设呼吸阀挡板的油罐与不装设挡板的油罐比可使油品蒸发损耗降低20%~30%。

九、用液下密闭装车油气回收装置

油品装车时，鹤管伸入车内深浅和油品挥发损耗关系很大。深入车内越浅，油料对液面冲击大，油气蒸发快，损耗最大。资料表明，采用小鹤管高位喷溅式装车，单车损耗汽油85~174kg，汽油损耗率为 0.23%~0.40%；采用高位大鹤管装车，单车损耗汽油 95.5kg，汽油损耗率为 0.23%；采用浸没式外(内)液压大鹤管装车技术，单车损耗只有 16.68kg，损耗率为 0.044%，比高位大鹤管装车降低损耗 75%~89%。

油气回收装置是小鹤管轻油密闭装车系统的配套设施，在减少油气损耗的同时又保护了环境，如图 9-5 所示。

十、建立油罐脱水污油处理和回收系统

对于同种油品的罐区，可将油罐脱水系统密闭连网，含油污水经隔油池，回收的污油进污油罐，经沉降脱水、破乳脱水等处理，回收的重污油再予以回炼，轻污油可作“三废”处理，既减少了油品损耗，又增加了企业经济效益。如某厂原油罐区有储罐 14 台，容量 20 万 m^3，原油脱水经污油罐回收，年回收纯原油可达 15 万吨左右，经回炼可占全年加工量的2%左右，显然其经济效益是十分可观的。

十一、加强管理、调整操作

1. 减少库内输转

用于自流发油的高架罐最好由铁路罐车直接进油，以减少由储罐对高架罐的输转。如条

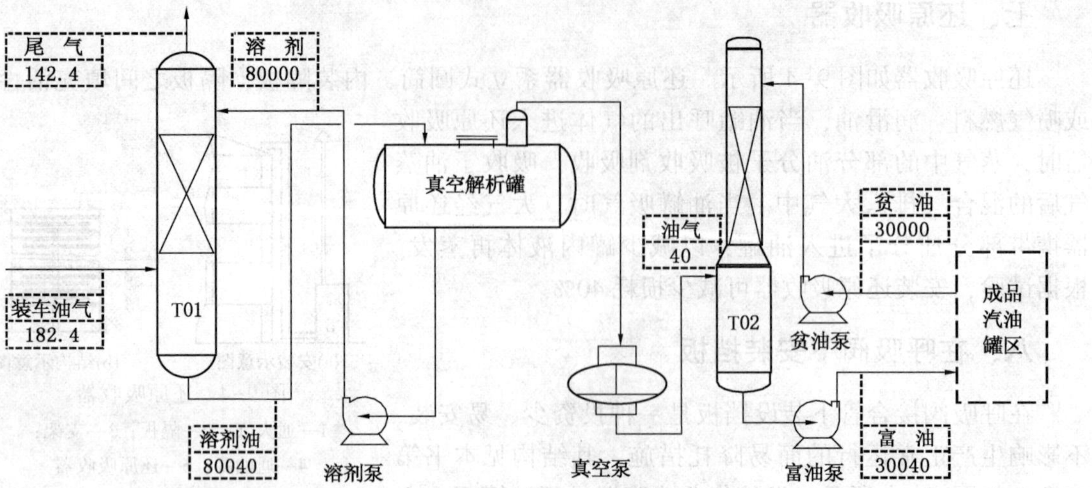

图 9-5 炼油厂油气回收装置流程示意图

件允许，最好取消缓冲罐、高架罐、放空罐等中间容器。

2. 适时收发

发油尽量在升温阶段，收油尽量在降温阶段，尽量缩短发油到收油的时间间隔。最好发油后不久立即收油。

3. 恰当掌握收发油速度

油罐发油宜慢，以减少回逆呼出；收油宜快，以减少附加蒸发，能一次进满罐的不要分几次进油。

4. 定期检查油罐的密封状态

对油罐整体特别是机械呼吸阀、液压安全阀、量油口或自动计量装置等，一旦发现漏洞就应着手修理。

5. 适时检尺计量

如采用人工检尺计量，应尽可能在罐内外压差最小的清晨或傍晚吸气结束后量油。此时打开量油口盖吸气量少，呼出的气体油气浓度较低。

6. 正确选择装车时间

装车时，装油软管要伸到罐车底部，以免由于油品飞溅而加大油品损耗量。装车应争取在白天进行。实测数据表明，罐车装油时，白天装车损耗反而比晚上小。储存罐内油料温度昼夜变化小，装车过程又短，油温可以认为是不变的。但罐车的罐内温度昼夜变化大，白天高于油温，晚上低于油温。这样，白天装油时，罐车内的温度高于油温，油品蒸发出来的油气分子仅以扩散方式向上运动，因而罐车内的平均蒸气浓度较小；晚上装油时，罐车内的温度低于油温，油气分子不仅以扩散方式向上运动，而且还以对流方式向上运动，使罐内平均蒸气浓度较大，因而排出的油分子增加，油品蒸发损耗增大。阴雨天的气温较接近夜晚，同理，阴雨天装车比晴天装车的损耗更大。

7. 油罐、机泵、管线、阀门、鹤管、装油管嘴等连接部位、运转部位和静密封点部位都应连接牢固，做到严密、不渗、不漏、不跑气。

8. 油罐上所有附件都应灵活好用，严密不漏。量油孔、人孔用后及时盖严；呼吸阀定压合理，做到定期检查、清洗、校验。液压安全阀密封油高度合适，不足添油，脏了及时更换。

9. 油品灌装，要不超高、不超量、不超压、不跑油、不溢罐。

十二、防止事故性损耗储罐跑冒串油的规定

（1）新罐投用时，要领导签证确认，方可进油。

（2）油品脱水时，不得离岗，避免跑油。

（3）油品收付时，要核对流程，防止冒串。

（4）切换油罐时，要先开后关，防止憋压。

（5）油罐清洗后，要认真检查，才能投用。

（6）坚持现场交接，严格要求，避免差错。

（7）呼吸阀门，要定期检查，以防抽瘪。

（8）重油加温时，不得过高，防止突沸。

（9）用完的管线，要及时处理，防止冻凝。

（10）盛装油品的容器，包括油罐、油船、铁路罐车、油罐汽车、油桶等，设备技术状态应当完好，没有渗漏。发现问题应及时倒装处理。

（11）接卸油品，必须卸净、刮净、倒净，尽量避免容器内油品黏附或残存油过多。

第十章　职业健康、安全生产及环境保护

根据油品储运系统装置设备、工艺条件的特点及石油产品易燃易爆的特性，我们必须了解有关防火、防爆的一般知识，减少盲目性，强调科学性，从而保证职业健康、安全生产与环境保护。凡油品储运的工作人员必须首先树立“安全第一，预防为主”的思想，要既懂生产技术，又懂安全技术，掌握有关安全知识，熟悉有关安全生产管理制度和岗位安全责任制。安全生产重点是防火防爆、防中毒、防触电、防烧伤、防烫伤、防滑、防砸、防风、防雨雪、防雷电、防震，随时注意消灭事故隐患。

第一节　油品储运系统的防中毒

做好防中毒工作是保证员工健康的重要工作之一，首先要了解油品储运系统有毒有害工业物品的特征。

一、炼油厂储运系统的工业毒物及特征

1. 原油

原油由烃类化合物组成，并含有硫、氮和氧的有机化合物。通常属低毒或微毒物质。原油中芳香烃毒性大，环烷烃其次，烷烃毒性最小。人长期接触原油会引起麻醉性反应、接触皮炎和皮肤角质增生，严重中毒者引起肺炎、肺出血，甚至造血系统损害。

2. 汽油

汽油是内燃机燃料，呈透明或淡黄色液体，易燃、易爆、易挥发，易溶于脂肪不溶于水。属于低毒物质，会使人慢性中毒，随汽油中芳烃、硫化物含量增多，它对人体的毒性也增大，如抑制功能失常、头昏乏力，严重者意识丧失、血压下降、脉弱、昏迷、瞳孔放大直至生命危险。

3. 苯类产品(苯、甲苯、二甲苯)

铂重整和裂解装置生产苯类产品，是重要的化工原料。苯类属芳香烃，不溶于水而可溶于醇或醚，属易燃液体。人体吸入苯类蒸气或液体与皮肤接触都会导致苯中毒。中毒症状同汽油中毒类似。

4. 汞(Hg)

汞又名水银，是银白色液态金属，相对密度 13.6，常用于测量仪器。常温下能蒸发为汞蒸气，生成汞化合物，通过呼吸、消化和皮肤吸收，在人体内主要积蓄在肺、肝、肾、血液及大脑。汞在上述部位氧化成二价汞离子，它与蛋白质结合，抑制体内多种酶的活性，阻碍细胞代谢，从而影响人体正常代谢，引起中枢神经和植物神经功能紊乱。汞离子经肾、肠道可以排出 70%。少量汞从汗、唾液、乳汁等排出。汞轻度中毒时损害为功能性的，可以逐步恢复。严重中毒时是器质性病变，较难复原。这时汞在体内形成甲基汞，危害最严重。它使身体畸变，骨骼关节严重变形，丧失正常功能。

5. 丙烯腈、氢氰酸

丙烯腈是三大人工合成纤维之一，而氢氰酸则是生产丙烯腈的副产物。

丙烯腈无色透明，有苦杏仁味，易燃易爆，毒性较大。人在其含量为 1000mg/m^3 环境下工作 1~2h，就有致死危险。

丙烯腈经过呼吸道、消化道和皮肤浸入人体，在体内分解释放出氰根，损害人体细胞，停止新陈代谢，引起人体中毒。特别是氢氰酸，短时间只要吸入几口就可使人昏迷，严重的呼吸很快停止，直至威胁生命。慢性中毒的症状是：全身无力、头疼、头昏、胸闷、恶心等。由于它们毒性极强，因此规定车间空气中氰化物最高允许浓度为 0.3mg/m^3，丙烯腈为 2mg/m^3。

6. 二硫化碳(CS_2)

二硫化碳是一种无机溶剂。它是一种无色透明液体，有较强腐蚀性，有令人不愉快的气味，其蒸气比空气重 1.6 倍，易燃易爆，需要密闭储存。

在油品调合中，二硫化碳常称为 33 号添加剂(或 T1733)，加入喷气燃料中，能起到防止烧蚀作用。在操作环境中，空气中的二硫化碳蒸气浓度大于 1000mg/m^3 时，即便工作短暂，也会使人急性中毒。长期接触低浓度的二硫化碳也会引起慢性中毒。

二硫化碳中毒能导致神经系统各部分严重器质性病患，轻度中毒症状是类似酒醉、头疼、眩晕、行路不稳，精神不正常。重者引起脑血栓、动脉硬化或意志丧失、瞳孔放大直至死亡。液体二硫化碳接触人的皮肤还会导致烧灼、麻木甚至出现水泡。因此，规定车间空气中二硫化碳的最高允许浓度为 10mg/m^3。

7. 沥青

沥青是一种烃类混合物，相对密度 0.95~1.1，沸点小于 470℃，闪点 240℃，燃点 480℃，属可燃物质。通常呈黑色液体、半固体或固体。沥青作为一种石油产品，在储存、产品成型、灌装、装卸、使用过程中，多和操作人员有接触。

沥青虽属低毒物质，但长期接触沥青或吸入沥青烟气也会使人慢慢中毒。沥青的毒性作用主要表现在对皮肤黏膜的损害。一般症状是：皮肤出现红斑、粗糙、浮肿、感觉灼疼，瘙痒。沥青烟气在空气中浓度为 5~10mg/m^3 时，人们尚能忍耐几小时，达到 750mg/m^3 时，停留 15min 就会出现流眼泪，刺激鼻腔，咽部不适。长期接触还会引起视力模糊，畏光、灼痛、咽部发炎等。慢性中毒的则经常头昏、头疼、乏力、咳嗽、胸闷，甚至不思饮食。

8. 硫化氢(H_2S)

硫化氢是一种具有恶臭气味的极其有害的气体，大气中含有 10ppm 即可察觉到。炼油厂的催化、焦化、叠合、气体分离、醛、硫磺和硫醇等装置都会产生硫化氢气体。在酸性气及高、低压炼厂气进入气柜-火炬系统过程中，操作人员也常会闻到含有硫化氢味道的气体。空气中硫化氢含量在 1mg/L 以上时，就会使人中毒，有时操作不慎，只要吸入一口硫化氢气就能立即中毒。因此，规定车间空气中硫化氢气体最高允许浓度为 10mg/m^3。

硫化氢慢性中毒者会头疼、眼球酸痛、肿胀怕光，并引起气管炎，急性中毒者会头昏、痉挛、失去知觉而威胁生命。

除上述几种毒物外，在石化企业生产中，还有酸、碱、氨、一氧化碳、甲醇、甲醛、酚类、乙醚等，也都有不同程度毒害作用。

表 10-1 为炼油厂油品储运系统有毒有害及易燃易爆物质的安全性质。

表 10-1 炼油厂油品储运有毒有害及易燃易爆物质的安全性质

序号	化学名称	分子式	自燃点/℃	闪点/℃	爆炸范围/%(V)	毒性
1	苯	C_6H_6	562	-11	1.2~8.0	中等毒
2	甲苯	C_7H_8	536	4.44	1.2~7.0	低毒
3	正已烷	C_6H_{14}	244	-25.5	1.2~7.5	低毒
4	氨	NH_3	651		15.7~27.4	低毒
5	糠醛	$C_5H_4O_2$	315	60	2.1~19.3	低毒
6	液化气	$C_3\sim C_4$	426~537	-74	2.25~9.65	低毒
7	丁酮	C_4H_8O	404	-9	1.7~11.4	低毒
8	93%硫酸	$H_2SO_4+H_2O$				中等毒
9	30%碱液	$NaOH+H_2O$				
10	汞	Hg				中等毒
11	丙烯腈	C_2H_3CN		0		低毒
12	氢氰酸	HCN				剧毒
13	沥青		480	240		低毒
14	二硫化碳	CS_2				中等毒
15	汽油		415~530	-43	1.4~7.6%	低毒
16	柴油		257	43.3~87.7		低毒
17	原油		350	-6.67~32.2	1.1~8.7%	低毒
18	煤油		230~240	43~72	0.7~5.0%	低毒
19	硫化氢	H_2S				中等毒

另外，氮气(N_2)本身虽然是无毒物质，但它能使人因供氧不足而窒息威胁生命，这种事例在储运系统已发生多起。因为在油品储运中，容器、管线维修时，常用氮气吹扫、置换炼厂气气体，如果未经气体分析，盲目进入含有氮气的容器内，常因缺氧使人窒息。因此，使用氮气时，也不可麻痹大意。

二、油品储运的防毒措施

(1) 严格管理，建立细致的防毒规章制度，如有毒有害岗位操作人员的培训、考核。并限制无关人员进入有毒作业区。

(2) 注意设备的严密性，控制工艺生产中的“跑、冒、滴、漏”现象。

① 定期对有毒设备进行维修、检定。定期检测有毒物质的生产岗位和场所含有毒有害物质浓度，使之符合有关规定要求。

② 用含毒添加剂进行油品调合，应采用管道调合工艺。含毒石油产品装车，应采用液下密闭装油设备。

③ 含毒工作场所(如泵房、设备、容器、装油台、地沟等)应采取隔离操作或强制通风等措施，确保氧含量必须达到20%以上，毒害物质浓度符合国家规定。

④ 对有毒和有窒息危险的岗位，要配齐相应的防护器材，包括防毒面具、可燃气报警器、冲洗药水和淋浴设施等。做到配备齐全，性能可靠，定期检查，确保其全天候处于可用状态。

⑤ 对含毒容器清洗或进入缺氧有毒气体设备内作业时，必须按操作规程吹扫、置换，不准带压拆卸、维修。对与之相关设备、管线应隔绝加盲板防止有毒气体窜入容器经取样化

验，有毒气体浓度低于规定标准时，方准进入容器内部作业。

⑥ 严禁含毒污水、废渣、废气随意排放。含有硫化氢的气体一般不准放入火炬。做好炼厂气回收利用，减少对大气污染。

⑦ 装有含毒油品和添加剂的容器应有专人管理，设有明显“小心有毒”标志。装运含毒油品、气体的汽车及铁路罐车，必须严密可靠，并设特殊规定标志。

(3) 加强保健工作

① 凡进入含毒区域工作的生产、维修人员必须穿戴规定防护用品，临时抢修或紧急处理设备故障时，必须带好防毒面具。操作要有专人监护，严禁一人单独进入含毒危险区域操作。

② 讲究卫生，注意消毒。从事含毒油品工作的人员，操作后要洗手、淋浴，衣服要勤换。不准把工作服带出车间，不准把食品带进含毒区域或岗位。

③ 从事含毒岗位工作的人员必须定期检查身体。某些健康指标不合格者应及时调换岗位。配置急性中毒抢救设备和医务人员。紧急通讯电话、救护车等都是防止中毒死亡的重要措施之一。

第二节 防止火灾和爆炸基本知识

炼油厂最大危害性事故是火灾、爆炸事故。它将导致国家财产的巨大损失和人员伤亡。炼油厂储运系统储存着大量易燃易爆石油产品，做好防火防爆工作是油品储运的首要任务。

一、燃烧的基本理论

1. 燃烧及其条件

燃烧是一种放热、发光的化学反应，也是化学能转变为热能的过程，还会生成新的物质。如烃类可燃物与空气中氧发生激烈的氧化反应，即完全燃烧后生成二氧化碳和水。归纳起来，燃烧过程的特征是放出热量、发出火光并生成新物质，这就是物质燃烧的基本定义。

2. 物质燃烧的基本条件

(1) 可燃物

燃烧物本身是可燃物质，如木材、煤炭、石油及石化产品等。即凡能与氧或氧化剂起燃烧反应的物质均称作可燃物。

(2) 存在助燃物

助燃物是维持燃烧的重要条件之一。常见的有空气、氯及高锰酸钾等。以空气为例，可燃物在含氧21%的空气中能正常燃烧。当空气中含氧量低于14%时燃烧过程立即停止。

(3) 点火能源

凡能引起可燃物燃烧的能源称为点火能源，常见的有明火、电火花、碰撞、摩擦火花、静电、雷电、化学能、日光或射线等。点火能源可能很小，一旦可燃物某处着火后，放出热量把邻近可燃物提高到着火温度，燃烧持续蔓延扩大，造成火灾。点火能源一方面提供火种，另一方面是给局部可燃物提供能量，使之达到燃烧温度，发生局部燃烧。可燃气体最小点火能在0.01~1mJ之间。

一般可燃气体要经过受热和氧化过程，温度达到着火点即可燃烧。复杂可燃气体要经过受热、分解、氧化等过程才能燃烧。可燃气体燃烧形式有混合燃烧和扩散燃烧两种。可燃气先同空气混合后燃烧称为混合燃烧。如果两者一边混合一边燃烧，则叫扩散燃烧。如家用石油液化气的燃烧。混合燃烧速度快。气体爆炸属于此类燃烧。

3. 液体燃烧过程

可燃液体燃烧是先蒸发，然后蒸气氧化、分解、燃烧。开始时速度缓慢、火焰也不高，因为这时液面温度低，蒸发速度慢。随着液面温度上升，燃烧速度加快，直到液面沸腾大量液体转为气体燃烧，并且直到可燃液体烧尽。混合性可燃液体燃烧时先蒸发出来的是低沸点组分。烧到后期留下的是高沸点的重组分。如原油、成品油燃烧具有上述特征。液体燃烧又可分为蒸发燃烧和分解燃烧。液体蒸发产生蒸气进行燃烧叫蒸发燃烧。对重组分难挥发的可燃液体则是受热后分解，产生可燃气体进行燃烧，故称为分解燃烧。

4. 可燃固体燃烧过程

固体燃烧分 3 种情况：简单可燃固体、低熔点可燃固体及复杂可燃固体。

（1）简单可燃固体燃烧过程

硫、磷、钾、钠等固体受热熔化和气体变为蒸气燃烧。由于它们燃点、熔点都较低，较少热量即汽化，容易着火。

（2）低熔点可燃固体的燃烧

这类物质有石蜡、沥青、松香等，常温下呈固态。受热即速熔化，然后蒸发、分解、氧化直至出现火焰燃烧。例如点燃蜡烛过程，明火接近时蜡受热熔化、蒸发汽化、氧化分解，再和空气中氧化合在灯芯处燃烧。

（3）复杂可燃固体的燃烧过程

木材、煤、纸、棉花、赛璐珞等属于复杂固体。燃烧时受热分解生成气、液态产物再氧化燃烧。以木材燃烧为例，木材加热先蒸发出水分和二氧化碳，不能燃烧，之后受热分解出一氧化碳、氢和碳氢化合物等可燃气体产物，继而剧烈地氧化并出现火焰燃烧。

5. 燃烧速度和热量传播

（1）燃烧速度

可燃物燃烧速度常用火焰传播速度来衡量。气体最快，液体其次，固体最慢。可燃液体的燃烧速度取决于液体的蒸发速度。通常有两种表示方法。一种是单位面积、单位时间内烧掉液体的重量，叫做液体燃烧的重量速度，单位 kg/(m^2·h)。另一种以单位时间内烧掉液层高度来表示，叫做液体燃烧的直线速度，单位 m/h 或 cm/h。一般规律是油温高、液面低、含水量低，则燃烧速度快。

表 10-2 可燃液体的燃烧速度

液体名称	直线速度/(cm/h)	重量速度/[kg/(m^2·h)]	液体名称	直线速度/(cm/h)	重量速度/[kg/(m^2·h)]
航空汽油	12.6	91.98	乙醚	17.5	125.84
车用汽油	10.5	80.85	甲醇	7.2	57.6
煤油	6.6	55.11	丙酮	8.4	66.36
苯	18.9	165.37			

（2）燃烧热量的传播

可燃物燃烧时产生热量，它以热传导、对流和热辐射形式将热量传递出去。其中以热辐射对扩大火势的作用为最大。火焰温度越高，则向四周辐射能力也越强。所以油罐区内防火距离就是考虑辐射能作用。

火灾现场有两种对流传热，气体对流和液体对流。气体对流直接影响火势发展和趋向。使火势扩大蔓延。液体对流传热会使着火油罐里油品发生沸腾和喷溅，导致火势扩大。

固体热量传导主要通过钢材、钢管递出，并引燃与其接触的可燃物。灭火时要注意金属构件对人的烫伤。

二、爆炸

物质从一种状态迅速转变成另一种状态，并瞬间释放巨大能量，同时产生巨大响声的现象，称为爆炸。

1. 爆炸分类

（1）物理爆炸

物质因状态或压力突变而形成的爆炸现象。如容器升温、超压的爆炸。物理性爆炸没有改变物质的性质和化学成分。仅只有物质的状态参数(压力、温度、容积)发生变化。

（2）化学爆炸

物质在发生迅速的化学反应中形成高温、高压和新的反应产物而引起的爆炸称为化学爆炸。爆炸前后物质性质和成分均发生根本性变化。在油品储运生产中某空间含有油蒸气与空气混合物达到一定浓度时遇到点火能量立即产生燃烧、爆炸。这就是化学爆炸过程。有些固体粉尘也会爆炸。

化学性爆炸可分为 4 类：混合物爆炸、简单分解爆炸、复杂分解爆炸、分解性气体爆炸。

（3）核爆炸

某种原子核发生“裂变”的连锁反应，瞬时间释放出巨大能量而产生的爆炸叫核爆炸。如原子弹、氢弹爆炸。

2. 爆炸的破坏作用

爆炸使炼油厂设备、建筑物遭受破坏，并造成人员伤亡事故。爆炸主要破坏力如下：

（1）爆炸震荡作用

在爆炸区范围内使物体受到震荡和松动，对炼油厂装置很危险，会使高温、高压石油泄漏出来。

（2）冲击波破坏

随着爆炸的发生，会出现爆炸冲击波即所谓气浪，开始正压力冲击，而后形成局部真空造成负压破坏。设备、建筑物、管架常遭冲击波损坏。冲击压力与距离成反比。

（3）爆炸碎片的打击

容器设备爆炸后变成碎片飞射出去，碎片飞散范围视爆炸威力而定，通常半径为 100~500m，碎片愈薄飞散速度越快，危害就愈严重，伤人伤物。

（4）爆炸导致火灾

如果在厂房内爆炸，爆炸温度在 2000℃左右，爆炸后余热量会点燃溢出的可燃气体，使厂房起火加重破坏，所以爆炸常伴随着大火。

3. 爆炸极限

可燃气体按一定比例浓度与空气混合达到爆炸条件，这是浓度条件。另一方面是可燃液体的温度条件，只有两个条件都具备时才能有爆炸的可能性。

（1）爆炸的浓度极限

当可燃气体含量少、空气多又伴有冷却作用火焰不能持续。当可燃气增加到刚开始燃烧、爆炸的浓度值时，就叫爆炸下限。同样，可燃气达到刚足以使火焰蔓延的最高浓度，称为该气体的爆炸上限。当可燃气浓度超过上限时空气供应不足，火焰不能传播，不会爆炸。可燃气都有各自的爆炸浓度上、下限，见表10-3。

表10-3 可燃气体的爆炸极限

物质名称	爆炸极限/%(体积)		物质名称	爆炸极限/%(体积)	
	下 限	上 限		下 限	上 限
汽 油	1.0	6.0	丙 烷	2.9	9.5
煤 油	1.4	7.5	氢	4.15	75.0
天然气	4	16	硫化氢	4.30	45
甲 烷	5	15	一氧化碳	12.5	74

（2）爆炸的温度极限

液体的蒸气浓度是在一定温度下形成的。对应爆炸浓度下限的温度称为温度下限。同样，对应爆炸浓度上限的温度称为温度上限。液体的爆炸温度下限就是该液体的闪点。

从表10-4可看出在北方冬季车用汽油油罐存在爆炸危险。煤油罐在夏季容易爆炸。酒精容器常温下容易爆炸。

表10-4 液体爆炸温度极限

液体名称	爆炸温度极限/℃		液体名称	爆炸温度极限/℃	
	下 限	上 限		下 限	上 限
酒 精	11	40	松节油	32	53
苯	−14	12	乙 醚	−45	13
车用汽油	−36	−7	甲 苯	1	31
煤 油	45	86			

4. 爆炸的因素

物质爆炸除了物质本身属性和爆炸浓度、爆炸温度、混合比例等因素外，还存在很多外界条件对爆炸有影响。所以爆炸是多种内、外因素综合的结果。

（1）浓度上、下限不是固定不变的区间，而是同液体的初始温度有关。当液体温度上升时浓度下限变低，上限提高，即扩大了爆炸范围。温度提高，爆炸危险增大。

（2）容器、罐内压力对爆炸极限影响。实验证明当压力提高时爆炸极限范围扩大，因分子间碰撞几率增多使燃烧反应更容易进行。反之降低压力可以缩小爆炸极限区间。减压操作比较安全，甚至可以降到上下限重合一点的临界压力。当压力低于爆炸临界压力时就会爆炸。

（3）能量影响。爆炸往往由点火能量引爆的。点火能量大小、热表面积大小直接影响爆炸危险性。每一种待爆炸的混合物都存在一个最低引爆能量，见表10-5可燃气体混合物最小引爆能量。可燃气体最低引爆能量都比较小，普遍小于1mJ，即相当于一种很小工具落地产生的能量。如为油罐安全，限制穿钉子鞋上罐、使用铜质重锤测量油位等都和最低引爆能量有关。

表 10-5 可燃气体混合物最小引爆能量

物质名称	浓度/%	在空气中最低引爆能量/mJ	物质名称	浓度/%	在空气中最低引爆能量/mJ
二硫化碳	6.52	0.015	苯	2.71	0.55
氢	29.2	0.019	甲苯	2.27	2.50
乙炔	7.73	0.02	乙烯	6.52	0.016
甲烷	8.5	0.28	甲醇	12.24	0.096
丙烯	4.44	0.282	乙烷		0.25
丙烷	4.02	0.31			

（4）爆炸极限因素还有空气中惰性气体的含量，如掺入氮气、二氧化碳等可使上限值下降。容器尺寸、容器材质，阳光日照也都会产生影响。

第三节 油品储运系统的防火防爆

“安全生产、防火防爆”是炼油厂储运的首要工作。火灾、爆炸是石化生产和人身安全的最大危害事故。油品储运系统聚集了大量石化产品和原料，做好系统的安全工作是非常重要的任务。

一、油品的火灾危险性

1. 油品易燃性

原油、石油产品都是液体燃料，很容易燃烧，常用闪点、燃点、自燃点来划分。闪点是测定油品火灾危险性的一个重要指标。常见油品的闪点、自燃点见表 10-6。

表 10-6 油品闪点、自燃点

油品名称	闪点/℃	自燃点/℃	油品名称	闪点/℃	自燃点/℃
汽油	-30~+28	415~530	苯	-12~+15	580~659
煤油	8~38	380~425	润滑油	180~215	300~350
柴油	80~120	350~380			

油品密度愈小则它的闪点愈低，密度大的油品它的自燃点较低。其原因之一，自燃点是反映油品蒸气与空气混合后自行燃烧的温度，它靠油气分子氧化能力表现，轻质油品含芳香烃多，氧化力弱，不易自燃，重质油品含烷烃多氧化力强，容易自燃，故自燃点偏低。另一原因是轻质油碳原子少、碳链强、不易断开，不容易氧化燃烧。重质油相反，碳链容易断裂，氧化能力强，故自燃点较低。因而发生火灾时重质油自燃点很低，很容易自燃，也十分危险。

总之炼油厂油品都是易燃品，凡是闪点、燃点和自燃点低都存在火灾隐患。按着火危险性把油品划分为 3 类：甲、乙、丙类，见表 10-7。

表 10-7 油库油品火灾危险性分类

类别	油品闪点/℃	举例油品	类别		油品闪点/℃	举例油品
甲	28 以下	原油、汽油	丙	A	60~120	轻柴油、重柴油、20 号重油
乙	28~60 以下	喷气燃料、灯用煤油、-35 号轻柴油		B	120 以上	润滑油、100 号重油

在油品储运作业中必须按油品分类等级确定储运、运输及管理规章，并采用不同的安全设施。油气火焰温度很高，见表10-8。

表10-8　油、气燃烧温度

油　品	汽　油	煤　油	重　油	原　油	天然气	石油气
燃烧温度/℃	1200	700~1030	1000	1100	2020	2120

2. 油品易爆性

油品蒸气和空气混合超过爆炸下限后只要遇到点火能量立即燃烧爆炸。以汽油为例，它的爆炸极限浓度为1%~6%(体积)，而对应爆炸温度在-36~-7℃，这表明我国北方冬天汽油存在燃烧爆炸危险。此外桶装汽油夏天室外日照也会压力过高而爆炸起火。油品燃烧爆炸产生较高压力和高温火灾。对周围油罐威胁很大。

3. 油品蒸发性

轻质油容易蒸发，温度上升蒸发加快，1kg汽油大约可以变为0.4m^3汽油蒸发。油品蒸发造成油品损耗。同时带来火灾爆炸和环境污染问题。如汽油灌桶时产生油蒸气，由于它比空气重，常沉积在管沟、阀井等低洼处。容易引起火灾、爆炸或人员中毒现象。

4. 油品易产生静电

石油产品基本上是绝缘物质，是带电的液体介质。它们的电阻率都比较大。汽油、煤油、柴油、芳香烃、酯类等电阻率在10^{10}~$10^{15}\Omega\cdot cm$范围。当油品运动摩擦或震荡冲击时都会产生静电，并集聚积累成较高电压。它自身属半导体，产生静电不易消除。静电释放出能量时产生火花，成了爆炸燃烧的点火能量。

二、炼油厂油品储运火灾、爆炸的原因分析

据资料统计，炼油厂油品储运生产中火灾、爆炸事故约占总事故的22%。如果按经济损失和伤亡人数统计火灾、爆炸事故排在首位。

1. 火灾事故场所

(1) 储油区油罐火灾。违章操作，静电起火，雷击起火，火种吹入罐区，管线阀件泄漏等。

(2) 槽车卸油台火灾。违章操作，火星引燃起爆，夜间照明故障等。

(3) 装油栈桥、码头着火。流速过快静电起火，检尺取样摩擦起电等。

(4) 油泵房火灾。机泵设备防爆失效，机泵、阀门泄漏，检修设备时处理不当等。

(5) 管线腐蚀损坏起火。

2. 火灾爆炸的原因

(1) 明火引燃。车间动火制度不严，防火措施不完善，暗地吸烟等。

(2) 电器仪表打火。由于老化防火性能下降通电引火，操作不慎金属碰撞发生火花。

(3) 静电。高速流动，接地不良，穿化纤服上岗，检尺取样摩擦起电等。

(4) 雷电袭击。油罐防雷设计不周，罐顶严重泄漏，形成可燃爆炸区，非金属油罐接地不良，防雷设施失效。

三、油品储运系统的防火、防爆措施

油品火灾事故中有先燃烧后爆炸，爆炸扩大了燃烧范围，造成几个油罐连锁反应。另一

种情况是先达到爆炸极限起爆，高温引起大火造成人员伤亡和物质财产的巨大损失。

防火防爆措施要贯彻“安全生产，重在预防”的方针。重视安全思想教育，抓安全纪律、安全技能、安全设施，做到临危不惧，将事故消灭在萌芽状态。具体防火防爆措施如下。

1. 严格火种管理

油品着火爆炸事故发生起源于火种诱导。控制与消除各种火源是油品储运管理的关键。需要建立一整套火种管理的规章制度。如厂区界限划分；严禁吸烟，携带火种；上岗人员着装；动火审批手续与措施，从管理制度确保“安全生产、预防为主。”

2. 员工安全素质和安全技能教育

炼厂储运系统日夜生产，员工的安全意识是生产的基础工作，落实在每个人的行动中，自觉遵守各项安全制度，它是人的安全素质的反映。安全技能需要在实践中培训，熟悉各种灭火器具使用与保养；组织油罐着火演习；紧急事故的处理方法等。使专职消防和岗位消防相结合，提高防火防爆技能。

3. 加强安全设施的配置

(1) 搞好储运工艺设备管理，努力消除“跑、冒、滴、漏”隐患故障。调好流量、压力、温度控制系统。

(2) 采用防火防爆安全装置，防止事故发生，阻止扩展和减少破坏。如安全液封、水封井、阻火器等阻火设施。在防爆炸方面可用防爆门、放空管等泄压设备。

(3) 设计消防系统。设置先进的消防设施是扑救火灾成败的关键。根据本部门油品储量和油品性质，选择合理的灭火方案，做到安全可靠。

4. 重质油品沸溢性知识

重质油品一般不易燃烧，一旦燃烧不易扑灭。重质或含有水分的油品(如原油)着火燃烧时容易产生突溢、爆喷现象，使燃烧的油品大量外溢，甚至形成火柱，可高达70~80m，喷射距离可达120m，不仅容易造成人员伤亡，扑救困难，而且由于火焰辐射热量高，容易造成油罐间的火灾蔓延。油中的水滴遇到如此高的温度必然汽化，体积膨胀，形成泡沫状，以很大的压力升腾到油面，并把着火油品带到上面，向周围喷溅，这种火灾破坏性极大，波及面也宽。形成重质油品和含有水分的油品沸溢的原因主要是热辐射、对流传热作用和水蒸气的影响。当油罐发生火灾时，由于热辐射作用，液面温度不断升高，随时间的增长，加热层也越厚，先是轻馏分被烧掉，重馏分逐渐下沉，通过热量传递。加热到油品深部，并且重质油品和原油中含水汽化形成气泡，体积膨胀1700倍，以很大的压力急剧冲击液面，形成火柱，造成沸腾突溢性事故。

5. 油品受热膨胀性知识

油品受热后，温度升高，体积膨胀，如汽油，温度变化1℃，其体积变化0.12%，一个5000m^3油罐，温度升高1℃，其油品体积将膨胀6m^3，同时也使蒸气压增高。所以储存汽油的密闭油桶如靠近高热或日光爆晒，受热膨胀，桶内压力增加，容易造成容器胀破，另一方面，当容器内灌入热油冷却时，又会使油品体积收缩而造成桶内负压，引起容器吸瘪，这种热胀冷缩现象会损坏储油容器而发生漏油现象。在火灾现场附近的油桶受到火焰辐射的高热作用，如不及时冷却，可能因油桶膨胀爆裂，增加火势，扩大火灾面积。

由于油品的热膨胀性，若容器灌装过满，管道输油后不及时排空，又无泄压装置，由于外界温度的上升或下降速度过大，会造成设备胀破、吸瘪等事故。如气温骤降，油罐呼吸阀的真空阀盘因某种原因来不及开启，或向外发油时真空阀来不及开启或开启不够，而使油罐凹陷、抽瘪的现象常有发生。故储油容器，尤其是各种规格的油桶，不同季节都应规定不同的安全容量，输油管道上应设有泄压装置。

第四节 安 全 规 定

炼油厂油品储运适用的法律、法规及其他要求：《中华人民共和国安全生产法》、《中华人民共和国消防法》、《压力管道安全管理与监察规定》、《中华人民共和国职业病防治法》、《危险化学品安全管理条例》、《建筑设计防火规范》、《石油化工企业设计防火规范》、《液体石油产品静电安全规程》、《建筑防雷设计规范(试行)》、《液化石油气汽车槽车安全管理规定》、《液化气体铁路罐车安全管理规程》、《企业职业安全卫生管理规定》等。

一、储运系统安全技术规定

1. 安全技术规定总则

(1) 车间各泵房，罐区及周围区域，公路以下地区，未经有关部门允许，严禁机动车辆进入。

(2) 泵房、罐区及周围的消防通道禁止堆放杂物。

(3) 车间所属设备和管道设备的防静电接地装置必须每年检测一次，接地电阻均不大于10Ω。

(4) 各单元所配备的消防工具，严禁他用，保持齐全好用。

(5) 各类设备，严禁超速、超温、超负荷、超期运行。

(6) 在容器内作业，必须保证开具有限空间作业票，化验无爆炸气体存在，含氧量合格，照明电压≯36V，储罐或容器内潮湿地点作业，照明电压≯12V。

(7) 新工人或由其他单位调入的工人，必须重新学习本单位的操作规程和安全技术规程，经理论、实际操作考试合格后，方可独立顶岗操作，并承担全部责任，否则不能独立顶岗。

2. 油罐区安全技术规程

(1) 罐区严禁烟火。

(2) 无安全设施的机动车辆禁入罐区。

(3) 油罐应设有灭火，防雷防静电聚积等设备，并应定期检查，应经常保持灵活好用。

(4) 严禁穿带钉子鞋、凉鞋及合成纤维衣服进入罐区，上罐操作。

(5) 油罐接地装置，每年雷雨季节要组织专业部门进行检查，保持接地电阻≯10Ω，不合格要及时处理。

(6) 油罐区地坪不应有油污杂草和可燃物，罐区周围要打上符合规格的防火堤。

(7) 罐区安装电器设备，必须经安全部门检查批准。

(8) 在罐区内动火检修时，必须按用火审批权限办理用火申请单，得到批准签字同意后按用火措施要求处理，车间指定专人看火，通知本岗位操作工方可动火检修。

(9) 轻质油罐检尺口要用铅皮(或铝、铜皮)包好，油罐附件呼吸阀安全阀，阻火器要定期检查清扫，保持规定油封，以保证正常工作。

(10) 夜间在罐区，罐上采用防爆手提灯照明作业。

(11) 进入防爆区前必须将手机关闭。禁止电动车进入防爆区。

3. 在轻质油罐内作业时必须要做到：

（1）将罐内残油清净，打开人孔、透光孔，先注水，开蒸汽蒸煮12h以上，再自然通风24h以上，最后测定含氧量合格和爆炸分析合格，允许作业。

（2）凡在有毒容器（人工清洗油罐）内工作，必须佩戴防护用具，罐外有专人监护，并应间歇（轮流）作业，同时必须穿戴防静电工作服和防静电雨衣，导电胶靴。开具有限空间作业票，化验爆炸气体、含氧量合格，照明电压≯36V，潮湿地点照明电压≯12V。

（3）罐内清除的杂物，必须运到罐区50m外，专车运送杂物处理厂。

（4）清罐后检验按有关规定，油罐投用前要全面检查，封闭人孔、透光孔，关脱水阀。

（5）储罐进油不准超过安全高度。

（6）要加强检查，计量、防止跑、冒油、一旦发生跑，冒油要马上组织清理干净。

（7）如在罐顶作业时，每平方米所承受力严禁超过150kg。

（8）罐区下水井要经常保持畅通，罐内蒸汽线必须保湿，新增加的蒸汽线要铺设在管墩或管线上。

（9）轻质油品输送速度管径*DN*100时，初流速度不大于1m/s（28m^3/h），当其入口管浸没以后流速不超过4.5m/s。

（10）对于轻质油罐不准使用两种材质的检尺、测温采样工具进行作业，目前凡是使用金属材料制成的测温采样器，必须用金属导线做绳索与罐体进行接地，操作时不准猛提快拉。

4. 泵房安全技术规程

（1）进入泵房，应穿着工作服，戴好工作帽。

（2）禁止穿戴钉子鞋，凉鞋和化纤衣服进入油泵房，严禁在泵房内用铁器敲打机泵、管线等设备，检修机泵应用铜锤等，锯钢管应在锯条上抹肥皂水或甘油等。

（3）油品、溶剂泵房等易燃、易爆场所，应设有消防线，并经常保持好用。

（4）加强泵房机械通风和自然通风，减少易燃易爆气体浓度。

（5）室内照明、电动、电器设备必须防爆，应符合电器设备防爆规范规定。

（6）所有接地装置应经常保持良好。

（7）泵房内消防设备应保持齐全好用，按规定摆放。

（8）泵房内电器设备灭火，必须用毛毡、干粉机灭火，必须立即切断电源，报告车间、调度等。

（9）当泵房内和管线阀门等着火时，立即停止通风，关闭门窗，开启蒸汽消防线。

（10）泵房及所属区域动火检修时，必须办理用火申请单按规定审批，落实措施（泵房内作气体爆炸分析合格），经批准后方可动火。

（11）严禁用合成纤维抹布擦泵、擦地面管道等，抹布应用棉织品，不准用轻质油品（汽油、煤油）擦洗设备及地面等。

5. 安全生产责任制

安全生产责任制是企业中一项最基本的管理制度。其主要内容是：

（1）在实行厂长（经理）负责制的企业，安全和生产中厂长（经理）全面负责。主管生产的副厂长（副经理）是企业安全生产的负责人，企业厂长（经理）在管理生产的同时，必须管好安全生产。

（2）企业的厂长（经理）、车间主任、班长及每个岗位的操作工，都要为之建立相应的安全生产责任制。

(3) 企业的各职能部门以及各相关部门，在厂长的直接领导下，也要建立安全生产责任制，在各自的业务范围内，既要组织生产，又要负责安全。

(4) 建立和健全三级安全管理体系。企业应有专职安全机构，车间有专职或兼职安全干部，班组有安全员。

以上几个方面形成了一个全员的安全管理体系，做到层层有人抓，事事有人管。

6. 安全生产教育制

企业应经常对员工进行安全生产教育和宣传，做到制度化、经常化。对新员工要进行入厂教育、车间教育、班组教育和现场教育，使"安全第一"的思想在员工的头脑中牢牢扎根。对新员工、改变工种的员工或从事特殊工种的员工，还必须进行专门的安全操作技术培训，考核合格才能进入操作岗位。外来参观人员，车间应有专人陪同，并进行安全提示。每周的安全活动日，总结安全生产中的好人好事，讨论事故，总结经验教训，提出事故预防措施。

7. 安全生产检查制

企业对生产过程中的安全工作要定期组织检查。安全生产检查要贯彻领导和群众相结合的原则，总结推广安全生产经验，及时发现和消除不安全因素，力求做到防患于未然。

8. 事故报告制

对所发生的事故，企业一定要坚持"四不放过"的原则，即事故原因分析不清不放过；事故责任者和群众没有受到教育不放过；没有落实防范措施不放过；事故责任者没有受到处理不放过。并做好事故调查、登记、统计和报告。对造成重大事故的责任者，依情节轻重分别给予行政处分，直至追究刑事责任。

9. 安全监察制度

为了适应经济体制改革的需要，认真执行国家监察、行政管理和群众监督相结合的制度，牢固树立"安全第一，预防为主"的思想，执行"三结合"的安全工作制度，要求经济部门要切实贯彻"管生产必须管安全"的原则，把安全生产抓好。劳动部门和专业安全监督机构要履行国家赋予的职责，切实把安全工作抓好。工会组织要依靠群众、发动群众、教育群众搞好安全生产，保证员工在生产中的合法监督权利。

二、关于油品储运系统安全生产的各项规定

(1) 油罐检尺：收转油罐每双点检尺一次，不动罐每班最后一个双点检尺一次，并在30min 内报机房、调度，发现问题要及时查清原因，绝对不准估尺和不检尺照抄。

(2) 油罐检温：每天的白班，对有加热器的油罐必须检温一次，早 8 点主动把罐温报机房，决不准估温和从脱水阀放油检温。

(3) 转油：严格执行不见油品分析小票不转油的规定，油品分析小票要及时取回，并报调度。

(4) 交接罐：成品油分析合格后，接调度指令接罐时接罐人员要先进行脱水作业，水脱净后，再上罐检尺、测温，报机房和调度。

(5) 改流程：操作工在换罐，转油，装车，改线等改变流程时，一定有人在场监护，由操作工指出改变流程走向和应开、关阀门，监护人确认无误后再行操作，在改动涉及其他单位和岗位的流程时一定要先通知对方，说明改变的原因、流程管线号，并做好记录。

(6) 启动机泵：泵工接到开泵通知后，要问清出、入口流程管线号，并按分工与有关岗

位联系好，确认无误方准开泵。泵房的泵工，在接到装车通知单后，必须把通知单上所列装油品种、罐号、管线号向油品调度汇报同意后方可装车。

（7）阀门使用：所有阀门在流程停用时必须处于关闭状态，在流程停用5min内通知有关岗位，各岗位在接到通知20min内关闭完所有应关阀门。

（8）脱水制度：中间罐收完油后，必须及时脱水，并做好脱水记录，成品罐调合前要认真脱水，脱水量要做好记录。交接罐时，到现场脱水，检水尺合格才能交出，操作工在交出罐装车前要脱水，有特殊情况及时汇报调度，请示领导后再安排。

（9）复诵制度：调度下达调度令，相关岗位之间复诵流程，双方确认无误时再分头执行，如发生问题由执行一方负完全责任。

（10）时间要求：在执行各项调度令时必须在接到调度令后立即执行，并在20min内改完流程。

三、消防器材和设施的管理

（1）车间目前所配消防器材均为干粉灭火器。

（2）灭火器材按指定位置、数量放置岗位，操作工负责交接及卫生、维护等工作。

（3）所配备的消防器材不得擅自动用或随意更换地点。

（4）对存在问题和已使用过的灭火器要及时更换。

（5）泵房消防蒸汽线要每周检查一次，发现阀门开关不灵活等问题要及时处理。

（6）定期检查消防泡沫站、稳高压消防设施、油罐泡沫线及其密封圈的老化破损情况，有问题及时处理、更换。

（7）定期维护氟蛋白管线阀门，使之处于灵活好用状态。

四、消防工具的维护与使用方法及火灾报警程序

1. 消防工具的维护保养规定

（1）装置的消防工具主要有灭火器、消防蒸汽、稳高压消防设施、固定消防泡沫站、消防栓、消防竖管。

（2）灭火器类型有手提式干粉灭火器与推车式干粉灭火器。

（3）干粉灭火器应放在通风干燥及取用方便的地方，各连接部件要拧紧，喷嘴要堵好，以防干粉受潮结块。

（4）灭火器存放期间应避免日光曝晒和高温，以防动力瓶内的CO_2或N_2温度升高，压力增大而漏气或爆炸。

（5）装置消防蒸汽应经常检查维护，保证开关正常备用，做好防冻工作。

（6）消防栓应保证开关灵活好用，扪盖、快速接头完好，消防井内无杂物、无污水。

（7）消防设施及消防泡沫站和稳高压消防设施要定期检查维护，做到完好备用。

2. 消防工具的使用方法

（1）手提式干粉灭火器

型号：MFZ8型（内装式）

构造：由进气管、出粉管、二氧化碳钢瓶、筒身与钢瓶的紧固螺母、提柄、干粉筒身、胶管、喷嘴、压把构成。

使用方法：使用手提式干粉灭火器时，将灭火器提到起火点，站在上风口，一只手握住

喷嘴，对准火源根部，另一手拔去保险销，按下把柄，干粉一般滞后5s即可喷出。扑救地面油火时，要平射，并对准火焰根部左右摆动，由近及远，快速推进，要防止复燃。

手提式干粉灭火器技术性能见表10-9。

表10-9 手提式干粉灭火器技术性能

项目＼型号	MF5	MF8	项目＼型号	MF5	MF8
装粉量/kg	5	8	适用温度/℃	−10~45	−10~45
喷射时间/s(常温)	15	≤20	CO_2 充装量/g	155	250左右
喷射距离/m	3~5	4~5			

（2）推车式干粉灭火器

型号：MF35型(内装式)

构造：由推车、干粉罐、二氧化碳动力瓶、进气管、出粉管、喷粉软管、喷嘴、压力表、开关等构成。

使用方法：将灭火器推到起火地点，一手握住喷粉软管，对准火源根部，另一手逆时针方向旋转动力瓶手轮，待压力表指针达到0.98MPa($10kg/cm^2$)时，打开灭火器开关，干粉即可喷出，左右摇摆喷枪，由近及远，快速推进，防止复燃。

推车式干粉灭火器的技术性能见表10-10。

表10-10 推车式干粉灭火器技术性能

项目＼型号	MF35	MF50	项目＼型号	MF35	MF50
装粉量/kg	35	50	射程/m	10~13	6~8
工作压力/MPa	0.17~1.18		喷射时间/s	17~20	50~55
CO_2，充装量/g	700		适应温度/℃	−10~42	
喷射强度/(kg/s)	2~2.5		总重量/kg	90	

表10-11为各种灭火器性能比较表。

表10-11 各种灭火器性能比较表

项目	泡沫灭火器	二氧化碳灭火器	四氯化碳灭火器	干粉灭火器	1211灭火器
规格	10L 65~130L	2kg以下 2~3kg 5~7kg	2kg以下 2~3kg 5~8kg	8kg 50kg	1kg、2kg、3kg
用途	扑救固体物质或其他易燃液体火灾。不能扑救忌水和带电设备火灾	扑救电气和精密仪器；油类、酸类火灾。不能扑救钠、钾、镁类火灾	扑救电气设备火灾，不能扑救钾、钠、镁、乙炔、二硫化碳等物质的火灾	扑救石油，液化石油气、石油产品有机溶剂、天然气设备的火灾	扑救油类，电气设备，化工化纤原料初起火灾
药剂	桶内装有碳酸氢钠，发泡剂和硫酸铝溶液	瓶内装有压缩成液体的二氧化碳	瓶内装有一定压力的四氯化碳液体	钢筒内装有钾盐或钠盐干粉及装有高压气体的小钢瓶	钢瓶内装有二氟一氯一溴甲烷，并充压缩 N_2 气

续表

项目	泡沫灭火器	二氧化碳灭火器	四氯化碳灭火器	干粉灭火器	1211 灭火器
使用	倒过来摇动然后打开阀门开关，药剂即喷出	打开开关喇叭口对准火源，即可喷出	打开开关液体即喷出	提起圈环，干粉即刻喷出	摘下铅封或拔下簧锁，用力压下压把即可喷出
效能	10L 喷射时间 60s，射程 8m；65L 喷射时间 170s，射程 13.5m	接近火源地，保持 3m	3kg 喷射时间 30s；射程 7m	8kg 喷射时间 14～18s，射程 4.5m	1kg 喷射时间 6～8s，射程 2～3m

第五节　劳动保护用具的使用及保养

一、安全帽的使用及维护

要正确使用安全帽。如果戴法不正确，起不到充分保护作用；同时若不懂得正确维护方法在使用过程中其防护性能会降低，有可能在万一受到冲击的情况下起不到作用，因此要注意正确的使用和维护方法。

二、安全带的使用及维护

安全带使用不当时就会增加冲击负荷，直接威胁人的生命安全，因此在使用时应特别注意。关于安全带的使用和维护应注意如下事项：

（1）水平拴挂：使用单腰带时，应将安全带系在腰部，绳的挂钩在和带同一水平的位置，人和挂钩保持不多于绳长的距离。这样，当坠落时，操作人员受到的摆动冲击负荷较垂直情况时的冲击负荷小。但要注意，在摆动过程中不要和其他物体相碰。

（2）高挂低用：将安全带的绳挂在高处，人在下面工作，这叫做高挂低用，是一种较安全的挂绳法。可使实际冲距减少。若高挂距离远，可另接一长绳。

（3）不允许绳挂在低处、人在上面作业的低挂高用，很不安全。因为实际冲击距离大，人和绳都要受较大的冲击负荷。

（4）除挂绳法必须注意外，还要特别注意保持绳子上的保护套完好，以防绳被磨损。若发现保护套丢失，需要加上后再用。悬挂点应保证光滑，不得有尖锐的突起物。

（5）安全带使用后，要注意维护和保管。要经常检查安全带的连接部分和挂钩部分，必须详细检查捻线是否发生断裂和磨损，要保证安全带处于完好状态。

三、过滤式防毒面具的使用和维护

为了使防毒面具充分发挥防护作用，确保人身安全，在使用时应注意如下事项：

（1）根据产品要求进行清洗组装，保持连接部位密闭不漏气。使用时应根据头型大小，选择合适的面罩。配戴时其边缘与头部应吻合，并以不引起头痛为好。

（2）检查气密性，简单的方法是让使用者佩戴好面具，将滤毒罐进气口用手掌堵住，做几次深呼吸，如感憋气、呼吸困难，则可认为该套面具气密性良好。

（3）戴用时必须先将滤毒罐的进气口打开，使呼吸畅通，否则会出窒息事故，威胁人身安全。使用中应注意滤毒罐是否失效，如嗅到异样气味、发现滤毒罐增重或使用时间过长，应引起警惕。

(4) 在进入毒区前必须弄清楚作业现场中的毒剂性质和浓度，否则禁止使用。滤毒罐(盒)只适用于氧含量>18%、有毒气体浓度<2%的场所。

(5) 过滤式防毒面具使用完结后，应将滤毒罐(盒)取下密封，面罩要用皂水或0.5%的高锰酸钾溶液清毒洗净，晾干后保存。防毒面具应放在通风、干燥、无毒性污染的库房中。滤毒罐(盒)存放超过有效期，应经过检验合格后方可使用。

(6) 各种型号的滤毒罐(盒)只能防护与其相适应的各种有毒气体和蒸气，使用时务必要对号使用，并控制使用时间，千万不可粗心大意。

(7) 如发现防毒面具的滤毒罐(盒)有腐蚀孔和沙沙声应停止使用。

(8) 建立记录卡片，对发放和借用以及失效、再生或报废等应进行记录，以利于防护工作的进行。

四、长管式呼吸器的使用方法

(1) 长管式防毒面具适用于移动性不大、毒区范围较小的场合。

(2) 长管式呼吸器由面罩和20m以内的供气软管组成。使用前必须进行气密性实验。方法是：戴上面罩，用手堵住长管的进口做多次深呼吸，如感到憋气，则气密性良好。

(3) 使用时，应先将进气口固定于无毒性空气的上风处。

(4) 仔细检查各部件是否灵活好用，软管盘放是否安全可靠，确认无误后，戴好面罩进行工作。

(5) 使用长管式呼吸器必须设专人监护，监护人对被监护人的安全负责，双方必须事先定好联络信号，监护人必须坚守岗位，寸步不离，确保软管进气通畅。被监护人要听从监护人的指挥。严禁在毒区摘下面罩。

(6) 每次使用后，要用清水或肥皂水全面清洗晾干，存放于专用柜内。专人管理，定期检查。

五、正压式消防空气呼吸器使用及维护保养

1. 佩戴呼吸器

从包装箱内取出呼吸器，检查系统的完整性。

检查气瓶压力，观察气瓶阀上压力表读数。使气瓶的瓶底靠近自己，让背肩带的左右肩带套在两手之间，两手握住背板左右把手，将呼吸器举过头顶，两手向后向下弯曲，将呼吸器落下，使左右肩带落在肩膀上。(注意：气瓶中压力不得低于27MPa，如果低于27MPa，会影响使用时间。)

拉动下肩带使呼吸器处于合适的高度，也不需调的过高，只要感觉舒服即可。插好胸带，插好腰带，调节松紧至合适。

2. 检查呼吸器的报警性能

报警哨应在5.5~6.0MPa之间开始发出报警声响。

3. 戴面罩并检查佩戴的气密性

用手心将面罩进气口堵住，深吸一口气，如果感到面罩有向脸部紧吸的现象，而且面罩内无任何气流流动，说明面罩和脸部是密封的。

4. 连接供气阀，进入工作场所

工作时注意压力表的变化，如压力下降至报警哨发出声响，必须立即撤回到安全场所。

六、劳动保护通用要求

（1）禁止不穿戴劳动保护用品进入岗位，工作中要严守制度，精心操作。

（2）在高温管线或设备上工作时，必须戴好棉手套，不准用脚直接踏在上面，应该用石棉垫或其他隔热垫子。

（3）女工上岗必须戴好安全帽或女工帽，不能将头发露在外面。

（4）到传动、转动设备附近检查之前，必须整理好服装、头发，以免发生事故。

（5）电器设备不准用湿手或湿布碰。

（6）不准在有瓦斯或其他有毒气体密集的地方敲打硬物和休息。

（7）使用蒸汽胶皮管时，接头必须绑扎牢固，开阀时不得一次开得过大，要先放去冷凝水，然后逐渐开大。

（8）进入防爆区前必须将手机关闭。禁止电动车进入防爆区。

七、劳动保护特殊要求

（1）检查污油池或打扫污油池卫生时，必须佩戴防毒用具、两人以上有人监护的情况下才能进行，取含氧分析和爆炸分析合格后开具有限空间作业票。

（2）进入下水井必须佩戴防护用具、有人监护，取含氧分析和爆炸分析合格后开具有限空间作业票。

（3）检修时戴好安全帽方可进入检修现场。

（4）可坠落基准面 2m 以上的高空作业时，必须系好安全带和工具袋。

（5）不准从高空往下扔东西。必要时可在地面上用绳索围上一定范围，同时还要有人监护，不许人员来往。

（6）检修时进入或探入储罐或容器前，确认储罐或容器盲板隔离，进行清扫，取含氧分析和爆炸分析，合格后开具有限空间作业票。进入储罐或容器时，必须有人监护。

第六节　防冻凝措施

冬季根据存储输送物料的凝点、含水量及现场的情况采取的措施有所不同，主要有以下几种：

（1）对于汽油类、煤油等凝点低于环境温度的物料，采取控制含水及时吹扫的措施；

（2）对于柴油、渣油等凝点高于环境温度的物料，采取安装伴热、罐加温等措施；

（3）对于新鲜水、消防水、下水系统大部分采取深埋于冻土层以下的办法；

（4）对于蒸汽、热水要通过合理布局，保证有去有回、不留盲点和低点，尽量不采用疏水放空的措施；

（5）对于消防炮、稳高压消防设施、消防竖管、冬季不经常使用的设备、管线等采取排空存水及时吹扫的措施。

第七节　油品储运的环境保护

一、污染物主要排放部位和排放的主要污染物

1. 废水部分

废水主要是由于罐区油品脱水、机泵冷却水、伴热和泄漏的冷凝水、生活用水，主要污染物是矿物油、带油污水。现大部分罐区安装了二次脱水系统，装有自动脱水器，并修建了隔油池用来初级处理，沉降分离油进入分离罐，水排放到下水系统进入到污水处理场。

2. 废气部分

废气主要由液化气栈桥装车鹤管放空、轻质油品装卸车时油品挥发、轻质油和原油储罐蒸发损耗等部位产生。将轻质油和原油储罐安装内浮盘减少了蒸发损耗，同时又将装车产生氨气改回合成管网、液化气栈桥装车鹤管放空尽量排入低压瓦斯管网重新利用。净化空气，减少环境污染。将来考虑轻质油栈桥安装油气回收装置。

3. 固体废物部分

废渣主要是油品储罐清罐时产生的罐底泥。清除罐底泥要经相关部门审批，运往焚烧炉焚烧处理。

二、环境保护要求

(1) 日常设备堵漏时，注意不要将含油的废水排放入下水井，一律回收利用。
(2) 泵房内机泵漏油一律回收。
(3) 开、停工期间废杂物及时倒入工业垃圾箱内，地面污油及时打扫。
(4) 开、停工前在布置生产检修任务的同时，研究、检查环保情况，并制定相应措施。
(5) 开、停工期间泄漏的油品必须回收，有问题必须与上级有关部门联系。
(6) 停工时操作工要与现场检修人员配合好，以防含油废液进入下水系统。

三、环境保护措施

按可能对环境造成影响的生产环节(如设备运行、检修)等进行控制，以减少环境污染，具体环境保护措施见表 10-12。

表 10-12　油品储运环境保护措施

活动、产品、服务	环境因素	环境影响	控制方法
运行设备泄漏	油、碱泄漏	大气污染、水体污染	1. 加强设备维护； 2. 加强巡检严密监盘，发现泄漏超压立即处理； 3. 保证检修质量
装置检修	带少量油的抹布	固体废弃物	装袋焚烧
装置检修	废弃碱渣	土壤污染	厂家回收环保处理

四、消除噪声对环境的影响

噪声主要由机泵运行产生，所有泵房均为间断运行，经检测噪声不超标。

五、装置环保指标和三废处理

（1）噪声监测：操作室：≯65dB、泵房≯75dB、压缩机室≯95dB。

（2）油气排放指标：≯120mg/m^3（鼓风机稀释后）。

表 10-13　油品储运环保指标

排放点名称	污水性质	排放/(t/h)	水温/℃	污水有害物浓度 mg/L						
				pH	油	硫	酚	COD	氰	氨氮
二次脱水罐	含油	5	26	8.74	15.5	1.6	0.05	52.5	0.026	2.1
泵房冷却水	含油	2	27	8.55	24.8	0.8		61.3		1.8

附表

附表-1 ADM 单元 226 号罐容量表

国检容字第 号 共 页 第 页(测量部分)

高度/m	容量/dm^3	高度/m	容量/dm^3	高度/m	容积/dm^3	高度/m	容量/dm^3
0.20	56348	4.00	1604793	10.92	4422825	11.30	4577615
0.30	97143	4.10	1645526	10.93	4426899	11.31	4581689
0.40	137903	…	…	10.94	4430972	11.32	4585762
0.50	178662	10.57	4280256	10.95	4435046	11.33	4589836
0.60	219422	10.58	4284329	10.96	4439119	11.34	4593909
0.70	260181	10.59	4288402	10.97	4443192	11.35	4597983
0.80	300941	10.60	4292476	10.98	4447266	11.36	4602056
0.90	341700	10.61	4296549	10.99	4451339	11.37	4606129
1.00	382460	10.62	4300623	11.00	4455413	11.38	4610203
1.10	423219	10.63	4304696	11.01	4459486	11.39	4614276
1.20	463979	10.64	4308769	11.02	4463560	11.40	4618350
1.30	504738	10.65	4312843	11.03	4467633	11.41	4622423
1.40	545498	10.66	4316916	11.04	4471706	11.42	4626497
1.50	586256	10.67	4320990	11.05	4475780	11.43	4630570
1.60	626999	10.68	4325063	11.06	4479853	11.44	4634643
1.70	667743	10.69	4329137	11.07	4483927	11.45	4638717
1.80	708487	10.70	4333210	11.08	4488000	11.46	4642790
1.90	749230	10.71	4337283	11.09	4492074	11.47	4646864
2.00	789974	10.72	4341357	11.10	4496147	11.48	4650937
2.10	830718	10.73	4345430	11.11	4500220	11.49	4655011
2.20	871461	10.74	4349504	11.12	4504294	11.50	4659084
2.30	912205	10.75	4353577	11.13	4508367	11.51	4663157
2.40	952949	10.76	4357651	11.14	4512441	11.52	4667231
2.50	993692	10.77	4361724	11.15	4516514	11.53	4671304
2.60	1034436	10.78	4365797	11.16	4520588	11.54	4675378
2.70	1075180	10.79	4369871	11.17	4524661	11.55	4679451
2.80	1115924	10.80	4373944	11.18	4528734	11.56	4683524
2.90	1156667	10.81	4378018	11.19	4532808	11.57	4687598
3.00	1197411	10.82	4382091	11.20	4536881	11.58	4691671
3.10	1238151	10.83	4386165	11.21	4540955	11.59	4695745
3.20	1278889	10.84	4390238	11.22	4545028	11.60	4699818
3.30	1319627	10.85	4394311	11.23	4549101	11.61	4703892
3.40	1360365	10.86	4398358	11.24	4553175	11.62	4707765
3.50	1401103	10.87	4402458	11.25	4557248	11.63	4712035
3.60	1441841	10.88	4406532	11.26	4561322	11.64	4716112
3.70	1482579	10.89	4410605	11.27	4565395	11.65	4720185
3.80	1523317	10.90	4414678	11.28	4569469	11.66	4724259
3.90	1564054	10.91	4418752	11.29	4573542	11.67	4728332

附表-2　ADM 单元 226 号罐小数表

起止点/m	mm	容量/dm^3	起止点/m	mm	容量/dm^3	起止点/m	mm	容量/dm^3
0. 15	1	408	4. 042	1	407	7. 865	1	407
	2	815		2	815		2	815
	3	1223		3	1222		3	1222
	4	1630		4	1629		4	1629
	5	2038		5	2037		5	2036
	6	2446		6	2444		6	2444
	7	2853		7	2851		7	2851
	8	3261		8	3258		8	3258
1. 490	9	3668	4. 987	9	3666	8. 830	9	3665
1. 490	1	407	4. 987	1	407	8. 830	1	407
	2	815		2	814		2	815
	3	1222		3	1222		3	1222
	4	1630		4	1629		4	1629
	5	2037		5	2036		5	2037
	6	2445		6	2443		6	2444
	7	2852		7	2850		7	2851
	8	3259		8	3258		8	3258
3. 042	9	3667	6. 077	9	3665	10. 350	9	3666
3. 042	1	407	6. 077	1	407	10. 350	1	407
	2	815		2	814		2	815
	3	1222		3	1221		3	1222
	4	1630		4	1628		4	1629
	5	2037		5	2035		5	2037
	6	2444		6	2443		6	2444
	7	2852		7	2850		7	2851
	8	3259		8	3257		8	3259
4. 042	9	3666	7. 865	9	5664	11. 670	9	3666

附表-3-1　ADM 单元 1 号罐容量表　（测量部分）

高度/m	容量/m^3	高度/m	容量/m^3	高度/m	容量/m^3	高度/m	容量/m^3
0. 140	25. 177	0. 400	129. 063	0. 900	329. 764	1. 400	533. 58
0. 180	39. 406	0. 500	169. 820	1. 000	370. 534	1. 500	574. 351
0. 190	43. 482	0. 600	207. 495	1. 100	411. 297	1. 600	615，110
0. 200	47. 585	0. 700	248. 207	1. 200	452. 061	1. 700	655. 869
0. 300	88. 313	0. 800	288. 985	1. 300	492. 825	1. 800	696. 628

续表

高度/m	容量/m^3	高度/m	容量/m^3	高度/m	容量/m^3	高度/m	容量/m^3
1.900	737.386	10.130	4093.786	10.480	4236.521	10.830	4379.239
2.000	778.145	10.140	4097.845	10.490	4240.598	10.840	4383.317
2.100	818.904	10.150	4101.944	10.500	4244.676	10.850	4387.394
2.200	859.663	10.160	4106.023	10.510	4248.754	10.860	4391.472
2.300	900.421	10.170	4110.102	10.520	4252.831	10.870	4395.550
2.400	941.180	10.180	4114.181	10.530	4265.909	10.880	4399.627
2.500	981.939	10.190	4118.260	10.540	4260.987	10.890	4403.705
2.600	1022.698	10.200	4123.339	10.550	4265.064	10.900	4407.783
2.700	1063.456	10.210	4126.419	10.560	4269.142	10.910	4411.860
2.800	1104.215	10.220	4130.489	10.570	4273.220	10.920	4415.738
2.900	1144.974	10.230	4134.577	10.580	4277.297	10.930	4420.015
3.000	1185.770	10.240	4138.656	10.590	4281.375	10.940	4424.093
3.100	1226.566	10.250	4142.734	10.600	4285.453	10.950	4428.171
3.200	1267.362	10.260	4146.812	10.610	4289.531	10.960	4432.249
3.300	1308.157	10.270	4150.890	10.620	4293.608	10.970	4430.326
3.400	1348.953	10。280	4154.967	10.630	4297.686	10.980	4440.404
3.500	1389.749	10.290	4159.045	10.640	4301.763	10.990	4444.482
3.600	1430.454	10.300	4163.123	10.650	4305.841	11.000	4448.559
3.700	1471.341	10.310	4167.200	10.660	4309.919	11.010	4452.637
3.800	1512.137	10.320	4171.278	10.670	4313.996	11.020	4456.715
3.900	1552.923	10.330	4175.356	10.680	4318.074	11.030	4460.792
4.000	1593.729	10.340	4179.433	10.690	4322.152	11.040	4464.870
4.100	1634.525	10.350	4183.511	10.700	4326.229	11.050	4468.948
…	…	10.360	4187.589	10.710	4330.307	11.060	4473.025
10.020	4048.915	10.370	4191.666	10.720	4334.385	11.070	4477.103
10.030	4052.994	10.380	4195.744	10.730	4338.462	11.080	4481.180
10.040	4057.074	10.390	4199.822	10.740	4342.540	11.090	4485.258
10.050	4061.153	10.400	4203.899	10.750	4346.618	11.100	4498.336
10.060	4065.232	10.410	4207.977	10.760	4350.695	11.110	4493.414
10.070	4069.311	10.420	4212.055	10.770	4354.773	11.120	4497.491
10.080	4073.390	10.430	4216.132	10.780	4358.851	11.130	4501.569
10.090	4077.469	10.440	4220.210	10.790	4362.928	11.140	4505.647
10.100	4081.548	10.450	4224.288	10.800	4367.006	11.150	4507.724
10.110	4085.627	10.460	4228.365	10.810	4371.084	11.160	4513.802
10.120	4089.707	10.470	4232.443	10.820	4375.161	11.167	4516.656

附表-3-2　ADM 单元 1 号罐小数计量表

起讫点/m	cm	容量/m³	mm	容量/m³	起讫点/m	cm	容量/m³	mm	容量/m³
0.171	1	4.076	1	0.408	5.602	6	24.470	6	2.447
	2	8.153	2	0.815		7	28.549	7	2.855
	3	12.229	3	1.223		8	32.627	8	3.263
	4	16.305	4	1.631	7.003	9	36.076	9	3.671
	5	20.382	5	2.038	7.004	1	4.078	1	0.408
	6	24.458	6	2.446		2	8.156	2	0.816
	7	28.535	7	2.854		3	12.234	3	1.223
	8	32.611	8	3.261		4	16.312	4	1.631
1.483	9	36.687	9	3.669		5	20.390	5	2.039
1.484	1	4.076	1	0.408		6	24.470	6	2.447
	2	8.152	2	0.815		7	28.545	7	2.855
	3	12.227	3	1.223		8	32.632	8	3.262
	4	16.303	4	1.630	8.308	9	36.701	9	3.670
	5	20.379	5	2.038	8.309	1	4.077	1	0.408
	6	24.455	6	2.446		2	8.154	2	0.815
	7	28.531	7	2.853		3	12.231	3	1.223
	8	32.606	8	3.261		4	16.308	4	1.631
2.901	9	36.682	9	3.668		5	20.385	5	2.039
2.902	1	4.076	1	0.408		6	24.462	6	2.446
	2	8.159	2	0.816		7	28.539	7	2.854
	3	12.239	3	1.224		8	32.618	8	3.262
	4	16.318	4	1.632	9.725	9	36.695	9	3.670
	5	20.398	5	2.040	9.726	1	4.079	1	0.408
	6	24.477	6	2.448		2	8.158	2	0.816
	7	28.557	7	2.856		3	12.237	3	1.224
	8	32.636	8	3.264		4	16.318	4	1.632
4.307	9	36.716	9	3.672		5	20.396	5	2.040
4.308	1	4.080	1	0.408		6	24.475	6	2.448
	2	8.160	2	0.816		7	28.554	7	2.855
	3	12.239	3	1.224		8	32.633	8	3.263
	4	16.319	4	1.632	10.245	9	36.712	9	3.671
	5	20.399	5	2.040	10.246	1	4.078	1	0.408
	6	24.479	6	2.448		2	8.155	2	0.816
	7	28.559	7	2.856		3	12.233	3	1.223
	8	32.638	8	3.264		4	16.310	4	1.631
5.601	9	36.716	9	3.672		5	20.388	5	2.039
5.602	1	4.078	1	0.408		6	24.466	6	2.447
	2	8.160	2	0.816		7	28.543	7	2.854
	3	12.239	3	1.224		8	32.621	8	3.262
	4	16.314	4	1.631	11.167	9	36.698	9	3.670
7.003	5	20.392	5	2.039					

附表-4　卧式油罐容积表

罐号：6009　　国检容(上)　　字第　　号附件之

H/cm	V/L	H/cm	V/L	H/cm	V/L	H/cm	V/L	H/cm	V/L	H/cm	V/L	H/cm	V/L
1	17	41	4457	81	11924	121	20750	161	2998	201	38752	241	46096
2	49	42	4617	82	12132	122	20979	162	30209	202	88957	242	46250
3	90	43	4779	83	12341	123	21211	163	30437	203	39161	243	46402
4	128	44	4942	84	12553	124	21440	164	30664	204	39365	244	46552
5	194	45	5109	85	12763	125	21690	165	30891	205	39568	245	46702
6	355	46	5275	86	12975	126	21900	166	31118	506	39772	246	46849
7	321	47	5443	87	13187	127	22130	167	31348	207	39972	247	46994
8	393	48	5613	88	13400	128	22360	168	31574	208	40172	248	47136
9	468	49	5784	89	13613	129	22593	169	31800	209	40371	249	47277
10	548	50	5957	90	13830	130	22824	170	32255	210	40569	250	47415
11	632	51	6131	91	14045	131	23054	171	32250	211	40766	251	47553
12	720	52	6308	92	14261	132	23285	172	32475	212	40965	252	47687
13	812	53	6485	93	14477	133	23156	173	32699	213	41160	253	47819
14	907	54	6663	94	14694	134	23746	174	32925	214	41353	254	47948
15	1005	55	6843	95	14912	135	23960	175	33149	215	41646	255	48075
16	1106	56	7024	96	15130	136	24211	176	33371	216	41737	256	48200
17	1211	57	7206	97	15351	137	24443	177	33593	217	41927	257	48323
18	1319	58	7391	98	15570	138	24674	178	33815	218	42116	258	48443
19	1429	59	7575	99	15700	139	24905	179	34036	219	42306	259	48560
20	1543	60	7761	100	15010	140	25136	180	34260	220	42492	260	48674
21	1659	61	7948	101	16231	141	25367	181	34480	221	42677	261	48786
22	1777	62	8136	102	16452	142	25601	182	34699	222	42861	262	48895
23	1898	63	8326	103	16677	143	25832	183	34918	223	43044	263	49002
24	2021	64	8516	104	16900	144	26064	184	35136	224	43225	264	49106
25	2147	65	8710	105	17122	145	26295	185	35354	225	43407	265	49205
26	2277	66	8903	106	17346	146	26525	186	35571	226	43586	266	49302
27	2407	67	9098	107	17570	147	26756	187	35790	227	43763	267	49395
28	2540	68	9293	108	17794	148	26990	188	36006	228	43940	268	49485
29	2675	69	9490	109	18009	149	27221	189	36222	229	44114	269	49570
30	2813	70	9687	110	18241	150	27451	190	36437	230	44288	270	49653
31	2952	71	9888	111	18473	151	27681	191	36651	231	44460	271	49731
32	3094	72	10087	112	18699	152	27912	192	36864	232	44632	272	49804
33	3239	73	10288	113	18925	153	28142	193	37079	233	44801	273	49873
34	3384	74	10489	114	19152	154	28372	194	37291	234	44968	274	49937
35	3532	75	10691	115	19379	155	28604	195	37201	235	45134	275	49995
36	3681	76	10894	116	19609	156	28834	196	37711	236	45298	276	50047
37	3832	77	11098	117	19839	157	29063	197	37921	237	45461	277	50093
38	3985	78	11305	118	20064	158	29292	198	38129	238	45623	278	50129
39	4142	79	11511	119	20293	159	29721	199	38337	239	45783	279	50155
40	4298	80	11717	120	20521	160	29550	200	38546	240	45940		

附表-5 浮顶罐容积表(部分)

罐号：8002#参照高度 19.201m，浮顶重 21400kg，1.6~1.8m 为非计量区

高度/m	容积/L	高度/m	容积/L	高度/m	容积/L	高度/m	容积/L
0.000	3214	7.300	2906070	15.000	2962720	17.300	6876017
0.079	36570	7.400	2945780	15.100	6002428	17.385	6909770
0.100	44912	7.500	2985490	15.200	6042135	17.400	6915726
0.200	84638	7.600	3025200	15.300	6081843	17.500	6955435
0.300	124364	7.700	3064910	15.400	6121551	17.600	6995144
0.400	164106	7.800	3104619	15.500	6161258	17.700	7034853
0.500	203848	7.853	3125665	15.600	6200966	17.800	7074562
3.500	1396300	11.066	4401092	16.100	3999509	18.400	7312817
3.600	1436047	11.100	4414590	16.200	643921	18.500	7352526
3.700	1475793	11.200	4454289	16.300	6478927	18.600	7392235
3.800	1515540	11.300	4493988	16.400	6518636	18.700	7431944
3.900	1555286	11.400	4533687	16.500	6558345	18.800	7471653
4.000	1595033	11.500	4573386	16.600	6598054	18.900	7511362
4.100	1634799	11.600	4613085	16.700	6637763	18.995	7549086

附表-6 浮顶罐小数表(部分)

0.079~1.555m				6.248~7.853m			
cm	容积/L	mm	容积/L	cm	容积/L	mm	容积/L
1	3973	1	397	1	3971	1	397
2	7946	2	795	2	7942	2	794
3	11920	3	1192	3	11913	3	1191
4	15893	4	1589	4	15884	4	1588
5	19866	5	1987	5	19855	5	1985
6	23839	6	2384	6	23826	6	2383
7	27813	7	2781	7	27797	7	2780
8	31786	8	3197	8	31768	8	3177
9	35759	9	3576	9	35739	9	3574

3.160~4.764m				17.386~18.995m			
cm	容积/L	mm	容积/L	cm	容积/L	mm	容积/L
1	3975	1	397	1	3971	1	397
2	7949	2	795	2	7942	2	794
3	11924	3	1192	3	11913	3	1191
4	15899	4	1590	4	15884	4	1588
5	19873	5	1987	5	19855	5	1985
6	23848	6	2385	6	23825	6	2383
7	27823	7	2782	7	27796	7	2780
8	31797	8	3180	8	31767	8	3177
9	35772	9	3577	9	35738	9	3574

附表-7 浮顶罐静压力修正表(部分)

dm / m	0	1	2	3	4	5	6	7	8	9
	ΔV/L									
1	21	23	25	27	29	31	34	39	46	53
3	131	138	147	159	171	182	194	206	218	229
7	768	791	814	838	861	884	907	930	954	980
17	6060	6143	6226	6309	3969	6487	6581	6674	6768	6861
18	6955	7048	7142	7236	7329	7423	7516	7610	7703	7797

附表-8 简明铁路油罐车容积表

表号 A400-599

高度	容积	系数	高度	容积	系数	高度	容积	系数
2600	50614	24.9798	2590	50597	24.9798	2580	50575	24.9798
2599	50612	24.9798	2589	50595	24.9798	2579	50571	24.9778
2598	50611	24.9798	2588	50593	24.9798	2578	50567	24.9758
2597	50609	24.9798	2587	50590	24.9798	2577	50562	24.9737
2596	50607	24.9798	2586	50588	24.9798	2576	50558	24.9717
2595	50606	24.9798	2585	50586	24.9798	2575	50554	24.9697
2594	50604	24.9798	2584	50584	24.9798	2574	50550	24.9677
2593	50602	24.9798	2583	50582	24.9798	2573	50546	24.9657
2592	50600	24.9798	2582	50579	24.9798	2572	50541	24.9636
2591	50599	24.9798	2581	50577	24.9798	2571	50537	24.9616
2570	50533	24.9596	2560	50480	24.9393	2550	50419	24.9192
2569	50528	24.9576	2559	50474	24.9374	2549	50412	24.9162
2568	50522	24.9556	2558	50468	24.9354	2548	50405	24.9131
2567	50517	24.9535	2557	50462	24.9333	2547	50399	24.9101
2566	50512	24.9515	2556	50456	24.9313	2546	50392	24.9071
2565	50507	24.9495	2555	50450	24.9293	2545	50385	24.9040
2564	50501	24.9475	2554	50443	24.9273	2544	50378	24.9010
2563	50496	24.9455	2553	50437	24.9253	2543	50371	24.8980
2562	50491	24.9434	2552	50431	24.9232	2542	50365	24.8949
2561	50485	24.9414	2551	50425	24.9212	2541	50358	24.8919
2210	46035	22.7374	2200	45861	22.6465	2100	44012	22.7374
2209	46018	22.7283	2190	45684	22.5556	2090	43818	21.6374
2208	46000	22.7192	2180	45505	22.4646	2080	43623	21.5374
2207	45983	22.7101	2170	45325	22.3737	2070	43425	21.4374
2206	45965	22.7010	2160	45143	22.2828	2060	43227	21.3374
2205	45948	22.6919	2150	45959	22.1919	2050	43026	21.2374
2204	45931	22.6828	2140	44773	22.1010	2040	42825	21.1374
2203	45913	22.6737	2130	44585	22.0101	2030	42622	21.0374
2202	45896	21.6646	2120	44396	22.9192	2020	42417	20.9374
2201	45878	21.6556	2110	44205	22.8283	2010	42211	20.8374

续表

高　度	容　积	系　数	高　度	容　积	系　数	高　度	容　积	系　数
……	……	……	……	……	……	……	……	……
600	8798	4.3939	500	6767	3.3939	400	4891	2.4545
590	8589	4.2939	490	6572	3.3000	390	4713	2.3697
580	8381	4.1939	480	6379	3.2061	380	4537	2.2848
570	8174	4.0939	470	6187	3.1121	370	4364	2.2000
560	7969	3.9939	460	5997	3.0182	360	4192	2.1152
550	7765	3.8939	450	5808	2.9242	350	4023	2.0303
540	7563	3.7939	440	562	2.8303	340	3856	1.9455
530	7362	3.6939	430	5436	2.7364	330	3691	1.8606
520	7162	3.5939	420	5253	2.6424	320	3528	1.7758
510	6964	3.4939	410	507	2.5485	310	3367	1.6909
300	3209	1.6061	200	1763	0.8889	100	629	0.3131
290	3052	1.5343	190	1634	0.8313	90	537	0.2727
280	2899	1.4626	180	1508	0.7737	80	451	0.2222
270	2748	1.3909	170	1386	0.7162	70	369	0.1919
260	2599	1.3192	160	1266	0.6586	60	293	0.1515
250	2453	1.2475	150	1150	0.6010	50	223	0.1111
240	2309	1.1758	140	1038	0.5434	40	160	0.0808
230	2168	1.1040	130	930	0.4859	30	104	0.0505
220	2030	1.0323	120	825	0.4283	20	57	0.0202
210	1895	0.9606	110	725	0.3707	10	20	0.0101

附表-9　102油轮船舱容积表

船名：102

起讫点/mm	高差/mm	部分容积/L	毫米容积/L	累计容积/L
舱号：左1				
0以下				374.0
1~707	707	20532.7	29.042	20906.7
708~1087	380	11120.1	29.264	32026.8
1088~1187	100	2897.3	28.973	34924.1
1188~2130	943	27595.5	29.264	62519.6
2131~2500	370	10715.3	28.960	73234.9
舱号：右1				
0以下				345.5
1~708	708	20526.6	28.992	20872.1
709~1088	380	1115.9	29.252	31988.0
1089~1188	100	2878.0	28.780	34866.0
1189~2156	968	28316.4	29.252	63182.4
2157~2526	370	10710.6	28.948	73893.0

附表-10　大庆液货舱容积表

船名：大庆　　舱号：第一左舱　总高 8.21m

空　高/m	容　量/m^3	空　高/m	容　量/m^3	实　际　高/m	容　量/m^3
2.2	180.40	1.1	232.32	0.0	0.82
2.1	185.14	1.0	236.84	0.1	1.58
2.0	189.88	0.9	241.36	0.2	3.40
1.9	194.62	0.8	245.88	0.3	6.27
1.8	199.36	0.7	250，40	0.4	10.20
1.7	204.10	0.6	254.92	0.5	15.18
1，6	208.84	0.5	259.44	0.6	21.21
1.5	213.58	0.4	263.96	0.7	28.30
1.4	318.32	0.3	268.48		
1.3	223.06	0.2	273.00		
1.2	227.80	0.1	277.40		

附表-11　大庆液货舱纵倾修正表

船名：大庆　　dm

前后吃水差	0.3	0.6	0.9	1.2	1.5	1.8
1~6 舱号	+0.05	+0.10	+0.15	+0.18	+0.23	+0.28

附表-12　汽车油罐车容积表(1)

车号：蒙 E47079

高度/cm	容积/L	高度/cm	容积/L	高度/cm	容积/L	高度/cm	容积/L
1	18	88	4288	95	4597	102	4858
2	36	89	4330	96	4635	103	4882
3	54	90	4382	97	4673	104	4912
4	72	91	4427	98	4711	105	4940
5	93	92	4473	99	4743	106	4964
6	112	93	4571	100	4787	107	4984
7	142	94	4547	101	4821	108	5009

附表-13　汽车油罐车容积表(2)

车号：蒙 E62112

高度/cm	容积/L	高度/cm	容积/L	高度/cm	容积/L	高度/cm	容积/L
109	20	54	4038	47	4469	40	4854
108	41	53	4099	46	4529	39	4904
107	61	52	4161	45	4565	38	4947
106	81	51	4223	44	4640	37	4989
105	102	50	4284	43	4696	36	5031
104	122	49	4346	42	4750	35	5071
103	141	48	4417	41	4803	34	5111

附表-14　汽车油罐车容积表(3)

车号：蒙 E67128

高度/cm	容量/L	高度/cm	容量/L	高度/cm	容量/L	高度/cm	容量/L
1	18	88	4288	95	4597	102	4851
2	36	89	4336	96	4635	103	4882
3	54	0	4382	97	4673	104	4912
4	72	91	4427	98	4711	105	4912
5	90	92	4473	99	4787	106	4940
6	112	93	4517	100	4787	107	4964
7	142	94	4557	101	4821	108	5003

注：下尺点总高 1339mm，帽口高 233mm，钢板厚 4mm，内壁直径 1102mm。

附表-15　汽车油罐车容积表(4)

车号：蒙 E48125

高度/cm	容量/L	高度/cm	容量/L	高度/cm	容量/L	高度/cm	容量/L
139	20	54	5038	47	5469	40	5854
138	41	53	5099	46	5529	39	5904
137	61	52	5161	45	5585	38	5947
136	81	51	5223	44	5640	37	5989
135	102	50	5284	43	5696	36	6031
134	122	49	5346	42	5750	35	6071
133	141	48	5407	41	5803	34	6111

注：下尺点总高 1400mm，帽口高 240mm，钢板厚 4mm，内壁直径 1156mm。

参 考 文 献

1 陈滨等合编．石油化工手册．北京：化学工业出版社，1993
2 魏文德主编．有机化工原料大全．北京：化学工业出版社，1994
3 林世雄主编．石油炼制工程．北京：石油工业出版社，1998
4 石永春，张永国主编．油库技术管理．北京：中国石化出版社，2007
5 徐玉朋，竺柏康主编．油汽储存与装卸系统．北京：中国石化出版社，2008
6 祖因希主编．液化石油气操作技术与安全管理．北京：化学工业出版社，2005
7 中国石化集团公司人事部等编．炼油基础知识．北京：中国石化出版社，2008
8 吴世逵编．石油储运基础知识．北京：中国石化出版社，2006
9 范继义主编．油罐．北京：中国石化出版社，2007
10 范继义主编．油库阀门．北京：中国石化出版社，2007
11 蔡智等编著．油品调合技术．北京：中国石化出版社，2006
12 竺柏康主编．油品储运．北京：中国石化出版社，2002
13 田士良编．炼油厂油品储运技术与管理．北京：中国石化出版社，1995
14 樊宝德，朱焕勤主编．油品装卸工．北京：中国石化出版社，2006
15 樊宝德，朱焕勤主编．油库计量与监控设备．北京：中国石化出版社，2006
16 税爱社，方卫红主编．油料储运自动化系统．北京：中国石化出版社，2008
17 王凤林编．炼油过程及设备．北京：中国石化出版社，2008
18 沈复，李阳初主编．石油加工单元过程及原理．北京：中国石化出版社，2007
19 禹茂章等译校．[日]精细化学品辞典编辑委员会 编．精细化学辞典．北京：化学工业出版社，1993
20 朱喜龙著．油气管道投融资管理．北京：中国石化出版社，2006